华南圭选集

一位土木工程师跨越百年的热忱

华新民 编

上海·同济大学出版社
TONGJI UNIVERSITY PRESS

华南圭（1877-1961），字通斋

生于江苏无锡荡口镇。曾就学于江苏高等学堂和京师大学堂。1904 年公派留学法国，修土木工程，获工程师文凭。1911 年归国后，通过学部留学生考试赐工程进士出身。先后任交通部技正、京汉铁路和北宁铁路总工程师、北平特别市工务局局长、天津工商学院院长和政权更迭后初期的北京都市计划委员会总工程师等职。并在几所学校任教。出版近三十部著作，大部分作为民国早期大学教材，涉及铁路、房屋工程和市政工程等，并有译作数部，关系人文历史和小说。另外还发表过上百篇文章。本选集的作品，时间跨度为 1902 年至 1957 年，一支笔穿越三个时代。

华新民（编者）

华南圭孙女，散文作家，曾著有《为了不能失去的故乡——一个蓝眼睛北京人的十年胡同保卫战》，法律出版社，2009 年。

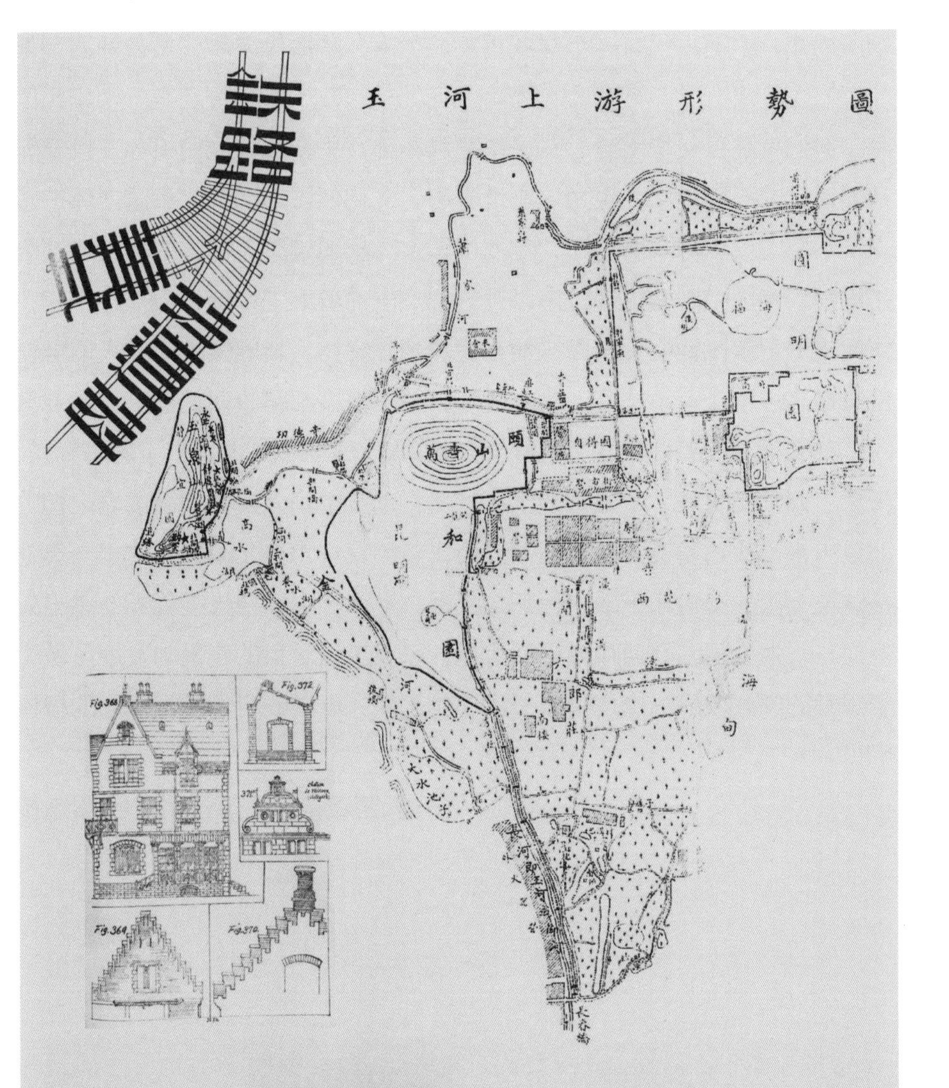

第四節　城市隧道　城市地底之隧道名城市隧道

城市隧道宜在馬路下面不宜在建築物下面、

城市隧道宜与馬路之面逼近若太深則旅客入隧求必須用升降机

升降之建設費既巨而平时之營業費亦大且旅客亦多不便也、

城市隧道可用開天法但工程時期中交通被阻。

环筒恒用以作城市隧道但有时却不適用因城市地底土質不匀

的往往遇有建築之費者則环筒抵觸而不能進行矣、

質言之城市隧道之工程緒有三法可供選擇：(一)坎(二)開天(三)环筒

坎者　坎之法，略前已論之、但將馬路挖深以作坎則交通

既而有碍公家故須設法使交通不致完全斷絶或不

致常久斷絶故若用坎以築隧道其法須較尋常之坎精巧。

倫敦地底鉄路之隧道：此隧道之工作係用坎以築成。

此隧道之寬度大于馬路之寬度、

众所周知，中国古代有一个样式雷营造世家，其数代家族成员曾经为帝都北京的建设做出了不可磨灭的贡献；但众却少知，20 世纪还有一个华氏世家，他们就是祖父华南圭、儿子华揽洪和孙女华新民，他们祖孙三代或殚精竭虑，或忍辱负重，也为这座世界历史文化名城的现代化和遗产保护做出了不朽的贡献。众所周知，晚清中国曾经出现过詹天佑这位杰出的铁路工程师、民国中国曾出现过茅以升这位杰出的桥梁工程师，但众却少知，华南圭的贡献比他们更全面：他在民国建立之初，就曾供职于詹天佑担任部级最高技术专家（技监）的交通部，并担任该部路政司的最高技术专家（技正），之后又曾任中华工程师学会总干事、副会长、北平市工务局局长、天津工商学院院长、中国营造学社社员，以及中华人民共和国成立之初的北京市都市计划委员会总工程师。由华新民女士为祖父编辑的这本文集就是这位杰出的交通和市政工程师、工程教育家和中国现代工程界的杰出先驱之一，为祖国的交通和城市现代化，以及工程学科的建设与发展所做重要思考的部分结晶，也是中国一代现代工程先驱实践科学救国理念的极佳明证。

——赖德霖，（美）路易维尔大学教授

中国的现代性转型是政治、经济、社会、文化等全方位转型，建筑、民居、市政、交通的变化，凝政治、经济、社会、文化变化于一体。华南圭先生清末留法学习土木工程，回国后在不同领域任要职，负责城建、规划、交通，他的思考与分析，有理论有实践，有传统有现代。从中可以读出时代的心声，也可以读出转型期一代知识人的知识结构、思想理路与情感历程。

——雷颐（历史学家）

华南圭先生是一位真正的谋略大师，策划大师。他提出的中国铁路发展十五经、十四纬的建设设想，非常全面，非常细致周到，包含了连同外蒙古在内的中国当时版图上所有地区的铁路规划，在清末民初时代，几乎可以说是无出其右的。本人略知清末邮传部于 1906 年、北洋政府交通部 1913 年，曾做过几纵几横的铁路规划，但如此详尽全面的规划设想，本人是第一次见到。这和现代中国铁路六纵六横、八纵八横等发展规划，也多数不谋而合。华先生并且筹划在铁路发展之外，要重视公路的发展。如同人体之脉络，“宜于经营全国铁道时，兼设全国马路（公路），且宜于铁道未完成之前”，这和近年国家所强调的建设综合交通运输体系的规划也是完全吻合的。

—— 姚世刚（铁路史志专家）

1877 年，华南圭出生在无锡荡口镇。华新民摄于 2016 年

留法期间与华罗琛女士（Stéphanie Rosenthal，波兰籍）结婚，1910 年摄于巴黎

110 年前的法国公共工程学院
（E. S. T. P）
华南圭为该校第一名中国留学生

留学期间（1904-1911）

20 世纪初在巴黎与一些留欧学生合影，前排左一为华南圭

1912 年在河南彰德府（安阳古城），华南圭夫妻与刚满月的儿子华揽洪（后来成为北京市建筑设计院总建筑师）和无锡老家亲人

华南圭 1913 年在北京无量大人胡同为自家设计的住宅，站立者为其夫人华罗琛（摄于 20 世纪 30 年代）

1956 年，华南圭和家人及朋友在无量大人胡同家里，其左边为本书编者华新民及其法国籍母亲华伊兰（Irène Hoa），右边为华新民姐姐华卫民

交通部路政司合影，1918 年左右，左四为华南圭

1930 年华南圭（左三）与铁路系统的同事，摄于辽宁北票市

1916年，全家福，北京。小女孩为华揽洪的妹妹华西蒙（后来成为建筑师，在比利时执业）

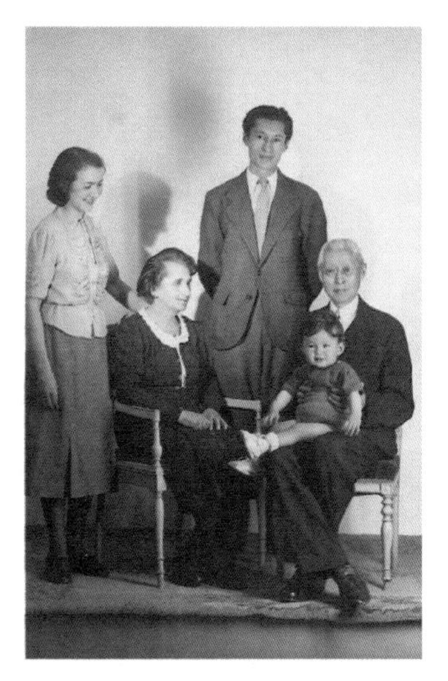

1940年与妻子、儿子、儿媳和孙子（华崇民）在法国

1919年，华南圭（二排左六）在高等法文专修馆兼任工科教员时与蔡元培馆长（二排左七）和法国公使（二排左八）等人同众学生一起留影

1957 年春，华南圭（右二）在武汉长江大桥上与茅以升（右四）等其他参与建设该桥的技术顾问在一起。中铁大桥局提供

中国建筑座谈会代表合影（1957 年 4 月）。前排：左一卢绳，左三陈从周，左五刘致平，左七梁思成，左十刘敦桢，左十一周荣鑫，左十二穆欣（苏联），左十三华南圭，右五龙庆忠；第二排：左二陈明达，左四莫宗江。殷力欣提供

河北大学校史馆展厅里展示的天津工商学院，见 478 页，华新民摄
（注：20 世纪 50 年代该学院不同系分别并入今天津大学、河北大学及南开大学）

千万勿忘五字：
康能勤俭健。
華南圭
在华南圭等倡议、推动下，学校制度日益完备，
为保证教学质量提供了坚实的制度基础。
工商学院管理规则
工商學院之過去與未來
廉能勤俭健解读
君子小人之辩，端在廉与不廉。
进退究何所凭，视乎能与不能。
廉能俱是空名，苟非济之以勤。
社会财力有限，公私皆应崇俭。
吃白食最腼颜，食力须先康健。

《罗马史要》
（1902 年）

《工程学教科书》
（1908 年）

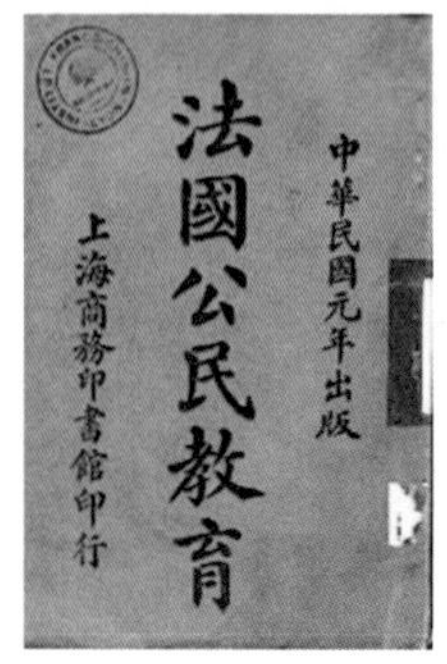

《法国公民教育》
（1912 年）

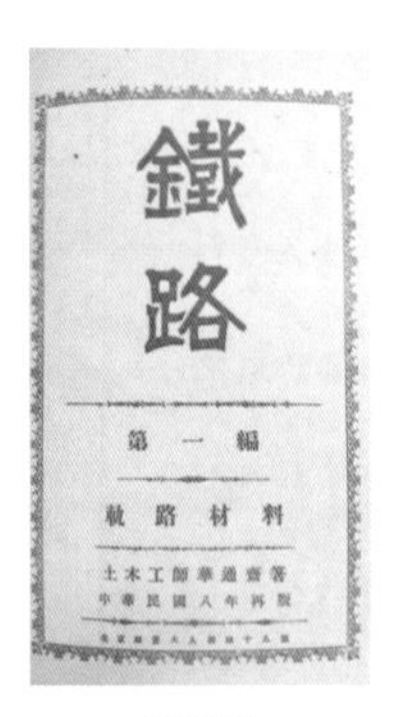

《铁路》
（1919 年）

《土石工程撮要》
（1919 年）

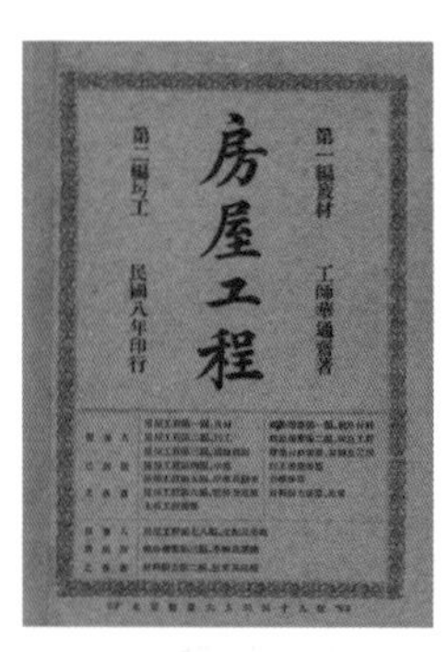

《房屋工程》第一编第二编
（1919 年）

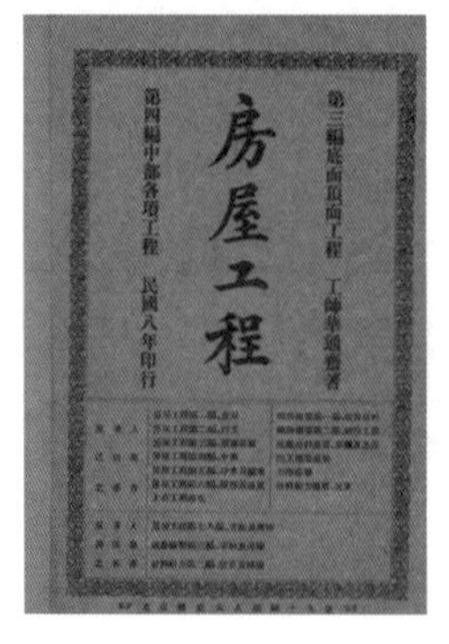

《房屋工程》第三编、第四编
（1919 年）

《房屋工程》第五编、第六编
（1919 年）

《房屋工程》第七编、第八编
（1920 年）

《铁筋混凝土》
（1925 年）

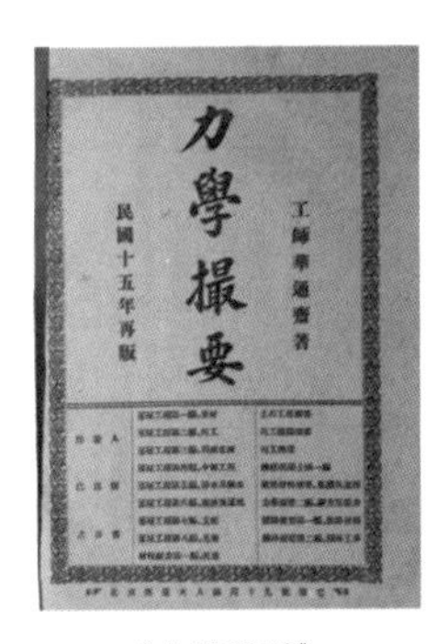

《力学撮要》
（1926 年）

《建筑材料撮要》
（1927 年）

《公路工程》
（1928 年）

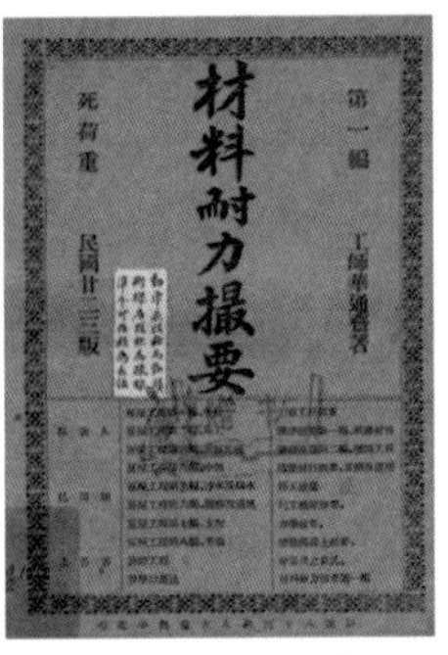

《材料耐力撮要》
（1933 年）

《算学启迪法》
（1933 年）

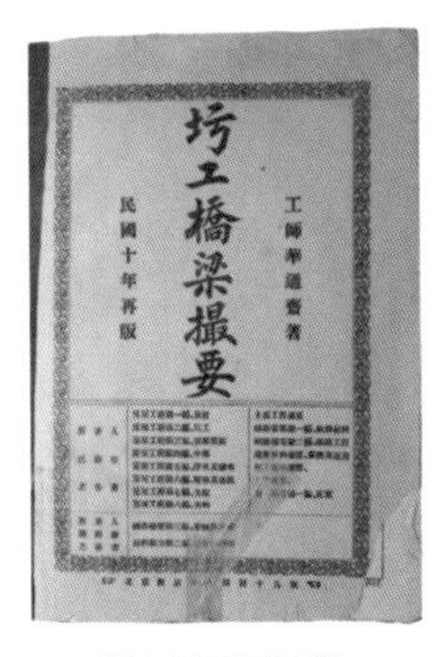

《圬工桥梁撮要》
（1934 年）

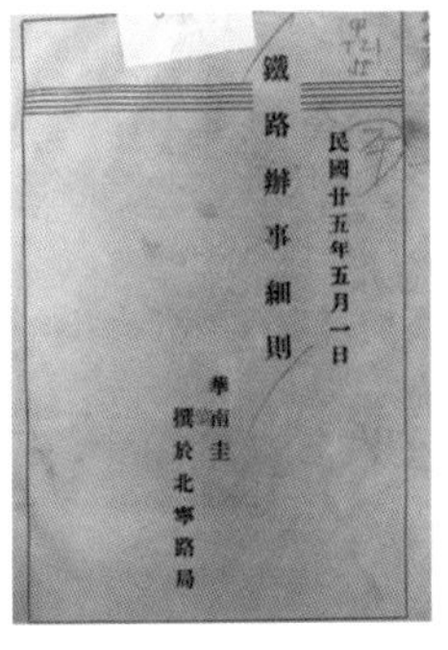

《铁路办事细则》
（1936 年）

《公路及市政工程》
（1939 年）

京漢路因戰事

損失三千萬元

華南圭談話

東方社漢口消息：京漢鐵路總工程師華南圭來漢，就京漢路近況，發表談話如次：京漢鐵路每年純益總在四千萬元左右。但自去冬間發生戰事，交通大受影響，現在可以計實之損失，約在三千萬元以上。自去年底至今年春，純益僅一千萬元。其未可計算之損失，尙有相當巨額。然目下全綫開通，開到時間未能一定。尙未恢復原狀。惟檢送亦無大障碍。且如前遠，純益每年既在四千萬元以上，則戰事損失當可較早依復云云。

《晨报》1926 年 8 月 31 日第二版

柴士文私攜路欵

華南圭李譽扣留

國聞社云，京漢鐵路局前任局長柴士文出走後，前日曾令秘書劉某，出納課長崔某，庶務課長邢某等，將局中存欵，設法運走，嗣為警務長王德俊所知，遂報告警務第三課長李坦，轉呈代辦局務之工務處長華南圭，李譽至出納課時，各人正在打包分運，當由華遂飭點查，勒令裝入鐵箱加封保留，據聞總數為十四萬餘元云，

《北京益世报》1928 年 6 月 10 日第三版

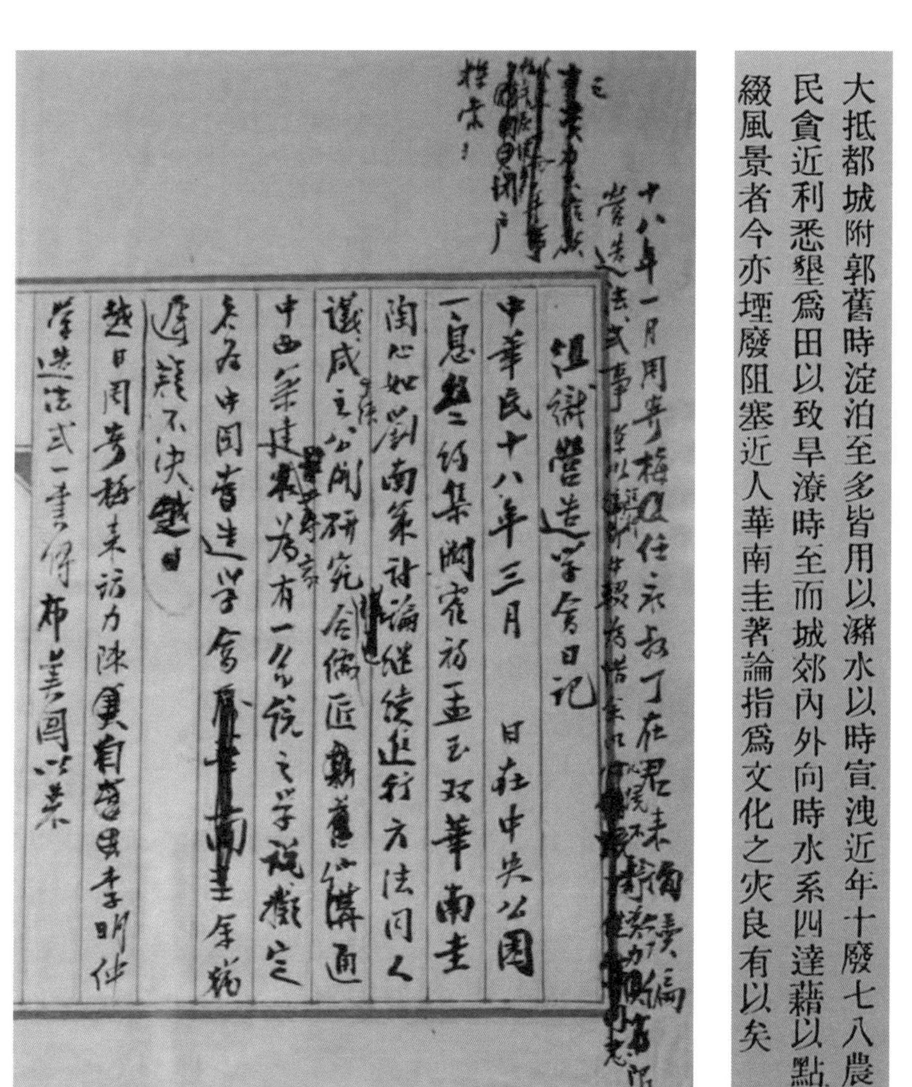
大抵都城附郭舊時淀泊至多皆用以瀦水以時宣洩近年十廢七八農民貪近利悉墾爲田以致旱潦時至而城郊內外向時水系四達藉以點綴風景者今亦堙廢阻塞近人華南圭著論指爲文化之灾良有以矣

朱启钤先生 1929 年《组织营造学会日记》手迹，此为中国文化遗产研究院 2020 年年底向《中国营造学社纪实展》（中国园林博物馆）提供的展品。

《旧都文物略》第 190 页，北京出版社据 1935 年原著影印

三一八烈士公墓

▲華南圭已着手估修

公葬三一八被難諸烈士之公墓地址，工務局已勘定圓明園西部前後兩湖中間之平坦地，面積約九七四公尺，前日華南圭給具略圖，送請何其鞏市長察閱，當得何氏同意，關建築公費，約需六千元左右，華南圭刻正飭科繪製詳細圖樣，工料規範，欵項細數，以便正式呈府，撥欵動工云。（硯）

《华北日报》1929年2月22日第六版

華南圭

就藝術學院建築系教席

藝術學院建築系工程一科，原聘彭濟羣担任，但彭已於本月赴遼就建設廳廳長之職，故該系數日來，極力物色繼任人選現已聘請北平工務局長華南圭繼任，聞華氏對於該系甚願幫助，除教授建築工程外，並願借建設北平之機會，與該系學生作實際之練習，以免專重理論，而乏經驗之弊，又該系對於中國建築擬作切實之考察，除收買各種模型外，現聘畫師王某，畫中國各種樣式建築及圖案，該畫師曾在燕京大學畫作各種建築圖案甚多，並得該校熱烈之贊許云。

《新中华报》1929年3月9日第六版

外鉄兩部派顏德慶華南圭

襄辦中日鉄道問題

南京十七日電：外部函請鐵部，派顏德慶華南圭，爲出席國聯代表團專員，襄辦中日糾紛中之鐵道問題，至全權代表，除顏郭已無問題外，另一人未定。

《西北新闻日报》1932年8月22日第一版

華南圭赴京

工程師學會會員北甯路委員華南圭來魯參加年會，因尚需出席錢塘江大橋標函審查委員會，已於日昨離濟赴京，不及待年會閉幕云。

《山东民国日报》1934年8月22日第五版

建4

號數	原案號數	提案人	案由	理由	實施辦法	審查委員會意見	大會決議	備考
					街亦採用單行路線。己、打通上二條，上三條。	己、暫緩辦理。		
建14	甲18	華南圭	籌劃崇文門內外交通案。		宜築一天橋	暫緩辦理。	同上	
建15	甲18	華南圭	迅速覆審街道寬度及房基線案。			送請市政府辦理。	同上	
建16	甲18	華南圭	開始籌劃下水道案。		分五年施工，發行市公債，十年償還。	送請市政府辦理。	同上	
建17	甲18	華南圭	積修龍須臭溝案。			已着手辦理，請市政府進一步注意。	同上	
建18	甲18	華南圭	整理玉泉源流案。		有民十八年所提計劃可考，可分三年行之，目前可先測繪水田魚隣圖。	送請市政府辦理。	同上	
建19	甲18	華南圭	疏濬前三門之護城河案			送請市政府辦理。	同上	
建20	甲18	華南圭	規劃通州碼頭案。			送請華北人民政府參考。	同上	

【附註】以上華南圭代表所提十六案，原案爲『刷新北平舊城市之建築（條陳幾宗切近易行之事）』另附原案，又本案經審委會分列爲十六案，經大會決議，有即行辦理者，有暫緩辦理者，爲參考便利起見，特將各案集中編列。

—31—

《北平市各界代表会议专辑》，1949年9月。见140页

编者序

华南圭与孙女华新民及她的母亲华伊兰

祖父已去世六十年，人不在了，但他曾经的梦想，由他自己或后人转变为现实的梦想，则永远地留在我脚下的土地上。

祖父是江苏无锡人，他是在苏州沧浪亭的中西学堂接触到了西方社会的现代文明。1902 年，上海的点石斋出版了祖父的译作《罗马史要》，就是他在这里边读书边翻译的。这是中国第一次引进的介绍古罗马历史的读物，之前已有海关总税务司的译本，但他认为翻译得不好，便重新翻译，那时他刚二十五岁。从祖父年轻时的这个举动，我看到了后来贯穿于他一生的性格——不信权威，追求完美，思想没有束缚。而这部古罗马故事本身的情节也无疑震撼了他，让他见识了国门之外的另一个世界。

然后祖父来到北京的京师大学堂就学，又于 1904 年和若干位同学一起，被清政府送到法国留学。到了巴黎，他认准的学科是土木工程，但在准备入学考试期间，却首先着手翻译了当年法国小学的一本教科书《公民教育》，因深知单凭科技救国是不够的，他甚至等不及回国后出版这部译著，就急忙先把其中一个章节——法国1789年的《人权宣言》，自巴黎投到上海的《申报》上发表了。

不过，科技救国依然是祖父的主要志向，对此他也同样不想再等待。在巴黎的课堂上吸收的知识，他要立刻传输给遥远的祖国，于是就和一位中国同学一起，共同在1908年撰写了《工程学教科书》，寄到商务印书馆出版。该书涉及代数、铁路、水力和几何等。在那个年代，相关现代科技知识的，大学里主要是外文的教材，鲜有中文的。

1911年，祖父归国了，还带回在巴黎相识的波兰籍祖母，他们将长久地居住在北京的胡同里。自此祖父终于能施展自己的抱负了，他几十年中活跃在不同的领域中：铁路、房屋建筑、桥梁、水利、市政建设，时而在一线指挥具体工程，时而参与制定规则，时而著书并教书。

祖父的各种著作，本都存于家中的地下室里，后来却在乱世中散失。感谢互联网，让我逐渐找到了它们的藏身处，在某一个图书馆或某一个档案馆里。我于是看到1912年的《法国公民教育》、1916年的《铁路》和1919年的《房屋工程》等，以及不同期刊上的文章，都属于相关领域最早期的著述。还有昔日的媒体报道和公文，也记载着他的活动轨迹。通过泛黄的纸张和工整的墨迹，我和祖父隔空对话了，开始熟悉他，以及一个此前我并不甚了解的时代。翻阅着几百万字的心血，我被感动了，从中挑出些许，编出这部选集，献给读者。

本书内容属于史料，为尊重历史原真性，我基本保留了当时数字表述的方式，如阿拉伯数字与汉字数字的并用等，除个别地方为方便读者理解做了修订。

华新民

2021年7月8日 于北京

目录

目录

壹 城市市政建设篇（以北京、天津为主）

目录

贰 中国交通工程篇

目录

目录

壹

城市市政建设篇（以北京、天津为主）

01 北平之水道[1]

1928 年 7 月

（一）古今之渊源

北京之古名为蓟、为燕、为幽州，金逐辽驱宋而都焉，名曰中都，分为大兴、宛平两县。明初改称北平府，未久改为应天，旋又改为北京，清仍其旧。中华民国十七年又改称北平，今为免读者误会时代起见，无分古今，以燕为标准名称。

大概今日南城之西南角，即金都之旧地。今日之鹅房营，殆即全城之西南角，其面积约等于今日全城之四分一。燕城处于浑河、白河之间。浑河即永定河，约在燕西十公里；白河在燕东二十公里，此古今未变之天然大水道也。

凉水河界于浑河、白河之间，在通州之南，流过张家湾而入于白河。凉水河之源不远亦不大，不过是城南之泽耳。

另有一河名沙河者，亦界于浑河、白河之间，而在通州之东吐入白河，其源不远，即是西山、北山耳。平时无水，雨期之中乃有水（浑河即是永定河）。

沙河又有北沙河、南沙河之二支。北沙河又名溪河。南北沙河汇合之处，有一大村，名曰沙河村，为北京至张家口之要道。沙河村之北有白浮村者，其北面之山水，亦于沙河村流入沙河。

金时之中都，离潞水二十五里。高良河及白莲塘之一部分，联成

1. 原载于《中华工程师学会会报》第 15 卷（1928 年 7 月），第 7、8 期。全书页面下端的注释均为编者注。

运河，而通于潞河。山东河北（直隶）两省，赖此运河以得联络，中间设有数闸。

金时之重要航道为白河及卫河，而卫河之吐水于白河，乃在天津之近地。

运河之一段，自燕至临清州为金时之原道。

由燕至通州，金时名曰大通河，亦名通惠河。

据金史所载，自燕至通州，水流太缓，泥土积滞，航行不便。当时有人建议，由运河左岸有一地名金口者，高于燕城一百四十尺，由此作渠，引水入于运河，则可使运河之流较急。此河自金口达于城濠，五十日而工竣。然其成绩不良，有时水流太急，有时水流太缓，而沙泥积滞。五年之后，上阳村近地之河岸溃决。又六年之后，有人以水灾为虑，建议堵塞金口，朝议是之。

据元史所载，金时之渠，起于麻峪而经过金口，其水灌田千顷。渠成距今 662 年，以西历计之，则为 1266 年。当时运送石木，皆惟此渠是赖。战时，金口为大石所堵塞。元时有人建议疏浚，但为预防水湮燕城起见，在金口之西南，另辟一渠。

元史又载，浑河之水，仅用以灌田。通惠河之水，则来自白浮，其渠之起点在西，折向南方而过双塔河及榆河，又与一亩泉及玉泉相交（今尚有一亩园在焉），再由西门入城，由东门出城，再经过高丽庄而流入白河。和义门外相距一里处有一闸；第二闸在和义门；第三闸在城内海子；第四闸在丽正门外；第五闸在文明门相距一里处；第六闸在第五闸之东南，相距一里；第七闸在第五闸之东，相距一里。由燕至通州则有四闸。

元之和义门，即今之西直门。元之崇仁门，即今之东直门。元之顺承门，即今之顺治门。元之丽正门，即今之正阳门。元之文明门，即今之崇文门。而元之肃清门、光熙门、健海门、安贞门，则今无存焉。阅图 2 及 3，可资比较。

元史又言，渠自金口至高丽庄，长一百二十里，宽五十尺，深二十尺，水在高丽庄吐入于御河。

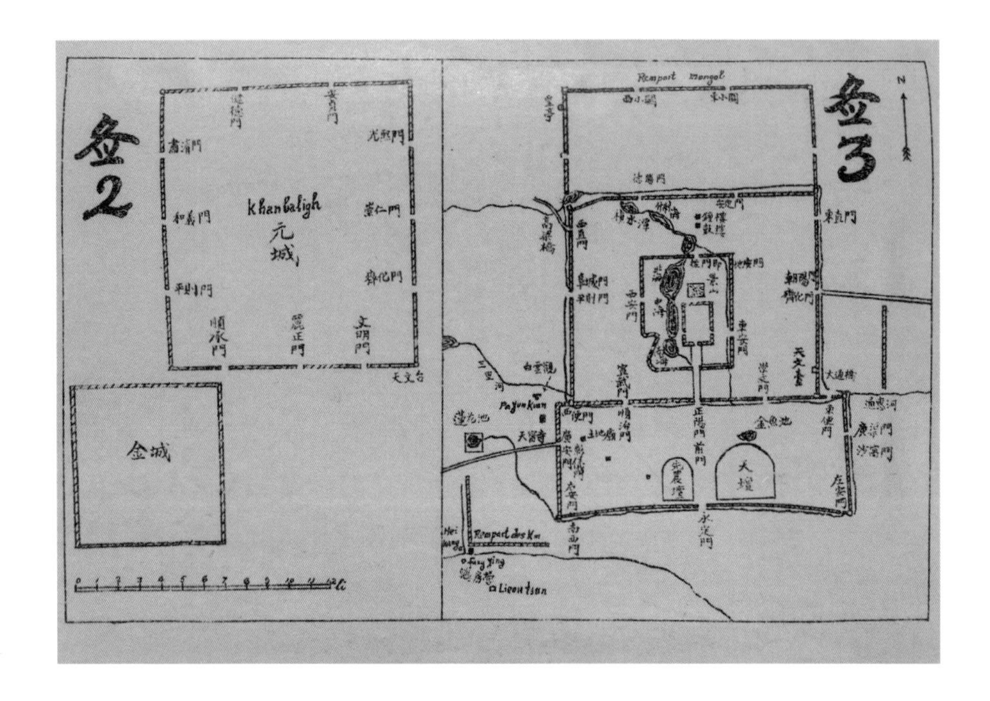

燕之西北十公里，有一湖，名曰昆明湖，即今日颐和园内之大湖。其水来自玉泉。此湖之水之一部分，流成一河，名曰清河，经过清河村而流入于沙河。

西南角有一小河，据明代出版之《春明梦余录》所载，此河明代称曰三里河，元代称曰文明河。其水吐于城濠，且与大运河贯通。其西北约五里有一小湖，名北海楼。湖上有七百余年前之古迹，名曰钓鱼台。钓鱼台系乾隆所辟，然而金时已有此湖，且已作为帝皇之游湖。

莲花池在彰仪门西南二公里有余，略成方形，周围约二公里，其水向东南流入于城濠。莲花池之水，在宋金时代流过金都。

汇观古今之渊源，可知燕城之水，古时有二路，其一来自北面，即自白浮至昆明湖，与玉泉之水汇合而流至城之西北角；其二来自西面，即自浑河之金口，经三里河而至城之西南角。

（二）今日之痕迹

古今水道相比较，自白浮至昆明湖之渠，今已灭迹。金口河之西段，古迹尚存，东段则不易识别。若夫昆明湖下游及望海楼、莲花池各流，则存犹如昔，不过较为淤塞耳。自燕至通州，则水道依然在焉。

由平则门向西至石景山，约计二十公里，山高约一百四十公尺。金之遗迹，尚有存者，而明之建筑则所留较多。

金口是壑，宽约半里，高于运河水面约四十或五十华尺。

金口河为东西向，但非直线。今尚易认其痕迹，土堤尚存至老山村而止，而石堤在壑之西口。

兹将顺直水利委员会测量所得，及据乡人所口述者，分叙如下：

（甲）测量所得者

如图 4[2]，PR 是公路之桥，俗称为洋灰桥；RW 是铁路之桥，麻峪

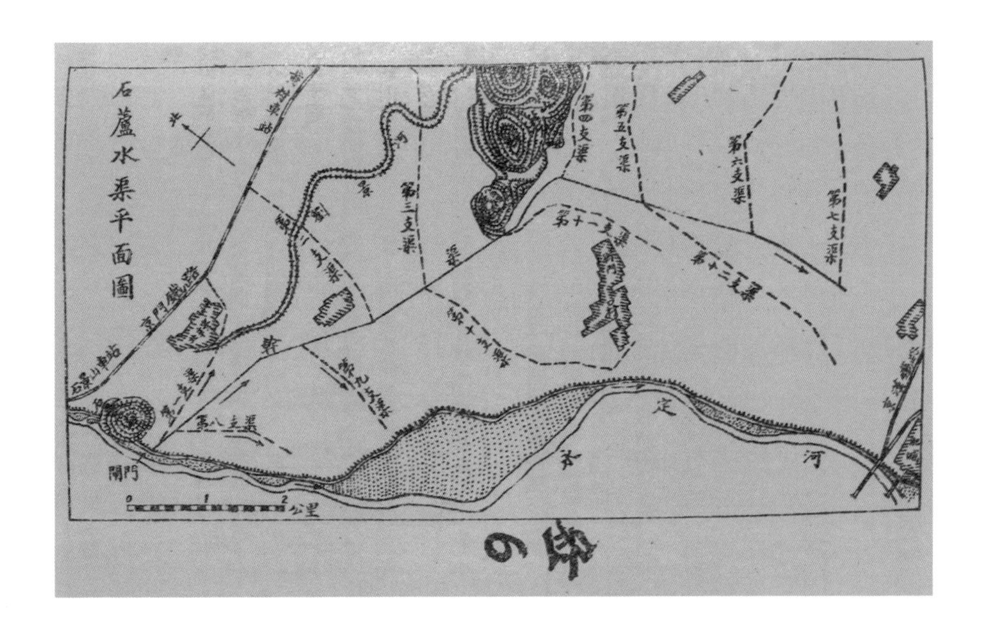

2. 图 4 见本书末，微信扫描版权页二维码后，可通过链接，上电脑高清放大浏览该图。

村在其东南，磨石口又在其东南，石景山又在其南。民国十七年，华洋义赈会造成之石芦水渠，以此为起点。参阅图 6，即石景山之南跟，此渠之首段。据称循古渠之原道，古渠之南之村名如下：

庞村、古城村、八角村、梁宫庵村、铁家坟、诸家庄。

古渠之北之村名如下：

北辛安、杨家庄、龚村、田村、定惠南村。

古渠之痕迹，不达诸家庄而已止。

古渠尽头之东，稍在其北，又有渠痕。在其南者为蔡公庄，在其北者为西钓鱼台、东钓鱼台，南北分而复合于望海楼，望海楼向南，经白云观之北而至城濠，名曰三里河。

水平线如下：

右安门 43 公尺	白云观 46 公尺	望海楼 52
北辛安西边 80	庞村 83	麻峪 100
三家店车站 106	门头沟车站 109	

然则自三家店至右安门之高低相差 63 公尺。

论其路程，自三家店起，经过庞村北，循北辛安、杨家庄、诸家庄、望海楼、白云观、广渠门，乃至右安门，约二十九公里，则高与距之比为 63/29 000，即大约 2.17/1000。

（乙）乡人所述者

由北辛安至诸家庄之西，名曰金口河。由诸家庄之北至望海楼，名曰旱河。由望海楼至白云观，名曰三里河。

金口河南面之村名如下：

龐村	距河一許里	相距三里許
古城村	〃 二 〃〃	〃 三 〃
八角村	〃 半 〃〃	〃 三 〃
老山村	〃 一 〃〃	〃 二 〃
良功庵村	近河	〃 三 〃
鐵家坟村	〃 里許	〃 三 〃
甄家坟村	〃 〃〃	〃 三 〃
諸家莊	〃 一 〃〃	

北岸之村名如下：

山下村	在石景山下之河旁	相距三里許
北辛安	距河一里許	〃 六 〃
金頂山	〃 八 〃	〃 五 〃
楊家村	〃 五 〃	〃 五 〃
龔村	〃 五 〃	〃 四 〃
田村	〃 三四 〃	〃 三 〃
黄家坟村	〃 二里 〃	〃 七 〃
八里莊之定惠寺	〃 二 〃	

以上北辛安之名，见于古书。杨家庄殆即古书中上杨村。

由今年追溯七五三年前，浑河曾泛滥。此后金口渠乃经过八宝山，渠身距田村约一里许，田村在香山至八大处之途中。再下游则至钓鱼台之近地，而却不入钓鱼台，或者古时贯通而今则堵塞乎。

钓鱼台之后，古时水道已不可寻，以意度之，古河殆向东南而至莲花池。（阅图 1 及 4）。

就俗称旱河及三里河言之，自定惠寺向东南至小村，名曰八宝村。向东至西钓鱼台村，该村在旱河之北，再向东至龙王庙，该庙距河仅数步。

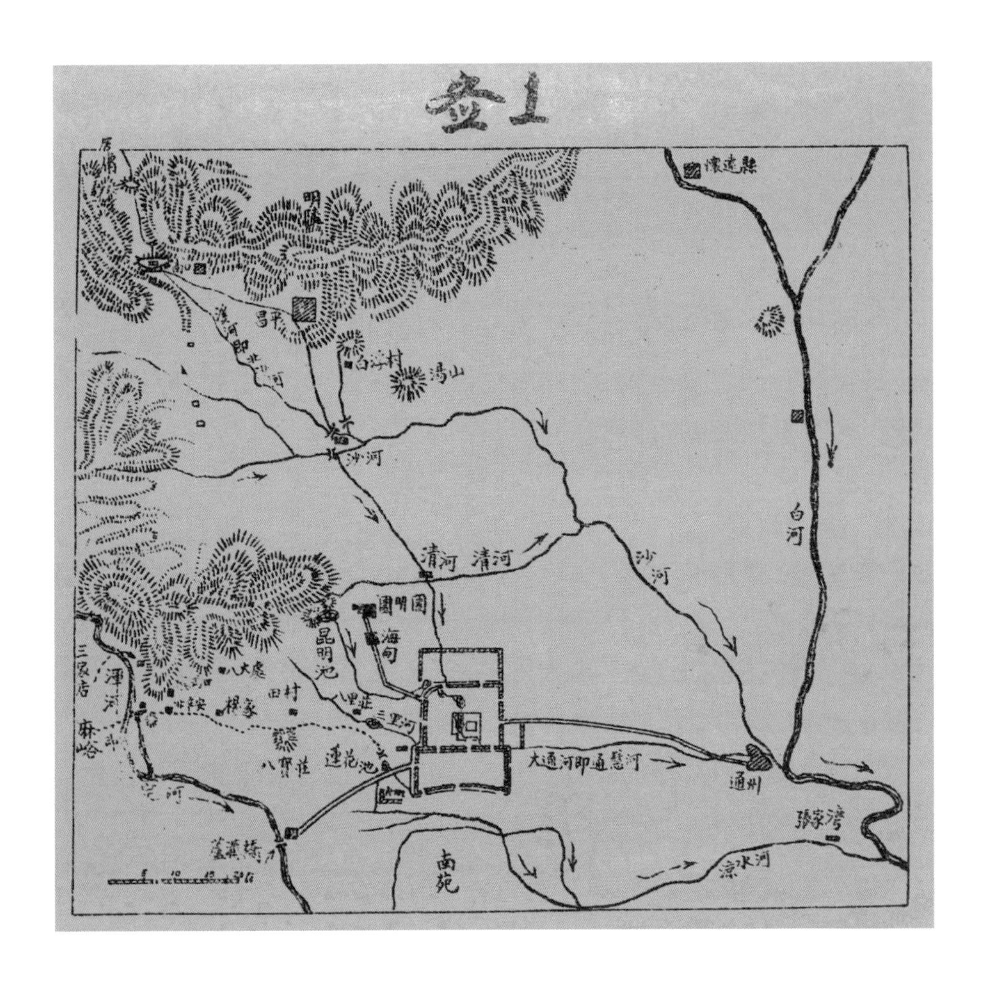

再向东至骆驼庄，亦称罗道庄，该庄距河约三四华里，庄西有桥，由桥向东南则至东钓鱼台村，距河甚近。村旁有一园，名曰望河楼园。园前有桥，距数武[3]又有一桥，名圆通观桥。所谓旱河，殆止于此，自罗道庄迤南乃至圆通观，成为南北两岔，其形似枣核。

自圆通观起，可名之曰三里河。由观前向东至天缘寺，距河约半华里，又向东至三里河村，其西南有清真寺，寺后有桥，名曰三里河桥。再南二华里有余有一窑，名曰盆窑，其旁有龙王庙。再南约一华里至土地庙五统碑之间，河势折湾向东。再经过铁路而至白云观后面，乃至西便门角楼，与城濠会合。

由诸家庄起，旱河南面之各村如下：

諸家莊		相距三里許
九家坟	距河一里許	,, 三 ,,
羅道莊	,, 四 ,,	
柳林館—蔡公莊—圓通觀	,, 一 ,,	,, 二 ,,

蔡公庄在柳林馆南，约一华里，庄之东为望海楼桥，庄之东南为圆通观桥。

观西二三华里为凤凰嘴村，观之西南三四华里为六王坟。观南三华里为五统碑，观东有药王庙。庙东三华里为三里河桥。五统碑西南为土地庙，再东五华里为白云观。

（三）城厢之水道

莲花池、望海楼，前已叙论，殆皆是低洼之地，名之曰泽可也。其水皆流于城濠，再由右安门向东，又经过广渠门，向北而合流于通惠河，如图 5[4] 是也。莲花泽之水，流至鸭子桥，经过白石桥，此桥殆不甚古，而其水道则或是古道。金都之北墙，想即此在水道之旁。

燕城主要之水源为玉泉山之山泉，如图 5。流至颐和园北墙，分二股，大股入颐和园，小股至青龙桥而溢入清河，再过孙河而入白河。大股是正流，小股是溢流。正流由园之南水门流入长河，分为二道，其小量向南，其大量向东至松林闸，入积水潭，绕道而入后海（即什刹海）。

途中有农事试验场，即三贝子花园。流至城之西北隅，分为正副二支。副支向南入城濠，至西便门而与望海楼流来之水汇合。再向东经过宣武门、正阳门、崇文门，以抵东便门外之大通闸。正支向东至德胜门外之松林闸，又分二股，副股是敷余之水，向东过安定门，绕朝阳门而赴大通闸，正股由德胜门迤西之水门入城，达积水潭，再至响闸。

响闸分水为正副二股，副股入后海，即什刹海，再回至地安桥，入御河，而往水关，以趋于大通闸。正股经西压桥以入北海之北墙，由此又分甲乙二股。甲股向西越北海而入中海南海；过织女桥，以入中山公园；顺西墙往南折东出园，以入金水河；过天安门前之石桥，以抵玉河桥（亦作御河桥）。乙股向南，经浴蛋河，再向南循景山西畔，再经鸳鸯桥，入筒子河[5]，向南亦达中山公园。

（四）研究之结果

凡一都市，有水乃有生气；无水则如人之干痨。燕城能否有生气，能否不成干痨，实一问题。此问题不难解决，合泽、泉、河三物整理之而已。

泽即望海楼及莲花池，泉即玉泉，天然之顺流。七八百年来帝力之经营，惠于我人者良多，稍稍再加人力，即无遗憾。河则有永定河可资利用，自金历元至今，时兴时废，迄未有澈底之解决。然而金口河、旱河、三里河，虽已淤积，而古人实示我人以途经。若于三家店车站之近地，分取永定河之水流，循东岸以至庞村之北，再循金口河之古道，于诸家庄相近之处，辟一短路，以入于旱河之古道；再循三里河以达西便门，复展前三门之城濠，以成良渠；分段建设活闸，闸门启闭，便利航行，而干痨之病亦赖以废除。此种小规模之工程，视世界之红海运道及巴拿马运道，实一粟与沧海之比耳，我人奈何不努力行之？至于工程上之技术问题，容另论之。

---

3. 距不远处。
4. 见本书末。
5. 其为紫禁城的护城河。

02 京西静宜园之保存[1]

1925 年

静宜园（香山），金磊摄

香山两项事业，常人视如寻常者，仆视为社会之大事，亦为国家之大事，即贫儿教育及景迹保存是也。

贫儿教育，鄙人惟有祝前途之持久而已。景迹保存，则不揣固陋，略有贡献。惟所贡献者，或皆已为当局者所见及，姑妄言之以效负曝之愚而已，且乞恕勿疑为讥评。盖鄙人钦佩极深，故不觉言之切也。

（1）庄宅建筑之前宜交工师审查也

园山相宜之地，许建山庄。一足以将园景供公众享受，二足以使古迹保存，三更可以随时进展，四足以将地租济助贫儿教育，美意良法，洵无间言。惟查所建庄宅，于地点已属适宜，而其位置，尚未尽善。试举二例，如玉华山庄及森玉笏两处是也。

玉华山庄之厨房，与道路逼近。因此而菜皮炉灰，堆积如山。游人拾级而升，触目皆是，风景为之大杀。

森玉笏为本园最峭之岩，而房屋居于前面。假定该房出租于人，则游人一至房前，辄疑其为私地而不敢前进，因此不能实履森玉笏之佳境。兴盛而往者，将兴衰而返矣。

总之，庄宅之位置，须格外慎重，否则风景反而掩蔽。庄房愈多，风景亦将愈恶。随地随时，惟墙垣瓜皮菜根炉灰之是睹矣。夫古迹之宝贵，胜于性命。一人死而他人复生，可补救也。惟古迹一破则天地造化，亦无法补救。且古迹之亡，更甚于风景，虽用亿兆京垓[2]之代价而不能恢复者也。鄙人兢兢于此一节，职是故也[3]。庄宅之位置，既须使本宅极便利而又极风雅，又应使游行之过客，望而兴生，流连不忍去，断不可使游人有掩鼻而过之之恶感。至于林泉，则只可利用而不可毁伤。凡此数端，于建筑前，由专门工师一再实地观察，就房图严密审查。凡廊之位置，厨室之位置，仆室之位置，一一须使公私两益。廊为避暑人镇日自由坐卧之地，若太显露，实不相宜。厨房则秽水及残物甚多，最堪厌恶亦最杀风景。仆室亦然，即就建筑自身言之，已次于正房，故皆宜隐而不显（或者曰，筑墙以遮游人之目，可乎？曰否否。高墙者，亦是杀风景之恶物也），其不合宜者应修改之。照此项审查及修改，并非简易之事，普通人决无此见解，故非委托专门工师不可。

（2）建筑废料须随时撤除也

图书馆东南角沟坡有碎砖破瓦一堆，想系建筑时之废料。此外各处亦常见有同样废料。自后庄宅日多，废料亦必日多。急宜于租地章程内规定办法于建筑完工时，应由当事人一律撤除净尽。

（3）卫生事项须严重执行也

任何场地，居人游人一多，则卫生事项，即不可一刻放任。鄙人某日早晨拟徒步于山壑，以吸松林香气。不料一离甘露旅馆东北门正欲入纾

1. 原载于《中华工程师学会会报》第12卷（1925年），第5、6期。静宜园即香山。
2. 古代以十兆为京，十京为垓，意为众多。
3. 缘由在此。

曲之佳道，即闻一种不堪耐受之臭气。及既入后，乃见黄黑如酱之怪物七八堆，迎面触足，令人不可向迩。某日午前访鹿囿古迹并登看云起高亭。乃初得路径，即又见矢橛数堆，兴致为之大扫。适晤一园丁，询以何人所为。彼有惭色，并云以后不再自便。然而此后鄙人未重履斯地。则怪习惯之除去与否，不得知也。至于宫门前面之北墙角，灰土堆积，车夫皆自便挥洒。凡此种种，急应出示严禁。但禁令而不济之以检察，则禁令等于虚文。故又宜派勤丁，每日遍地检察，而春夏秋三季，则检察尤宜严密。

（4）炉渣灰土须设法运出也

居人游人渐多，则瓜皮菜根等项，须有每日运出之必要。而炉渣灰土，亦须间日清除，万不宜弃于沟壑。盖山间沟壑，即风景之精华也。慈幼院女校后门桥畔之灰渣，堆积甚多，与绿柳青草相辉映。将来堆积渐多，非但大杀风景，且恐有糟蹋古迹之虞。一日，鄙人立于该处玩赏激流，忽有仆人持一畚箕向沟倾倒，急视其为何物，则灰土杂纸等是也。嗣见一管理员，鄙人婉进劝告，彼唯唯应命。且极言管理上偶一疏忽，即笑话丛生。则该员固明白大体者，然仆人愚懒，不保爱风景古迹，比比皆是。苟非悬为励禁，恐不足以收效。

（5）高墙宜逐渐改用矮墙也

绿树青草，与夫沟壑之起伏，风景之本根也。高墙者，止游人视线之障害物也，不得已则为之。可免则免，可少则少，可小则小，皆美术上应注意之事也。例如图书馆东南即慈幼院后门之隔岸，石路傍之石墙，高约四尺，不可谓非矮矣。然沟底风景已非人目所能见。鄙人殊觉此墙之耗财而反有害。此类之墙，以后如有修理之机会，宜改为高度一尺余之矮墙，只免行人失足可矣。此外各墙，凡属此类者，旧者宜乘机改矮，新者宜不再砌高。如是则费用省而风景益佳，岂非两益之道乎？各家庄宅之篱墙，亦应于事前双方约定办法，不可取放任主义。

（6）宫门前之小高堆应移远也。

（7）甘露旅馆之管理法宜改良也。

（8）宜设棚房以庇车夫行人等。

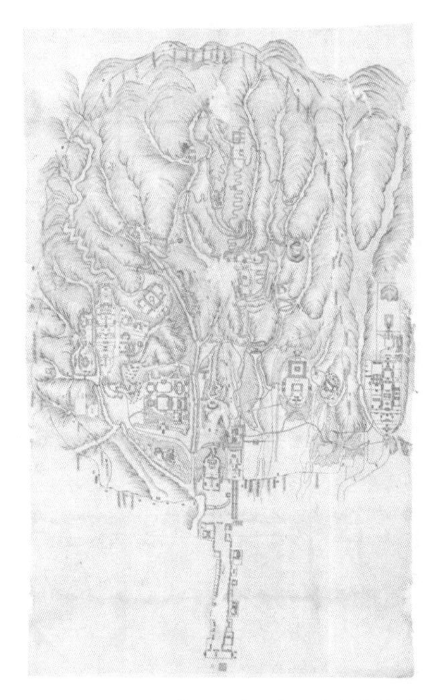

香山全图 1800 年（选自《国家图书馆藏样式雷图档：香山玉泉山卷》，国家图书馆出版社，2019 年）

《静宜园二十八景图》轴，清代董邦达绘 自故宫博物院网站

03 北京近郊之公路及古迹[1]

1927 年

衣食住行四事为人生生活之四要素，盖人不能不衣，不能不食，不能不住，不能不行也，行则必须有路，故公路为文明各国所最重。美国近年统计，公路总长七十八万八千八百公里，即一百五十七万七千六百华里，愚者骇之，其实乃寻常事耳。我国反是，除土道外，绝无所谓路者，直可谓为无路之怪国。京兆区内且如此，遑论他处。近年来人智萌芽，稍知公路之重要，故京郊略有寥寥数十里，凤毛麟角，洵可贵矣。惟京郊古迹最多，为外省所不及。而此寥寥数十里之公路，却足以方便参观胜迹之旅行，故特将公路与古迹连类述其大概于后。

（一）京青路

由北京西直门，经海淀、万寿山，至青龙桥，长约三十华里。海淀系一市镇，无可记述，惟近日燕京大学位于斯，将来成为学区，可预料焉。海淀之后，向右转一里许，即可到清华学校，并先经过圆明园故址，遗迹尚颇可观。向左转即达万寿山，亦称颐和园，其东北隅即青龙桥也。

（二）青阜路

由青龙桥分为二路，其一曰青汤路，其二曰青阜路。青阜路者，即由青龙桥至玉泉山，至碧云寺、香山静宜园，至八大处、小黄村，至九天庙，再折至北京阜成门之路程是也，计长约五十九华里。玉泉山即前清所谓静明园，山清水秀，乾隆称为天下第一泉。西行约十五华里，有

1. 原载于《中华工程师学会会报》第 14 卷（1927 年），第 11、12 期。

极短之支路一段，至卧佛寺，古代名刹，实有一游之价值。折回再西行二华里许，至碧云寺，亦一古刹，建于山半，大殿数层，其罗汉堂一处，有楠木罗汉五百零八尊，每尊身高七尺许，有塔一座，高入云霄，又有山泉，名曰龙口，虽至隆冬，泉流不冻，洵京西最大之古庙也。由碧云寺折南半华里许至香山，即前清所谓静宜园是也，内有慈幼院，收容幼年男女，分别教养。隔溪有龙王堂，风景特殊，暗井尤著名。出香山门，马路环绕，西行十余华里，至八大处，又名四平台，累朝建寺有八，故名。丛木骈阴，岩翠扑人，不愧为西山著名之胜地，其碧摩岩最幽雅。由八大处南行过小黄村而东，至田村，再东行而回至北京之阜城门，其自八大处至阜城门一段，约长二十五华里。此路上之游览，马车、东洋车、自动车皆可用。香山或在八大处，皆有新式旅馆，餐宿小憩，皆无不可。自动车一日往返，每辆约二十元；人力车价洋二元，但宜在海甸[2]及香

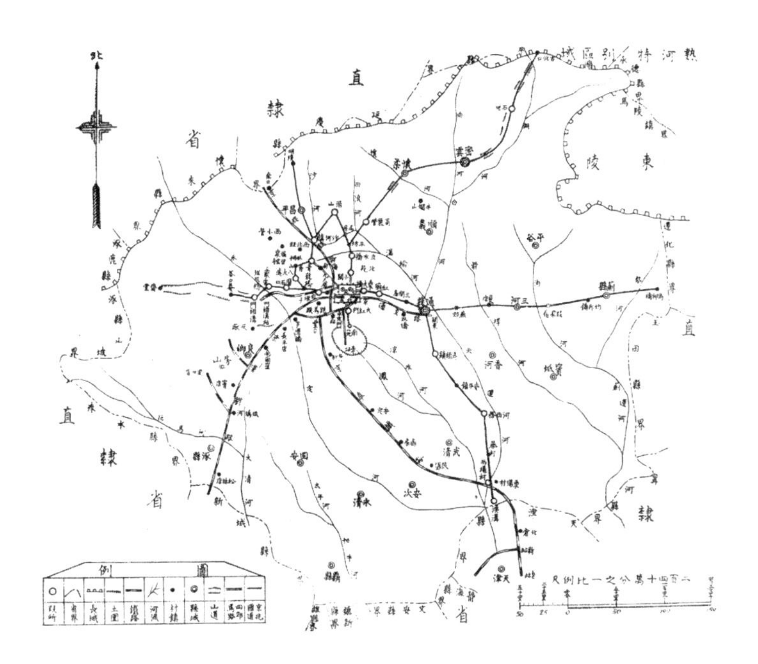

2. 海甸即海淀。

山换车为宜，因可节制人力也；马车最不便，因马不能不休息也。

（三）青汤路

由青龙桥经红山口、西北旺，及沙河镇至汤山，名曰青汤路，路长约七十余华里。沿途无特殊之物，惟经过安济及朝宗两大桥，建于明代，为口北赴京师之冲要之途，略有历史上之记念耳。大汤山先于小汤山，凿凿无物，小汤山以温泉著名，前清为御园，今则公之于众矣，旅馆浴池，皆是新式。此路如欲于一日内返京，则非乘自动车不可。第二法由西直门乘京绥路火车，至沙河镇下车，改乘汽车或东洋车，但皆须预约，且一日内决不能返京耳。此泉浴之，可以健身。

（四）京汤路

由北京安定门至小关约五华里，再由小关至平坊至马房村至汤山，名曰京汤路，总长五十华里。由此路赴汤山，其路程较由青龙桥折往者，约近一半。由京乘自动车，约需四十分钟，凡专游汤山者，多取此路。惟有特别情形，始取青汤路耳。

（五）明陵路

由京汤路之沙河大桥折西，经昌平县治[3]而至明陵，曰明陵路，长约四十四华里。明陵在昌平县城北约二十里，即明代十三陵，别之则为成祖长陵、仁宗献陵、宣宗景陵、英宗裕陵、宪宗茂陵、孝宗泰陵、武宗康陵、世宗永陵、穆宗昭陵、神宗定陵、光宗庆陵、熹宗德陵、庄烈思陵。此十三陵中，以长陵为最壮丽。综其缘起，自明成祖定都燕京，巡幸天寿山，观其山环水抱，气聚风藏，因卜兆于斯。近山有小轿，俗称扒山虎，可以代步，计由京乘汽车直达明陵，费时约二小时，每辆往返约二十余元。但亦可舍公路而取铁路，京绥路之南口车站，有旅馆，代雇小轿，较更便利。

---

3. 县治，县政府所在地。

（六）青门路

由青阜路之小黄村至磨石口至门头沟，名曰青门路，长约三十华里，经铁筋大桥。此处煤矿甚富，名曰硬煤，近有用机器者。煤较良，但无古迹可寻。

（七）京古路

由京汤路之小关，向北行五十华里，至高丽营，再北行四十华里，至怀柔县治，再北行四十华里至密云县治，再北行一百华里至古北口，此路无古迹可寻，而于商务上则有密切之关系。由京至古北口，有长途汽车行数家，计由京至高丽营，每人车价洋一元；由高丽营至怀柔县治，洋一元；由怀柔县治至密云县治，洋一元；又由密云县治，至古北口，洋三元。所惜者，此种长途汽车，草率粗劣耳。

（八）京津路

由北京朝阳门至东大桥，路长三华里；再东行四十华里，至通县；再东南行八十华里，至河西务；再东南行六十华里，至杨村；再东南行二十二华里至汉沟；再东南行三十五里至天津，共计二百四十华里。此路无古迹可寻，惟京津铁路外，以此为交通上之利器，紧急时以汽车行之可也。

（九）南苑路

由北京永定门至大红门，长约八华里，再行二华里至南苑，名曰南苑路，洋车往返约洋八角耳。

（十）通蓟路

由京津路之通县经三河县至蓟县之马神桥，名曰通蓟路，长一百七十华里，该路因军运而筑，故沿途均由各县分任管理，路亦不良。

04 北平中山公园钢筋混凝土桥[1]

1928 年

北平中山公园，前称北京中央公园，于今秋将水榭扩大，并欲添造铁筋圬工[2]之桥，以贯渡莲河。又将河西之游廊，在桥面接续以至水榭。故桥之宽度，与廊之宽度相同。该桥系弧桥两条所合成，用横撑以联系之。弧梁之上有柱，柱之高者有斜撑，低者无之。柱受托梁，托梁受地板。

弧桥系三半骱式[3]，盖拱顶是半骱式，两跟亦是半骱也。以上各物，一律用铁筋混凝土，阅图自明。

工事分为二次，桥台及弧梁与横撑为第一次，柱及斜撑及托梁与地板为第二次。第二次距第一次四星期，一恐第二次之模壳工事，振伤第一次之工作物，二可将第一次之木料，移作第二次之模壳也。

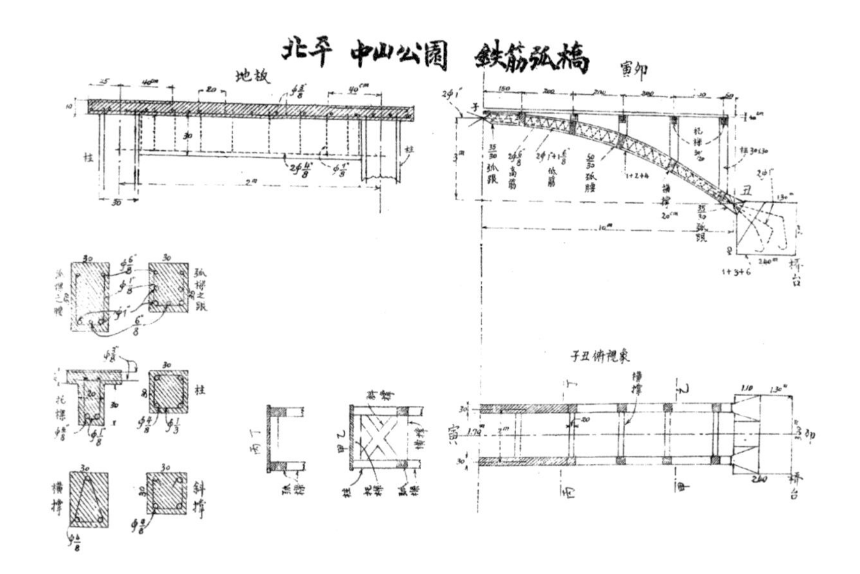

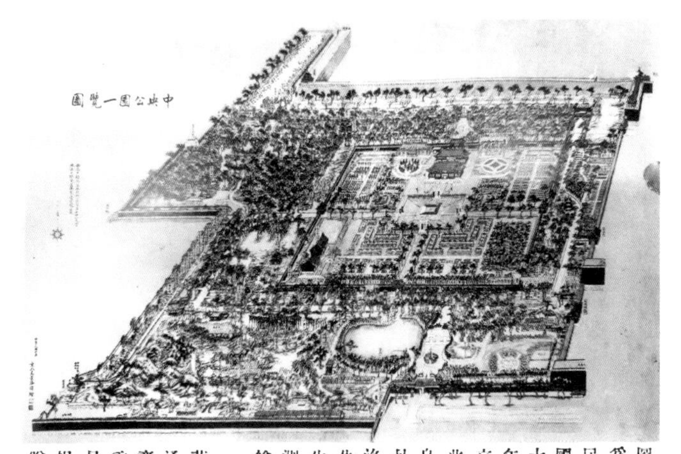

中山公园一览图，1921 年京兆乌景洛先生测绘图，华南圭委员捐赠
自《中央公园二十五周年纪念册》，1939 年

1915 年华南圭设计的唐花坞当年情形（图三花房），自《时报图画周刊》，1921 年 12 月 12 日。20 年后因水蒸气侵蚀桤檩木料，由汪申重新设计（刘南策负责水暖设计）并经华南圭审核，修建于 1936 年，改为钢筋混凝土结构，但仍保留了原设计的燕翅构思。

1. 原标题为《北平中山公园半阶式之桥》，原载于《中华工程师学会会报》第 15 卷（1928 年），第 9、10 期。华南圭于 1915 年至 1938 年始终担任中山公园设计课委员，帮助朱启钤建设中山公园，初步建成和开放之后，还多年参与一些完善工程。
2. 钢筋混凝土。
3. 半阶式，平面滚动式铰链连接。

05 北平特别市工务局组织成立宣言[1]

1928年9月13日

《市政公报》1928年第3期

本局组织，今日始能正式成立。以前种种，譬如昨日死，以后种种，譬如今日生。民生主义，包括衣食住行四字，除衣字非本局职掌外，其住行二字，全属于本局之职掌，食亦与本局职掌有关。盖入于胃之前，菜场、市场乃至厨房，市政工程之事也；离于肠之后，小便大便室以及粪坑粪场，亦市政工程之事也。然则本局实为民生主义之大枢纽，责任之重，可以想见。今日新旧同人，跻跻一堂，除向先总理及党旗国旗宣誓外，窃愿再以前次就职时宣布之主义，分人与事二字，再与诸君一申言之。

（甲）革命精神宜保持也。革命有革命之形式，革命有革命之精神。规约章程等项，形式也。以公忠体国之心，时时向革新除旧之途径进行，

1. 原载于《中华工程师学会会报》第15卷（1928年），第5、6期。

精神也。形式上之工作固重，精神上之改革尤不可缺，须有真精神寓于形式之中，则革命方有真效。从前万恶官僚，万恶军阀，若就字面以衡其行为，则官僚军阀皆可称为革命党，蜂拥而来，狐群而聚。每次就任新机关之首领，对于前任所办之事，不问是非，往往恣意推翻，凡前任所用之人，不问良莠，往往概行抹煞。以此行为解释革命，则假借革命名目以为恶者众矣。此岂先总理提倡革命之精意乎？至于精神革命，亦有团体革命及个人革命之区别。予自幼即抱个人革命之主义，中年留学法国，正同盟会暗中活动之时，今日之元老，半是当时之巨子。予主张个人革命，故未加入团体革命，然而革命之精神，始终未懈。其时曾译一书，名曰《法国公民教育》。此书内容，饱含革命精神，盖法国大革命之后，系用此书以统一革命思想者也。商务印书馆出版，未知今日尚能觅得其残编否。辛亥回国，服务铁路至于今日，始终以“廉、能、勤、健、俭”[2]五字为个人革命之准绳。就“廉”字言，铁路用款最巨，用人最多，十七年未受一钱之贿赂。则自今以后，自信不至失节，苟一失节，则予即是贪官，应遵誓词末语，受严厉之处罚。就“能”字言，当世不责以万能，谨当竭我之一能。工务局长及前京汉铁路工务处处长，以西文释之，即是总工程师，名与位须相副，窃名盗位，罪更重于攫金。北平方面，苟有他人，其才能在予之上，则予必长揖相让。或者予于承乏之后，庸庸碌碌无所表显，既无让贤之意，又有嫉贤之心，则予即是污吏，誓受严厉之处罚。就“勤”字言，若旅进旅退，徒拥虚名，若尸位素餐，与旧官僚无异，则予仍是污吏，誓受严厉之处罚。“健”为工程人员资格之一种，世人以赌博戕其身，年未半百，已就龙钟，萎靡不振，实多辜负于社会。工务局非残疾院，廉矣能矣而病或弱，则与自食其力之正义相矛盾矣。且也，新陈代谢，理势所然，日新又新，循环不息。年老者去，年高者来，年高者又提携年壮者，年壮者又训练年轻者，必如是而后可以言人材，而后可以言建设。予他日或竟明日，若病或弱而仍有恋栈之心，以妨碍人材之发

---

2. 1933 年华南圭执掌天津工商学院后，成为该校的“准校训”。见 480 页。

展，仍如旧官僚之四面运动以维持地位，则予即是公家之寄生虫，誓仍受严厉之处罚。至于“俭”字，非吝之谓，亦非啬之谓，乃是不浪费之谓。用钱有益则亿兆不为多，用钱无益则锱铢不为少。社会经济能力，只有此数，不俭则奢侈而私财竭，不俭则虚糜而公财亦竭，社会之危险，不堪设想。古人云俭以养廉，不能俭即不能廉，势所然也。世俗浇漓，达于极点，花天酒地，如醉如痴，婚寿生死之铺张扬厉，非但行之于直系家族，且行之于远系之家族，更行之于妾婢及其家族，数年来更有用阴寿阴婚之奇巧名目以敛财者。古人云，国家将亡，必有妖孽。此等靡风，直可视为妖孽之举动。予岂无直系家族者，顾生平未曾发一红帖或白柬，无非欲就俭字以实行我之个人革命耳。

予生平无奥援无后盾，“廉、能、勤、健、俭”五字，即是予之奥援及后盾。兼薪与不廉同，空言与不能同，迟误钟点与不勤同，不能耐劳苦与不健同，不爱惜公物与不俭同，信誓旦旦，不能如和尚念经之空口喃喃。予今日宣誓于青天白日之下，十目所视，十手所指，切盼同人监视于将来，且盼全市及普天下同志，监视于四方。而同人于此五字，亦应各自策励，庶可免于腐化。邵康节诗云：“非谓能写字，非谓能为文，非谓眉目秀，非谓衣服新，所谓十分人，直须先了身。”个人革命之精神，已全括包于此四个非字。团体革命有终止之时，个人革命则至死而后已。若非人人有个人革命之精神，则团体革命之结果，直等于零，其何以对孙总理提倡革命之先灵乎？

（乙）家天下之流毒应铲除也。从前有一般人，主权在握，专以位置亲族为惟一之新政，为人设事，不为事择人。近年来，非但政出妇人，抑且出于妾婢之手，某姨太也，某小娘也，以名器为苞苴之酬报，以国事为儿戏之玩具，虚糜国币，视挥霍家财尤甚，纲纪灭绝，廉耻扫地，号称平民伟人，更以妻子女及叔侄妹婿，包办一部大政，岂官不避亲之谓乎？抑圣男贤女萃于一门者乎？斯岂非“家天下”三字之流毒欤？此愿与同人明白说破以互相诰诫者也。

（丙）封建制度之观念宜打破也。封建制度，名义上久已废弃，考其实际，遗传性尚留于人间。今日某省人当权，则此某省人今日弹冠

1928年的市政会议合影，左八为工务局长华南圭，左十为市长何其巩，自当年《市政公报》第3期

相庆，明日他一省人秉政，则此他省人明日又联袂而进。私蔑公，强欺弱，亲侮疏，新挤旧，愚凌智，卑戾长，惰嫉勤，贪劫廉，邪害正，恶贼善，春秋时代只有六逆，今则增至十逆。君子道消，小人道长，皆此省区观念为其厉阶[3]。易言之，实即封建观念为其厉阶。先总理之民族主义，岂许以省或县为单位者乎？予自成人以至今日，名片上始终不载某省某县字样，夫亦鉴于封建观念之贻害，而欲行我之个人革命而已，

（丁）媚兹一人之恶习宜扫除也。竖尽千秋，横尽万国，功必不能属于一人，过亦恒为多人所养成。圣主若无贤臣，则圣主不能享其盛名；桀纣若无逢君之恶之群臣，则桀纣之恶名，亦何致遗臭万年？主臣二字，原系首领与属员之代名词，以大喻小，各机关各等级之主臣之间，功过实同负责任，劝善规过，献可替否？无一时可互相宽假。近年来，臣对于主，纯以媚字为媒介。主曰可，臣亦曰可，而更扬其波；主曰否，臣亦曰否，而又煽其焰，推媚之所极。兹一人之兄弟子女，固皆媚之；兹一人之妾妇奴仆乃至所谓马弁姘女，亦无不媚之。为主者闻谀言必喜，闻直谏必不乐，积习成风，除诈与伪两字，别无直情诚意之可言。平时虽多腹诽，见面仍唯唯诺诺，迨至身败名裂之后，始悟巧言令色之非，追悔无及，补救无方，皆“媚兹一人”四字之遗害也。

以上系就人字立言，再进言事字。

有人则事自举，孔子所谓人存政举者是也。无人而空口言事，纸上烟花，云中楼阁，无补事实。前月名公巨卿集于北平，其间不无故友，

3. 祸端。

向予征求条陈，予答之曰有，又答之曰无，并答之曰有而无无而有。友问何意，予曰：“予之条陈只一字，即人字是也。得人则无所用其条陈而事无不举，不得人则虽有旋乾转坤之良策，适足召祸国害民之恶果，则何必予之哓舌者？”

就北平市政以言事，且只就工务局范围以言事，治本之道，一须将古迹大加修缮；二须使全市不见灰土，且有优美之车道及步道，计其面积，约七百万平方公尺，至少亦须四百万平方公尺；三须使全市有充分之水量，欲达于此目的，应将目前自来水之能量，由每日七千立方公尺增至三十万立方公尺，大约须增四十倍，欲得此水量，不得不在永定河或孙河筑坝并设泸池[4]；四须有大小干枝暗沟，约一百五十公里，以宣泄一切污秽，并设沉淀池、提水厂、泄水渠及火化场；五须扩充电力，以增加电灯及电车道，并设架空式之电车道及步道，以免与火车道相交；六须浚河筑闸，引永定河或孙河之水，经过北平城南或城东，再由二闸下行，以利航行；七须设科学的技术的极大极完备之游艺消遣场，以减少市民卑鄙之娱乐。以上七项，合计约须六千万元，以十年分摊，则每年须有六百万元之的款[5]。说者谓为不可能，或则视为非不可能，因北平目前地方收入，每月五十万元即每年六百万元，若专用之于事而不糜之于人，谁谓其不可能乎？所可惜者，人相争而置事于不顾耳。既如是，则治本之道，姑待之十年之后，目前只可先就治标之道着手，不尚空言，切于事实，期于二三年内，达于最低良善之程度，举其大纲如下。

（子）北平为我国文化之中心，古建筑为北平之结晶，故保存古迹，须有切实之办法。既不可似保非保，更不可名存实亡。道在留其精华而去其糟粕，道又在公之于众而不为众蹂躏，时时爱护，年年修缮，不失之太过，亦不失之不及。第一步须先施防雨御雪之工事，以免其腐烂日甚，渐至不可收拾，此事言之非难，行之亦不易。即就北海大殿一宗而言，决非数千元之小款所能塞责。是故，凡系古迹，若不分别精华与糟粕而概加修缮，则财力不济，必致糟粕与精华，同归于尽。予欲权衡于顽固躁切之间，以美艺之眼光，施保存之手术。例如景山，纪念树已归枯朽，急须用铁亭铁栏以卫护之；山亭寿王殿以及松柏，皆当视为精华；北上门皂房及破砖之围墙，皆当视为糟粕，一则须整理之，一则须撤除之。东西二边之马路，亦须衔接以利交通，并以使故宫门前得有极大之广场，游人车马可免拥挤之患，添植花草，排列长椅，更能资点缀而便憩坐。又例如故宫，主要建筑，固是精华，而此处之围墙，亦可视为精华，东西北三面之皂房，则当视为糟粕而改铁栏，则游人可徒步以舒筋骨，又可俯瞰河莲以爽心目。目前无力用铁栏，不妨先改为低矮之疏墙，视今秽象刺目臭气触鼻之旧物，美与丑、荣与枯皆大殊矣。角楼已有坍倒之势，急须修缮其屋面，以阻止雨雪之侵蚀。又例如地坛，古建筑栉比如邻，遥望甚雅，地面宽广，树木成林，然而糟蹋龌龊，不堪言状。前薛子良[6]尹京兆时，曾辟为公园，名曰京兆公园。今则设备多已毁伤，急宜重新整理。务使市民于星期休息日，一入园林，便有心旷神怡之乐。第一步，恢复数年前之旧观，删除荆棘，修缮运动场及世界园；第二步，在隙地添设船塘及游泳池，使市民得以摇橹荡桨，又得以练习泅术，又在周围添设圆形沙道，饲养良马，使市

北京胡同土路——曾经的状态。自晚清香港华芳照相馆摄影集

（美）西博尼·甘博摄于20世纪20年代。自美国杜克大学图书馆馆藏

4. 水库。
5. 的款，确定可靠的款项。
6. 即薛笃弼，民国政府高官，20世纪20年代初期主管北京地区。

民得以练习骑术，电车应直达于该园门前，以节省游人之光阴及交通费用。如是整理之后，虽不能与巴黎之普乐林 Bois de boulogne 媲美，而亦可称为中国之普乐林，兼有古建筑峥嵘焕彩，更不愧为世界之名胜。又例如，旧总统府前面之围墙及平房，在雄伟古建筑之前面，杂此不中不西之丑物，譬如西子艳容，涂以小丑之粉黛，实为天下万国所耻笑，急宜一律扫除，恢复袁帝前之原状。至于东长安门以东乃至玉河桥之红墙，西长安门以西乃至新华门东角之红墙，则不可视为精华，只可视为糟粕，在盛清时代，原为分别贵贱阶级而设，今既无贵贱之分，且久为商民杂处，则去之惟恐不速。说者谓其有历史关系，仍宜保留，此言殊误，盖若仅以历史关系为去留之标准，则北平粪场，亦有数百年之历史，何独不应死力保留者乎？总之，欲谋北平之繁荣，以保存古迹为第一事，而保存自有其真道，不可漫无区别也。此外古迹急须整理之处甚多，天假我手，我必有所供献于社会。至于管理权则属甲属乙，另一问题，予惟盼于整理二字，能尽予之心力而已。一面整理，一面由他人管理，有何不可？

（丑）市长有言，际此图治之时，宜彻底鼎革，以除障碍而新观感。此言殊有深意。障碍之最大者，莫如前文所论之破墙及各城门之瓮城，又莫如城洞之太少，故宜将瓮城一律拆去，并多辟城洞，以利交通。说者谓可将城墙一扫而尽，略如武昌之办法。予却以为不然，一则无裨于实益，二则运去废土，费用甚巨，三则门楼于古迹风景皆有优点，不可一笔抹去也。

（寅）北平人民最感痛苦者为交通上之艰难。沥青土之公路，只须有二三条以示模范。此外应于城内城外，多筑石砟之车道，以普及为主义，每月总须增筑数里，庶几于十年之后，方能有粗备之交通。旧道须酌量翻修，期于平正，此为市长所期望，实与平民主义相符合。各胡同之土道，须先规正其水平线，并于二边挖成浅沟，务使水能泄泻；次乃于旧土铺以炉碴，又用碾机滚压，务使其无坎坷不平之处，同时整理其沟口及沟盖，并排除一切障碍之物。至于步道，亦须酌量添铺，免市民寸步难行之痛苦。

（卯）脏土堆积如山，运粪方法及公厕私厕皆恶劣，实为北平卫生上之大害，急宜在城外远地，辟一土场及粪场，添筑石碴车道，以使运土运粪，皆能迅捷。其运粪方法及公厕私厕之设备，卫生局自另有筹画，本局当协助之。

（辰）北平有臭河三道，甲为大明濠，乙为南北河沿，丙为护城河。甲已由前政府改成暗沟而尚未完工，市民乐之。乙之一段在使馆界内，早已由外人改为暗沟，其北端自玉河桥乃至东不压桥，苟不仿照办理，非但流毒于市民，抑亦贻笑于外人，苟改为暗沟，则旁及之利且甚大。其一，第一冬季，各户之废土及炉碴，可在沟面铺放而免随地堆积之害；其二，铺放达于相当之高度，压紧之后，加以石碴，即可筑成良善之车道。丙之利害同于乙，而更能得广大之官地，可有相当之巨值，惟宜在城之东南角设法将秽水倾注于二闸之外。

（巳）北平市民受行政之困苦，不胜枚举。例如呈报建筑一项，疲于奔命，苦于骚扰，往往历一月或二月之久，始能得到一纸空文之准许状。有时沿街之墙坍倒，历十数日可于路途窥见室家之好。其弊并不在官署之故意刁难，而在行政手续之不良，与租界相比较，利弊不啻天渊。改良之法甚易，予胸中早有成竹，一俟订定章程，规定表式，便可实行。此外内部之文书统计及簿记，一一皆须改用新式，务使完备而又简明，在职务上既易稽考，局外人亦不难按图索骥，一目了然。此外利民之事，千头万绪，一言难罄。市长已责令拟具详细办法，逐渐推行。既曰治标，其法应切近易行，其费应为财力所可能，而其运用之方，应最廉节、最经济而又效率最大。前市政公所征收车捐、铺捐、乐户捐，每月五六万元。现在财政统一，前项征收，已由财政局办理。如按月拨到一万元以作行政经常费，四万元作事业经常费，则予之治标计画，克日可见小效。如再能每月另筹五万元作事业扩张费，则予之治标计画，克日可见大效。总之，予长北平工务，以三民主义为圭臬，盼能于最短期间，达于民有民治民享之目的。予之措施，有一与此目的相反背者，同人应随时规诰，万不可随声附和，使予于不觉之中，渐陷于恶化腐化之境。孔子以一日三省诫弟子，予每日必腾出若干分钟以自省自讼。今为此郑重明白之宣言，以明予之素志，而标事之大纲，青天白日，昭昭在上。

如有渝此，请取我首。

06 玉泉源流之状况及整理大纲计划书[1]

1928 年

第一章 泉源及分流

第一节 泉源

静明园之玉泉，涌现于玉泉山脚，计东西共有七源，此源均系裂泉，即泉源经行河底或地面之下，随处有泉涌上，在水面作气泡状者，是也。源之处所，试以各该地之名，名之，其在园内东北部者，曰永玉，曰宝珠；在东部者，曰静影涵虚；稍南曰坚固林；在园内之西部者，曰裂帛湖，中曰趵突泉（即龙王堂之第一泉），西曰迸珠泉。永玉、宝珠、静涵三处，有南北出水闸二，在北者一孔，流出之水，除灌输功德寺一带水田外，流往青龙桥西面，由地下涵洞，流经萧家河[2]，入下清河。在南之闸为五孔，有桥，名曰五孔桥，流出之水，东流经新闸桥，入颐和园之昆明湖。其在坚固林之东者，有涵洞一，无闸。裂帛湖之东，有闸一，流出之水，均与五孔闸之水会流，并入颐和园之昆明湖。又第一泉之东，有南北二闸。北闸之水东流，合坚固林、裂帛湖两处之水，以同注于昆明湖。南闸之

1. 原载于《中华工程师学会会报》（以下简称《会报》）第 15 卷（1928 年）第 9、10 期。该文为华南圭于北平特别市政府 1928 年夏成立之前所拟，又在其八月一日担任北平特别市政府工务局局长后，以工务局名义发表。该文与其之前所拟的《北平之水道》（原载于《会报》第 7、8 期）和之后所拟的《北平通航计划之草案》（与此文同时发表于《会报》第 9、10 期）前后呼应，形成姐妹篇，也成为该届工务局和之后各届工务局同类文件的原始出处和基础。
2. 今称“肖家河”。

水则径入高水湖，至进珠之水，自行流出一闸口，以入高水湖，然今已不通，只东向以合流于第一泉之水。五泉之中，以第一泉源为最大，静涵、进珠次之。裂帛湖、坚固林、永玉与宝珠诸泉，面积既小，水量亦微，又次之。然询诸山民，以今较昔，连岁泉源，俱形大减。且第一泉之南部，与进珠泉之北部苇塘，全形干涸，此水量不旺之情形也。

第二节 支流

支流甚繁，但撮其要则可以七宗，括之如下：

（甲）高水湖

高水湖，即一部分玉泉水之储蓄地，除灌溉湖旁水田外，所余之水，即经由湖东之四涵洞，出而灌溉新闸桥以南，及颐和园墙以西之稻田。又湖水亦经由三孔闸，东南行经船营村，土人名为金河，又东南行，又东会于长河。其金河以东之田，均受金河之灌溉。高水湖之东南，复有出水口一，水流经住户秋宅之前，北坞村之东，以灌溉养水湖之田。由养水湖东南，直至大水泡子之苇塘，具赖此水灌溉。故此股水，至流入长河时，为量已无多矣。

（乙）昆明湖

昆明湖之进水处，以受五孔桥流来之水，为量最多。余由高水湖之水，入颐和园西墙各涵洞。至其出水口，约有四处。在颐和园北墙者，有小闸一，地名垂虹桥，水流出后，经象鼻坑，又东流，过大有庄，与由颐和园东墙出口之水（此处闸门俗称为出水闸，居园东墙之北部）会而东流，经自得园之北，计分二道：一沿石路东流，至圆明园西墙外之护墙河；一沿水田之西，经将军庙，转往西北，包围水田，至圆明园西北角，复与沿石路之水合流。所有圆明园北墙一带水田，均受其灌溉。此水尾闾，北行，经前河沿村之桥东，入下清河焉。又园内谐趣园以南，有水一股，南流，出园墙，经东宫门前石桥下，南行会二龙闸之水，以东流，灌溉营市街南面之水田。又东经马场桥，又北行入圆明园，即环绕圆明园内各湖，再东经东墙之七孔闸，以注于下清河。再颐和园新宫门之南，有涵洞四，流出之水均灌溉六郎庄一带水田。灌溉既毕，均东北流，往涵德闸（闸已废圮），复流经西苑操场濠沟，经宪兵营南面，东流至庆王府花园，过红桥而绕清华园之

20世纪三四十年代的玉泉山区域。（德）赫达·莫里逊摄，自哈佛大学图书馆馆藏

东南，北至大石桥以东，注于下清河。至于昆明湖之南端，则绣绮桥湖水，即由桥下流入长河。

（丙）长河（又名御河）

长河在昆明湖之东南，自绣绮桥至长春桥，共有涵洞八处，流出之水，分灌六郎庄、巴沟、南所、圣化寺、白房子、宝贞观一带水田。此水去路多东北行，经由西苑操场濠沟，东流沿海甸大道，又北至蔚秀园，南又西流，分入蔚秀园，并会西来之水，东北行，往红桥以东，注于下清河。在长春桥以南，长河本身有一支河，绕石佛寺之西，经广源闸之东，至白石桥，仍入于长河，此支河现已干涸。又紫竹院，有泉眼二，一在苇地北岸，一在紫竹院外，其水量甚微，仅维持方丈之地，不致干涸。至白石桥以下之长河，内有通农事试验场之水口七处，现在仅通四口，余均闭塞。又长河之水，至高梁桥东，复分二道，南行者往阜成闸，北行者乃往松林闸，皆属护城河矣。

19世纪末北京城里干涸的玉河，自晚清香港华芳照相馆摄影集

（丁）萧家河

萧家河在万寿山之北，即下清河之上流，自青龙闸北行百余丈，有岔河之水，自西南来会。又北行过萧家河镇，至后泥洼，及前河沿桥，遂与入圆明园北墙外之水会合。又东北流经平绥铁路下。又东流入下清河。

（戊）护城河

护城河自北平城之西北角高梁桥以东计分两路，一为城北之护城河，一为城西之护城河。城北之护城河，至德胜门外松林闸处，分两路：一由城外松林闸东流，经德胜门、安定门，绕城而南而西，经东便门，至尾閰二闸；一即由德胜门西铁棂闸，入城，经积水潭，至荷塘。水至此又分二路：一由响闸东流，经地安桥、东不压桥，南流入皇城，经北河沿、望恩桥、御河桥，出崇文门水关，入护城河，复东流至东便门，赴二闸；一由荷塘南流，经西压桥，入皇城内旧总统府。复分二路：一入蚕坛东大沟，由画舫斋，出旧总统府，经景山西大沟，入筒

北京城里干涸、淤塞的玉河，1900 年。Billie Love Historical Collection，英国布里斯托大学

子河[3]；一入北海，经中海南海，至流水音，由日知阁下，出旧总统府，经织女桥，至东河沿，又东经天安门，至御河桥，南流出崇文门水关。此城北护城河中间，分为四路，而终汇流以赴二闸之情形也。城西之护城河，经西直门、阜城门至西便门之东，又分二路：一入西便门水关东行，为前三门之护城河，复出东便门水关，赴二闸；一由西便门绕城，而南经广安门，复绕外城，而东经右安门、永定门，至左安门，复绕外城而北，至东便门，东流赴二闸。此城西护城河中间，分为两路，而终汇流以赴二闸之情形也。综观源流大势，及测勘所得，计现在城西北角河底，高于东便门河底约四公尺三寸，西便门高于东便门约五公尺二寸，此护城河水流，及其地势之大概也。

（己）城内水道

积水潭，十刹海[4]以东，及至李广桥之河渠，尚属齐整，惟河心间有浅垫，自李广桥经恭王府后身，至三座桥，河身均极淤垫，系倾倒拉杂煤灰所致。自三座桥经荷塘，经地安门，自西压桥，穿城入旧总统府内，自桥下分二支：一支由旧总统府之蚕坛、状元府、画舫斋，出府经景山西之大沟，入皇城之桶子河，南入东河沿，此路节节淤塞。景山西之大沟，已满瓦砾，皇城之桶子河，复筑坝种植，此路可认为已塞；另一支入旧总统府之北海，经中海、南海，由日知阁下，出府，经织女桥，入东河沿，东经天安门，入御河桥，经御沟，出水关入护城河。此路惟出旧总统府后，由织女桥至东河沿一段，稍形高垫，亦南海泄水不畅之一原因也。

（庚）前三门之护城河

自西便门至宣武门，河宽约丈余，岸线尚整齐，水流亦尚清。自宣武门吊桥，至金台旅馆，河身宽窄无常，窄处均因倾倒煤灰所致，河流因多停滞。自金台旅馆至前门吊桥河，为民房占据，窄仅一公尺数寸，且受煤灰及各种腥腐物之倾倒，故水流凝浊，臭秽逼人。自前门吊桥至水关，河心浅窄，南岸民房，占入河身者，长有六分之一公里，河身浅垫，秽水或流或止。自水关至崇文门北岸，垫积殊甚，南岸岸线甚齐，河身因干涸之故，极为浅窄，及近崇文门两岸，复因煤渣堆积、破房占据，而臭秽淤塞之状复见。自崇文门至东便门，河道窄曲臭浅，无复流通之性质矣。

第三节 水量之近状

玉泉水源，非如他处水源能呈瀑布之观，极不畅，用之于上游一带之水田，已因广泛，难期普及。及至下游之护城河，复分数路以资宣泄焉，分布不敷，干涸更见。平时履勘此御河，即不见各处有水，其底深之段，或有水潴，底浅之段，即现河底。此不独久晴及启闸之后，方如是，即甫经大雨，苟不关闭广安高梁二闸，亦如是矣。御河为玉泉入城之总汇，自身已易于浅涸如是，下游缺水，自更不能免。现护城河内间有积水各段，不过因全河失修，坑坎各异，底深者，较能潴蓄雨后

---

3. 昔日为筒子河的另一称谓，为尊重史料，两个称谓在本书中共存。
4. 即什刹海，昔日两名称通用，在本书中共存。

水量，以及暗沟之臭水、上游之浊涓来源而已，无复有河流性质，完全为积潦耳。惟其为积潦，所以每遇炎热，各段凝浊秽臭，不可向迩[4]，仅赖骤雨之后，积秽稍除。此玉泉水量，不敷分布，以致城内淤水，无术冲刷之大概情形也。

第二章 水量汇集及分配之大概

依据平西一带地势，可知玉泉水源，入昆明湖积潴，复由长河，分布于北平市三海、护城河等处，全恃青龙闸为之截留，否则所有水量，尽经萧家河，泄入于下清河，平市西郊一带，即不复有水利之可言。故善用玉泉，应先注意水量，免去无益之损失，终年不令青龙闸提板放水，尤为重要。但该闸年久失修，常年漏水，一届暴雨之后，山水增涨，高水湖一带之水，不得畅泄以倾入昆明湖，遂又提放青龙闸板，以防湖田之浸淹。此外功德寺前小沟一道，绕过青龙闸，汇同旱河，泄于萧家河。乡人利其终年流水，以种宜于活水之农产品如荸荠等物。圆明园后墙，又另有支流两处，泄于下清河，此皆零星之损失，应施相当防止工程如下：

（一）修筑青龙闸，务使严密无漏。

（二）开挖自玉泉至昆明湖间之干沟，并不准乡人在干沟内栽种蒲苇等物，增辟颐和园后墙入水洞，以便雨后涨水，得尽量泻入昆明湖。

（三）功德寺前小沟之水，应不令其向东泄于萧家河。

（四）圆明园后墙两支流亦宜设坝堵截。

至关水量之分配，除高水湖因地势较高之故，应由直接灌溉上游一部分农田外，余水须尽纳于昆明湖，为总潴之处。由此出东北各涵洞，流灌于六郎庄、大有庄、圆明园一带之水田。南出绣绮桥，入长河，引入北平市护城河、三海等处。通盘估算各处需用水量，再谋相当分配。但按目前勘查上游水田面积，约计有百数十顷，即就夏季用水，因蒸汽所损之水量，平均二十四句钟[5]内一公分深之损失而论，每二十四小时，耗水约七万公尺立方，即每小时约三十公尺立方，此外尚不计渗入土内以及湖塘闸坝等处之损失，足见农田耗费之水量，已属甚巨。再由长河引至平市，供护城河、三海等处之需用，究泉源所出，停蓄于昆明湖之水量，足敷支配与否，尚待详密之考查，以定疏浚河身、改良闸坝等具体计划。总之，用途宜求经济，水量须便放集。譬依下游情形而论，水由长河至高梁桥以东，分两路，一为城北护城河，一为城西护城河。城北者至松林闸，又分支入城，经十刹海而集于三海。城西者至西便门水关，又分支东流，入前三门之护城河。分注之方向太多，供应自更难周。自高梁桥西来之水，平时应令完全流注三海，其他支流设闸截住。即十刹海用水，亦当列为次要。至城西支流，只当用为冲刷前三门护城河之用，候上流积水较多时，启闸放泄，以资冲刷可已。

第三章 管理事权之统一

查旧河道局（此种为河，只可称为河渠，不应称为河道，旧日北京事物之名称，往往不符于事实，例如北海、南海、中海，皆仅是人功挖成之小湖，如真认为海，岂非大误）本按闸之地位，分十一派出所，即青龙、广源、高梁、松林、阜城、永定、大通、正阳、御河、西压、北海是也。而颐和园内管理涵洞者，不归管辖，圆明园内又另有管理者。其实颐和园内昆明湖，乃是总汇之处，最关重要，不应另属，此关于派出所之应改组者一也。此外关于征收农田租费，据调查报告，向归稻田厂，而稻田厂前属于清室，近由战地委员会并归河道处。但稻田厂所管辖之田亩，不仅限于利用玉泉之水田而已。闻黑龙潭一带水田，其余旱田之属于清室者，均属之。此后是否将稻田厂所属田亩，均归河道管理处征租，以裕治水用费；抑将无关玉泉之田亩，交由土地局清丈保管，此应分别定夺者二也。大概河渠职务，可分土地、征收、水利工程三项。土地、财政、工务三局，有相互关系，此应明确规定其事权者三也。

---

4. 不可接近。
5. 句钟，为钟头的旧称，二十四句钟即二十四个小时。

第四章　目前之整理工作

据上述玉泉水源情形，具见源乏用广，顾此失彼。亟须将用水之地面，详事勘测，拟具全盘计划，施以相当分配，务使城内外全市区，均无干涝之忧。此事初思似难，细审则甚易，譬如理发治丝，只须条分缕析，专任于一齐人，勿咻于众楚人而已。整理工作之先应着手者如下：

（一）清丈用水地亩之面积

凡上游利用泉水灌溉之田，分别租种、升科、稻地、苇塘，以及荷菱等地，制备鱼鳞图[6]册，以资根据。

（二）整理征收方法

根据一项鱼鳞表册，分别水田收租种类，规定划一租额。此外捞草捕鱼，行船窖冰，应具取缔[7]章程，并规定征费手续。

（三）筹施工程

（甲）自发源地起，以迄二闸止，所有枝干河流池塘面积，应测绘平面纵面详图，俾于水流趋向，宽窄深浅，皆具正确图形，以凭研究，而定疏浚等项计划。

（乙）各闸口设水平标尺，令司闸者汇报水度，俾凭决定闸板之启闭。

（丙）整理大小水闸，其关于干流闸门闸底，亟应加以修理，务使严固无漏。枝流涵洞，借以灌溉农田者，宜改暗闸，以杜擅自启闭之弊。

（丁）凡枝流池塘，徒损水量者，应添闸设坝，以减消耗。

（戊）整理泉口，慎防淤塞，并筹相当设备，俾泉流水量，通年有正确之计数。本章三端，皆属整理河道之基本工作，务须尽先从事，求具成绩，方足以垂久远之规模。否则空言整理，实仍因循沿袭，断无成效可观。如何专员分职任办以上事务，为事设职解决本易。惟办事经费、工程用款，在未整理以前，势须仰给于该河道现有之收入。而据调查所得，颐和园旧管水田之收入，年约二万余元，河道处租出之水田，号称一百数十顷，年收实不逾万元。道听途说，无册可稽，究竟统计是否在三万元以上，无从臆断。即有此数，而悉数用之于办事费与员役薪额，则工程费用，自无着落，基本工作，自末由课其成绩。故鄙意以为，不如将以上事务，责之土地、

> 财政、工务三局，就现有专职人员，酌调合组，分别专任以上各项之整理工作。而河道处暂仍旧制，缩小规模，维持现状，于现有收入内酌提若干成数，以补助基本工作之经费。一俟整理竣事，凡黑佃漏租，尽可清澈，收入当能增涨。凭整理之成绩，重立预算，改组征收机关，庶几小量之泉水，可有源源不绝之大利。

至于大量之河水，应引导永定河之水，经过石景山，并历史有名之金钩河，循前三门之城濠，出二闸以达于通县。设闸通航，可令北平水运，直达于天津。计划较巨，容另论之[8]。

---

6. 即土地产权分布图。
7. 约束。
8. 见 66 页文章《北平通航计划之草案》。
另注：该文两幅配图见本书末。

07 北平通航计划之草案[1]

1928年

（甲）通航之目的

北平久为首都，人文荟萃。居民昔在百万以上，今亦仍在八十万以上，实为华北巨大消耗市。交通设备，不厌周密，第自铁道通运以来，河渠废弛，如人身之只具骨干脉络，而无津液之贯通，殊为遗憾。其实航运性质与铁道不同，载输价贱，量重之货物，无需乎太速者，如煤斤、粮食、建筑材料，以及粪土等类，运费低廉，为巨市必要之条件。以北平而论，此类货物，每日出入市区之吨量，必超千数，大半尚赖最劣方法，如大车、驼脚，以维转运，运量有限，而运费实至巨。其影响及于货价与生活，而阻止经济之发展，岂浅鲜哉？

（乙）路线之选择

航运之旨，既如上述，倘由北平辟一线路，本经济原理，上游接通产区，下游接通商埠，苟无沙泥作梗，则航运效用，立可显著，试分别言之（阅第一图[2]及第二图）：

（一）下游

查自北平至天津，曩昔本通漕运，平通间之渠身，虽多淤废，而渠形依然存在。自通州至天津，原系白河、沙河、清河之下游，至今尚通舟楫。惜因疏浚久旷，

1. 原发表于《中华工程师学会会报》第15卷（1928年）第9、10期。原署名为“北平特别市工务局”，实为华南圭个人作品。
2. 第一图见本书末。

致平时水量甚浅，只能容二十吨之浅船，如能加以疏浚，运道极易通畅。

（二）上游

自北平至石景山，元明早有旧渠，名曰金口河，时开时堵，卒未大成，今已完全废弃，终年无水。然而自石景山至钓鱼台，渠迹依然存在。自钓鱼台至西便门，虽无渠身可寻，而隐约低洼之处甚多，不难束之使有方向。古时议论纷纭，事功亦作辍无定，其故有三：一则患永定河有泛滥横决之弊；二则渠之斜度无准则，致水流缓急不匀，船行亦夷险莫测；三则永定河之水，挟沙而来，致河身有积沙之弊。以上三弊中之第一、第二两弊，古时科学未发达，器具材料不精良，当然无法免避。今则人定胜天，两弊皆可无虑。第三弊亦可用泄渗、沉淀、冲刷三法以资补救。为通航计，不能以石景山为起点，应以三家店附近之地为起点，庶可

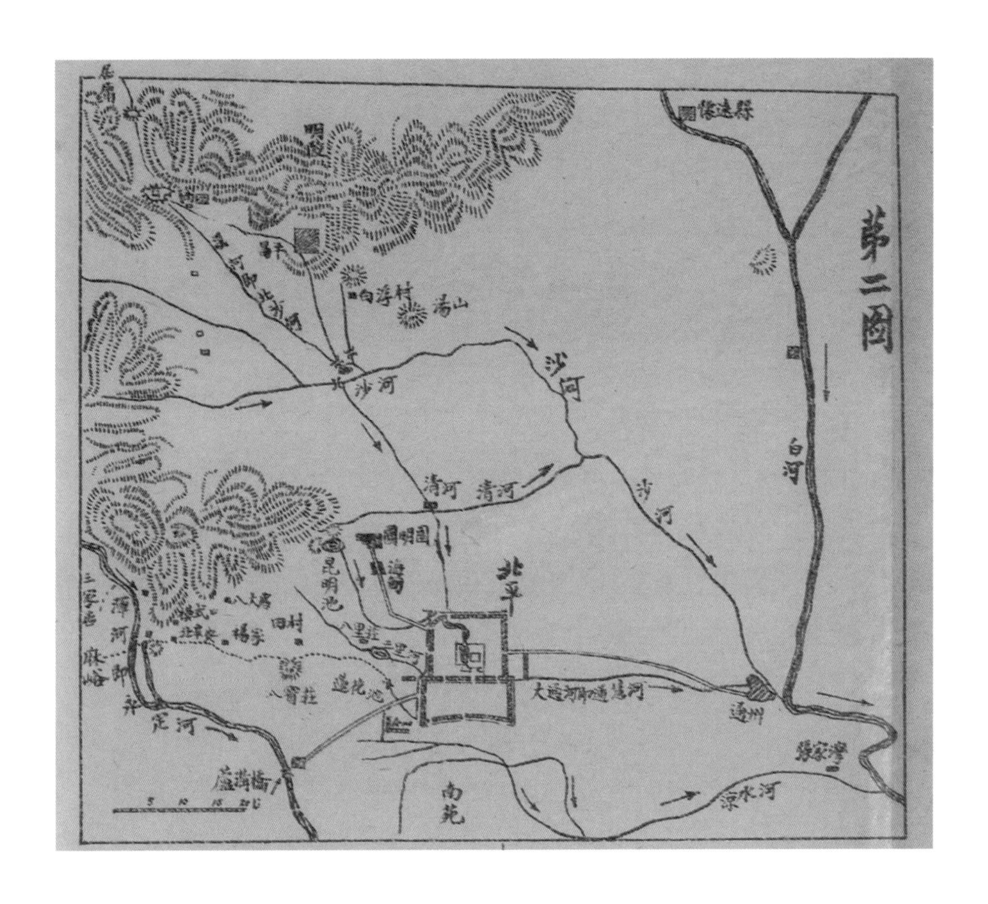

吸收煤石砖灰菜果等等以运至北平或天津。如是则由三家店至石景山，应沿永定河之边岸作边渠，又应浚挖金口河，至钓鱼台至西便门，又应浚挖前三门之城濠。

（丙）渠身切面之决定（阅第三图）

上下游合计线路，自三家店以迄通州。渠身深宽，全恃人工开挖，其切面可以预决。自通抵津，天然河流，应按白河流量，限以吃水深浅，另定疏治计划，以期平津直接通航。疏治之法不同，切面尺度，须迁就原形，亦非可预定。兹就三家店至通县一段而言，通航之后，每日往来船只之载重，必在千吨以上。故假定每船载重为百吨，则每船之容积为 5.00 × 1.60 × 12.50，由此以推算渠身之切面如第一图，深 2.90 公尺，底宽 8.90 公尺，渠坡为 3/4，两岸纤路各 3 公尺。自三家店至通县，高度相差甚巨，应分段设闸，后文另论之。

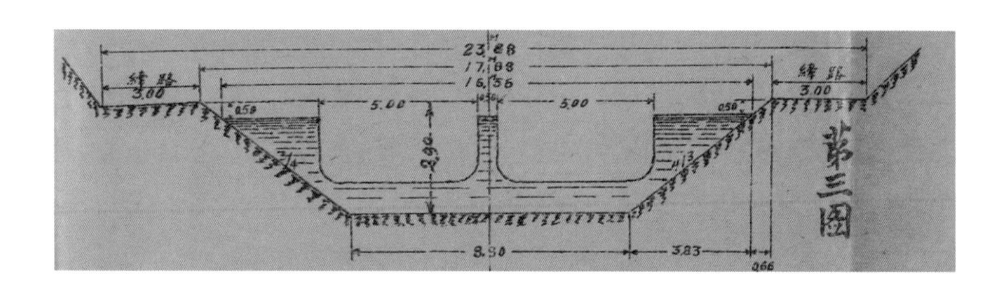

（丁）引水方法之研究

自三家店以迄通州，所需水量，不能取之于玉泉，只能取永定河之水，以资挹注。究竟每日须有若干水量，应先估算每日之消耗量，再定吸用方法。全线每日消耗之水量，可分四种如下：

（一）蒸发而减少之水量，与气候有关，须经长期之测验，方可得平均损失之比率。姑依他国测验之结果，在炎热时令，每 24 小时内，水面减低之平均数为 0.011 公尺，假定渠长 30 公里，则每天消耗之水量为 4500 余立方公尺。

（二）因渗入土内而减少之水量至难预计，因河床土质，既有粘土、沙土、碎石种种区别；复因河床新旧高下，而渗水量随之增减。欲求较确之数，须先实地考查。兹为列一数目起见，假定上流一带，新辟渠床，均系沙质，每24小时内，1公尺长之渠身，渗去3立方公尺，则在30公里内可达9万立方公尺。

（三）因船只通过而减少之水量，为数较微。每船过闸，水自上游之船闸，流入于下游之闸段，其所减之水量，即上下游之水平相差之数，乘以船闸之面积，如是所得之体积，减去船身吃水量，即为损失之数，约计在300立方公尺左右。每日过船设有20次，则减去之数约达六七千立方公尺。倘在同一闸段内，上行之船与下行之船同时经过，则损失之数，可减少一半。

（四）因闸门以及沿线建筑物罅缝而减少之水量，全视建筑良窳而定，倘建造精良，则无须计及也。

综以上四种，每日消耗之水量，其数至不一致，而以第二项之损失最为重要。假若所估确符事实，则上游引来水量，亦须于每24小时内，足与损失者相抵，即为10万立方公尺之谱。顾上流来源有限，不能供无限之求。且永定河水流夹沙太重，灌用以前，须先沉淀，而沉淀须有特殊设备，其费自属不小。是故，第二项损失，于设计时须力求缩减，其所减方法，可于降低河床、变更土质等事，格外谨慎。

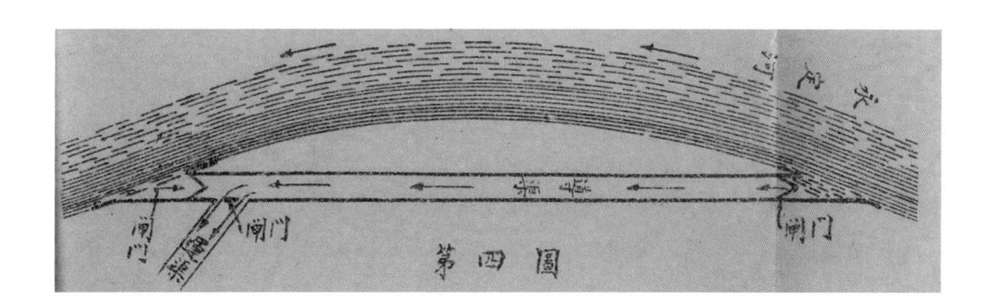

第四圖

（戊）沉淀冲刷及清水之利用（阅第四图）

欲得沉淀及冲刷之两种功效，又欲利用天然之清水，约有四种方法如下：

（一）以洋灰桥附近为运渠之起点，由此沿永定河边，向西北稍展，筑一导渠，如第二图。其坡度宜能令河水速度足以冲刷积沙，容积以足资维持航运为度。此导渠二端有门，前门进水，后门放水，前门开而后门闭，则得淀沉之功；前后门皆开而闭运渠之总闸，则得冲刷之功，此是方法之一种。

（二）麻峪村、三家店一带之西北，皆山地，夏季暴雨之后，此清水向南注于永定河。倘能于山沟设坝截流，令雨水不流入永定河，而停潴于山沟之间，则可用管引入运渠，以供终年通航之用，此是方法之又一种。但此方法，恐不易见诸事实，盖设坝工程，既极重大，而山沟石质，皆属灰岩，渗水之弊，防止甚难，且积水以为通年之用，其容量尤非易致，今姑备此一说，以供研究而已。

（三）如不能专恃第二种方法以利航运，则或者可用第二方法以补助第一方法。即于山沟设坝，以阻止山水之流入永定河，而又设法以引入于运渠之某点，以增运渠之水量，一方面即可少用导渠之混水。此是方法之第三种，能否实行，亦尚待实地之考查。

（四）再者，导渠之前段，若不用圬[3]墙，而用疏堤，堤由竖桩两排作成，桩间堆积石块，使河水渗入导渠之先，已将一部分泥沙留于堤外，此是方法之第四种。其功用即乙条所谓泄渗者是也。

（己）工程之类别

路线既定，方法既定，导渠边渠亦既定，则应规定下列之六种工程：

（一）正闸

船闸酌设于上下游之水平相差之处，以为渡过船只之用。闸身之长，等于一船或二船之长，二端有门，前门开而后门闭，则闸内之水与闸前之水平，船可入闸。船既入闸乃闭前门，而开后门，则闸内之水又与闸后之水平，而船可出闸。闸数之多少，与建筑费用有关系，与管理费用有关系，与航行迟速有关系。按自石景山上游起，以抵通州，水平面相差，约有六七十公尺。为便利闸门启闭起见，又为节省水量起见，则比邻之闸段，其水平面相差，宜以四公尺为限。则全线应设船闸，约需二十左右，其构造图式另拟之。

---

3. 即圬工，为砖石、水泥和钢筋混凝土一类。

（二）副闸

副闸专设于其他支流与运渠相交之处，或为限止上流来水，或为泄泻运渠内溢余之水，其应设地点经测量后另定之。

（三）虹管

凡穿过运渠各种沟渠，不能令沟渠之水流入运渠者，为市区内之暗沟脏水管。市外灌溉农田之水渠，皆应设虹管，由运渠之底穿过，此亦应于测量时勘定之。

（四）桥梁

凡穿过运渠之各项道路，如铁道，如市区公路，如乡间之大车道，均应分别筑造桥梁，当于测量时，考验当地情形，以勘定其地点。

（五）码头

在起点处，以及经过北平、通县两市各地点，应酌建码头，以利货物之装卸。码头之附属物，如驳岸库房，以及与铁道、市道相联接方法，候全线计划粗定时设计之。

（六）闸房及电话

应按闸建屋以寓闸夫，以存材料，以利办公，又应设电话，以为各闸间传递命令信息之用。

（庚）第一步工作

以上条举各端，如何设计，全须依照详图，分别研究。目前急应着手之工作如下：

（一）测制河身纵面图及剖面图。河身中心线，暂时假定自通州出口处起，经二闸，经东便门，过前三门之护城河，出西便门，循金钩河（亦称金口河）故道绕石景山，沿永定河东北岸，绕麻峪，达洋灰桥为止。路线经旧渠故道，不妨依照原形，酌取直线，即作为新渠计划之中心线。但旧渠原形太弯曲之处，应就地斟酌变更。如有利害相均之两道，则可测定两线，一视为正线，一视为副线，图成后详加研究，以定取舍。例如东便门、西便门两段，绕曲太甚，或须另测一线，酌稍变更。又如上游石景山以上，就地势情形，或可沿永定河原床之东北岸，以作边渠，此法土工较少，引水亦易。但研究之后，若筑堤之工太巨，或又恐河水暴发时，有冲塌堤身之虞，则又宜将边渠改设于实土之内地。测量路线时，凡铁道、建筑物、桥梁、旧有闸坝、通行大道、旁来河渠等等，均应详测其水平度，以及其他尺度，必要时又须一并测量其横切面。至于穿过现定中心线之河渠，在实行测量之时，宜详访该支流之通年水量，及其最高之水平面（其比例尺定为 [4]）。

（二）测制平面图

就中心线之两旁，各宽 20 公尺，总宽 40 公尺之内，凡一切建设物，应皆详细测绘。倘所经土质，显有区别情形，则须检取土样，并于图内注明。如粘土、沙质石滩、岩石之类，具有不同渗水性质者，概须注意，以便施工时，另再分别探验（其比例尺定为 [5]）。

（三）水平线之细图

此项图件，专为研究引水之用，故只须在上流测量。例如自石景山以迄三家店一带之北首，均属山地，凡此一部分之山水，均灌入永定河。自该段地面之分水岭起以迄于河之北岸，当制水平线之细图，以知地形及水流趋向。又为引用水量起见，应展测永定河之再上游，自灰桥西北之其他一带地势，并测知各段永定河最高最低之详水平度。

名曰金口河、因開閉不得其法、致永定河水、挾沙而來、日久淤廢但渠痕至今尚在、市府工務局長華南圭曾擬有疏濬舊河通航計劃、係以石景山上游之三家店、（平門枝路有車站、）爲起點由此沿永定河岸作邊渠、爲引水沉澱冲灂之用、渠旁設閘、洩水通金口河至西便門、長約三十公里、再將北平城內外之河道、加以整理、使金口河之水、穿城而過、挾汚穢入東便門通惠河、以迄通縣、如此則北平之汚穢、有長時間之冲刷、而通惠河之水量、亦得增加其來源、計疏濬通惠金口兩河建設水渠閘門碼頭等項、約需洋三百萬元、通航之後、則西山之煤、石、磚、灰、菓、菜等、均可經北平通縣而至天津、其天津輸入北平各貨、無時間性者、亦可由水路而來

摘自《发展北平之根本政策》，作者白陈群，《中华工程师学会会报》，1929 年第 11、12 期

類號　建十七　總號　一九
提案人　華南主　四〇一
副署人　劉一峯
案　由　紀念開國，應興大工、請修京津航渠，以利物資交流而繁榮首都。
理　由　暢運京西產品以送天津，暢運天津產品及國內外來貨以至北京。
辦　法　由市政府設立專門機構，聘請工程專家，提出具體方案，尅期舉辦。
審查意見　交市政府請水利部聘請專家作初步研究（附件略）

二十一年后旧话重提，1949 年 11 月，北京市第二届人民代表会议上华南圭请修京津航渠的提案（来源：自北京市档案馆，档号 1-6-121）

4. 原文留有此空。
5. 同上。

08 向何其巩市长条陈整治北平的计划[1]

（附市长回复）

1928年8月9日

华局长条陈各案

一、呈市府：闻前总统府牲畜践踏，污秽不堪。但此地尚未划归本局管辖，应如何保管之处，请核办。

二、呈市长：请准撤除旧总统府辕门计划。

三、呈市长：胪陈市工大体计划。

四、市府指令：条陈兴革改良事宜一案，仰该局长先将所拟各项工程办法，具体拟定，呈核至与其他各局，有关系各项工程应如何进行，并仰妥与决议，筹拟办法，再行呈核。

五、呈市长：请开放景山详细计划。

六、故宫博物院函：贵局迳呈市府请即开放景山一节，似于本院性质及所属各处沿革情形，均未深察，故致此项误会。函希查照注意。

七、函故宫委员会：为改革市工及利便市民交通起见，曾拟具市工大体计划呈市府。究竟能否实施，尚待拟示遵行。函复查照。

八、市府训令：准故宫委员函，拆景山围墙一案。请转饬[2]工务局

1. 原标题为“华局长条陈各案”，自北京市档案馆，档号J017-001-00288。条陈：旧时向上级分条陈述意见的呈文。
2. 旧指上级命令下级。

停止进行等因，仰该局核拟呈复，以凭核复。

九、呈市长：呈为禁奢励俭条陈七事。

十、市府指令：据条陈七事，切中时弊，已通令遵照。[3]

十一、呈市府：条举静明园小整理办法，拟请令知颐和园事务所查照办理。

十二、市府指令：据呈条举静明园小整理办法，多数可行，已令行管理颐和园事务所斟酌速办，仰即知照。

十三、呈市府：为玉泉山墙冒损伤甚多，似宜紧急补救并附图说明。如蒙采纳，请转行静明园主管人员办理。

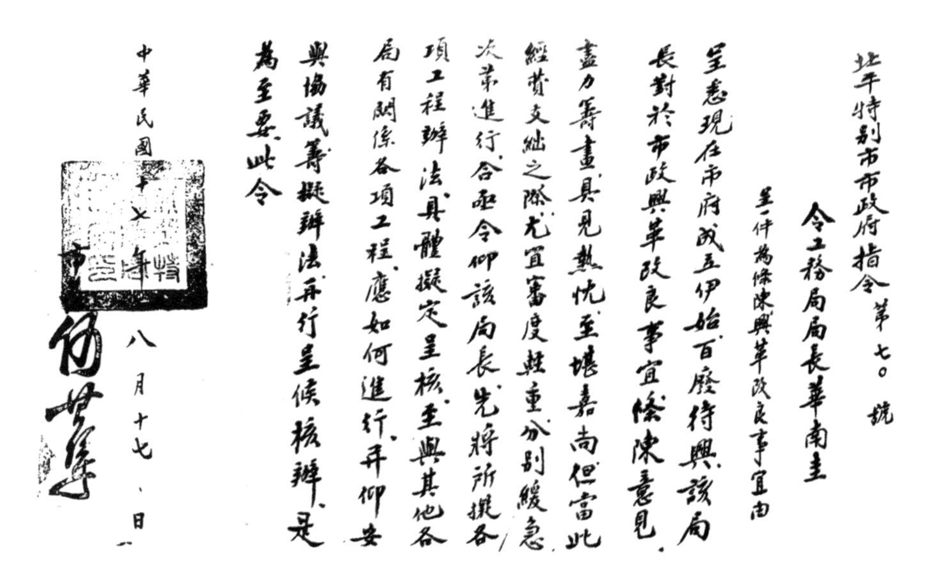

北平特別市市政府指令　第七〇號

令工務局局長華南圭

呈一件為條陳興革改良事宜由

呈悉。現在市府成立伊始，百廢待興，該局長對於市政興革改良事宜條陳意見，盡力籌畫，具見熱忱，至堪嘉尚。但當此經費支絀之際，尤宜審度輕重，分別緩急，次第進行。合亟令仰該局長先將所擬各項工程辦法具體擬定呈核，並與其他各局有關係各項工程，應如何進行，并仰妥與協議，籌擬辦法，再行呈候核辦，是為至要。此令。

中華民國十七年八月十七日

市長 何其鞏

何其巩市长回复条陈，自北京市档案馆，档号 J017-001-00288

3. 九、十内容详见 84 页。

09 呈请准开放景山为公园[1]

1928年

景山公园现状，编者摄

呈为请准开放景山事，窃职局本月[2]九日呈文第十五号，业将市工大体计划，胪陈在案，其间开放景山一项，兹谨将详细计划条列如下：

（甲）将东门西门外之东西石碴车道接通，以免市民循河边土道曲折而行；

（乙）北上门一排席室皂隶奴仆之破烂房屋，一律撤去，又将故宫门前，整理一片广场，以利游人之出入，并以便停放车辆而免拥挤；

（丙）现在山路恶劣，游人欲登高亭，其难直如登天，故山路须加整顿；

（丁）查全园之中，除亭殿外，毫无可偷之物，则东西北三座围墙，皆可拆去；

（戊）各亭皆无门窗，柱则有破烂者，今拟将柱修补，于亭上添设铁筋混

1. 自北京市档案馆手写原件，此标题为编者所拟，手写原件无标题。北京市档案馆，档号J017-001-00288。
2. 为8月。见73页的条陈日期：1928年8月9日。

凝土之坐凳，以便游人休息；

（己）择园中旷地，添设运动物品；

（庚）于纪念树[3]添设铁栅，以资保护，并以唤起游人之注意。

以上办法即系将景山辟为真正公园。

说者谓：拆去围墙之后，园内虽无可窃之物，然而树木恐于夜间偷伐，此一虑也；密树成林，黑夜之中，小民或在其中自由大便，此又一虑也。愿局长以为皆可无虑。开放之后，当然由职局挑选干练巡丁，功则给以重赏，过则科以重罚，凡视而不见听而不闻之庸人，绝对不用。如是，则责任有归，自无疏惰之虞，况伐木必有铮铮之声，势不致听而不闻，运输笨重，亦不致视而不见。至于自由大便一端，大概在晚间十二钟以前，黎明四五钟以后，梭巡亦非大难。旧料将来由职局移作别项工程之用。

现在拟恳钧府先予批准前项计划，另由职局与故宫委员会协商，是否有当伏候。

鉴核批示遵行。谨呈

市长

工务局局长华南圭谨呈

景山1928年9月18日开放为公园后的报道，自《世界日报》1928年9月19日第七版

景山昨天已经开放 游人非常之多

后门景山，昨天开放，游人甚多，络绎不绝。山的四周，并设有椅子，以备游人休息。山上有五亭排列，虽然不很高，但是上亭一看，全城在目，万屋沉沉，鳞次栉比。树木森森，绿波荡漾，宫室接连，金黄灿烂，耀映日光，极为壮观。山之东隅，有树如已枯槁，相传为明末崇祯帝自缢之处。游人到此地，都驻足徘徊，凭吊不止。山之后，广场一片而已。当此深秋佳日，曷往登临，以阔胸襟。

3. 明末崇祯皇帝用以自缢的那棵槐树。

10 为开辟北平东西要道致故宫博物院函[1]

1928 年

函故宫博物院商酌内城东西交通办法由[2]迳启者，据本府工务局呈，称奉谕筹划添辟内城东西交通要道等，因遵查东西华门南面筒子河沿岸，迂回穿过阙左门、阙右门，添辟新道一条，以便交通。全路约长九百公尺，以六公尺宽度计算，合五千四百公方。此为甲路。

又景山前面，现有车道仅宽三公尺，不敷车马往来之用。拟请钧府函商故宫博物院，准许往来车马经由北上门内穿行，并将景山门券改在绮望门售卖。该路约长五百公尺，按六公尺宽度计算，合三千公方。此为乙路。

以上甲乙两路，可于年内将道底平垫齐整，先予放行。俟明春开冻，再行改铺石渣等情。

查所拟办法，纯为便利东西城交通起见，尚无不合。惟乙路须穿行北上门内，并请将景山门券改在绮望门售卖，各节事属贵院管辖范围相应，函请惠允开放以利交通，无任跂盼。

此致

故宫博物院

中华民国十七年（1928）十一月十七日

照片上□为在 1928 年除去墙门后开辟的豁口，○为原景山北上门，△为故宫神武门

景山前街开辟之后，原为景山第一道门的北上门变身为当时的故宫博物院正门（位于筒子河之北）

---

1. 清朝结束多年后，皇城东西向仍被阻隔而车马需绕行。此为华南圭建议并指挥实施的东西要道。甲路：摘下故宫东西华门南侧阙左门与阙右门的门坎并改筒子河沿岸焦渣路为石渣路；乙路：将景山北上门之墙的东西两端打开豁口，并将北上门与其北侧之间的三米宽土路拓展为六米宽石渣路，与原东西两侧道路相连（此即景山前街的第一期工程，之后 1950 年代再度被拓展，拆除了位于筒子河北侧的北上门，而位于筒子河南侧的神武门则变成故宫正门，即现状）。
2. 此为原标题，载于北平特别市政府《市政公报》1928 年第 5 期。该函最后一段为市府意见。

11 为保护中南海（前总统府）致何其巩市长函[1]

1928 年

敬陈者，前总统府系古代建筑，素称胜地，中外咸重。近闻府内牲畜践踏，污秽不堪，于古物不无可惜。此地尚未画归本局管辖，虽存爱护之心，难施照顾之力。究应如何保管之处，理合呈请鉴夺。谨呈

市长

工务局局长华南圭谨呈

八月六日

[批示：电国府请示。八、八。]

1. 原标题“工务局长华南圭为前总统府址保管事致市长函”，原载《北京档案史料》2013 年第 3 辑“北京的名园名山”。“前总统府”即中南海，曾一度为北洋政府的总统府，整理后曾长期为面向公众开放的公园。

12 静明园（玉泉山）小整理办法[1]

1929年

敬呈者

局长前日勘察迎榇路工，乘便入静明园考查玉泉源流。因见该园之古迹多为废石颓垣所遮，若以少数之款作小规模之整理，似尚易行。谨略举数端条列为下：

（甲）观音洞、光明洞、吕祖洞之外，有一新屋，系汽水公司前年所修之电机房。其东有破墙一处，尚留“粲华”二字，宜将破墙拆去，另将“粲华”额名用西门土镶嵌于假山石内。

（乙）前文所称破墙之旁，有极丑陋之新砖垛二，据称汽水厂原拟在此墙垛设门。窃以为门不能设，垛亦须去，否则游人止步，并不知其中有幽雅之三洞可以参观也。并宜在此处设立木牌，以标明洞之名目，加以指路之箭势，以作游人之指导。

（丙）前文所称破墙之东，有孤立之小破墙三座，略如乞丐遁迹之破庙之墙，阻碍游程，亦宜拆去。

（丁）由洞前西行，有假山石堆成之桥墩，而桥则不存。查其痕迹，当时或有石板以渡游人。现若整理其小路，架以松板，即可利游人之跨渡。

（戊）第一泉之路径，须在汽水厂院内穿过，游人见厂而不见泉，往往止步，另寻通泉之路，杳不可得。似宜在墙外立一标记以引进游人。

（己）各处蹊径，多有破碎砖石堆积，阻碍横生，均宜剔清，以便游人来往。

---

1. 原标题为“静明园小整理办法”，此文为1929年5月“北平特别市市政府训令”附件。自北京市档案馆，档号J021-001-00100。

呈文手稿

北平特别市市政府訓令　字第一六九號

令管理頤和園事務所所長趙國源 副所長孫巍

據工務局局長華南圭呈静明園整理辦法擬請令知頤和園事務所查照辦理等情查所陳整理静明園辦法六条各節多屬可行除指令外合行抄發原呈令仰該所長迅速斟酌辦理具復為要此令

附抄件

政府训令

以上各工事所费甚微，要亦整理之一道，如蒙采择，拟请钧府会知颐和园事务所查照办理。谨呈

市长

工务局局长华南圭谨呈

十八年五月

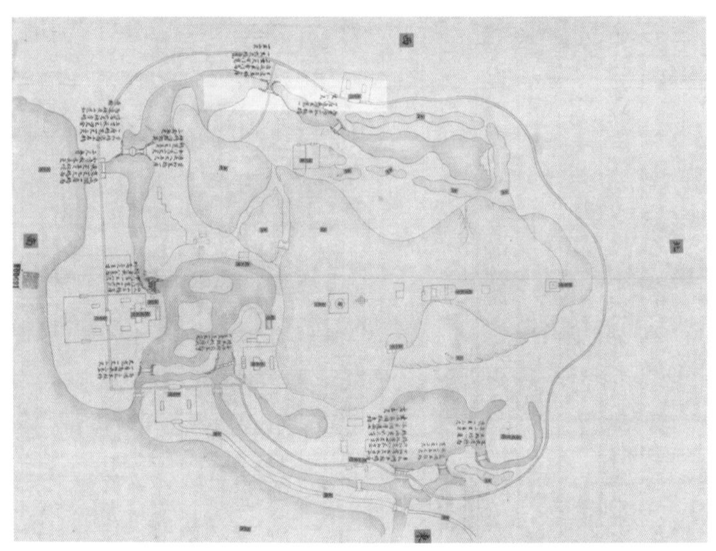

玉泉山图
（选自《国家图书馆藏样式雷图档－香山玉泉山卷》，国家图书馆出版社，2019 年）

（美）自赫伯特·怀特的《燕京胜迹》，摄于 20 世纪 20 年代
上海商务印书馆，1927 年

13 为北平长安街命名之呈[1]

1928 年

敬陳者各處街道均有定名 惟自天安門至中華門
一段 又東西長安門之一段 及長安門外之東西兩段 迄無
一定之名稱 殊多不便 今擬將中間南北方向之正道 即
自天安門至中華門之一段 定名為天安道 又長安門間東西
方向之一段 定名為中山街 自東長安門直至東單牌樓 統
名為東長安街 自西長安門直至西單牌樓 統名為西長安
街 如蒙
採擇 即請飭下公安局 遵照辦理 是否有當 伏候
鈞裁 謹呈
市 長
工務局局長華[illegible] 謹呈

1. 自北京市档案馆，档号 J001–001–00001，呈文后的政府令见北平特别市《市政公报》1928 年第 2 期。

14 禁奢励俭条陈七事[1]

1928 年

案据工务局局长华南圭呈称，窃维革除腐化，方足以刷新庶政。社会经济，贵在平均，奢俭程度，当视社会经济之丰啬为权衡。励精图治，首重清廉，惟俭乃能养廉，亦惟奢足以酿贪。廉与贪之关键，即在俭与奢二字。兹谨条陈七事，拟请钧府在市区范围内，以明令行之。

（一）宴会限度：交际为人情所应有，惟交际而涉于侈糜，则实足以伤风败俗，富者踵事增华，不富者将不能追随，阶级不平之状态，将随之而生，腐化与恶化，将同生并生。拟请于特别情形外，普通宴会，每席以六碟六碗为限制，酒以平均每人半斤为限制，并禁止强劝之恶习，每客总计费用，不能超过一元。

（二）随从限制：宾客赴宴，多带随从，殊有乖于平民主义，且宴主之糜费较增大，有背于节俭主义。汽车夫或马车夫拟请每辆以一人为常例。特别情形，车夫连同随从至多不能过三人。

（三）车饭均平：宴会场所，车夫饭钱率以车类等级为发给多寡之标准，殊失情理之平。拟请无论洋车或马车，每车夫一名，以大洋二角为定衡，无分车类，亦无分乘客之多寡。如有两客或三客同车，不得照客数加倍索发。

（四）贺唁范围：庆吊往来，不应太滥，拟请婚丧以直系亲属为限制，寿庆以六十岁为限制，以外不得滥发柬帖。

（五）革除馈赠：馈赠即是苞苴之别名。拟请婚丧寿庆之礼物，以五角为常例，

---

1. 此为转换成政府令的呈文，原文载于北平特别市《市政公报第 6 期 · 命令》，1928 年 12 月 13 日。

至多不得过一元。至于新岁及夏秋两节，一切馈赠应一律禁止。

（六）履践信约：友朋宴聚，每因客数未齐，致先到者不能入座，主人既感困难，来者亦延误他事。拟请剀切晓谕，赴席过时，至多以一刻钟为限，凡因事不能赴席者，应于一日前向主人答复。

（七）禁止迎送：欢迎欢送，亦是繁文之一。建设开始，官吏精神，宜全用于事业，不宜多分用于繁文，且属员迎送长官，迹尤近于献媚，拟请除特别情形外，一律禁止迎送。

以上七条就愚见所及，略陈大概，是否可行，伏乞鉴核等情。

据此，查该局长所陈各节，切中时弊，自应厉行，用矫陋习，除指令嘉许外，合行令仰该馆所处局遵照，并饬属一体遵照此令。[2]

---

2. 本文除第一段第一句“案据工务局局长华南圭呈称”以外，第一段及所列七条均为华南圭呈文原文，最后一段为市长回馈，这样便整体形成了一个完整的政府令。参见 74 页。

15　两大工程开始进行 华南圭拟详细计划[1]

1929 年

工务局长华南圭就职以来，对本市街衢之整顿，不遗余力，其工程之大者，一为拆除瓮城，一为砌修暗沟，曾具详细计划呈报市府，只以限于经费迄未动工。现宣武门瓮城已开始拆修，该两大工程告竣，预算在两年以后，斯时之北平臭气不致熏人，交通亦当便利矣。兹将该局上市府之呈文，及通盘计划列后，以飨阅者。

工务局上市府之呈文：

呈为拆瓮城，便交通，移城砖，砌暗沟，互利节费，以小办法而完成大计划，敬请核示只遵事。

窃查崇文、宣武两门，残余瓮城，墙垣外凸，论其效用，早失时代性，论其建筑，又无保存之价值；而地位适扼交通之冲，以致铁路行车，因曲绕而障视线，市内交通，复因门狭道折，而车马拥塞。两蒙其害，留之无所取义，早应继正阳门之后从速拆除，改辟门洞以利交通。历届

1. 原标题为“两大工程开始进行：华南圭拟详细计划拆除瓮城砌修暗沟”，《华北日报》1929 年 3 月 21 日、22 日连载。

市当局，虽亦一再提议，而以时局不定，费巨难筹，迁延迄今，未见实行。然拆除宣武门瓮城以及辟洞、修路、设沟各计划，暨工料估价书，则旧市政公所[2]已有成案，可资参考，兹将估价书摘要附开于下，另附原计划所定平面蓝图一份。

第一计划，瓮城完全拆除，铁路改成直线，于宣武门东西两面，添开单洞，一出一入，并修筑马路，接砌暗沟，除铁路改直与装建栅栏门工程，由铁路局办理外，其他工程归本公所任办者，计开：

（甲）城墙部分：

（一）瓮城圈完全拆除；

（二）修改上城坡道；

（三）指定地点码放拆下城砖；

（四）墙心土方由京汉局备车运除。

（乙）城洞：

（一）添辟东西两洞；

（二）中洞修理见新。

（丙）道路：

（一）除中洞石板保存见新外，其余揭起备做沟盖；

（二）按图铺筑马路共三道，由城内分经各洞出城，至宣武桥北，汇总成一大广场。

（丁）沟渠：

（一）接修顺城街西口暗沟，至城外通入护城河；

（二）接修抄手胡同暗沟，通入护城河；

（三）城内外共设两水沟眼沟篦十四个。

（戊）建筑：

（一）拆改城外关帝庙，城内交通队暂息所路西官厅；

2. 朱启钤先生于1914年推动成立的市政管理机构。

（二）收用象坊桥路南富增馆及其西邻一家；

（三）西门土栏杆墁，铺缸砖便道，以及其他零星整理工程，上开各工程工料，估价计开：

（1）拆卸瓮城之砖四一〇七丈方，合一三一五二点四〇立方公尺，每丈方拆工二元五〇，合洋一〇二六七点五〇元；

（2）运除城墙中心黄土一六六六四丈方八，合五三三二七点三六立方公尺，每丈方运工一元，合洋一六六六四点八〇元；

（3）刨挖箭楼旧基三〇二丈方四，每方工价三点五〇，合洋一〇五八点四〇元；

（4）揭运旧石板道七五丈方六，每方工价五点〇〇，合洋三七八点〇〇元；

（5）修整城内外墙身六五〇方丈，每方工料价四点八〇，合洋二六〇〇点〇〇元，以上五项拆修部分，共合洋三〇九九六八点七〇元；

（6）其他铺路、设沟、辟洞、拆房、收用市房等，应需工料费用等，姑从略，估共需洋八四八二二点五三元，并前（一）（二）（三）（四）（五）项，总需洋一一五七九一元二三，至崇文门外虽平奉路轨已径穿瓮城筑成直线，而为交通障碍，性质相同，其移除工程，大致可照宣武门计划办理，无庸另估，随附平面蓝图又一份。以上拆除瓮城计划两处，下文简称为第一计划。

又查东城东不压桥至东长安街御河桥，本为城内河流，什刹海海水由此河经交民巷出水关入护城河折东汇于旧运河，近年来上流道淤源乏，不复有冲刷之作用。益以东安门一带皇墙，自经前内务部拆除以后，未加整理，该河东岸，渐成堆积脏土之区，居民又任意倾倒秽物，以致河身淤塞，积水停滞。每逢夏季，臭气熏蒸，蚊蝇繁滋，其为疾病之源，不卜可知，无怪市民啧有繁言，各学校又先后来函促修马路。使馆界内自御河桥起，以迄水关，早已改设暗沟，移土填平，现于路中栽种花木，为行人憩息游览之所，秽水伏流，臭气不生，蚊蝇绝迹。上下流相形，秽洁之别，何啻霄壤，职局对此能无内疚？南圭于市内沟渠，本拟分别填浚，从事根本计划，以求合卫生而畅宣泄，此项御河即属于亟应埋没暗沟之一，东安门河沿，为南北要道，设沟之后，意在填平修路。此项计划，业经派员测勘设计，制具砌沟、筑路各项工程估价单及图附呈，下文称第二计划。

综合以上两计划所列工程，合并估算须费计达四十一万余元，衡之目前，职局预算，无力担负，但事关交通卫生要政，不容延缓，一再筹维撙节实行之方。因觉第一与第二计划两项工事，正交相利用，盖拆除瓮城，所余者砖土，正患无消纳之所；河床修沟，所须者亦惟砖土，正患无购备之力，若二者同时举办，则移砖以砌暗沟，运土以填沟面，一转移间，堆积之所，购买之费，均无须另筹，运输近便，施土可速，废物利用，深合于经济运用之道。

兹本此旨，拟将第一、第二两计划内所载工程，分先后两期。第一期，以第一计划内原估一、二、三、四、五项列入第一期，至改直铁道轨线，另知汉平路局认办，御河设沟照该计划甲项估单内各工程列入第二期完成。第一计划内所列崇文宣武两门左右加添门洞，收用民房，加埋暗沟，铺设石碴路，加宽桥面，以及其他零星事项，又第二计划内乙项估单所列铺路工程，如此分配，则第一期工程完竣时，即见瓮城拆除，交通已便，暗沟埋没，土路铺成，卫生状况，亦随改善，以后第二期工程，即不能随及举办，亦不致功效难见也。至第一时期内应施工程，量职局经济现状，似只能限以三十个月为完成时间，依此预算，则第二计划之（甲）部分估价以三十个月分摊，每月约需工料洋四千，一面砌沟，一面拆运砖土，随砌随运，因此第一计划内列入第一期工程之原估尚可节省，盖拆除城后，虽须另加运脚，实省倒码手续，而于墙心黄土，则因时间展长之故，或可分期招商承购，及将相当资助，兹将原估（一）（二）（三）（四）（五）项，又改估如下：

（一）拆下城砖运至二地码成丈方（共四千一百〇七丈方，每丈方运脚连同折码合工洋元五点五〇，计需二万二千五百八十八元五角），合计洋二二五八八点五〇元；

（二）刨挖箭楼旧基（三〇二丈方四，每方工价三点五〇，合计洋一〇五八点四〇元）；

（三）揭运旧石板道，七五丈方六，每方工价五点〇〇，合计洋三七八点〇〇元；

（四）修整城内外墙身，六五〇丈方，每方工料价四点八〇，合计洋二六〇〇点〇〇元，共合洋二六六二四点九〇；

（五）除去售得黄土价假定每方六角，以原估一六六六四丈方八售去百分之七十计算，合洋六六九九点二一，实需洋一九九二五点六九，崇文宣武两处共需三九八五一点三八，此项拆除工程亦分三十个月完成，则按月实摊一三二八点三七。综合两项计划，属于第一期工程者，每月实摊五千余元，一面暂先在经常预算内挪用，一面在临时收入项下筹还，如是则缓急相济，以小办法而完成大计划。撮要言之，第一期拆墙运土砌沟，第二期开辟门洞，修筑石碴路面，及其他附属工程。是否有当，均祈鉴核，批示施行，谨呈市长。

工务局局长华南圭谨呈

16 潭柘寺之公路计划[1]

1929 年

北平西北郊潭柘寺，为历代胜迹，风景绝佳。惟交通异常困苦。自北平至三家店，过铁筋大桥，尚可利用汽车。惟自此以后，非乘藤轿不可矣。若有病人，欲住该寺疗养，殊不能耐此困苦。故欲谋游人及病人之便利起见，非添修公路不可。据勘查所得之大概情形如下：

(1) 由门头沟车站至大觥村约二公里尚属平坦，惟有旱河一道横贯此路，与坡之石料及工价约须三千元；

(2) 葡萄山坡有旧路约长半公里，减小坡、广碎石，工料约须三千九百元；

(3) 由葡萄嘴山至何各庄约三公里土路，尚属平坦，窄处改宽，加铺石砟，工料约须三千八百元；

(4) 由何各庄至苛罗坨约一公里半，工料约二千二百元；

(5) 由苛罗坨至西峰寺约一公里半，均属山路，曲折盘旋，约须展长至二公里半，约须三千元；

(6) 由西峰寺至三瞪眼，地势甚陡，曲折盘旋，约须展至三公里，工料须二千八百元；

(7) 由三瞪眼至南村，约一公里半，地势尚和缓，但仍须改线展宽，约须四千五百元；

(8) 由南村经六里沟至太平庄，约三公里半，全在山涧之中，夏季水势甚猛，宜由南村之后山改线浴山坡，蜿蜒绕行直达潭柘寺，约须

1. 本文最初发表于《北平画报》第 49 期，1929 年 7 月 26 日。

1920年代的潭柘寺（自潭柘寺公园内展板）

潭柘寺现状，夏家农摄

一万二千二百元；

(9) 至于模式口至铁筋桥之一段，虽已可通行汽车，而经过山口村街以及未修部分皆须整理，约须费一千五百元以上。

所估价目共计四万六千元，路线总长约二十公里，平均每公里约二千三百元。此种估计不能视为正确。但从前自香山至八大处约计五公里，据闻仅费五千元，即每公里一千元，而后此崄夷不同。今昔工价又悬殊，则所估之数或与事实相差不巨。此路如能筑成，则非但便利民行，且可保存名胜。有诚之士似宜起而图之。

17 天津租界之水沟与北平新式沟口及虹式沟井[1]

1929 年

天津租界之水沟

市政工程，以沟路二事为最重要，天津英法租界暗沟，足资参考。如图甲为英租界暗沟，最小者为圆形，最大者为卵形。如图乙为法租界最新式之暗沟，内面为椭圆形，外面高段低段为多边形，中段为直形，高段低段中段，分三次造成；铺埋时先安放低段，次安放中段，最次乃安放高段，每段之长约一公尺，制造既易，搬运亦轻便，洵善法也。净宽六公寸，净高一公尺。洗刷时可容折腰之一人，据称于洗刷亦尚便利。

水口者，街水入沟之处也。丙图是法租界之水口，丁图是英租界之水口，皆是虹式，所以阻止臭气也。

北平新式沟口

北平历年来之沟道，其口直向空间通出，以致沟臭直散于大气之中，实非卫生之道。现该市工务局，拟定二种虹式水口，一用于旧沟井之上，一用于新沟井之上，如附图二种是也。

---

1. 本文始载于《中华工程师学会会报》第 16 卷（1929 年），第 5、6 期。

(甲)　天津英租界之暗溝

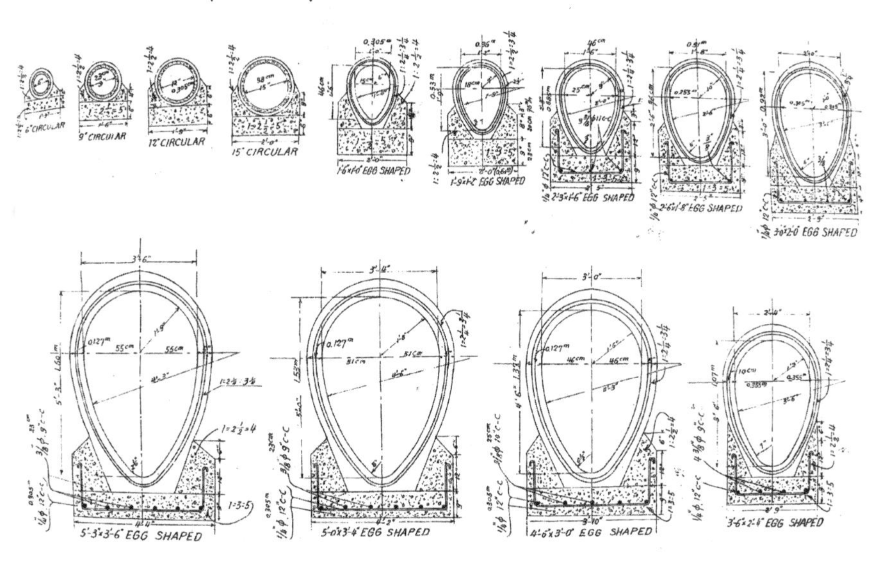

(乙) 天津法租界之暗溝

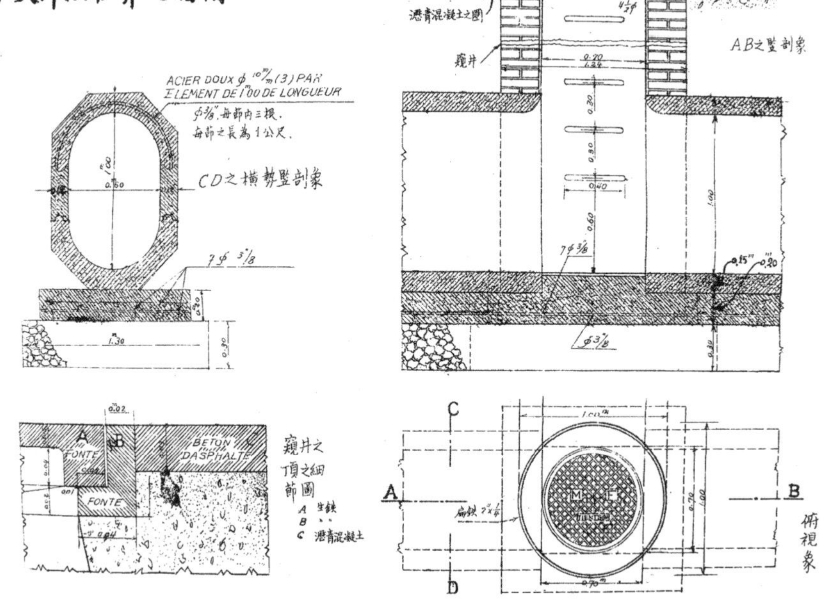

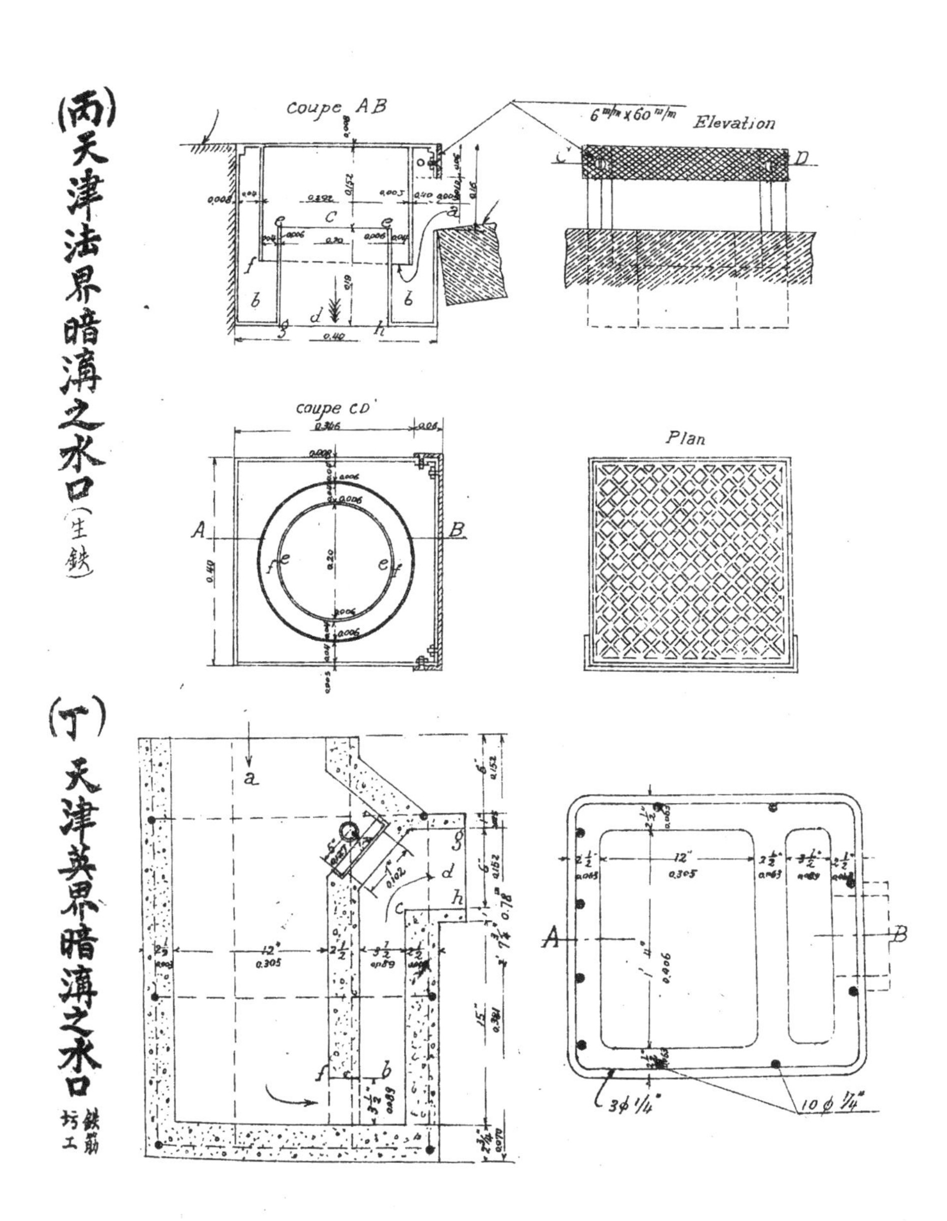
(丙)天津法界暗溝之水口(生鉄)
Coupe AB
Elevation
6 m/m x 60 m/m
coupe CD
Plan
(丁)天津英界暗溝之水口
鉄筋圬工
3φ 1/4"
10 φ 1/4"

北平工務局 井口虹箱

EF 剖視象

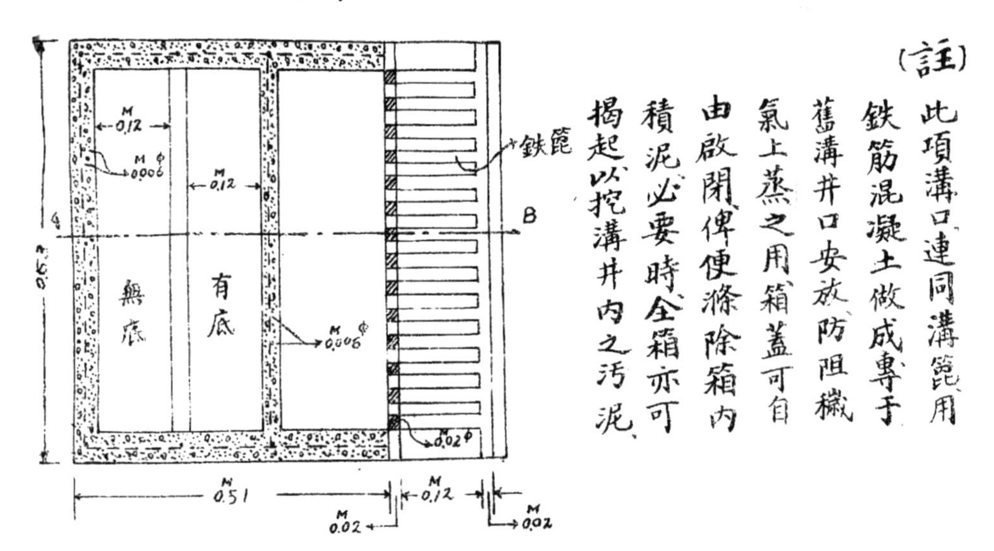

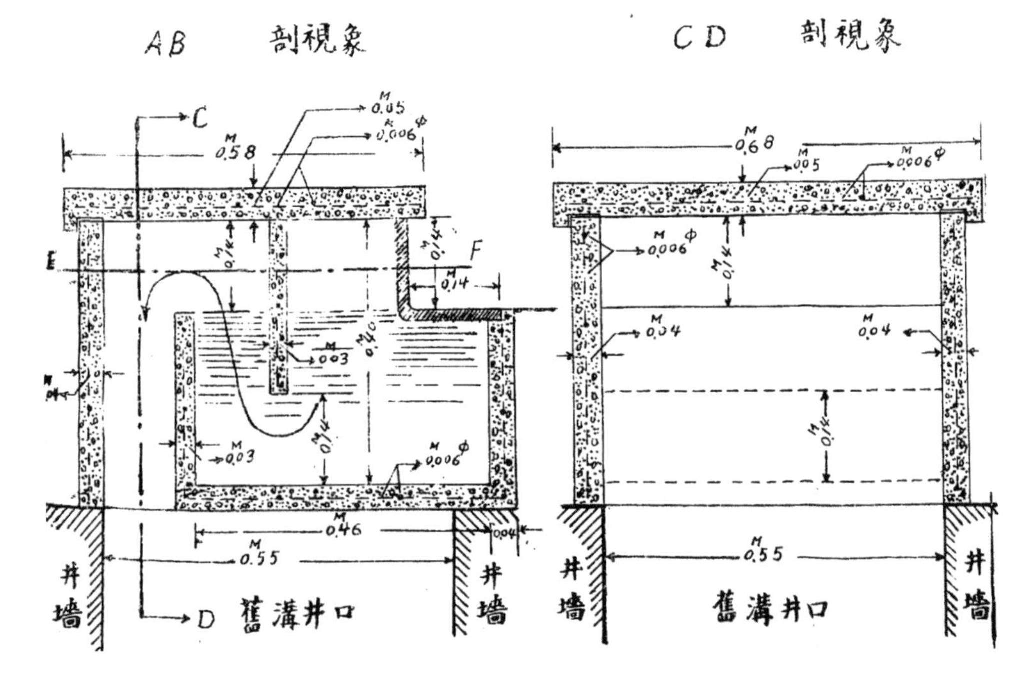

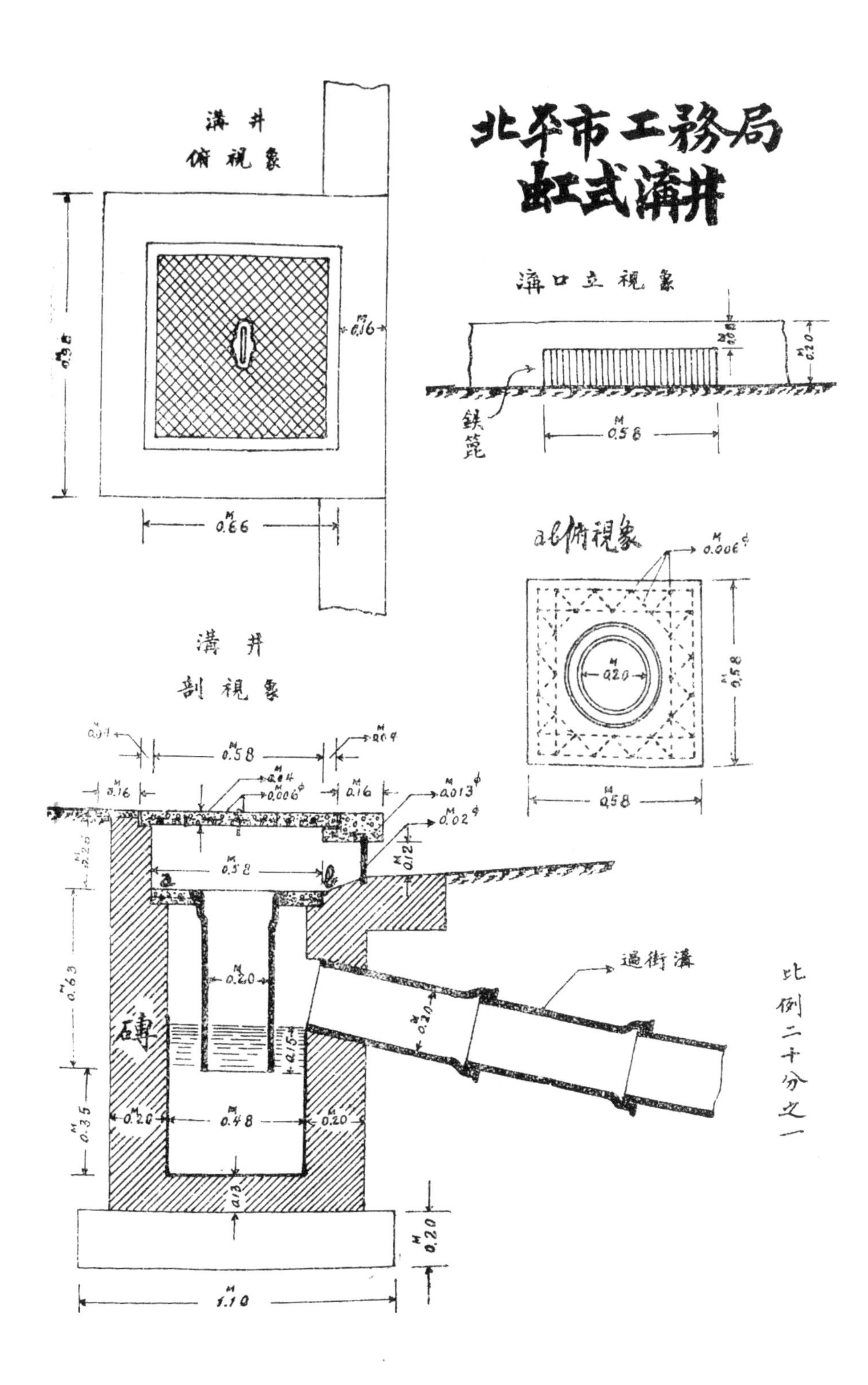
北平市工務局
虹式濬井
溝井
俯視象
濬口立視象
鉄篦
al俯視象
溝井
剖視象
過街濬
磚
比例二十分之一

18 与天津租界市政费用之比较[1]

1929 年

事业费愈多愈善，行政费愈少愈善，此社会经济之主要条件也。我国经济，糜于行政者太多，用于事业者太少，易言之，人多坐食而已。

他人之得失，足为我人之镜鉴，兹不求之欧美日本，只就租界以为镜鉴，且只就天津法英租界以资镜鉴，立甲乙二表如下：

<table>
<tr><th colspan="4">（甲）天津法租界市政 1928 年之预算</th></tr>
<tr><td colspan="2"></td><td>两</td><td></td></tr>
<tr><td rowspan="4">第一章 总务</td><td>1）总局人员（征收员在内）</td><td>31 500</td><td rowspan="4">45 500</td></tr>
<tr><td>2）文具印刷及意外</td><td>5 500</td></tr>
<tr><td>3）救济</td><td>3 500</td></tr>
<tr><td>4）过渡</td><td>5 000</td></tr>
<tr><td rowspan="7">第二章 庶务</td><td>5）利息</td><td>20 000</td><td rowspan="7">161 800</td></tr>
<tr><td>6）医务</td><td>16 000</td></tr>
<tr><td>7）学校</td><td>9 100</td></tr>
<tr><td>8）杂项</td><td>58 900</td></tr>
<tr><td>9）补助</td><td>14 800</td></tr>
<tr><td>10）保险</td><td>3 000</td></tr>
<tr><td>11）还债</td><td>40 000</td></tr>
</table>

1. 本文始载于《中华工程师学会会报》第 16 卷（1929 年），第 7、8 期。原标题为“市政费用之比较”。

第三章 工务	12）总局人员	34 300	256 400
	13）文具印刷及意外	5 000	
	14）路务外勤	20 300 } 35 300	
	15）沟务外勤	3 000	
	16）清道及脏土	12 000	
	17）工料	151 200	
	18）节会	2 000	
	19）路灯	25 600	
	20）暖务	2 000	
	21）沟站	1 000	
第四章 警务	22）总局人员	74 500	236 100
	23）外勤员丁	77 200	
	24）服装	16 100	
	25）保安队	28 100	
	26）庶务	22 800	
	27）消防	15 900	
	28）义勇队	1 500	

合计为 699 800 两，不计（5）及（11）则为 639 800 两，比较则工务占 40%，警务占 37.5%，总务庶务占 22.5%，工料占 23.5%。

（乙）天津英租界市政 1927 年之决算			
		两	
第一章 总务	1）华洋人员之俸给	48 800	101 800
	2）总务杂费	28 400	
	3）捐助医院	900	
	4）义勇队	9 000	
	5）墙子河维持费	300	
	6）偿还皇家租契用款	14 400	

第一章 总务	7）偿还领事馆	60	206 900
	8）隔离病院薪给及杂费	5 400	
	9）产妇调养院	4 200	
	10）维多利亚医院薪给等费	12 600	
	11）英文学校	41 500	
	12）图书馆薪给及杂费	1 000	
	13）卫生处薪给及杂费	3 600	
	14）坟地及火葬之保持及工资	600	
	15）借款还本	51 300	
	16）利息	86 640	
	合计	308 700	
	其间惟（1）（2）（4）（5）（14）为纯然的总务费，其数为87 100。		
第二章 警务	17）警俸及杂项	103 600	114 400
	18）消防俸及杂项	8 400	
	19）消防设备	2 400	
第三章 工务普通支出	20）桥梁河坝维持及改良	4 400	163 700
	21）坟地保持	200	
	22）薪饷及杂费	89 700	
	23）便所及沟口维持费	2 800	
	24）局所维持费	5 900	
	25）机件工具维持修理添补	5 850	
	26）公共院所保持费（病院学堂等等）	4 000	
	27）马路及水沟普通修理	45 800	
	28）步道保持费	2 000	
	29）暴雨水沟之修理	2 600	
	30）暗沟之洗刷	450	

类别	项目	金额	小计
第三章 工务普通支出	31）载重汽车费（汽油及材料并工资）	6 200	95 100
	32）步道及沿石暗沟之保持	2 000	
	33）加宽马路	18 500	
	34）路灯	19 600	
	35）清道	8 200	
	36）祛除脏土	13 700	
	37）祛雪	5 600	
	38）洒水及散沙	8 600	
	39）大沽道维持费	1 700	
	40）大沽道公园	11 000	
工务特别支出	41）推广新沟	22 300	42 400
	42）推广暴雨之水沟	100	
	43）路井	890	
	44）步道	3 500	
	45）添筑炉灰路	16 000	
第四章 资本支出	材料库		
	46）工程项下	3 200	8 900
	47）学校及医院	900	
	48）秘书处	1 320	
	49）警务项下	2 500	
	50）医院项下	1 000	
	新建筑		
	51）病院	900	53 000
	52）戈登堂[2]及职员住房	1 800	
	53）英文学校	50 000	
	54）图书馆	400	

以上四章合计 786 300 两，除去（15）（16）及第四章则 449 520，警务占百分二五即 25%，工务占百分六七即 67%，总务占百分一九即 19%。

（3）及（6）乃至（14），又（19）（20）乃至（45），皆可称为事业费，计 386 960，纯然的行政费惟 87 100，则总务费与事业费之比为 9÷40，约言之为一与四之比。

另约略言之，警务占 22%，工务占 60%，总务占 I9%。就甲乙合观，则得比较如下：

各费 租界	工务	警务	行政
天津法市	40%	37	23
天津英市	60%	22	19

平均之比较如下：	50	30	20

以上比较，尚非精确，因英法之记载方法不同也，且甲表中总务庶务，包含医务学校补助等项，尚不可视为纯然的行政费也。

以上为天津租界之统计，以论中国市政，南京、北平二市之成绩最劣，南北对峙，可称物必有耦；而上海市之成绩却较优，兹将收入及预算比较如下：

2. 英租界工部局办公大楼。

收入	民国十七年	上海全年总计 3 476 341	每月约 290 000 元
	民国十七八年	北平全年约计 4 200 000	每月约 350 000
	民国十七年	天津英租界 1 100 300	每月约 92 000
	民国十七年	天津法租界 970 000	每月约 81 000

阅此表，可知租界之收入较小三倍乃至四倍，然而租界上之事迹如何，则事实俱在，无待烦言也。

		北平全年		北平百分率 %	上海 %
预算	市政府	24 300+	3 000	6.30 乃至 7.00	5.50
	卫生局	19 176+	6 000	5.10 乃至 5.40	5.50
	土地局	5 625		1.40 乃至 1.50	5.40
	财政局	22 358+	4 000	5.60 乃至 6.45	5.50
	社会局	12 894+	2 000	3.50 乃至 3.65	4.70
	教育局	47 904+	35000 8000	13.65 乃至 20.80	20.00
	公用局	9 874+	1 000	2.40 乃至 2.80	5.40
	公安局	171 420+	35 000	46.40 乃至 49.00	28.80
	工务局	37 100		8.50 乃至 10.55	20.000
		350 680	94 000	100　100	100

事实上，上海百分率，系十七年份之报告，自是确数，北平则工务局之数乃是虚数，事实上尚小于此数。

再将工务及其他之支出实数百分率，立表如下：

支出		工务	公安	其他
	天津英租界	40%	37%	23%
	天津法租界	60	22	19
	天津英法租界平均	50	30	20
	上海特别市	20	28	50
	北平特别市	8.5	46	40
		10.5	49	45

观此表，可知北平市之公安支出，大至异乎寻常，而北平工务支出，小至异乎寻常，又知英法租界工务支占全市收入之半，租界市政之斐然可观，非无故也。

再将民国十七年，上海市北平市之新工，比较如下表：

新工		沥青土路	小方石路	砂石路	煤渣路	桥梁	菜场	码头
	上海	4 590 方	30 方	7 760 方	25 700 方	20 座	2 座	17 处
	北平	○	○	○	○	○	○	○

19 整理海河与北仓钢筋混凝土桥的建设[1]

1934年

北仓老桥，华南圭于1931年设计，1932年建成。八十七年后，本书编者找到了它，它依旧活着，并且有绿皮火车等在桥上穿梭。华新民摄于2019年11月5日

海河汇河北五大河流而入海，为天津海航唯一之径途。民国十五年冬，淤塞极甚，所有航海火轮，除吃水甚浅者外，均须停泊塘沽，不能直达天津，以至天津之商埠地位有摇动之虞。整理海河委员会就经济能力之所及，亟谋治标之方。

查海河淤塞之故，乃由永定河水挟沙带泥奔涌而来，虽有挖浚机船时加疏浚，奈沙泥既多，沉淀又速，以致逐年淤塞，河身日高。整理海河委员会有鉴于此，乃拟于北运河东岸屈家店附近，挖一新河，名曰引水河，引导永定河混水，穿过北宁铁路，流入铁道东面之洼地，使流率减少，

1. 原标题为："北宁铁路北仓钢筋混凝土桥"，原载于《工程》（中国工程师学会会刊）1934年第4期。该21孔桥，是当时关内规模最大的钢筋混凝土梁板桥。

沙泥沉淀，故名曰“放淤区域”。沙泥沉淀后，将水由新河泄入金钟河（名曰泄水河）转入海河，仍注于海。在引河之首，筑有进水闸、船闸，及节制闸；在泄水河之首，筑有泄水闸，而在穿过北宁铁路处，添修桥梁，以便水流通过。

民国二十年一月底，整理海河委员会函请北宁路在北仓附近，添筑一桥。当经双方商定桥梁之总长，跨度之长短，水流之高度及流量，以及建筑费之担负方法。迨是年三月底，乃开始设计。以时间之需要，及价值之经济，采用钢筋混凝土建筑。五月初图件完成。复由双方函商决定：一切招标、监工、购料、付款等手续，均由北宁路局代办，并由海河委员会照拨该桥预算所需款项，交由北宁路局管理，而于工程完竣后结算。十一月底，北宁路局乃筹备一切工作详图，并规范书等，以便开工。

永定河春泛，据历年记载，约在每年三月下旬。引水河既导永定河水穿铁路而放淤，则铁路路线势须于三月下旬以前挖断，并应将挖断处中部所需新桥之桥墩桩基，于同时期前筑成，庶放水时，不致妨碍工程进行，且在铁路路线挖断以前，必须在原线左近添筑便道及防水工程，俾资照常行车。

民国二十一年一月初，便道便桥工程开始，一月中同时进行抬高路基土方及路堤防水石坡等工程。二月中便道便桥均告完成，乃于试车后，正式通车。原有路线于是挖断。三月初，正式桥梁开工，由最中部开始，向两端进行。先事打桩工作，继之以混凝土下层桥基、上层桥基、桥墩、桥台及桥梁等工作。五月中旬，全桥工程完成。

海河委员会既决定于是年伏泛实行放淤，北宁铁路乃提前完工，于

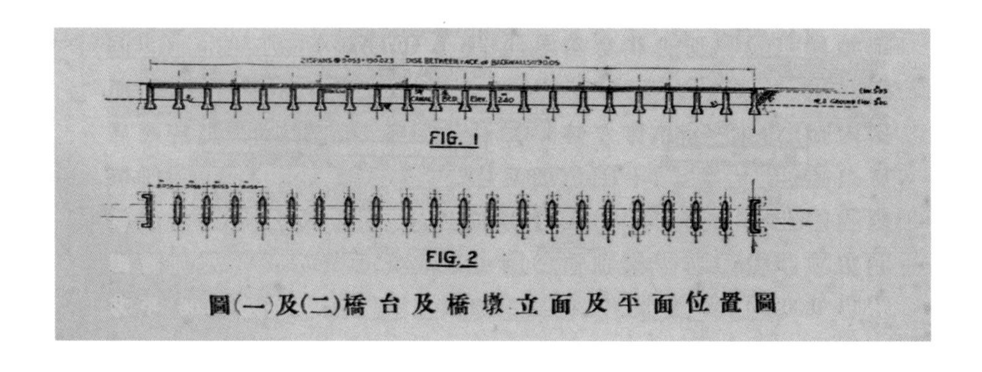

圖(一)及(二)橋台及橋墩立面及平面位置圖

六月二十日正式通车。当时以路堤既因修桥而提高，新土势须低陷，且新桥新铺道碴，尚未砸实，故对于行车曾加以速度之限制。是年七月一日实行第一次放淤，永定河浊流于是日正午开始在桥下流过，所挟沙土渐次沉淀于路线东之放淤区域。

北宁路由北平至天津本为双线。自庚子变乱被毁，乃改为单钱。是以全段桥梁、所有桥台桥墩均可担负双线，而桥身则属单线。本桥计划自应与全段一律，是以桥台桥墩乃按双线设计，而梁乃按单线设计，以备他日添修双线时，不致因此一桥而增格外之困难也。

该桥桥身用铁筋混凝土。桥台、桥墩均无铁筋。共计二十一孔，如图（一）及（二），每孔长 9.108 公尺，共长 190 公尺。墩顶宽 1.180 公尺，如图（四）。桥底至河底净空高度 3.1 公尺。梁为 T 形，两 T 平立，其间以混凝土作板，而将两 T 联络之。左右亦有翅式之缘边，形如盘式，以便承受道碴如图（三）及（五）。每梁之长度为 9.04 公尺，而其支点之距离为 8.53 公尺，如图（六）。道碴厚度为 0.305 公尺，其下垫土 0.305 公尺，其目的在匀配压力，并减少冲击力。活重系以古柏氏 E50 为标准，即政府所颁之标准活重也。

桥身总宽为 4.27 公尺，如图（五）。板之设计，假定机车轴重量分配于三根轨枕，则每平方公尺平均负 11 072.7 公斤，加以死重（包括填土、

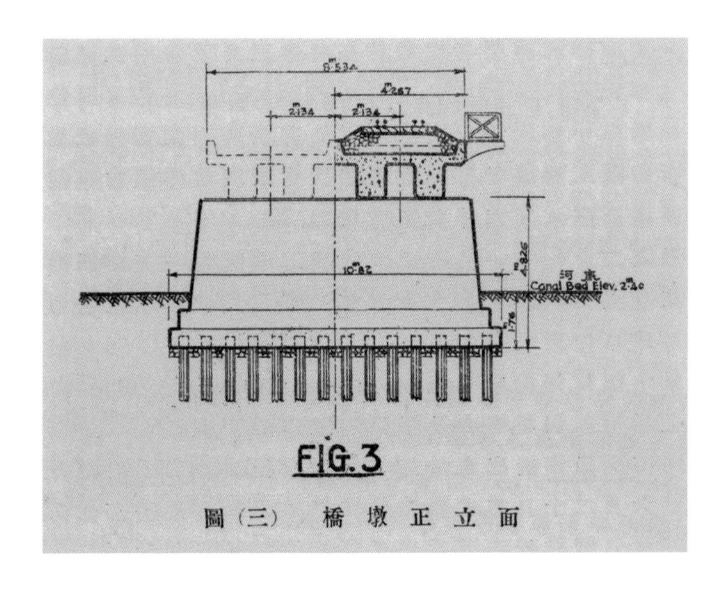

圖（三） 橋墩正立面

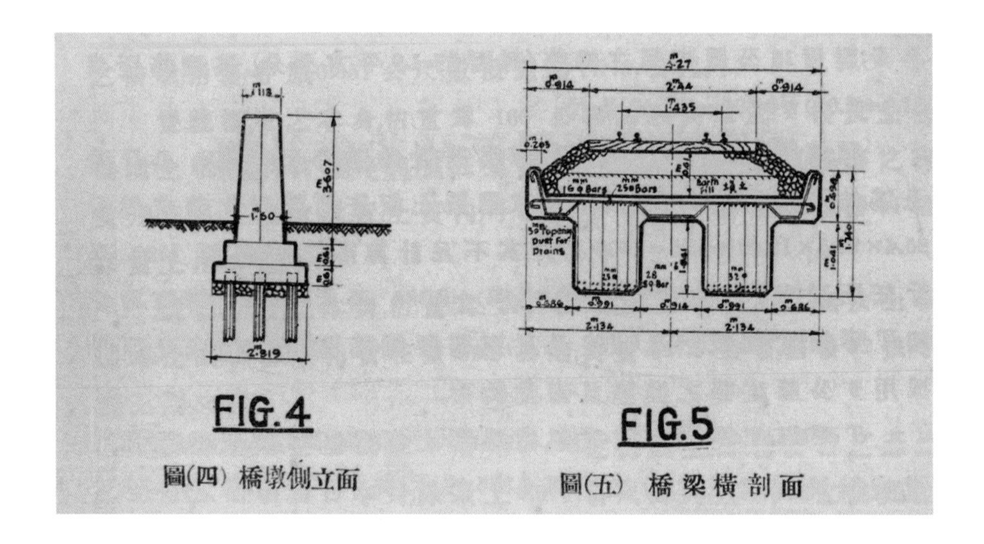

圖(四) 橋墩側立面　　圖(五) 橋梁橫剖面

石碴、轨枕、钢轨）每平方公尺平均负 705.5 公斤，梁之自身重每公尺估为 208 公斤。

假定混凝土板一条，宽 0.305 公尺，长 4.26 公尺，看作一梁，则在支点发生之挠力动率为 1504 公斤公尺，而其剪力为 3293 公斤。就挠力动率计算，所需之剖面为宽 0.305 公尺，厚 0.255 公尺，加护铁层厚 0.038 公尺，总厚为 0.293 公尺。所需之耐力铁筋，为 6.06 平方公分；选用 16 公厘直径之铁筋（剖面约 1.9 平方公分），其铁筋距为（19 ÷ 6.06）× 0.305 ≈ 0.10 公尺。

照算得混凝土板之厚计算其重量，为每公尺为 210 公斤，与上述估重相差甚少，故毋庸复算。混凝土板许可承受之剪力，为 25.4 × 30.5 × 15.87 ÷ 6.45=1905 公斤，其不足计算数之余额，即 1388 公斤，在距支点（3 × 1388）÷（3293 × 3.28）=0.384 公尺处，须由辅筋荷负，即 T 形梁之宽，设不及 0.768 公尺，则需要辅筋，而在此状况之下，将采用 9 公厘直径之铁筋，且弯成钩形。

T 形梁之设计：死重（包括混凝土板宽 2.135 公尺，连同填土道碴轨枕钢轨，及本身估重，每 0.305 公尺为 771 公斤），每 0.305 公尺，共 1592 公斤。死重之挠力动率为 47 600 公斤公尺。死重剪力为 22 317 公斤，活重剪力为 34 247 公斤。加以活重百分之百之冲击力，则总挠力

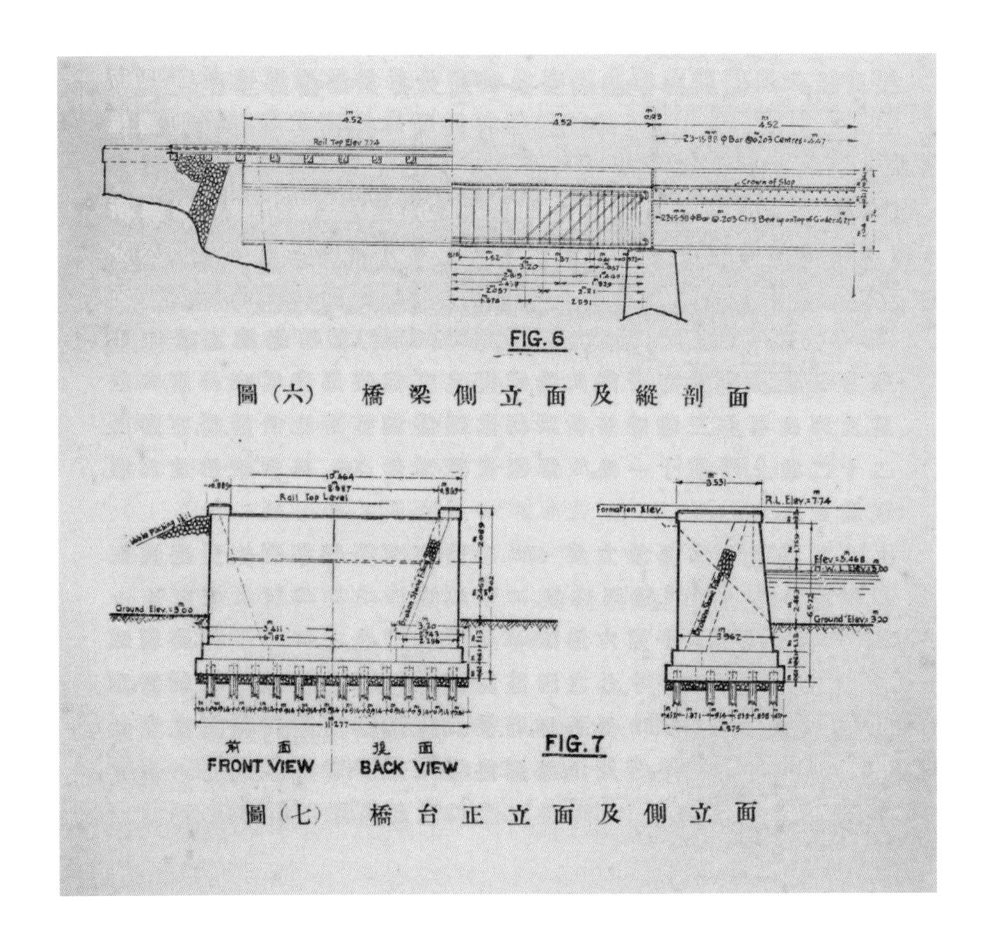

圖（六） 橋梁側立面及縱剖面

圖（七） 橋台正立面及側立面

动率为 174 200 公斤公尺，总剪力为 90 810 公斤。

就剪力计算，所需剖面为 12 294 平方公分。就挠力动率计算，所需剖面为宽 99 公分，厚 124 公分，加护铁层厚 9 公分，总厚 133 公分。采用双层铁筋，下层铁筋荷负拉力，名曰“低筋”，需要铁筋之截面 140 平方公分。上层铁筋荷负压力，名曰“高筋”，需要铁筋之截面 118 平方公分。乃就津市所能供给铁筋之直径，采用直径 25 公厘、28 公厘及 35 公厘等三种铁筋，就所需之铁筋剖面分配于两层，下层用二十二根，上层用十一根。T 形梁之实重为 758 公斤，较估重为轻，颇为安全。

就总剪力算得粘力为 499 公斤，则下层铁筋须直升至梁末者，需 499 ÷ 544=10 根，采用 11 根。

T 形梁之应许剪力为 30 345 公斤，则所余之 60 465 公斤，将赖铁筋以荷负之。T 形梁中心之活重剪力为 14 560 公斤，就比例所得，则由支点至离支点 3.52 公尺间，均需辅筋，除以下层可弯起之十一根铁筋，分组弯起外，采用 9 公厘直径之铁筋，弯成双钩形。

需要之承受面宽 0.991 公尺，长 0.473 公尺，于是用 1.016 公尺宽之桥墩，两面各加 0.051 公尺，墩顶宽 1.118 公尺。

双线桥墩之本身，估重为 166 公吨[2]，加以列车及 T 梁及土板，并填土、轨枕、钢轨等，每孔实在重 179 公吨，共重 345 公吨。基桩之荷负力，每根在北仓附近土质内，可达 8.5 公吨，则每吨需要基桩 41 根，事实上用 42 根。

双线桥台之本身，估重为 348 公吨，加以列车及 T 梁及土板，并填土、钢轨等，半孔实在重 89.5 公吨，共重 437.5 公吨，需桩 52 根，事实上用 54 根。

桥墩桥台之基础之下层，用 1:4:8 之混凝土。桥墩、桥台之基础之上层，及桥墩、桥台本身，除最上 0.914 公尺外，均用 1:3:6 之混凝土。桥墩、桥台之高处 0.914 公尺及 T 梁并混凝土板，均用 1:2:4 之混凝土。

全桥连同便道便桥，共费银圆 134 984.64 元。其中便道 1310 公尺，便桥 33.6 公尺，共费 27 628.83 元；抬高路堤土工，费 12 589.45 元；护堤之碎石坡，费 5 713.03 元，束水堤费 611.24 元，T 梁及土板并墩台，共费 88 442.09 元。实际桥梁本身建筑工料费每公尺计洋 465.48 元。

---

2. 公吨即吨。

20 何者为北平文化之灾 [1]

1932 年

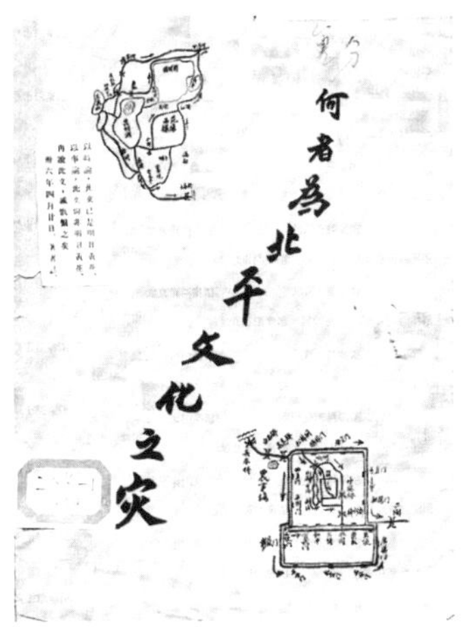

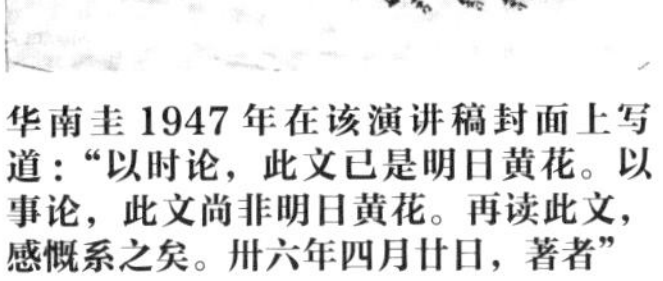
华南圭 1947 年在该演讲稿封面上写道：“以时论，此文已是明日黄花。以事论，此文尚非明日黄花。再读此文，感慨系之矣。卅六年四月廿日，著者”

北京西郊（朱今天摄于 2020 年 5 月）

今日来此，与诸君晤谈一小时，贵校说要向我道谢，我却更要向贵校及诸君感谢，因为我得此机会，又可替北平文化泄一分怨气，洒一掬酸泪也。

人所谓灾，大概为兵灾、荒灾、火灾、水灾，等等；而我谓灾，非由于水之多，乃由于水之少。

我国人有一通病，生前不知卫生，死后乃求登仙；殊不知生前宜求不死，死后决不能再生。

文化与人同，过去者为死文化，现存者为活文化；言其近者如圆明园，

1. 此为在清华大学的讲演原稿，出自北京市档案馆，档号：ZQ004-001-00632。

一堆瓦砾，徒成凭吊之场；言其远者如洛阳，古时之繁华，煊染史册，今则连一堆瓦砾而亦不可见矣；所谓死文化者此也。

我人于已死之文化，唏嘘叹息，不胜痛惜；顾于未死之文化，则又议论纷纭，莫衷一是，说说笑笑，毫无具体办法。如对病人，医生数十人，药方数百张，你说我是，我说你非，不待方法之决定，而人已死矣。

戏剧亦是文化之一端，然以程先生之小技，比北平古迹，则直是一点细尘与大海之比耳。然而程先生有人助之，北平文化，竟无人救之，此真我所不解者也。

远者党国要人，近者地方名人，对于北平文化，既有保存之空言，应再有维护之实心与实力，此为我所叩求者也。

地方风景，山与水并重；无山无水固不可，有山无水亦不可；名胜如浙江之西湖，山东之趵突泉，孰非因水而著名者；北平城内，苟无三海，则干枯之故宫，毫无佳趣；城外苟无昆明湖，则干枯之颐和园，亦无佳趣；而三海昆明之水，皆来自玉泉，则玉泉实为北京胜景之源矣。

然则何者为北平文化之灾？曰：玉泉分散，即是北平文化之灾。易言之，玉泉源流破产之一日，即北平文化宣告死刑之一日，而其期已不甚远，此则我所欲为世人大声疾呼者也。

我人空言保存古迹，不知整理玉泉，则其罪与摧毁古迹无异；整理若是难事，若费巨款，则其罪尚可减轻一等；然而整理玉泉，固易如反掌也，其易如此而犹不肯整理，则其罪应加重十等；民众空口呼号，不知督促，厥罪亦同。

近年来三海屡成水荒之象，盛夏荷且半死，鱼亦如在釜底，昆明池亦无充足之水量。问之玉泉，不任其咎，曰：天未尝厚待前人而薄待今人也。循此以往，不出十年，此未死之文化，恐必以寿终正寝讣天下矣。

薄待今人者，究竟是谁？曰是营私舞弊者流，曰是食肉怠事者流，曰是逐末忘本者流。

谁是营私舞弊者流？开放水田之土豪是也。谁是食肉怠事者流？贪得水租之污吏是也。谁是逐末忘本者流？空口呼号之绅商及民众是也。

据我所闻，为害于北平文化之水田，天天仍在暗中开放，污吏无所忌，绅商及民众一律不闻不问；我以为天地间伤心之事，无有甚于此者。

玉泉在前清帝皇时代，尽量引为点缀园池之用，而今则散失无用者，占一大部分；泛流于水田者，亦占一大部分，蒸发于天空，渗漏于地内者，又占一大部分。其他一小部分，流入农事试验场；其能归纳于三海者，乃涓滴之微量耳。

玉泉有七泉，曰永玉泉，曰宝珠泉，曰静虚泉（静影涵虚），曰固林泉，曰裂帛泉，曰迸珠泉，曰趵突泉；其中趵突泉最旺，亦称第一泉；此七泉皆在玉泉山围墙之内，分数路流出。

散失之一大部分，有因闸之窳败者，又有流入圆明园者；此园虽已成为瓦砾，依然饱受灌溉，不啻以参茸贵药，滋补死人，岂不可笑？

泛流于水田之一大部分，则为稻田、慈菇、荸荠等等；南楼、六郎庄、养水湖、船营村、圣花寺、宝贞观、白房子一带，灌溉之面积甚广，所耗之水量自多。

蒸发、渗漏二事，与面积大小及路程长短成正比例。假定截长补短，水田及河渠等，占半公里平方，则其面积为二十五万平方公尺。假定二十四钟蒸发一公分，则每天损失水量，已达五千立方公尺之多，而此二十五万平方公尺地面之渗漏，为量亦殊可惊。

散失、泛流、蒸发、渗漏，其量皆不可胜计，可怜此有限之玉泉，殊不胜不肖子弟之挥霍。

灌溉以后之水量，有经圆明园而流入于下清河者，有经庆王花园、红桥而流入下清河者，有循玉河过长春桥、石佛寺、白石桥而流向西直门外之高梁桥者；至于农事试验场，不过在此途截留一小部分以分余润而已。

涓滴之微量，由高梁桥流至城之西北角，分为二路；其一路向南，经平则门，至西便门，又分二股，一股向东，经宣武门、正阳门、崇文门，而往二闸；又一股再向南，经彰仪门，至西南角，向东，经永定门、左安门，再向北，经广渠门，而往二闸。

又一路向东，至松林闸，又分二股；一股向东，经德胜门、安定门，再向南，经东直门、朝阳门、东便门，再向东，往二闸。又一股向南，经李广桥，至乡闸，分为三支：一支向东，经地安桥、东不压桥，再向南，经望恩桥、御河桥、水关，再向东，入二闸；第二支向南，经蚕桑河并景山西墙、桶子河，而至天安门，再向御河桥，而亦入水关；第三支向南，经北海、中海、南海，由日知阁下，向织女桥，亦至天安门，而亦入水关。

以上系玉泉之源与流之大概情形也。

整理方法极简易，对于圆明园一带之水，筑堤以堵截之，对于灌溉水田之水，绘图编户，分作三年收回之，仍同时禁止再开放水田；泉源剔清之，破闸修葺之。以昆明湖为储蓄大池，玉泉全量，一律送入玉河以至高粱桥；农事试验场所需者，仍可供给，清华、燕京两大学所需之水量，亦可供给；截止于西便门，再截止于德胜门，再截止于地安桥。应浚者浚之，应堵者堵之，应导者导之。非但三海及中山公园，可成巨浸，画舫斋可复旧观，即故宫周围之桶子河，亦可供民众摇桨荡舟之娱乐，而宣武门、正阳门，仍可不减其冲洗之功效。依此计划行之，废功不过一年，费款不过一二万，而北平文化之源，赖以维持。凡我民众，应向当局督促其实行，决勿再任其因循。（平市岁收四百万元，二万元仅是全数之千分五耳。）

说到督促二字，我欲为民众作当头一棒。革命政府已以民权赐给于民众，有其权而不知行其权，抑何自暴自弃之甚乎；天津英国工部局，设有华董数席，然闻请病假者有之，请事假者有之，如逃学之小学生，鞭之叱之，不肯入学；似此情形，假如平津市政当局，大开天恩，依照民权主义，特设议席，特许市民以参议之权；窃恐衮衮诸公，依然纷纷请假；民权于诞生之初，即已宣告破产，岂非我民众之奇辱大耻也乎？

说到天津英国工部局，我又连想到平津市政府，外人许中国人参预市政，中国人偏不许本家人参预市政。无条约之不平等，更酷于有条约之不平等；而我民众，未尝作一次之奋争，未尝作一语之哀求，天地间穷而无告之民，孰有甚于此大中华之小百姓者！

总之，玉泉消竭，则北平文化灭绝，此为必然之结果。余前年在工务局任内，曾有整理玉泉计划，嗣后又曾以小册屡与党国要人恳切陈说，无如言者谆谆，听者藐藐，忽忽至今，已将三载，干磅已到第二时期，死期可以计日而待矣。

我今明白一问，有人敢言昆明[2]、三海应废弃否：如曰可废弃，则玉泉可以不管，尽量开作水田可也；如曰不能废弃，则整理不可一日缓。

此外，伤心之事不胜枚举，再撮述两事以悼文化之灾：云冈石刻之精妙为天下冠，前岁窃案轰动一时，今则绝无一人顾问；最近余曾赴云冈实地考察，触目皆是摧毁之象。文后所附照片，高低两佛龛，其小大两石佛，皆已摧毁，此片余摄之以示一斑。此外摧毁者，数十倍于此，此其一事也。北平地坛内，古树青葱，举国无比；东部十数株，前年为虫食死；西部去年亦食死十数株；如不杀灭，全林有食尽之患；欲杀虫种，只须将已死及半死之各树，伐而焚之；然而行政当局，此种不费一钱之善政，依然不肯偏劳，绅民亦全然冥顽无知觉；一年死去数十株，十年死去数百株，由此类推，则北平文化之寿命，不过十年或二十年耳，此又事事也。

闻者勿疑余以危言悚听，北平文化之死期，或者未必如此之近；然若民众永不努力，或仅以说说笑笑了其事；则文化之苟延残喘，必不甚长；我虽未必作送葬之人；我之子女，恐不能不为执绋之人矣；呜呼哀哉，北平北平，尚忍言哉！

注：

云冈在山西省大同府西，为中国最著名之古迹，盖后魏之遗迹，其雕琢之精妙，实是历史上之国宝也。后魏原是鲜卑族，初居蒙古，次居山西，统治华北约有一世纪半之久，则其建筑断非短期间之草率工作，其时为西历五六世纪；建筑之首期，大概在第五世纪之初，但已完全毁灭；重新改建之期，大约在第六世纪之初；今所存者，殆皆是改建后之遗迹也；遗留至今已

---

2. 颐和园的昆明湖。

一千四百年，谓非至宝而何。惟间有近顷五六十年前之新物掺杂于其中，但甚微少，无伤于全体宝贵之价值也。

山本不高，而延长至数里，沿坡凿洞，约有一公里即二华里之长。洞之小者，直径约二或三公尺，大者竟至二十公尺即六十余华尺。石质较洛阳之龙门为嫩，雕琢另一制度，说者谓胜于龙门。雕琢之工作，均就岩石施工以成龛，佛像亦就岩石琢成。间有方柱，作为支撑胄形龛顶之用，其四面皆雕佛像，并有小龛。

龛下之楣，以及幅面边缘框子等，皆有雕琢，皆有建筑美术之制度及其价值。

工作有优者亦有劣者，大抵历代以来，每经一次兵燹，即有一次摧毁，亦即有一次涂补；涂补所用之材料为石灰，其手艺亦每况愈下。云冈佛像，多有色彩，此亦是特殊之处，或者涂补时欲掩其工作丑迹，故用红土黄土蓝土……以涂抹之。

云冈石刻，既见有卵形及棕叶，又见有莨菪之卷形花果，有简式者，亦

有复式者，并见有柱冒之莨苕，极与希腊式相似。有佛像一座，高约三十五公尺，即一百余营造尺；又一座高约五十三公尺，即约一百六十营造尺，可谓高大矣。

后魏时代，此种伟大华美之工作，殆非纯粹华人之工作，但决不出乎中央亚细亚；大抵工匠来自邻邦，盖中央亚细亚为佛教鼎盛之地，即为宗教美术荟萃之地，则其地之工匠，自然富有技能也。后魏时代，西北之交通必甚畅达；初时，工匠来自邻邦；久之，本地华人，养成其技能；又久之，老匠与新匠同化，其技能更优美。西人游云冈者甚众，见其摧残，无人不叹中国国宝之奇灾；保存古迹，徒托空言，余曾见其保存之事实矣，可胜浩叹：公安局派下级人员看守之，不给饷糈，或仅给以极微薄之饷糈，或则时给时不给。如此国宝，如此保存，安能免监守自盗之弊；此监守人，为衣食所迫，不得不盗卖古佛以度日；呜呼哀哉，古迹古迹，随余泪而同尽矣，尚忍言哉！

中华民国二十一年十二月印行

21 《公路及市政工程》节选[1]

1939 年

第一章 总论

弁言

（1）汽车路三字，距今十年，渐有所闻；当时我闻此三字，乐而又悲；乐者何，乐我国人之大梦已醒也；距今二十五年，余早言古时四业为士农工商，近此四业为路农工商，而路尤为四业之首；我闻一路字，故不能不乐。悲者何，悲我国人仅在初醒之期也；路字之上，必冠以汽车二字，人仅快意于一己驰骋，而于国民经济之本源，尚未能彻底明白，故我闻汽车路二字贯串而不能不悲；路不仅为汽车而设，偏以汽车为路之专名，果何故欤？（略）南京国民政府成立，汽车路渐不闻，公路二字，乃聒于耳鼓，名正言顺，我之悲大减。不衣不食不住，固无以为人，不行亦无以为人，故衣食住行四事，实属并重，行不可无路，无路之国，不能称为国，世界上以无路著名者惟中国。德国在欧战前，已有公路十四万公里，即廿八万华里；欧战以后，截止 1926 年，美国已有公路七兆公里即十四兆华里；试思我国落于人后，在何种程度乎？

兆 =1 000 000，即旧称百万，余以为数目制度，应采用西法，即以三位进退是也，立表如下：

---

1. 该著作近二百页，由商务印书馆于 1939 年出版。本文及本书所有出现节选的篇章，凡（略）字均由编者所添注，以示删文处。

一 =1　　十 =10　　百 =100

千 =1000　　万 =10 000　　兆 =1 000 000

亿 =100 000 000

万字作为副助字，废去亦可。

（2）自从公路名称传播以来，首先发展者为浙江省，其次为山西、广西二省，今则广东、湖南、福建、江苏诸省亦渐发展。近十年来之建设事业，惟此一端为斐然可观者，然而落后之省仍不在少数，即如余所居之河北省，依然无路（市内者不计，无路面者亦不计）。

（3）公路不能不多，然其建筑费及修养费，实属不细；是故，路应造而却不能妄造，因妄造则糜费大而效果小也；妄造则目前已觉其有害于车辆，他日或不易修养焉，或竟须改造焉。所谓国民经济，应八面顾到；非草率妄造，即为了事也；我国处于经济最低最薄最难地位，应以最小量之金钱，能成最大量之路程；欲达此目的，不得不乞灵于科学，此本书之所由作也。

（略）

（5）公路上通行之车，不限于汽车，而汽车势必最多；因此则汽油之消费量，实使国家金钱，外溢甚巨；近人发明木炭汽车，苦心孤诣，殊堪钦佩；然而木炭由木煨成，伐木必多；若全国汽车，皆用木炭，窃恐在极短期间，全国皆成赤土矣。目前日用之木材，已自外国输入，例如房屋、家具及铁路轨枕，十之九来自外国，试问有何木料可供大量汽车之所需乎？然则汽车燃料，大概仍须求之于油、酒、煤三物；大同府某矿之煤，可用冷压方法以成汽油；热河某山之石，亦可用冷压方法以提出汽油，此皆化学家之事，余乃是门外汉，姑志所闻，不敢详论。

（6）抑更有欲言者，公路与铁路比，运输能力，相差甚巨；修养费之比例，相差亦巨；故我人虽应发展公路，仍不应忘却铁路。

（略）

尺度及左行制

（44）英国尺度甚劣，比我国旧制尤劣，因其不能以十进退；八分为一吋[2]，十二吋为一呎[3]，三呎为一码，混乱极矣。米突制[4]为世界最良之尺度，创于法国，而德国却最先采用；采人之长，以补己之短，于国交无关也。美国袭用英制，而今日则科学以及仪器，渐已采用米突制矣。中华民国初年，政府公布权度制，公尺及营造尺为法定之尺度，意在逐渐推广新尺度。国都南迁后，改立二种新尺度，其一仍是米突，其二名曰市尺。比较如下：

一营造尺 =0.32m

一市尺 =0.33m，即 3 市尺 =1m

近三年来，政府三令五申，饬用米突尺度，惟市制恐多窒碍；盖关于秤者，令 1kg=2 市斤，而 1 市斤约等于旧斤四分之三，须变换计算二次。总之，米突制已奉命令实行，实为一大进步。所谓公尺，即是米突；因其万国通制，故冠以公字。公尺基于地球之子午线，子午线先分为四，次再取其千万分一，即是一公尺。地球不变，故公尺亦不变。一千公尺，即是一公里；我国里程长短，非但因省境而异，且又因县境而异；约略言之，一公里等于二华里；改用公里以计算路程，虽儿童亦不觉其难。

公尺制之优点，非但在其本身，兼在体积及重量；盖长度以公尺为么位（么位俗称单位），体积及重量亦以公尺为么位也。易言之，一立方公尺之水，即是体积之么位；其重为一公吨，即是重量之么位。

换算之法，只须牢记一事，即一公尺等于营造尺或市尺若干；明此一事，则其他皆可类推矣。

1 公尺 =3.125 营造尺

1 营造尺 =0.32 公尺

1 公尺 =3 市尺

1 市尺 =1/3 公尺

（略）

2. 英寸的简写。
3. 英尺旧称也为呎。
4. 米突为法文 mètre 的音译。

（45）所谓左行制者，车马行路，应靠左边也。各国习惯不同，而中国公路上之车马，靠左向前，已成习惯；且我国铁路上之火车，亦皆靠左向前，则全国自应一律定为左行制。我国青岛曾用右行制，车马靠右向前，盖沿德国习惯也。交路日渐发达，各地方不应各自为政；同一车马，同日可驰行邻省；若各省规则不同，则种种变故，势不能免。二车对面交叉，或二车平行而一快一慢，则慢者应靠左而让快车；例如洋车应让汽车，则汽车可在洋车之右抢路。

若二路交叉，甲为要道，乙为次要道；则乙道上之车马，应让甲道车马；易言之，车马由乙道入甲道，理须缓行。

（略）

步道

（169）步道之支配：前论平面时，已论步道与车道之比例，但实际则往往不易有比例；例如往来要冲之大道，车道须宽，而步行之人却少；店铺繁盛地，路非往来要冲，而步行之人却甚多，步道为步行之人而设，店铺繁盛地，步道自应特宽。巴黎之伊大利大街，日本东京之银市街，论车道则非要冲，论店铺则特别繁盛，则步道不能因车道不宽亦不宽也。

（170）步道之斜度，以四分为标准，前已论之；惟仍视其质材如何，例如石块则可稍峻，西门土及沥青土则宜较坦，一则视乎泻水之难易，一则视乎人足之舒适与否也。

极峻之步道，人足每感不快；极坦之步道，泻水每见不利。

（171）车道若有折角，则步道亦有折角，此折角须改成浑圆，盖凸角凹角，既不利于车马，又不利于水流也，如 Fig.113，凹角 E 及凸角 B 皆应改成圆角，其半径自一公尺半乃至二公尺。

（172）车道常有骤窄之处，此由于旧道逐年放宽之故。旧城市之街道常窄，市政府为放宽起见，规定房基线而公布之；市民改造房屋时，须照房基线退让；或算地价，或不算地价；因此则车道遂有忽宽忽窄之处，如 Fig.111 之状。

（略）

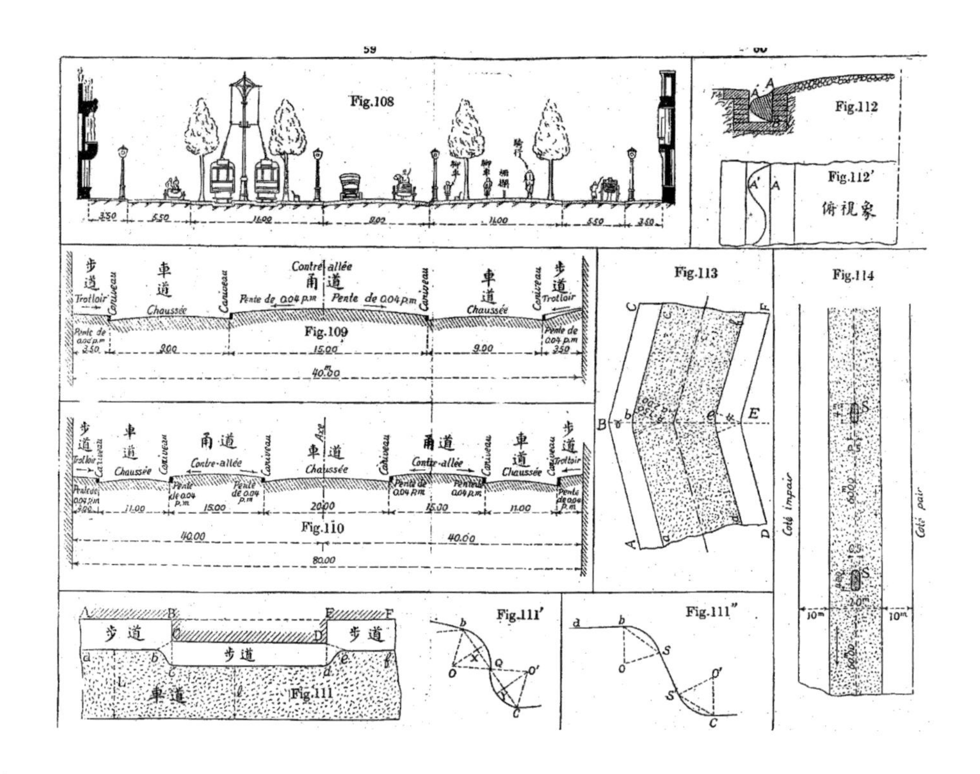

第四章　附属工程

（略）

种树

（255）不但市道宜种树，乡道亦宜种树。法国从前，有强迫沿路地方种树之法令，今则由公家担负矣。

（256）树之利益甚多；其一，维持车道；其二，使路有美景；其三，使人受绿荫；其四，有利于卫生；其五，在某种境地，可作为防护物；其六，可培成有用之材。

所谓维持车道者，犹言能免车道之损伤也。乡间干燥之地，车道亦太干燥，有树则其根之水分，可使路底稍润，此其一也。乡野路边松土，赖根须以资维系，则干燥时不易酥碎，雨洇时亦不易冲散，此其二也。然而在湿润之地，树却无益于路，因太湿润也，故在常湿之地，宜使树根距路稍远，又宜择少叶或疏叶之树，又择树性之向高处生长而不向横处生长者；或用人工以使树枝不向横处发展。

（257）无论步行之人或车行之人或骑行之人，有树荫则可减烈日之苦，非但绿叶之清目已也。在城市，树又调剂空气；其现象有二，一即养素、炭素之交互吐吸，二因树津升降不息，空气随之而常润。

（258）大雾或大雪之时，路之方向已迷，树乃可作方向之指导者，此其一也。路外若有深壑，路边若有马道，树能阻止坠马者之滚入壑内，此其二也。

（259）若树种选择适宜，俟其成材乃加斫伐，且轮流补种，则一日所费无多，后日可收永久之利。

（260）以上各种利益之外，尚有一种小便利；若每距一百公尺，间以一棵特别形色之树，则此树有分里碑之效用。

（261）此外又有半利半弊之事，于沿途植果树是也。果利甚大，然有二弊，一则腐果落于人身，二则行人摘花摘果而反伤树本。

（略）

（266）树秧运送之时，宜谨慎保护，其皮、其枝、其根皆勿受伤；如有受伤之根或枝，入土前须剪去，剪痕宜整齐，勿撕破其皮肉。若运送之时间甚长，则途中宜浇水以使其滋润。若自苗圃送至工地之后，尚须搁留多时，则宜暂植于良土松土之内。冰冻期内，不宜移植，期前期后亦不宜；是故，移植以秋初春末为最宜，凡在干松之地植树，宜于秋初；湿硬之地，或地含黏土，则宜于春末。我国南方，以清明为植树之期，以阳历算之，即是四月上旬，即是春末夏初，因南方地土湿硬常合黏土之故；北方不以清明为标准，秋初亦可移植，因其土地干松之故。

宜于树之土质，乃是黄土，亦即宜麦之土，故名麦土，色稍黄而体稍松，含矽（矽即是沙）及黏土，而黏土不宜多含，因其无渗性，且易成硬块；砂亦不宜太多，因其渗性太大，不能停留湿润。

（略）

（274）浇水之法，如用桶逐株分浇，则太费工；宜用陶管埋于土内，直径为 8 公分；此管围绕树根，又接连数树或十数树；于一处灌水，则水可流至远处，并沿途渗于土内。管与管衔接，留其细缝，或再加一圈以免泥浆回入管内，而清水则仍可渗入土内。

围绕树根之陶管，布成长方形，如 Fig.168，约 2.5m × 3m，埋于沙石之中；石之尺寸宜小，约 8 公分。埋深之度，约距地面 3 公寸。

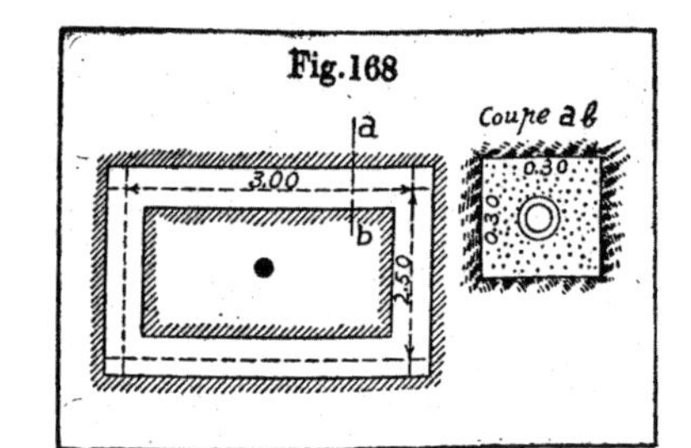

受水之管是⊥形，其口向天，平时闭塞，灌时乃开。衔接成为直路之各管，衔接方法亦如此。

如此灌水，较直接浇水于根为良，因周围之土皆湿，树根受润而不受涸，且管可疏通空气；盖树根需水，亦需空气。北平中山公园，曾有人提议，遍用沥青土铺地，讨论之后，决计不行；因若铺沥青土，则树根不能吸收空气，数百岁之大树，必致枯萎以死。欲保存此大树，根畔之土，应年年翻松；至少直径三公尺之一圈，年年翻松一次。

（略）

（276）至于树种，各国各有其所宜，各地各有其所宜。有三物为我国南北皆宜，燥湿寒暖皆宜者，一曰洋槐，二曰洋梧，三曰绒花树，绿叶鲜嫩，并易生长，惟不能储成建筑材料。绒花树之优点，非但其叶娇嫩悦目，其花亦鲜艳可爱；且开花时期甚长，一批又一批，竟至一月或二月之久。且其叶在日间张大，途人可受其荫；夜间缩小，风与空气皆流通，令人爽快。

（略）

（278）桃柳亦是南北皆可生长之物，桃红柳绿，又为文人骚士吟咏之资料，然皆不宜于公路；柳之寿命太短，且生长常歪斜，不足以增高路容；桃则叶既不常鲜嫩，花之寿命又仅只一星期。洋槐及绒树，移植时皆可去枝，或仅留粗枝之根。

（279）同种之树，宜植于同一道上；庶几左右成列，一望连天；我人旧习，每喜将异种之树，相间植之；此若施之于公路，参差疏散，远不如同种排列之美。是故，一路若植洋槐，则此路全植洋槐，勿杂他树；一路若植绒花树，则此路全植绒花树，勿杂洋槐。至少亦应分段种植，例如一段全植洋槐，又一段全植绒花树。

（略）

路牌门牌号志

（281）路名旧法用文字，美国新法用数码，各有其利与弊。

人皆以为数码最易记忆，例如第一号、第二号路等等；文字最难记忆，例如北平之长安街、辟才胡同等等。其实不然，数码最难记忆，文字比较容易记忆，其理易明，盖数码少固然容易记忆，数码多则不容易记忆，其故一也；方格式之街道，次序固可顺；非方格式，则56号，未必即在57或55之左或右，则行人仍苦难寻，行后仍难牢记，此其二也，天津英法租界，文字与数码并用，最为便利；例如新嘉坡路，即是三十三号路。编号宜分别奇数及偶数，天津法租界，凡路与海河平行者，皆编为奇数；凡路与海河垂直者，皆编为偶数。英租界之街道，斜者居多，故此例未能一致。

（略）

（284）路牌须显明，地位宜正确，又宜使人易见。欲显明，宜用蓝地白字；欲正确，宜常与街道平行；欲使人易见，宜用大字，又宜不太高不太低。转角处及路之尽头，皆宜有路牌，如Fig.169之甲乙丙及丁；乙与丁之名称同，例如中山大道；甲与丙之名称同，例如花牌楼街；为省费起见，可省去丙牌，但勿省去甲牌。路牌高低，低不可在一公尺半以下，高不可在三公尺以上；上海路牌，多不合理；天津日本租界之高低最适宜，英法租界则有适宜者，亦有不适宜者；大概新者较为适宜，旧者不甚适宜。

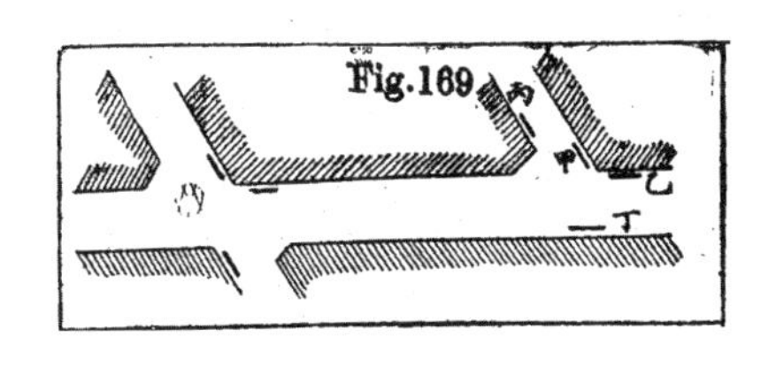

（略）

（288）门牌亦以蓝地白字为最显明，只须有简单之号码，例如

375。我国旧习，字数多而字迹小，往往加“第”字及“号”字，例如第 375 号；更有加“门牌”二字者，例如门牌第 375 号是也；画蛇添足之旧思想，殊为可笑。试想，若不加门牌第号四字而只写 375，人将不视为门牌乎？

（289）门牌之高低，应以寻门人之便利为标准，大概为一人之高度。旧法每将门牌钉于门楣或其左上角，或其右上角，皆非醒目之道；左右固不必拘泥，惟高度则必求其迎目。

尺寸亦应大小适宜，每一数码，至少须六公分或七公分见方，如 Fig.173，笔画宜粗，总以醒目为第一要义。

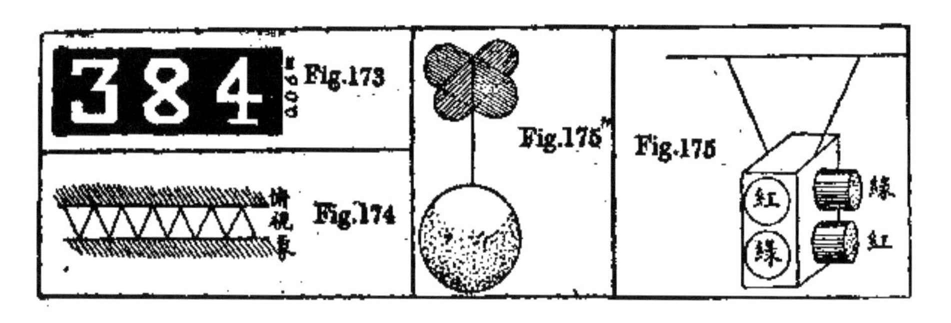

（290）此外，尚有一事极重要，即奇数偶数应将分离。我国旧法，奇数偶数混合，西国则奇数一面，偶数在对面；且预编空号，以便房户变更时之增减。奇偶分离之法有二大利，其一，行人寻门之时，眼光只须注视一面，其二，邮差送信之前，将同街之信，奇号者集为一捆，偶号者另集为一捆，且顺其号码之次序，则一往一来，全街之信已送毕，省时又且省力。若不将奇数偶数分编，则邮差所走之路线如 Fig.174，全是斜线，费时在数倍以上，岂非太愚乎？

（291）号志者，警告行人之符号也，所以用之以阻止或放过车马及行人，亦所以防避危险。此路上之车马，欲渡过交道口，不知彼路上亦有车马冲来，如无预告之号志，则不免互相冲撞。故凡交通极繁之道口，宜设红灯及绿灯，借以昭示危险与否。二块玻璃，一红一绿，立于二灯之前；显红色则车马应停，显绿色则可进，如 Fig.175'。灯装于高杆之顶，杆立于交道口之中心，警士负开灯闭灯之责。

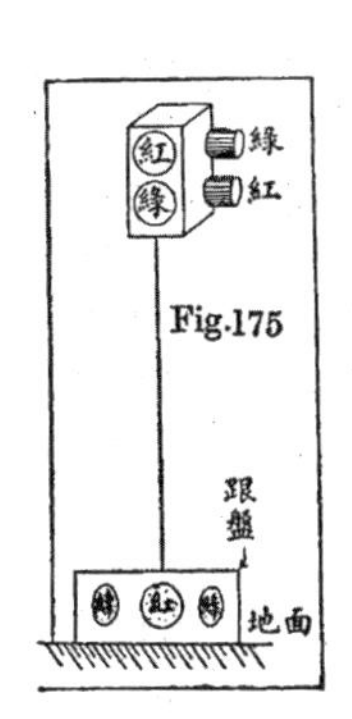

亦可将红绿灯悬于空中如 Fig.175，又挂一链，以达于警士之手。

高杆之顶有红绿灯，高杆之跟亦有红绿灯，如 Fig.175'，跟盘用生铁或混凝土作成，周围嵌以红绿玻璃，以使透出红绿之光，此非阻止进行，乃系预告之意；盖汽车之司机者，目光不常注高处，而常注于路面；跟盘之红绿，所以醒其目也。

号志设备，上海比天津完善，而法国租界尤完善，因车马最繁也。

在四路五路之交道口，灯杆甚高，腰部有露台，警士立于台上，目视周围之车马，手握启灯闭灯之机关。

服务于号志，须眼灵手敏，并须有很久之习惯。

（292）交通非极繁，则警士以手为号志；二臂横平，其意即是阻止通行。一臂横平，亦是阻止之意。

此种号志，宜简单明确，否则易误解而肇祸。北平警士，精明此道者少；甲路来车乙路无车之时，亦横其臂以向乙路，一若招待甲路之车也者；此种无理由之手势，可笑亦可畏；笑则笑其为汽车客人之招待员，畏则畏其易致肇祸，实因其手势无简明意义之故。

（略）

（297）路灯或用电，或用煤气，或用汽油，或用煤油，而乡道上鲜有煤气者。煤气在我国尚未萌芽，上海租界，作为别论，然将来在北方必能发展，因多煤矿也。

市民所需之燃料，厨房及暖炉，西国已在电化之中；上海及天津，亦在推广电化之中；惟华北多煤，谅不能不经过煤气时期。煤于造气之时，兼得焦煤及煤脂、煤津，并可得染料，斯皆工业上之重要品也。

（298）房屋内所用之灯，电自优于煤气；因煤气有恶臭而又有毒，若门窗闭而气门未关紧，则可杀人，又可肇火灾。然而街道上用煤气，实不劣于电，且往往较廉。

（略）

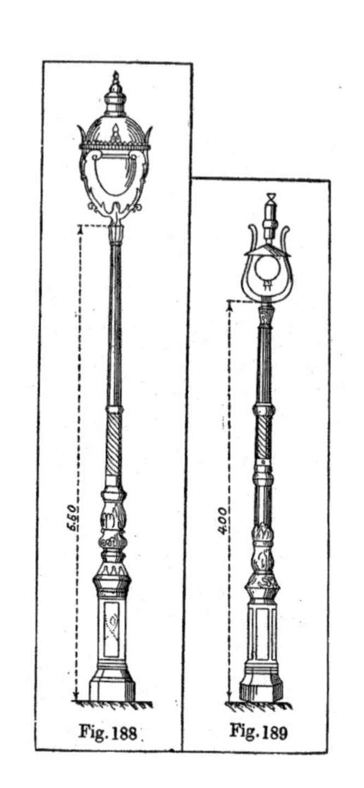

Fig.188　Fig.189

（312）电灯是路灯之最通行者，在西国非但市内有电，乡野亦有电，则乡道市道，皆可用电灯。

市内之电线，可架于空中，可埋于地内，近日多埋于地内；回流宜用另一索，不宜流入地内。

凡有铁管之处，索宜与之隔离，以免窜走；例如煤气管及自来水管，皆宜与电索相隔离。

隔离之法，除用胶皮外，应再令其卧于沟内，此沟或用钢管，或用混凝土。（略）灯桅如 Fig.188 及 189，或立于步道，或立于甬道，或对面排列，或犄形排列，相距自三十五乃至五十公尺。

用白烧灯或用弧光灯，则因地制宜可也。

（略）

（316）中国尚无用地线者，因地线贵于天线。天津英法租界电灯，皆用翅架，或赖横线以悬于空中。

（略）

（318）北平于电灯之外，参用汽灯，亦用翅架。北平街道电灯，不用翅架，只在木杆上翘出一灯而已；光线偏于一边，不可为法也。

北平小巷，无电灯者甚多，只用煤油灯而已。

（319）乡道无电，则路灯设备自多困难；惟转弯处仍宜有灯，其燃料只可用煤油；可责成最近之村庄，雇用一人，专司其事；惟须筹一方法，将灯锁住，免为贫民窃去。

（略）

（498）论市政，开宗明义，当先标以十六字，否则毋宁不谈市政也：

取之于民，用之于民。

应有应有，应无尽无。

前文自第三章起至第六章之末，无一处非市政之研究，亦且为市政之最大端。

（499）行政贵切实，最忌夸大；改良旧市，尤重于开辟新市；然而开辟之道，不可不知。旧市改良，往往不易，故各国常于旧市之旁，开辟新区。在草蛮荒地开辟新市，非无其例，大概为工业趋势所迫成，为欲分散劳动者于乡野，而免麇集于已稠密之旧市，且仍不失其集合之便利也。

区与路

（500）区之义有三，因地理而分者为市区，如称某市第若干区是也；巴黎大概以圆环形为市区，如 Fig.241 是也。因职业而分者名曰职业区，如云工业区、商业区、学校区、住宅区，皆是也。因职务而分者名曰职务区，如公安局因管辖巡缉之便利而划分若干警区，工务局因管辖工作之便利而划分若干工区，皆是也；警有警之情形，工有工之情形，故警区与工区，未必同其地界。所谓工、商、学、宅各区，划分未必严明，只能分别其大体；例如小学校，当然不能距宅区太远，因小孩早午晚往返三次，费时费钱又多危险也；宅区与商区，划分亦不能太严，因商店断不能无人居住也。其他一切，由此类推，不可拘泥于字面。工业区亦只能划分其大体，小工业与商店，往往不能分离；店后装一小机，小件

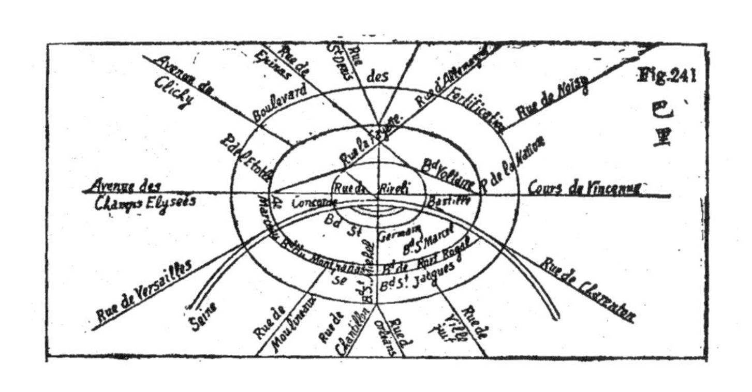

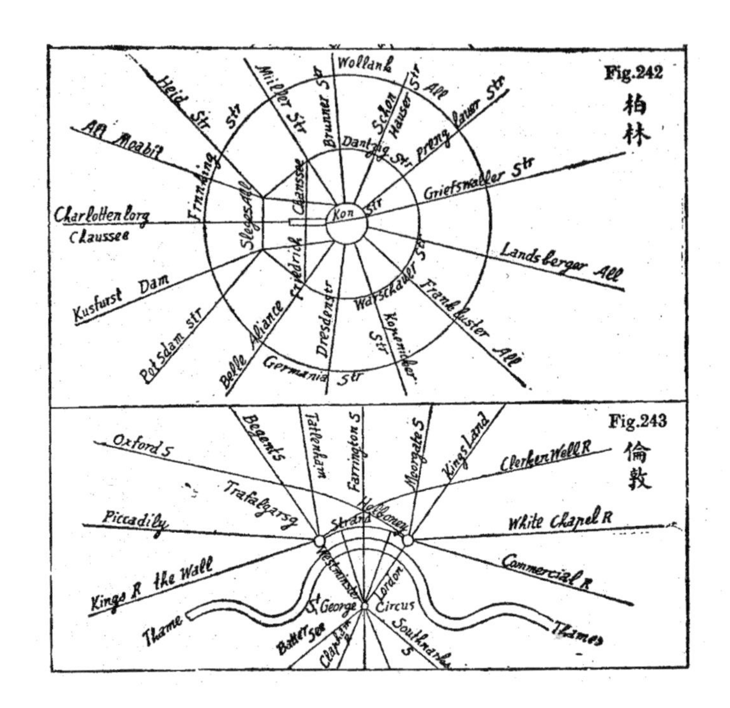

出品，即在店中出卖，此是明证。 惟大工厂则烟与声，皆非可爱之物，或更有秽水及龌龊空气，故不得不使其远离；所谓工业区，实乃指大工厂而言之。

（501）路可分为五等，定其名称曰道，曰衢[5]，曰街，曰巷，曰衖[6]。

干路可分为方格形、圆弧形、径射形，及斜形之四种。我国各都市干路，皆是方格形，其方向为南北东西，此式并无大害，而辨别方向则最容易；此地之汽车夫，改业于他地，不致迷途而误路。北方都市，往往有钟楼鼓楼；干路或只二条如 Fig.244，南门大街与北门大街衔接，东门大街与西门大街衔接；干路或有四条如 Fig.245，即南北方向者有二，东西方向者有二。北平城之规模最大，如 Fig.246，皇城居中，最大南北干路有二，一自崇文门向北，一自宣武门向北。正阳门外，名曰

5. 四通八达的大路。
6. 衖（hàng），曾常见于我国南方地区，表示户外窄弄或室内过道。

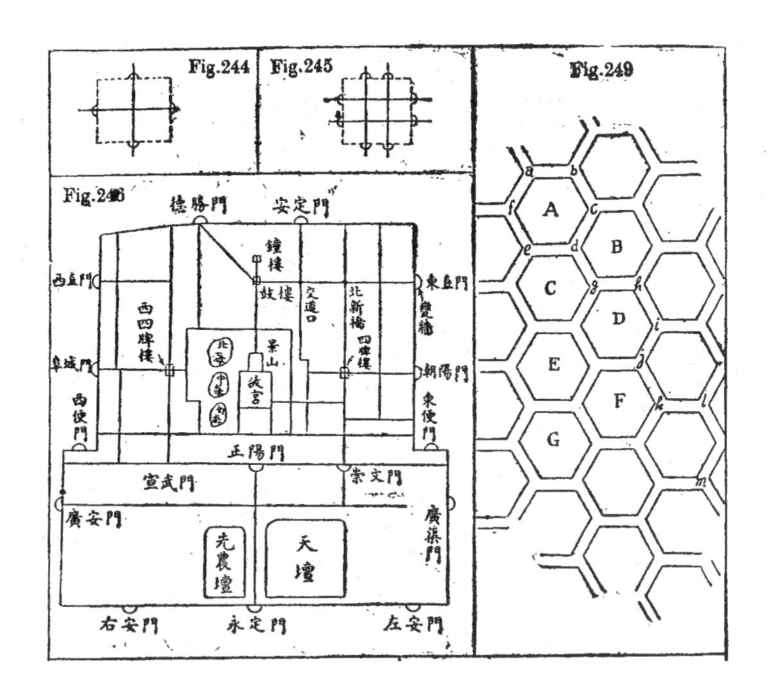

外城；中央南北干路，自正阳门直达永定门。巴黎及柏林，皆是圆弧形，如 Fig.241 及 242 所示。伦敦是径射形，如 Fig.243 是也。圆弧形仍济之以径射形，径射形亦仍济之以圆弧形或斜形，此乃是必然之事势。斜形最易使人迷途，长于认路之汽车夫，生长于方格形之市内，若令其驱车入于斜形之内，则无时不在迷途中矣。

是故，方格形无放弃之必要，斜形无采用之必要。

（502）近日有人创一新式，名曰六边形之路，如 Fig.249，ABCDEFG 等等，是建筑房屋之地面，其六边皆路，例如 abcdef 是路，故名曰六角形，创此形者所持之理由，谓六角之房屋，如 a，b，c，d，e，及 f，皆能多得日光。此说太偏于空理，盖此式有一大弊；例如行人欲自 a 点至 j，则须循 a—b—c—d—g—h—i—j 路线，其 ab、cd、gh、ij 皆是斜路，则枉费之路程甚长，此即其大弊也。

（503）我国旧式为方格形，如 Fig.246，实无大弊，尽可采用；酌添斜路，如 Fig.247，则更有利；行政机关，设于中央，其四角各有大

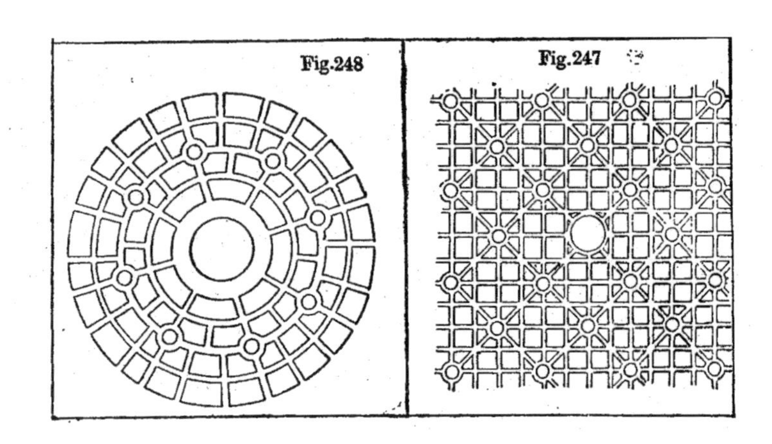

广场；凡四路交叉之处，多设小广场。

（504）或用圆形如 Fig.248，路有为圆环形者，亦有为径射形者；行政机关，设于中央，其四周为大广场；径射路与圆环路相交之处，则多设小广场；径射形之路，直达各乡。

（505）新方城、新圆城，利多弊少，此外各式皆较逊。

（略）

（507）极长之干路，在北方有一弊，即西风及北风是也；例如北平自崇文门向北新桥，冬日如有北风，则洋车夫固太苦，乘坐洋车者，亦不能耐此尖利之朔风也。是故，凡人欲自崇文门赴朝阳门，依理，宜走大道赴四牌楼，再向东而至朝阳门；事实上则不然，人每取小街而行，曲折以赴朝阳门，因小街内有房屋，刺面之风力较弱也。

依此理，则所谓大路干路，不必太直，稍有弯度，利多弊少，惟弯度之半径宜极大耳。

（508）房基线须规定：所谓房基线，即房基之界限也，盖用一线以阻止侵占公路；人情每偏于私利而忽视公益，故须作线以预防之。

房基线不必是直线，折线亦可，曲线亦可，但不应有忽凸忽凹之处。拆毁房屋以扩展公路，虽为公益起见，究是苛政，不可作为常例。和平办法，市政府应将房基线预为规定，且预为公布；若目前房屋，正犯房基线之界限；则以后改造新房时，应即退让；北平市久行此法，天津市今已仿行，租界亦然。

房基线一经公布，则私家公家，应一律遵守。规画房基线之时，须顾及情理，不应以强权为法律，例如公路左右对面，各退让若干尺，斯为合于情理者也；又如某家若退让若干尺之后，所剩者不成片段而成为废角，则应尽力免去此弊。是故，房基线不必限于直线。

（509）若建造房屋，非但不犯房基线之界限，且离房基线甚远，如是则房基与房基线之间，有一空地；此空地须有整齐方正之状，例如平方形、长方形、斗形、圆弧形；决不应令其成为奇角之形。愚民迷信风水，房基不与房基线平行，致每家墙外，各有一个三角形，此最不可。

（510）隔衖不可不有，所以防火也。每距五房或若干房，应留隔衖，庶几一组房屋失火时，不致波及于邻组。此隔衖至少须半公尺之距。

各户须各自有墙，不应借用邻房之墙以为墙，亦所以防火也；盖于火势不能扑灭时，即可拆毁其墙以免邻人受殃。隔衖不必自此端直通至彼端，只须能收隔火之效。隔墙一端，自与步道上之房基线相齐；此端宜作墙，因空衖不甚雅观。或用他法以免其不雅，亦无不可。

（511）死路愈少愈妙。惟私家自有之大地，自愿辟一死路，自不能禁。

园与场

（512）在一都市内，每一市民所受空气与日光，远逊于乡居之人；故须多设大公园及小公园，多设大广场及小广场，并多植树与草。

公园以宽广为原则，点缀品不必太多；例如假山及楼阁，偶作点缀，固属不劣，但宜甚少。假定有甲园，布满假山及楼阁；另有乙园，除森森丰林外，只有步行之宽路；两相比较，乙优于甲。

多路交叉之处，宜设小广场，布以草菌，酌置长凳，如能再设一片沙场则尤善，以便小儿玩耍。

（513）公园及大广场内，应多设儿童体育之玩具，又宜设在众目昭彰之处，庶几设有危险事故，顷刻有人驰救。凡系体育玩耍场，应铺厚沙，因沙性不硬，小儿跳坠，皆可免伤。

（514）在大公园及大广场，宜酌设喷水柱或喷水亭，以资点缀，今名之曰喷泉。市内若有自来水，则喷泉之设备，费用不巨，不必吝也。

（515）园与场越多越好，英人 Ebenezer Howard 氏著有一书，名曰《明日之园城》（Garden Cities of To-Morrow），法文名曰 Villes-Jardins，论新城市甚详，直欲化城市为大园；留心社会及都市问题者，不可不一阅原书。我人一时不能实行制度，至少亦应在市内多设园与场。

陶养心身之设备

（516）所谓陶养，含有智育、体育及消遣之意。但此智育，非指学校，盖学校系国家大政，责在中央政府，岁出亦在国库预算之内。我所谓智育，乃是图书馆、博物馆等等，其地点宜适中，务使市民不苦其僻远。每市应有体育馆一座，不宜于露天之体育，集于馆内，游泳池、溜冰场亦属之，其地点亦宜适中。

（略）戏园乃是市民消遣之地，消遣即所以陶心，宜分设于各区，不应使人奔走于远地。

关于健康之设备

（517）卫生工程，莫重于路之沟及净水与夫空气、日光等等，前已论过，惟医院及疗养院，亦应配设。

疗养院应在郊外，以免尘嚣。

医院则有谓宜在郊外者，有谓宜在城心者，究竟宜在适中之地，郊外太不便利。说者谓病人可坐汽车，故医院不妨稍远，此乃贵族思想，不知贫人之苦况者也。

市立医院，应先为平民设想；稍有资力之市民，则有私医在焉。

市立医院，一市只须一所；市政应在根本上用钱，不贵在治病，而贵在免病；前文所论之车道、步道以及净水、秽水事务，真乃治本之道也。

（518）公浴亦属大多数市民所需要，我国各地，向有私营之公浴，惟宜由市政府督促改良。

（519）公墓一项，近日已有人注意，不必赘论，惟有一事须再唤起众人之注意，即公墓宜在城市之下游低洼处是也。试以北平论，地势西北高而东南低，则公墓宜在东南而不宜在西北。须知臭污之质，在地下流通，与水混合，流入市内，则其不适宜于卫生，概可知矣。

再者，死后宜速朽，孔子不尝言之乎？顾火化岂不更愈于速朽乎？

日本火化之风最甚，实最合于卫生之道，余曾在日本参观数处，旧式以木为燃料，新式以重油吹气为燃料，其烟囱之高者达三十公尺，略如工厂之大烟囱，而余以为应有五十公尺之高度。化火炉可附设于公墓之一隅，愿化与否，随人所好，惟每市应各有此种设备。

（520）屠宰场是极污之物，非但应在郊外，且应在城之最低处。否则应有极完善之消冲设备。上海新设之屠宰场，采用新法，无声无臭，他城可取此以为模范。

屠宰之兽，皆应由医师检查；各国都市，皆有屠宰税，因场及检查，皆有日常费用之故。此税之大小，视乎各项费用之大小，即所谓取之于民用之于民者也。中国各地皆有屠宰税，而所为何事则无所闻。

菜市亦与健康有关系，盖欲菜果鱼肉等等食品之洁净，必先令地方洁净。菜市房屋宜高，使夏日不受烈日之熏炙；玻璃宜用蓝色，使阳光和静，物易保存，苍蝇亦可减少。自来水之龙头宜多，以便冲刷；秽水泻去宜迅速，并宜直接流入暗沟。建筑宜用铁或铁筋混凝土，木料越少越好，以免微生虫之藏身；摊架亦宜免用木料，使冲刷容易。未宰之鸡鸭等等，宜另设一处，因其有尿粪之故；天津法国新菜市，有房屋二座；鸡笼鸭笼，集于一房，不许分散于二房。

菜市建筑，又宜四面有门窗，以使空气十分通畅。近旁宜设公厕，每五分钟，须能自冲一次。

交通器具

（521）交通器具如马车、东洋车、脚踏车、独轴大车、独轮小车、公用汽车、私用汽车、平地电车、架空电车、地内电车、无轨电车。独轴大车足以伤路，惟目前尚难禁止，故北平、天津则限用宽轮。独轮小车亦易损路，惟因一人推行，载量甚小，故北平暂不禁止。实则此种大车及小车，均宜禁止，以免伤路；从宽则可许其在石砟车道及厚皮车道通行，惟车之载量及速度，均应限制。马车固不伤路，但马之铁蹄，可伤薄皮车道，又其尿粪能使车道恶浊，故宜禁止之；禁止马车，并非苛政，因马车并不利于其主人，既须养马，又须有厩，又须有马夫，有财力则不如用汽车，无财力则不如用洋车。

公用汽车及电车，市政府如不能负市营之经费，则宜奖励商营。惟兵警之无票乘车，须严厉禁止。

架空电车及地内电车，在中国任何大市，决无能力，且亦无此需要。电车之轨道，靠近步道，或在车道中央，则视路之宽窄如何，又视轨道之独与双之别。双道是否分在二面，其一迫近此面之步道，其二迫近之步道，此乃事实上所不许，因电杆须增一倍，电线亦然，因此费用太巨；建设费用亦太巨，则运费不能低廉，市民亦难担负。是故，电车如属双道，则二道必相伴，或皆在车道中央，或皆靠近步道。车道若宽，则双道宜在中央，电杆更在中央。洋车可常傍步道而行，不与电车互相妨碍。交通若极繁盛，则电车停留之处，宜设小墩，使旅客在此登车或降车；此小墩宜介于轨道之间，电杆可即植于此墩之一头。 巴黎将电索埋于地内，以减少空间之线与杆，然而费用极巨，中国目前决难模仿。

电车站必在交通口，但又必在未到交道口之处，所以免车马之横冲；无论双道独道，停车原则皆然；惟亦有变例，盖有时为他种情势所迫，不得不变通办法。

市之行政

（522）市立行政机关名曰市政府，西国久有此名；城市大则市政府之局面亦大，城市小则市政府之局面亦小，要皆称为市政府。在我国，国民政府成立后，始有市政府之名称；北平第一期市政府，系在民国十七年，余任工务局之局长，十八年份出版之工务特刊，系属后任所编刊，然其所载事迹，则皆是余所经营者。其时，北平市名曰特别市，设立八局，曰工务局、公安局、教育局、土地局、财政局、公用局、社会局、卫生局，规模之大，比世界最富之巴黎市，尚有过之；市长系特任地位，埒[7]于管辖一百数十县之省长；局长系简任地位，埒于省政府之厅长。论土地，区区一城市，连同四郊，比一省面积，尚不逮百分之一；其他各事之比例，可以由此类推；合理与否，无待赘论。

其后裁撤卫生局、土地局、公用局，然究竟太嫌庞大。论事实，只须二局，即工务局与公安局；其他各事，非但无须设科，设股已足矣。

租界行政机关，西文亦称市政府（法文 Municipalité，英文 Municipality），即俗称工部局者是也；市政以工务之范围为最大，警且次之；租界行政机关，名曰工部局，非无故也。行政费愈大，事业费愈小，此是当然之结果；是故，应有尽有应无尽无之八字，互为因果；如欲应有尽有，必先应无尽无；必先应无尽无，方能应有尽有。

民国十七年，天津英法租界决算，工务占百分五十，公安占百分之三，行政费占百分之二十。北平市，归并数局之后，工务项下，每月尚不达三万元，尚不逮市库收入之百分之十；虚糜之巨，世界无匹；市政二字，从何说起。今姑不论已往，拭目以待将来。

（523）关于土地之各事，一律可由工务局办理；卫生工程，亦属于工务局；而卫生之监视，可属之于公安局。公安事项，不外二类；曰交通警察，曰保安警察；交通宜少设岗位而多设流动警士，庶几收效多而人数可少。例如禁止大车，禁止沿路之杂摊，皆有赖于流动警士，岗位警士则无裨于事实也。

教育系中央政府之大政，市政府仅能处于补助之地位。

公用事业，如电灯、自来水、电车、汽车等等，尚谈不到市营二字，则事务当然甚简。

社会事务，以民事登记及劳资调解为二大宗；公安方面之人，可以协助办理；则专职人员，自不必多。

（524）市政应有各种法规，分为对内对外之二大类。对内者，本机关内人员所应遵守者也；对外者，市民所应遵守者也。

对内者，无非为督促及监督勤务起见，余当时所编订颁布者，曰《本局组织细则》，曰《工区组织规则》，曰《工程队管理细则》，曰《测量队规则》，

---

7. 同等。

曰《修理厂规则》，曰《材料库细则》，曰《购料规则》，曰各种工料规范。

对外者，或关于手续之统一，或关于危险之预防，或关于空气、日光等项之公益，余当时所编订颁布者，曰《建筑规则》，曰《房基线规则》，曰《承领余地规则》，曰《整理步道规则》，曰《汽油磅取缔规则》，曰《厂商承揽工程规则》等。

以上各件，皆载于十八年份工务特刊之内。尚有《公共场所建筑取缔规则》，却未载入，未知编者用意之所在；此项规则，对于公众之安宁，关系甚大，世界任何一国，皆有规定；例如烟囱须高若干尺，何处须用耐火材料，学校楼梯、戏园楼梯应如何支配；私家建筑，亦有最低程度之限制，例如高度与公路宽度的比例，邻房对面之窗之距离，建筑面积与空地面积之比例等等。

（525）《天津市公私建筑规则》，余当时以顾问工程师之地位，参预编订，比北平者为详，比上海者为略，盖斟酌本地情形以定之者也。

（526）各市各有其规则，行政人员及技术人员，每到一市，必先阅过各种规则，方可执行其职务。

（527）市政费用，当然取给于市税，惟我人须念念不忘民脂民膏四字。世人常谓，西人纳税最重，华人纳税最轻；此乃欺人之言，须知纳税之轻重，应以人民生产力之大小为比例，又应以人民所能享用之百分率为比例。譬如西人生产力每人千元，纳税十元；华人生产力每人百元，纳税二元。千与十之比为百分之一，百与二之比为百分之二；然则纳税二元之华人，比西人多纳一倍，焉得谓为纳税较重乎？又譬如西人纳十元，其二元糜于行政费，其八元用于公路、暗沟等等，则纳税人所享用者，百分之八十。华人纳税二元，此二元全糜于行政费，则纳税人所享用者，实等于零。

总言之，取之于民仍用于民，则为善政，虽多而不嫌其多；取之于民而不用之于民，则为恶政，虽少而实嫌其多。

（略）

（德）赫达·莫里逊摄于20世纪三四十年代，自哈佛大学图书馆馆藏

建设人民的新北平！

平人民政府邀集专家成立都市计划委员会

【本报讯】北平市人民政府为建设新的北平市，特设立"北平市都市计划委员会"，广泛的吸收学者、专家参加都市计划之调查、研究、设计，宣传并指导计划之实施。经过两周的筹备，已于昨（二十二）日假北海公园画舫斋召开成立大会。出席该会委员有市政专家华南圭、林是镇，清华、北大建筑系教授梁思成、王明之、钟森等十余人。首由张友渔副市长说明该委员会的工作：在保持北平为一文化中心、政治中心以及其历史古迹和游览性的原则下，把这个古老的封建性的城市变为一个近代化的生产城市。会上讨论和通过委员会组织规程：由市长及建设局局长担任正副主任；聘请有关城市建设的各种专家学者为顾问。并就有关建设的事项广泛交换意见，决定由下周起开始展开工作。由建设局负责实地测量西郊新市区。同时授权清华大学梁思成先生暨建筑系全体师生设计西郊新市区草图。

（超祺）

建設人民的新北平！

平人民政府邀集專家 成立都市計劃委員會

【本報訊】北平市人民政府爲建設新的北平市，特設立「北平市都市計劃委員會」，廣泛的吸收學者、專家參加都市計劃之調查、研究、設計，宣傳並指導計劃之實施。經過兩週的籌備，已於昨（二十二）日假北海公園畫舫齋召開成立大會。出席該會委員有市政專家華南圭、林是鎮，清華、北大建築系教授梁思成、王明之、鍾森等十餘人。首由張友漁副市長說明該委員會的工作：在保持北平爲一文化中心、政治中心以及其歷史古蹟和游覽性的原則下，把這個古老的封建性的城市變爲一個近代化的生產城市。會上討論和通過委員會組織規程：由市長及建設局局長任正副主任；聘請有關城市建設的各種專家學者爲顧問。並就有關建設的事項廣泛交換意見，決定由本週起開始展開工作。由建設局負責實地測量西郊新市區。同時授權清華大學梁思成先生暨建築系全體師生設計西郊新市區草圖。（超祺）

《人民日报》1949年5月23日第二版

22 一九四九年在北平各界代表会议上以人民代表身份做的若干提案[1]

（建西郊新城市、整理玉泉源流、筹办煤气、续修龙须沟等）

1949年8月

原案号数：甲18

提案人：华南圭

案由：刷新北平旧城市之建筑（条陈几宗切近易行之事）

人应有创造性，亦不可无保守性。

鄙人前在工务局长任内，曾开辟景山前之大道，以畅东西方向之交通，其时阻力虽多，卒能折服群喙，妥洽成功，此是创造性之象征也。

然而，今欲刷新此旧城市，却有保守性焉，因已有在西郊另辟新城市之议也。

改造旧城市，是市政上最大难题，故西洋某某国，皆于旧城市之近郊，另辟新城市；而对于旧者，则仍保存之，整理之，又尽其可能以改良之。

说者谓：巴黎霍司茫[2]大街之改成，改良实同于改造，北平旧城市，亦何不可如此改造者。窃答之曰否，盖霍司茫当时，有大权威之君主为

1. 本文始载于1949年9月的《北平市各界代表会议专辑》，后又编入《北京档案史料》2012年第4期（北京档案馆，新华出版社），原标题为“1949年北平市各界代表会议华南圭提案”。

2. 即Haussmann公爵，今译名为奥斯曼。

其后盾，加以议会之同意，又施以有比例之调换及巨价之赔偿，方能成功；苟无此种条件，则恐霍司茫大街，至今未能实现也。我们数十年之积弱，至于今日，大改造既不可能，亦所不必，然而旧北平却不可不刷新，窃以为应有切近易行之方法，特为提出数案如下：

第一，下水道应开始筹划：

都市如无下水道，只可称为原始式之都市，况重庆、南京之下水道，已先后落成，我北平岂可落后；又况北平必成为联合政府[3]之首都，则此种建设，更不可缓。经费甚巨，人所共知，但若分为五年，分区分段施工，则每年所需经费，不过五分之一，或可仿西国办法，发行市债，分十年偿还。至于技术问题，虽称繁重，鄙人可于一二个月内，提出初步设计草图，以便估出概算。

第二，打通几条要路，以利交通：

（一）完成建国门，并展引东长安街，以达此门，更展引之以至通州。其法宜用"单行路线"之方式，即以洋溢胡同、水磨胡同为由西向东之路线，以东西观音寺胡同为由东向西之路线，如下图是也。

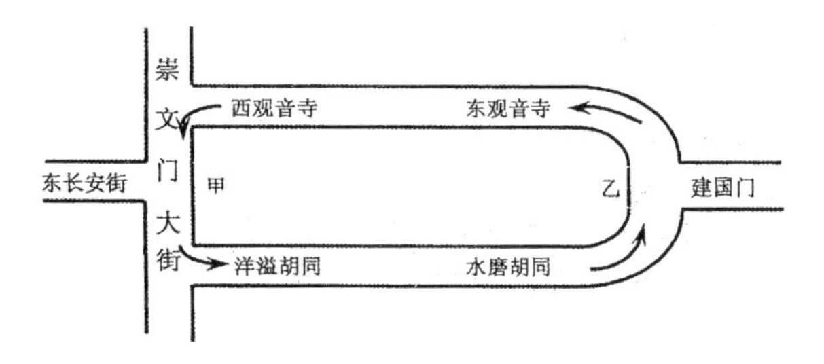

此法已用之于复兴门，可免拆割甲乙部分之房屋，即可免人心之不快。

（二）自朝阳门至阜成门，是东西贯通之要道，而猪市街[4]西口乃为马市大街、王府大街所截断，今宜采用"单行路线"之方式，以弓弦胡同为自东向西之路线，以翠花胡同为自西向东之路线，如下图：

---

3. "我们召集新的政治协商会议成立民主联合政府的一切条件，均已成熟。""中国民主联合政府一经成立，它的工作重点将是：……（二）尽一切可能用极大力量从事人民经济事业的恢复和发展，同时恢复和发展人民的文化教育事业。"自毛泽东 1949 年 6 月 15 日《在新政治协商会议筹备会上的讲话》，《毛泽东选集》第 4 卷 1466 页。

4. 今东四西大街。

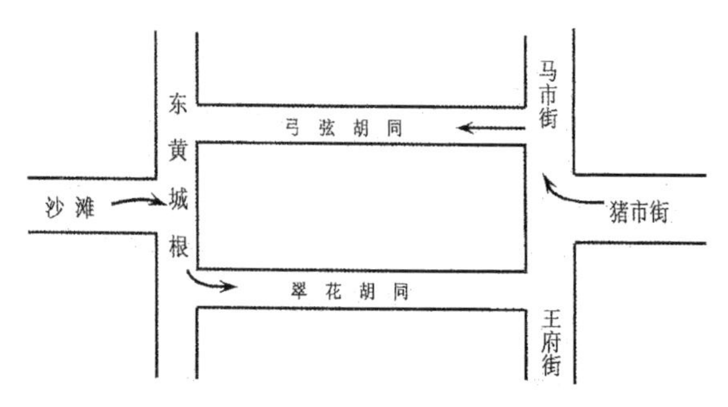

（三）金鳌玉蝀两个牌楼之间之御河桥[5]，坡度甚陡，三轮车不能畅行，且团城[6]旁之车道步道皆太窄，因此出险之事，常有所闻，今宜于原桥南边，加筑平坦之新桥，专通车辆，原桥则只作步行之用。桥之东头，取消车棚，改为马路，再东则拆去一二间无关古迹之旧房。又北长街之北口，目前须曲折以达景山前大街，宜切去西筒子河北头之一角，以便由北池子驶来之车，及由御河桥驶来之车，皆能顺利以入景山前大街。又北池子北口，达于景山前大街之东头，再折弯而至北京大学前面之沙滩，此处之曲折，亦宜除去，只须拆割一二所平房，实非难事。如此整理之后，朝阳门、阜成门间之东西大道，畅通无碍矣。

（四）鼓楼前后，亦采用“单行路线”方式。

（五）由宣武门外大街以赴南横街，亦采用“单行路线”方式，以调整之，即以半截胡同为由北向南之路线，以丞相胡同为由南向北之路线。

（六）由鲜鱼口至花市大街，实为小工商之交通要道，而上二条上三条间之一段，乃为此交通之障碍；允宜拆割少数民房，以打通之。如下图：

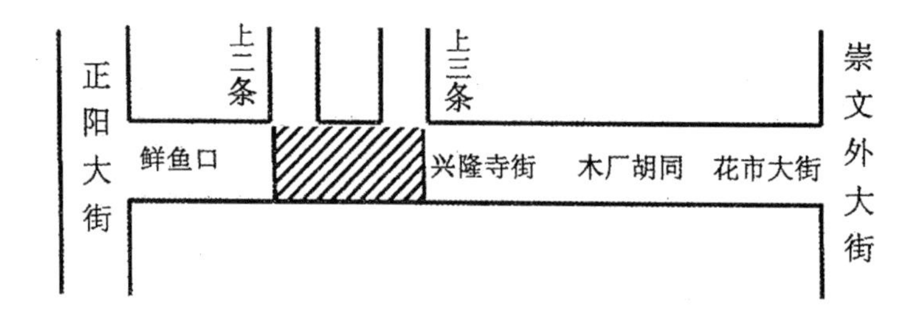

5. 今一般称北海桥，位于北海和中海之间。
6. 近北海公园南门，为园内西侧一处独立的古老建筑群。

第三，规划通州码头：

各国铁路之多，数十倍于我国，而水运之渠河，依然为运货之利器，因凡无需急行之货物，水路运费恒低于公路及铁路也。天津至通州之北运河，今尚可通小船，只须稍稍整理，即可用小轮船以牵引木船，而津通间之货运，大受其利矣。至于通州码头，自应同时整理，使其可与铁路联运。

第四，整理玉泉源流：

此案，鄙人曾于民国十八年提出计划，有卷可查，不再赘叙其理由及办法。此事可分三年行之，目前应确定其原则，本年可测绘水田之鱼鳞图，以为实行此案之初步工作。

第五，规定空地之用途：

西国城市，一有空地，即为植树或培青草，因其能增天然之美景也。北平空地，向来不多，偶有数处，不宜滥施建筑，例如东交民巷东口之大地，俗称东大地者，宜保留之，以作人民剧场。由崇文门内大街，至东公安街北头，在长安街南边，有空地一长条，即旧日英、法、意、日、美、俄操场，应留作人民公园，广植洋梧、洋槐及绒花树、丁香树，酌立革命英雄铜像或石像，又装“冲天喷水”；十年之后，可与法国议会前之“留克双”公园[7]媲美；老幼同游，不分贫富，社会主义之精神，可以天然发展。

第六，广设小公园及小广场：

在西洋各国，房基线之余地，往往培植花草，以为市容增妍。北平此项余地，宜皆保留，以便逐渐整理；其面积宽大者，辟作小公园小广场，酌设石凳，以供人民游憩；必要时，加筑一公尺高度之疏墙，以示界线。小孩最爱在沙中戏玩，故又宜多铺粗粒净沙。再者，市内破旧之庙甚多，只可视为糟粕，不可视为胜迹；其地面宽广者，宜使其让出一部分，以改作小公园或小广场，此为有益市民之一大端也。

第七，广设公厕，以利行人及居民：

---

7. 即巴黎市内的卢森堡公园（Jardin du Luxembourg）。

北平市内，公厕太少，女厕尤绝无一所，行人苦之，居民亦苦无公厕，因此，则街内巷口，每晨到处可见金黄色之小堆。今宜广为添设，其法以密林为围墙，约分三围，外围为矮林，如刺柏之类；中围为散枝丁香；内围为绒花树，厕所藏于密林，臭气散于天空，污水流入暗沟。

第八，筹办公墓及火化场：

北平人口，约在一百五十万乃至二百万，每年死亡者，当然不少，据称每年六七万，此六七万之尸骨，奈何置之不理乎？上海提倡火葬，已有数年，风气转变，有益卫生。为北平计，宜在左安门外之东南隅，筹设公墓及火化场；人民愿火葬或葬于公墓，悉听其便。城之西与北，以后不许再有公私坟墓。

第九，添开城门，拆除瓮城[8]：

此事宜与下水道之工事相配合，利用其旧砖以作暗沟，藉省铁筋混凝土[9]之巨费；其旧土原是黄土，通风吸气之后，可助植树之所需（北平浮土，皆是破碎之旧砖石，植物不易生长，宜挖去一立方公尺，而以黄土代之）。

第十，迅速复审街道宽度及房基线。

第十一，筹办煤气，以三年为期。

第十二，筹辟新村[10]：

德胜门、安定门之外，在旧土墙以南，此地极适宜辟新村，且可试办“邻里单位”[11]之方式。

第十三，疏浚前三门之护城河。

第十四，续盖龙须臭沟。

第十五，翻修旧时之石砟路。

第十六，压紧垫平各胡同之土路。

---

8. 依附于城门并与城墙连为一体的附属墙体，呈半圆形等。出现现代交通工具以后，瓮城严重妨碍司机视线，导致车祸不断。
9. 钢筋混凝土早年的称呼，水泥为其主要原料。当时国内水泥产量很低，需求量大时需要自国外进口。
10. 指新建的住宅区。
11. 指半封闭的住宅小区。

第十七，添铺新路（十五及十六包于第十七案）。

第十八，划定工业区。

第十九，筹划崇文门内外交通：

崇文门火车，有客车、空车、机车等等，每天来往在四五十次，危险性甚大，故宜筑一天桥，使火车可以自由通行，人与车辆则在桥上通行，并将电车由城内通至城外而衔接之。

第二十，其他各案：

以上十九案之外，问题尚多，兹因限于时间，后日再续提可也。

注：西郊新城市，事在必行；梁思成先生是“城郊规划”建筑师，必能提出具体的议案，故鄙人不再详论，目前先作笼统的规划，约有数事如下：

（1）规划新城市地面。

（2）规划道路网及其宽度。

（3）规划工商区及文教区。

（4）规划行政机关及议会并新红场之地盘。

（5）规划公共建筑之地盘。

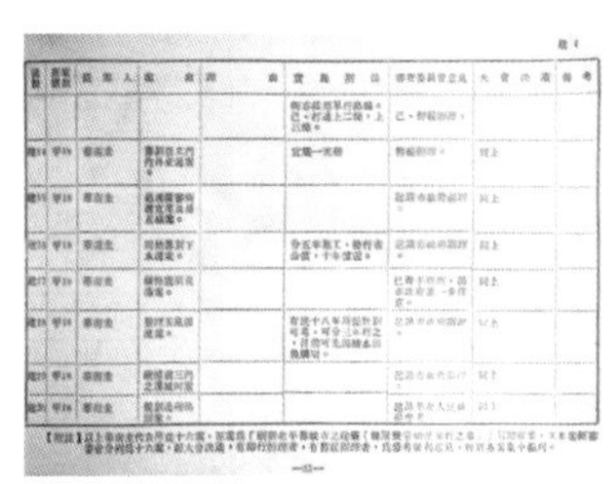

大图见书首剪报

（6）规划大小公园及大小广场。

（7）规划人民剧场及运动场、游泳场之地盘。

（8）规划邻里单位之地盘（包括托儿所、小学校、幼稚园、小公园等等）。

（9）规划下水道之干支大网（用大扫制，与自来水管同埋于步道之下，对面地道之下则埋煤气管、电话线等等）。

（10）规划地下电车道（在大街道之下）。

（11）规划树林、湖池地盘。

（12）规划火车站地盘。

（13）规划密林公厕。

（14）规划冰窑及暖气总厂之地盘（一切公私房屋所需之暖气，由十余个总厂输送供给，于街道下设干管，由各房内设支管）。

（15）规划固体垃圾场（在三公里以外）。

23 北平旧城市下水道计划书[1]

（与周炜共同拟写）

1949年9月12日

普通铺张之词，即论文式之浮言，今皆不叙，以省篇幅。本计划专属于北平旧城市。东郊工业区成立后，添设暗沟，仍可利用通惠河。北郊亦然。至于西郊新城市，水之出路有二：其一，流往永定河；其二，流入旧城外之南城河。故目前不拟将此南城河盖成暗沟。

特别情形

北平特别情形，有下列之四大端：

甲、地势：西北高，东南低，而街道高于房屋之庭院。数百年废留之碎砖乱石，兴工时往往见之。

乙、地形：北平有所谓什刹海、中海、南海、北海，又有御河、筒子河、护城河等等。与南京之秦淮及长江，固已不同；与上海之黄浦，重庆之二面有江，又自不同。

丙、地质：北平地质大半含沙，绝少黏土。故其吸水之能力甚大，且因历年积成瓦砾甚厚，故其吸水能力，又因之加大。庭院虽低于街道，向来未闻有房屋淹没者（三尺深之地土，能吸一尺厚之雨量）。

丁、雨量：全年雨量甚少，而七、八两月份则常有暴雨，据自1939年至1946年之七年统计，全年雨量，以1939年之五七二公厘为最大，

1. 华南圭在任北京都市计划委员会总工程师，该计划书当年已呈给政府。本文源自《北京档案史料》2012年第4期，其只收录了手写原稿的文字部分和个别图。现在北京档案馆新馆《档案见证北京》展厅可浏览手稿中的更多图纸，包括本文所提及但没有展示的若干图（标星号处）。

取其十分之一为一次暴雨之水量，则为57公厘。然而本年暴雨，七月三十号，一次降下84公厘；八月廿五号，一次降下86公厘（解放报及人民日报转载本市气象台之记录）。本计划折衷于57、86二数之间而采用75公厘，可谓合理。

一小时内，降雨75公厘，即每一平方公尺地面内，有75公升，即每公顷内，在一秒之时间，有208公升。

查徐家汇天文台之记录，民国八年至廿三年之间，一点钟最高之数为70公厘，北平当然较大，此亦拟定75公厘之理由也。

总之，一地有一地之情形，故书本知识如何运用，彼此决不相同。工程师惟有本其学理与经验，因地制宜而已。是故，本计划不太拘泥于学理，他国之成例，亦只作为参考而已。

设计原则

经济及技术之原则如下：

甲、经济：第一原则为经济二字，经济者，节省之谓也。凡一计划，须适合环境，又须节省经费，顾到目前，亦顾到将来。计划若不完善，则建造时既多浪费，后日经常之保养，多困难而又虚耗财力。沟道建造费甚巨，保养费亦随之而巨，故设计不可草率。

乙、沟道用合流制：分流制者，雨水、污水分流于二沟者也。同等容量之二沟，费用较大于一沟，故合流制较廉。此其一也。北平暴雨甚大，往往不过一小时或二三小时；为使此大量雨水，能在短时间排除，自须采用大沟。然此大沟，全年内效用甚少；若使污水亦在此沟流出，则全年效用甚少者，变为全年有用之物矣。此其二也。

丙、沟网用分区制：北平街道，南北东西之方向，皆极整齐，而南北方向者尤宽大。依常理而言，似可于南北方向之街道下，埋设干沟，于东西方向之街道下，埋设支沟。然而细加研究，始知干线太长，南北两头之水平度，相差太巨；若令其坡度极缓，则淤泥必致沉淀。因此乃划分多区，每一区内，各有其支沟、干沟，或为南北方向，或为东西方向，各因其宜以定之。支沟之水，流入络沟，再流脉沟。例如平面总图之（1）*，即第一区，其南北方向者，支沟也；东西方向者，络沟也；东城根之护城河，则是脉沟也。总之，小者名为支沟，较大者名为络沟，更大者名为脉沟。

城西、城北之护城河，不能利用，因其地势太高。

沟水之出路

北平有城濠五条，向称护城河，曰：东护城河；西护城河；北护城河；最南者在永定门外，名南护城河；介于南北之间，在正阳门外者，名前三门护城河，因昔时正式城门为正阳、宣武、崇文三门也。本书简称之曰：南河、北河、东河、西河、中河。下水道所可利用者，为东河、南河、中河。而中河之容纳量最巨。

城内之大明濠及东河、南河，皆可视为脉沟。龙须沟、南河沿及将来之东河沿、北河沿，皆可视为脉沟，而有大小之别。沟之在小胡同者，名之曰小支沟。沟之吐水次序如下：

小支沟 → 支沟 ⇉ 络沟 ⇉ 小脉沟 ⇉ 大脉沟 ⇉ 汇水池 → 沉淀池 → 通惠河 → 白河 → 津海

披阅平面总图，何沟之水，吐于何河，一目了然。

东河所受之水，南流至汇水池；中河所受之水，东流至汇水池；南河所受之水，东流又北流而至汇水池。于此作沉淀池。其略象如下图。底层沉淀者，可作肥料（极丰富），上层之清水则放入于通惠河。

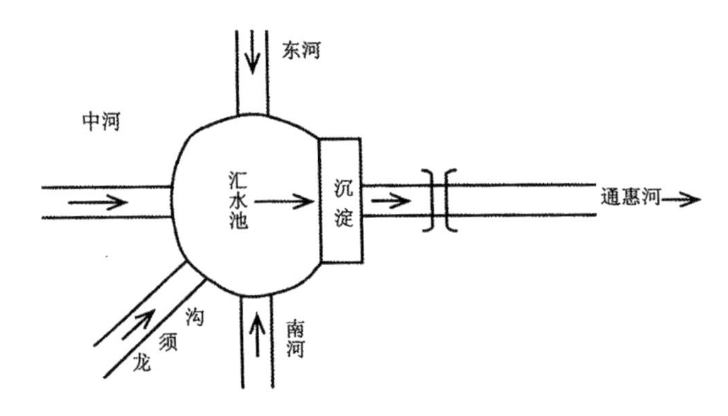

大明濠已成暗沟，其水吐入中河；南河沿亦已是暗沟，其水由水关吐入中河，但其北头自望恩桥至沙滩，再至北河沿、东不压桥，可以分年盖成暗沟。中河应自西南角起，盖成暗沟，至汇水池而止。龙须沟自虎坊桥至老虎洞，已是暗沟，应续盖至法华寺街西头。自此向南至城根，无须盖成暗沟，因目前是田地也。只须年年疏浚，沟水即可流入南河。三海及筒子河剩余之水，皆流入于中河。

地面雨水之出路

暴雨之时，地面上大部分之水，向来由崇文门、水关、正阳门、和平门、宣武门各城洞流入中河。俗谓远在今日之前，某年某日，城门已闭而暴雨至，地面之水涌集于城洞，用数大象之巨力，始将城门拉开而放水出城。

下水道敷设之后，附近城墙少量之水，及附近街道小量之水，仍可由城洞放入中河，即地面雨水之出路也。此法可免在城根另辟出路，大可节省经费。支干各沟敷设之后，暴雨时，地面仍不能无水，而其量甚微，由门洞自然流出，需时极短，无碍于交通。

各沟受水之估计

由于北平之特殊情形，庭院低于街道，故庭院之水，偶能流入支沟者，微之又微；地质吸水之能力极高，故庭院之水，自能渗入地下。因此，各街道承雨之宽度酌定如下：

内城	东西方向大街	40至30公尺	外城	东西方向大街	30
	东西方向中街	30		南北方向大街	30
	南北方向大街	30		中等街道	20
	大胡同	15		大胡同	10
	小胡同	10		小胡同	8

径流入沟之时间，暴雨后不过十五分钟。

沟内径流速度之磨耗系数为 0.30。

权衡沟身大小及其坡度之强弱，沟内流速，不超过三公尺，亦不低于 0.60。

祘法（算字从古字简作祘）

沟道之祘法须精密，手术颇繁重。

水力学的祘式，物质的阻力系数，各国相同；而有地方性之系数，则各国不同，且又各地不同。

水体在空气中，倾泻速度 V（vitesse de chute），与其高度 H，成一定之公式，即 $V=\sqrt{2gH}$。若 H=1m，则 V=4.43。水体在沟内流行，则受沟面之磨阻，其流速应以磨耗系数乘之，即 $V'=C\sqrt{2gH}$。C 是磨阻系数，极繁细，Hutte 氏以 $\frac{1}{\sqrt{1+\varepsilon}}$ 代之，或 cosφ。但为便于实用，令 φ=70°30'，即 cosφ=0.30。

水体在沟内流行之速度，与水面降低之高度成正比例。

若 H=1，则 $V'=030\sqrt{2gH}=4.43\times0.3=1.33$；

若 H=4，则 V'=2.66；

若 H=9，则 $V'=1.33\times3=3.99$；

若 H=6，则 $V'=1.33\times2.44=3.25$。

本计划各区之沟网，首尾之水平差数，少于 6 公尺，故沟内流速，至多在 3 公尺左右。然为保持沟身之寿命与冲刷之能力计，故拟定流速不超过 3 公尺，亦不低于 0.60。

为使沟身尺寸不太繁，假定用管，应使直径尺寸之改变不多，例如：1、1.25、1.50、1.75、2.00、2.25、2.50、2.75、3.00。直径改变，则流速亦改变，再改变坡度，而皆使其在最高最低限度以内，此即调整之法，例如沟图 1 及沟图 2*……，其祘式附注于各该图之左右，并附水流动态图，如 1'* 及 2'* 等等。

沟道数十，皆须细祘。若将祘稿誊清，一一说明，则将成为厚册，徒占篇幅，无裨于工事之实施。又若将调查所得之统计表，一一汇抄而加以赘言，则亦徒占篇幅而已。是故，细祘各式及统计表，皆不列于本书正文之内。又有便于计祘之图表，非工作时所需要，亦不列于正文之内。

本计划拟定之径流量为 225 公升，即每一公顷每一秒之流量为 225 公升。法国巴里（黎）则为 125，则本计划排水之能力较大。又本计划大脉沟之直径为 3.60 公尺，巴里（黎）为 2.50 公尺，即其比例为 $(3.60)^2\div$

（2.50）^{2}=2.07 倍，因北平有暴雨，巴里〔黎〕无暴雨也。

小支沟之今日及后日

支沟已在图上注明。各胡同若再有支沟，则名曰小支沟。北平胡同，其已有小支沟者，自应通联于支沟。其尚无小支沟者，目前限于财力，暂不添敷。将来陆续添敷，其水可流入支沟。该各支沟，能容纳将来小支沟送入之水量，平面总图第一区内某方格，已注明此意。

沟之地位

本计划不但采用合流制，且采用单线制。敷沟于左边或右边步道之下，不敷于车道中线之下，以免后日修养时挖街之烦。盖若敷于车道中线之下，或敷于车道之左沿或右沿，则后日挖补，糜费而又阻碍交通。敷于步道下，则或因修养而挖之，或因埋设电线管、煤气管而挖之，皆较便易也。若步道用方块之缸砖铺成，则挖伤及修补，不过数砖而已。

既采用单线，则对面之水，自应设法使其流来。其法不难，只须在地下作穿过街道之横沟，与正沟成丁字形。横沟之首，联于探井之腰，其尾联于正沟而稍斜，以顺利水流。

沟身穿过城墙根，用管或砖穹，宜避去城门洞之基础。

老沟存废问题

北平老沟甚多，民国十八年份工务局特刊曾有一表，三十余页，记载颇详；其堵塞者已多，而尚能受水者不在少数，说者谓其可以利用；然而我却以为不然，理由如下：

（1）老沟是城砖所砌成之方沟，古时无西门土[2]，故底及墙皆能渗水；水既渗出，则淤泥积滞，所能流通之水量甚微。因此则暴雨之时，

---

2. 西门土，音译自法文 ciment，即水泥。20 世纪四五十年代中国出产水泥仍然极少，从国外买需要花费巨款，买不起。

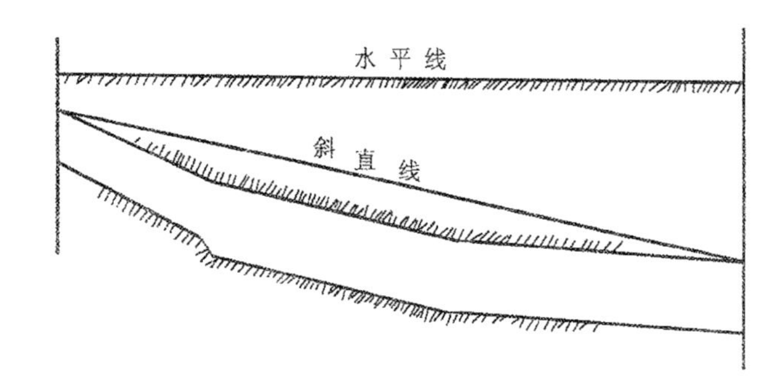

失其吞吐之功用。

（2）古人不明科学之妙理，故老沟坡不能水流通畅，此是淤泥积滞第二原因。

（3）水流须有适宜之速度，始能将淤泥冲除，老沟坡度无此能力。

（4）如上图所示，依学理及先辈之经验，沟道宜细其上游而粗其下游，坡度则宜峻其上游而缓其下游；老沟之大小尺寸及坡度，皆不与学理、经验符合。

（5）沟底须圆，方能畅滑，老沟之底则有二角。

（6）老沟须年年挖掏，须翻开路面，又须修补路面。修补后，路底既松，路面亦劣。其为石砟路面者，旧砟混于旧泥，雨后成为深坑；其为沥青路面者，耗损旧沥青，添用新沥青，雨后仍有浅坑。徒劳无功，众目彰彰，无待详论。

说者曰，老沟即不全用，可分段利用。我又曰不然。盖若利用其一大段或一小段，则如大肠闭结，上不能吞而下不能吐，新沟全失其功用。至于敌伪时期所设之铁筋圆管[3]，较符于技术条件，自可酌量利用。南京亦有老沟，而其下水道新计划，亦不参用老沟。新沟不到之胡同，老沟自应保留。

---

3. 钢筋混凝土制作的下水道用管。

附属物

（1）横沟：即前文所称之横沟，与正沟成斜势丁字形。

（2）探井：探井兼作截留淤泥之用，故亦称截泥井。

（3）三通：自来水管俗有称为三通者。沟管在普通情形之下，亦用此物。但若横沟两头皆设探井，如右图所示，则无需三通，且比用之为更便，但有时仍须用之。

（4）节管：在普通情形下，粗细变更则用节管；但亦可赖探井以免之，如图。

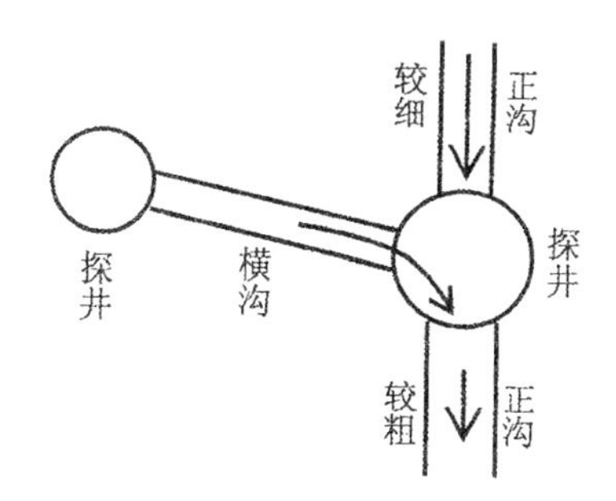

（5）虹池：虹池用以阻止臭气，不但探井应备此物，凡有水口之处，皆应备此物，但形式未必相同。

（6）井盖：探井应有盖，或用铸铁，或用钢筋混凝土为之。

（7）水口：每一街道，须逐段放水入沟，其物名曰水口；其数之多少，则视街道坡度缓或峻以定之。

（8）闸门：在什刹海、筒子河、北海、中海、南海，宜各设闸门以调节水流。汇水池、沉淀池，各有闸门而尤巨。

（9）汇水池、沉淀池：其俯视象已见于前图，其地点则在所谓二闸之左近（向有头道闸、二道闸之称）。

汇水池、沉淀池，又其闸门，工事皆不轻易，施工前另为设计制图。

（10）沟篦：老沟之保留者，已损失之铁篦，宜修补之。

应有之图表

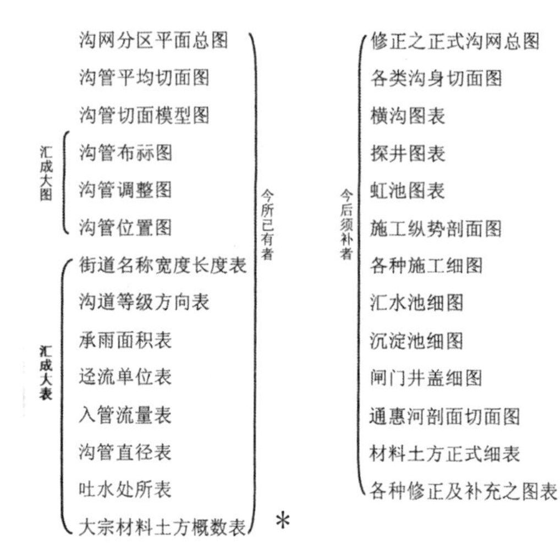

可惊之数目字

若用普通四丁砖为沟身，且只计正线，不计附属物（前文所称之附属物），则砖之数量，及连带材料，并土方数量，约略估计如下表。数量之巨，实可惊人。然而下水道工程，人人皆知其庞大；且世界大都市，决无不设下水道者，首都更无论矣。他国皆为之而我独不为之，我不敢言也；他国能为之而我国独不能为之，我不敢信也。道在分年行之耳。

材料	数量	重量
土方	1,500,000 公方	约 2,000,000 公吨
砖	170,000,000 块	约 680,000 公吨
石灰		约 20,000 公吨
沙		约 260,000 公吨
西门土		约 110,000 公吨

以上合计约 300 万公吨。

运料方式，姑取火车以为计标之依据。假定一车可装 30 吨，十辆可装 300 吨，十五辆可装 450 吨，是为一列车。一天装运四次，即 450×4=1800 吨。以 15 辆组成一个列车，一列走动，一列装卸，则须有三十辆，方敷周转；再加五辆在修理中，则每天共需三十五辆。中等车头，能拉 450 吨，即一个列车；一天四往四返，即一天可运 1800 吨。

所谓四往四回，系假定平均距离为25公里，平均速度20。简约言之，每天须用车头一辆，材料车三十五辆。不分晴雨风雪，不休息一天，则须五年，否则须从宽作为十年。

料价及土工，如下：（人民券）

土工2 500，砖10 000，灰800，沙700，西门土1 400=28 000百万（以百万元为么位[4]）。

以上所列之数目字，仅就正线约估，附属物皆不在内。若不用砖而用铁筋混凝土[5]，则其价势必更高。且也，土工以外各工，均未包括在此数目字之内；技术人员及非技术人员之薪给，亦未包括在内。

施工程序

沟网分区，有六利如下：其一，建造省费；其二，保养便利；其三，可以分年施工，又可随意变更其程序；其四，可以任择一二区先行施工；其五，万一材料接济不上，不妨暂时停工；其六，若某区内有老沟可以利用，不难酌删计划中之一二沟。

就大体言之，第一步须核测核勘以改正错误。例如南小街，草案假定南流，事实上或须改为北流。其他非错误而须改正者，亦须先测焉。第二步为改制正式图表。材料非旦夕所能置办，自须预作准备。

本计划可分十年完成。第一年内，老沟全应保养利用，第二年内保养其十分之九，以后逐年递减。新式暗沟，应同时疏浚。中河盖成暗沟，可列于最后一期，但须利用无雨时期，在此时期内完全竣工。凡以大明濠及龙须沟、南河沿等沟为络沟者，工事不妨稍后。其他应由东南隅着手，由东南而东北，由西南而西北，此就内城言之也。

汇水池、沉淀池及闸门之工事，应配合其缓急先后，但须提早测量。所用材料，以不用外货为原则。若二三年后，本国能有自产之铁筋，则

4. 单位。
5. 即钢筋混凝土，昔日有时也简称铁筋。

砖可不用。如将残留之瓮城，一律拆去，则可得一部分之砖料，最为经济，但宜用作大弧之顶穹及底穹，小弧则用普通四丁砖。直径在二公尺以下者，可用满弧；二公尺以上者，视地方情形，酌用卵形。又或于沟底作槽，以使水量微弱之时期，沉淀之淤泥，仍可冲刷。如能决用旧城砖，则瓮城拆去之时，该砖宜堆存于左近，沟工实施时再为搬运。沟身之弧面，应以灰浆为墁，内弧尤须有墁，使其相当光滑而利水流。

工事之机构

工事之实施，应有委员会为决策及监督之机构；其下设工程处，其下设材料组、工事组、财务组，又设事务室。材料组之下，分设三股，曰订购股、配备股、运输股。工事组之下，分设三股，曰测量股、图标股、监工股。财务组之下，分设二股，曰备款股、付款股。

工程处长，以精明强干、富有学识经验者充任；较次者可充副处长，予以磨练之机会，使其可成后日之干才。

材料组长、工事组长，皆以工程师充任，当然应具相当之学识及经验。稍次者可充副组长，以资历练。

财务组长，以富于会计经验者充任，亦设副组长以助之。

各股皆有练习生，以资培养。

工务处长，负遴选各项人材之全责，不可阿私所好，用人不当则连坐之。凡百事业，以人选之优劣为大关键，人选不良，则虽有极善之计划，结果仍甚恶劣。

工程处应可移动，何区开工即搬至该区。若数区同时开工，则设之于适中地点。

办公室、器材库、宿膳房等，就地借用、租用庙宇，总以精简节约为原则。

机构之统系如右方。人不宜多，但须健全。

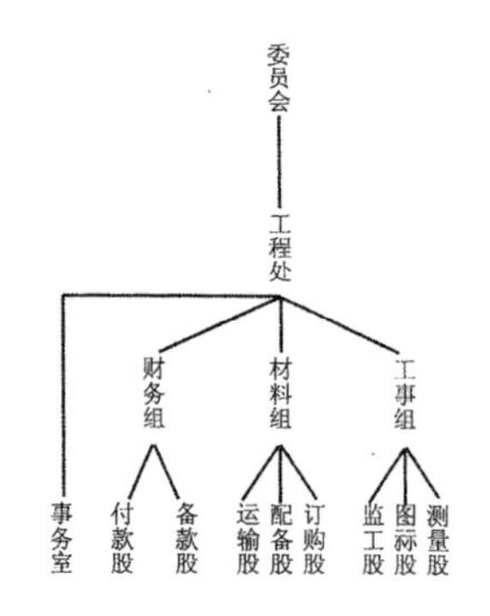

华南圭　周炜　同拟

1949.9.12

24 北京东郊具体计划[1]

（华南圭草拟）

1952 年

1958 年的第一机床厂等，赵树强提供

1. 我曾作《东郊工业区初步规划》，只就工业区本身立言；今再修改之，连同铁路及护城河，作全面的计划。

2. 铁路问题

铁道部工程师齐植概先生，曾提出将来计划及过渡办法，不作空言，切合实际；我加以极微的修改，拟出具体计划如下。

3. 环城铁路之北线，移远约二公里半，即在元时老北墙之外，今拟辟作新北城；西头用三角叉道以与京绥铁路衔接，如第 1 图所示。

---

1. 自北京市档案馆，档号：011-001-00427-001。

4. 环城铁路之东线，移远约半公里；一使将来公路发展，可作立体式的交叉；二使其在护城河之东，可于铁路城墙之间，留出较宽的地面，作为店宅之混合地区。（目前朝阳门外，已是店宅混合，将来多辟门洞，内外打成一片。）

5. 左安门至东便门之铁路，移出城外；使外城东南角之地面，扩为住宅地面，藉此，辟之为坊（坊即一般人称为邻里单位者）。外城东墙外新移来之铁路，与内城东墙外新移成之铁路相衔接，约略成为直线，如第 1 图所示。

6. 在最近的将来，拆去正阳以西之铁路。在复兴门迤南，广安门迤北，距城墙不远，辟一个旅客新站，先小后大，将来成为总站，南端至广安门，北端至复兴门，略如第 1 图所示。

7. 正阳门东便门间之铁路，维持其短命，新站逐年扩展，老站逐年消灭；西北郊之旅客，可早享其近便之利。

8. 在外城西南角，就现成之丁字形铁路，添设一个三角岔道，一头向新站，一头向丰台，一头向永定门；在过渡期间，旅客可在老站上车，亦可在新站上车；火车自老站开起，在新站接收旅客，然后向北开去，或向西向南而至丰台。向北开去之动作如第 2 图，由三角岔道径入新站；向西开去之动作如第 3 图，由三角岔道退入新站。

9. 向南远行之火车，亦可于老站接收旅客后，入环城铁路之东线，又入北线，又入西线而至新站，在此接收旅客，然后向南开去。此法有利，在东线北线之小站，皆可接收旅客，利一也；可免火车在三角岔道退行，利二也；然此法另有三弊，其一，绕走东线北线，路程长于三角岔道者甚多；其二，耗时甚多；其三，客人在东线西线之小站，停顿二次，必有沉闷之苦。与第 8 条相比较，北行南行之火车，皆宜经过三角岔道，最为便利。

10. 老站完全拆去之后，城郊旅客，一律在新站上车；最远自东直门复兴门而到新站，无异今日自西直门至东站之路程也；最远又自左安门出广安门而到新站，无异今日自右安门至东站之路程也。况那时，地方交通工具，改良发展，或乘电车，或乘公共汽车，此二路皆不感其长矣。

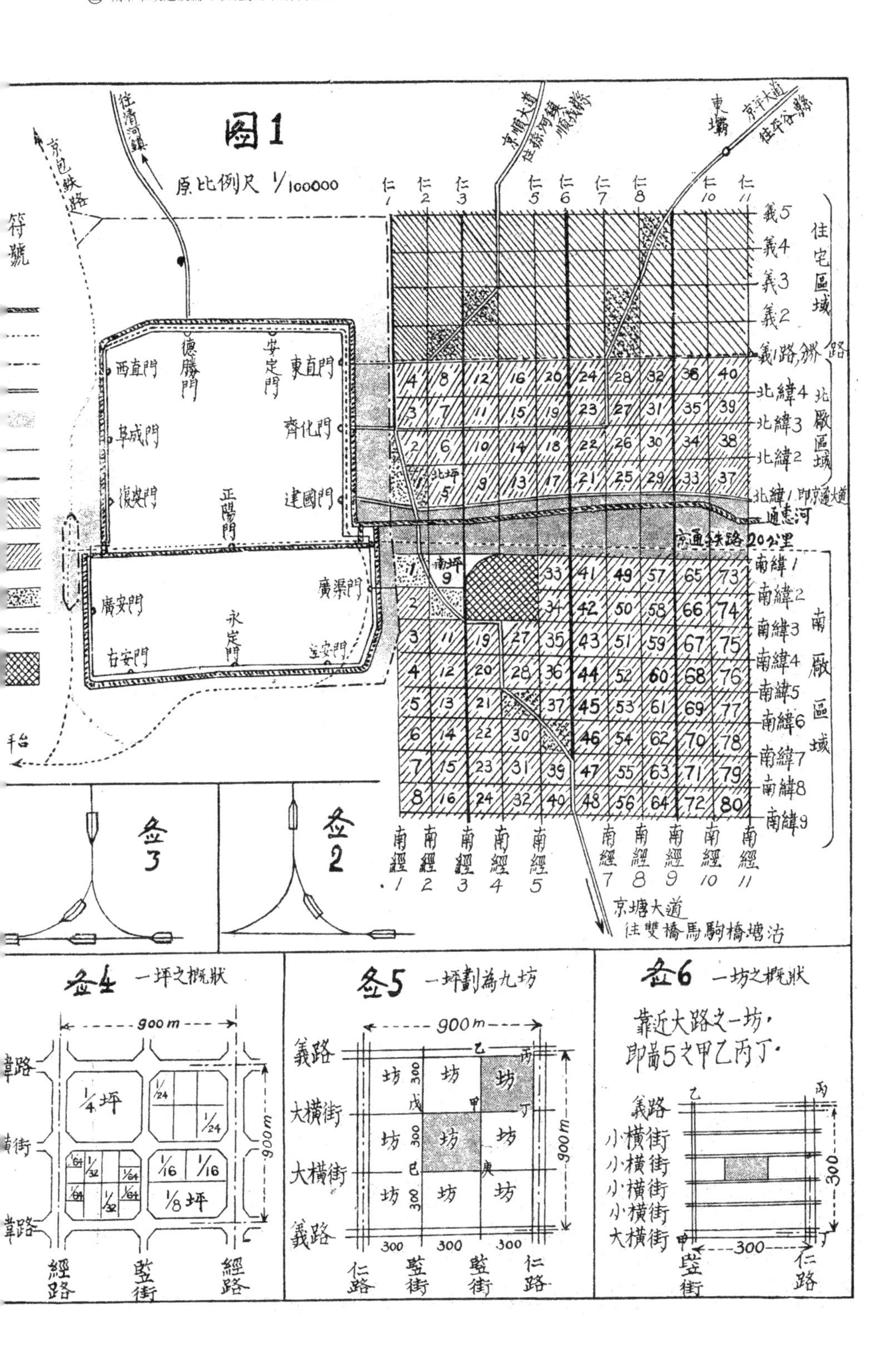

圖1
原比例尺 1/100000
符號
往清河鎮
京包鐵路
京順大道 往孫河鎮 順義縣
東壩 京平大道 往平谷縣
住宅區域
北廠區域
南廠區域
義5
義4
義3
義2
義1路,鉄路
北緯4
北緯3
北緯2
北緯1 即京通大道
通惠河
京通鉄路20公里
南緯1
南緯2
南緯3
南緯4
南緯5
南緯6
南緯7
南緯8
南緯9
西直門
德勝門
安定門
東直門
阜成門
齊化門
復興門
正陽門
建國門
廣安門
廣渠門
右安門
永定門
左安門
豐台
北坪5
南坪9
京塘大道
往雙橋馬駒橋塘沽
畫1
畫2
畫4 一坪之概狀
900m
1/4坪
1/8坪
經路
監街
畫5 一坪劃爲九坊
義路
大橫街
坊
仁路
畫6 一坊之概狀
靠近大路之一坊，即畫5之甲乙丙丁。
義路
小橫街
大橫街
300

11. 护城河问题

我在（京津通航）计划中，曾拟以护城河为航渠之一部分；今又拟令护城河辟宽而稍予挖深，使游艇兼可环城游行，同时修造正式桥梁；修者如西直门、阜成门、广安门、永定门、广渠门、齐化门、东直门、安定门、德胜门、宣武门、和平门、正阳门、崇文门外之各桥，造者如复兴门水关及新辟各豁口外之各桥；将来多辟豁口，陆续多造新桥，以使河与路皆成便利美丽之新规模。

河之两坡，遍植花草，如紫蝴蝶之类，两岸遍植绿树如洋槐、柳树、绒花树等等；勿植桃李，因其开花短命也；勿植杨树，因其向天滋长，不给浓荫，且其叶不绿而又稀疏也。

12. 铁路改在护城河之外，将来城墙完全拆除，则其地基上可以建造新式楼房，一面临河，一面临顺城街；此种新房，楼下可设商店，楼上可作住宅，而尤以群房为宜（群居之楼房）。

13. 工业区问题

此区之原则为轻工业而非重工业；今有将素称轻工业的西敏土厂列入重工业者，此种重工业，仍可设于该区，因其性质为消费品也。

14. 轻工业种类之多，不胜枚举；面粉、纺织、玻璃、瓷器、造纸、造革、炼油、制糖、科学仪器、医疗仪器等等，固属于轻工业；其次如铜器、锡器、饼干、糖食、钉针、锁钥、鞋袜、衣帽、麻袋、线包等等，亦属轻工业；更次如罐匣、线绳、纽扣、毛刷、牙膏、鞋油等等，亦属轻工业；仅就医疗器械药品言之，已可分别为数十或百种；总而言之，大小食用百货，可有千万种之多。假定限制畸形发展，一种只许有二厂，大厂占地以千亩计，小厂占地以三五亩计，连同大路小路，大概须十余万亩，即须六十余平方公里，即须十余公里长六七公里宽之地面；因此，东郊工业区地面，若限制太严，或令其夹在住宅区域之间，则不啻使北京工业，逼上死路。依此原理，自东直门向东作一线，又通惠河沿岸以北，应作为工厂地面；又京通铁路以南，左安门向东作一线，亦应作为工厂地面。以上二个地面，目前暂止于东面十公里，将来向东发展，径达通县城。各国限制之政策，大都在畸形发展之后，或为预防畸形发展；北京工厂，尚在萌芽之初，不应预立限制；他日予以限制，不为迟也。

15. 危险性及污秽之工厂，应设于通县对岸，添造宽桥以利交通。

16. 砖厂木厂等等，所需地盘甚大，只可视为粗工业，不可与轻工业等量齐观，即应设在轻工业地盘之外，例如通县城南之地址是也（旧日多堆栈，今已部分的荒废，而旧房尚有存者）。

17. 工厂发展，则须为二种人筹备住宅，其地面亦须广大而能扩张：其一，工厂随时建立，地上之居民须随时迁让；其二，在工厂服务之职员及工友，须随时可以安居；其工厂自设宿舍者，不在此限。因此，住宅地面，须预为划定。

宅不宜在工厂之南，以免煤烟吸入而常吃黑饭；二因凡有恶臭之工厂，皆在东南方面，住宅不宜与之相近，以免常嗅恶臭；三因东南地形低洼而积水，地下水亦不洁净，或者有毒；依此原理，住宅区域，宜在东直门向东直线之北，包括北郊元时大地在内。

18. 或曰，住宅区域太远，工作人往返费时太多。我曰不然，将来工厂林立，公共汽车随之发展，或者，无轨电车亦发展，或者各厂联合创办交通专车，则徒步之机会甚少，此其一；工作人员上班下班之时间，可以加开快车，此其二（专车单向速度，假定五十公里，则十公里之路，只须二十分钟；内城东墙五公里，外城东墙三公里，合计东城极南至极北之路程，不过八公里）；工作人员离厂之后，本应舒缓其劳动后之精神，在车内经历十分钟，对于身体之健康，有利无害，此其三；在车内流览书报，即可节省其在家中阅读之时间，此其四。

19. 我曾作坪与坊之规划（Block 及 lot），三百公尺见方者为坊，九百公尺见方者为坪（内城大街相距，约自六百公尺至八百公尺，今拟以九百公尺，与实际情况相近，宜于今日，亦宜于将来）。今于东郊工业区，住宅地区，仍分为坊与坪；而在工厂区域，则只有坪而无坊。为迁就地面，便于划分，工厂区域内之坪，南北方向内，可将九百公尺改为八百，住宅区域内之南北方向，仍为九百公尺。

20. 工厂区域内，坪之四周为大路，南北方向者称为经路，东西方向者称为纬路。在住宅区域内，坪之四周，亦是大路，南北方向者称为仁路，东西方向者称为义路。经路与仁路衔接，纬路与义路平行。每三条经路，有一条较宽，以备将来环城大道之东段。各路所占之地面，包括在各坪总面积之内；厂址之确实亩数，于实地测量后算知之。

21. 大经路之宽度，依照道路系统委员会所规定之主干路；大仁路等于大经路，纬路义路即该会所称之支路；小经路小仁路，即该会所谓次干路，竖街横街即该会所称之胡同（小经路小仁路，简称为经路仁路）。

22. 交通大道是远程的大道，如北京至孙河镇至顺义县，如北京至东坝镇至平谷县，如北京至香河至宝坻至塘沽，如北京至通县……

23. 工厂区域内之坪，用横街竖街，划为四块，如第 4 图所示；大厂可认领一坪或数坪（一坪约七十万平方公尺，约一千一百旧亩），小厂可认领半坪，更小之厂可认领四分之一坪，最小之厂可认领六十四分一坪；极小的手工业小厂，亦可数家联合认领六十四分之一；如此划分，大厂小厂，皆有认领之权利，又皆能临街；而在市政立场，路及上水道下水道，皆能有条不紊。

24. 在住宅区域内，每坪为九百公尺见方，划之为九坊，即每坊为三百公尺见方，如第 5 第 6 图所示。一坊内，有若干横街，通于竖街，亦通于仁路；一坊内之公益建筑，设于坊之中心，如坊公所、小学校、幼稚园、托儿所、手工室、体育室、小旅寓、小邮局、小菜市、小药店、小商店以及广场、公厕、浴堂、理发室等等，如图 6 所示；此中央地盘，名曰公益地盘。一坪内之公益建筑较大，在其中央一坊之内，名曰公益坊，如第 5 图之甲庚戊己。

25. 原则上，坊及坪皆是棋盘形，但迁就现实，稍成梯形或斜方形，皆无不可。又为迁就现实，各路不妨微斜微弯，但斜度弯度不宜太大。

26. 目前已有之厂址，不符于坪之规则者，或多或少，应酌量增或减，并或分，私利服从公利。

27. 绿化方法：坪内坊内，路上皆有绿树，并须多造茂林，或者利用不整齐之地面，或者划取长方地面，因地制宜可也；但坪内茂林，应有数十万株，并非稀疏的数万株；林内应可使人散步，并可将小儿的摇篮推入以散步于荫下。（勿用杨树，因其叶疏不绿，且向天空生长。）

28. 保留地带

如第 1 图所示，通惠河以北一带，约三百公尺；铁路以南一带，约三百公尺；铁路通惠河之间之一带，皆留作车站仓场及岔道之用；将来京津通航，船坞码头及堆栈，亦设在此保留地带之内。

29. 东护城河以东之保留地带，其在铁路以东者约一百公尺（东移后之铁路），用途与上条同；其在铁路以西乃至城墙者，作为商店住宅之混合地带，因目前已是店宅混合，将来添辟城洞，可与城内地面，联成一片。极小手工业，亦可在此。

30. 坪及坊之规划

工厂区域内之经路，称为一经路二经路等等，由西算起；但在通惠河以北者应称北一经北二经；在京通铁路以南者应称南一经南二经。纬路亦别南北，称为北一纬北二纬及南一纬南二纬等等。

住宅区域内之仁路，称为一仁路二仁路等等，义路称一义路二义路等等；仁路由南向北计数，义路由西向东计数，皆所以便扩展。

经路仁路之特宽者，如前文第 20 条所言，加一大字。

31. 经路纬路之交叉口，仁路义路之交叉口，相距约九百公尺，名曰大交叉，均须是环形交叉，俗称转盘形，亦可用他形而更良者；路之中央，有隔离地带，以使左行右行之车，绝不相混，一可免撞车之祸，二可增加行车速度。

32. 竖街与义路相交，大横街与仁路相交，如第 5 图所示，名曰小交叉，相距不宜大于三百公尺，亦不宜小于三百公尺，以三百左右为适宜。

一坪之东大街西大街为仁路，南北街为义路；其间有二条竖街通至义路，二条大横街通至仁路，如是则竖街与竖街之距，或与仁路之距，常为三百公尺。小横街之两头有仁路，中间则与二条竖街相交；小横街只能与竖街相交，不能直达仁路，以使仁路上之交叉口，常能保持三百公尺之距离。

33. 坊内之住宅，如何布置，我有一策，名曰“邻里单位内最低级三层楼房之示意图”。一般人所谓邻里单位，即是一坊，楼房后面有菜园，约等于建筑地盘之二倍；其细节已在该图附文中，详加说明，兹不赘叙。

34. 公共卫生设备，在住宅区域内，应完全新式，路上公厕，应足敷行人之用；最善之法，莫如设于地内，但于建设初期，无此财力。其次则用丛林以围绕厕房，第一围用冬青的矮柏；第二围用稍高之刺柏，第三圈用刺槐，第四圈用绒花树；如是则外表只见其为林，不见其为厕，臭气亦不能传至林外；或设于路旁，或设于路角，形式随意变化；前面左右或四角有丛林，循弯道入门，男子须再拐弯方能入厕，再拐弯方能大便；用天窗以取光，不许用窗以通气，通气全赖极高之气囱，略似烟囱，臭气由囱顶散在天空，不能散入邻近之住宅。苍蝇爱阳光不爱黑暗；厕墙多曲折，又涂以黑油，即能得到“无蝇”之功效。

35. 下水道之干管，在经路仁路的步道之下，支管在纬路义路之下；各路之地位已定，但目前财力，不能埋设；在今后数年内，只可利用“化粪暗坑”之设备；尿粪在暗坑内腐化二次，化成清水，此水虽不净，而已不毒，亦无恶臭，使其流入河内，不妨害于行船及游艇；雨水亦可用暗沟以流入河内，但须在沉淀之后；各厂排出之水量，目前无法预计，将来亦变动无常；只可由各厂联合组织总水管，由卫生工程局主持其事，以免纷乱；总管埋于大路之下，各厂各自设其支管以通至总管，然后汇流于通惠河。厂水之太污者，应加以初步的处理，方可送入总管；务使此种污水，流入河内后，无害于行船之卫生。

36. 日光消毒之能力最大，故住宅应能常有日光射入；即对面房屋，相距不宜太近；即房檐高度与街道宽度之比例数，宜有所规定。

上海都市新计划，拟规定每天四小时之照射，即冬至日正午前后四小时内，日光可以照射入室。北京只须以三小时为标准，其理由如下：日光照射之功能，与地方气候有极大的关系；北京晴日，倍于上海；北京日光，强于上海者甚多；北京室内常干爽，上海室内常昏湿；用浅显之理以譬喻之，如滴滴涕药水之消毒杀虫；北京连日晴朗，犹每日喷此药水也；北京日光强烈，犹药水之浓厚也；……因此，北京以三小时为标准，其功能超过上海之四小时。苏联气候，远逊于北京，故苏联标准，亦不适用于北京。以学理计算，算得比例数如下：

	四小时	三小时	二小时
在南北方向之街道上	L=1.3h	L=0.9h	L=0.6h
在东西 ·· ·· ·· ··	L=2.3h	L=2.2h	L=2.1h

我人须知，此项比例数之标准越严，则街道须越宽；而路面费用甚巨，在市政上是大宗用款；故此比例数，只须适可而止，以免巨额支出。

查上表，可知二小时与三小时之比例数，相差不甚远，则以三小时为标准可也；高度九，可由窗台线算起，因窗台以下无玻璃也。住宅区城内，假定采用三层小楼房，又令 h 之系数为整数，1h 及 2h，则南北方向街道之宽度，只须 1h；檐高 h 约 9 公尺，则 L=9 公尺，东西方向街道之宽度，只须二倍于 h，则 L=18 公尺。

依据北京经纬，莘耘尊同志，在道路系统委员会曾经提供详细图算；兹为节省阅者目力，只列其简式如右：

四小时：

$L=(\text{正弦 60 度 30 分}/\text{正切 20 度 30 分})^h$

$=2.3h$

$L=(\text{正弦 29 度 30 分}/\text{正切 20 度 30 分})^h$

$=1.3h$

三小时：

$L=(\text{正弦 68 度}/\text{正切 23 度 12 分})^h$

$=2.2h$

$L=(\text{正弦 22 度}/\text{正切 23 度 12 分})^h$

$=0.96\,h$

四小时：

$L=(\text{正弦 75 度}/\text{正切 25 度})^h$

$=2.1h$

$L=(\text{正弦 15 度}/\text{正切 25 度})^h$

$=0.6h$

楼房借天不借地，平房则相反；间数相同，所居人数相同，采用楼房，则所需之街道较少，即路面费用可以节省；故坊内住宅，应以三层楼房为标准；此理已在《北京之大》一文中剀切说明，据此，竖街宽度只须9公尺，横街须 18 公尺。

公墓地位应为预定，此不但是工业区问题，而且是北京全市问题；北京西北方面，地势高爽，应留作活人之用，不应再许其为死人之坟地，旧社会受封建制度之流毒，又惑于风水及轮回再生之谬说，假仁假义，以为死人应有乐土，以西山一带地区为妙选，或作私坟，或作公墓。

1949 年统计，一年死亡一万七千名；此巨大数量之尸身，应有埋葬之地。死尸的血肉，腐臭而成恶毒之液体，由西北高地，流到东南城市地下，或更在地下流入井内，贻害卫生，不言可喻。

因此，东郊工业区成立之始，应在东南郊肃王坟左近，在左安门正东约十公里，划为新公墓地点；或更在其东南三四公里，例如西直河村及老君堂村。距城约十三四公里，一天内可以往返，不必在墓地过夜，比西山同样便利。

37. 编号方法：北京路牌门牌之编号，向无系统，今后应加以改良。

38. 路长而同一名称，不便之处甚多。经路之在通惠河以北者，应称为北经一路北经二路等等；其在铁路以南者，应称南经一路南经二路等等；经路之次序，皆由西向东排列。纬路之在河北者，称北纬一路北纬二路等等，其次序应由南向北；纬路在河南者，称南纬一路南纬二路等等，其次序由北向南。（后日扩展数甚便利。）

39. 仁路次序与经路同而不分南仁北仁；义路次序与纬路同，亦不分南北。

40. 坊内之竖街，次序由西向东；横街之次序，由南向北。横街虽小而却甚长，欲便利称呼，即须分段，例如第二坪第五横街，其意即是第二坪内之第二横街。

41. 厂址之坪地，亦以通惠河分界，其在河北者，称河北第一第二坪等等，或简称北一坪北二坪，其次序由南向北，由西向东；其在河南者，称南一坪南二坪等等；其次序由北向南，由西向东。如是则厂家指领坪地时，口舌便于称呼，文字报表亦可免混淆。

42. 坊内之门牌，亦以此原则为次序，并再将奇数偶数分开；路西用奇数，如 1、3、5、7 等等；路东用偶数，如 2、4、6、8 等等。横街上之房屋，路南用奇数，路北用偶数。

43. 大道亦应分段，例如京平大道第某段，其次序由城墙算起。大道之某段某段，可能与经纬路仁义路混合；其混合之一段，应有二名，例如京平大道二经路。

44. 保留之地带，亦应分别编号：其在护城河以东者，名曰河东一号二号等等；其在通惠河以北者，名曰北岸一号二号等等；其在京通铁路沿线者，名曰沿铁一号二号等等。

45. 土地使用之办法

产权之地形，犬牙相错，极不整齐，而工厂及住宅地面，必须整齐。欲解决这个矛盾的情形，最善方法，莫如统购统配，就是由市政府全部收买；划成坪与坊，划出道路，然后配售。

46. 欲将一百乃至一百六十平方公里，同时收买，政府一时无此财力；第一步，应先禁止民间乱买乱卖，绘出大图，使公众对于具体计划，有明确的了解。第二步，速派技术人员，实地覆测，划出经纬仁义各大路之中线而插立标橛；又划出保留地之界线而插立标橛。第三步，在工厂地区内，征购土地，由西边起，暂止于三经路三仁路，其宽度约二公里；签订买卖草约，政府暂不付款，业主亦暂不交地迁居。第四步，在住宅地区，由西边起，至二仁路止，实行付款收地。在此地面上，政府垫款建房，或一坊或二坊，以足敷迁居者之居住为度；不必多建，以减少一时之垫款；业主之兼有耕种地者，另觅可居可种之地面；地价外不敷之费用，政府酌予补助，勿使吃亏。第五步，招领厂地；凡欲建厂者，在大图上认明坪数极其号数，向政府付款领地；所付之款，应照原地价酌加二成或三成，以免政府亏耗；同时政府向原业主付款收地；即将所收之地，交与新业主执管。

47. 大工业家，如愿预认坪地，预缴地价，政府亦当欢迎，以便将此款项，充作建房之用。

48. 如有民族资本家，垫款建房，作为民族资本的房产，政府亦当欢迎，订立契约，若干年之后，政府可以备价收买，变成政府的产业；价款应明确计算，务使垫款者有合理的利润。

49. 前条办法，办到相当的阶段，乃扩展至四经路四仁路，其法仍如前条所言，但其时，若政府财力已宽，则不必沿用前法。

50. 地产税应公私一律，新业主应按年按亩缴纳地产税，以免滥领大地剥削公家之流弊。剥削公家，即是剥削人民，不可不防。

51. 补注：工厂发展后，东郊火车站，势须扩大；前文第 28 条所谓留作车站之用，即指此意。

52. 北大地，目前空旷，是辟做新坊之良地，急宜保留；然今有人及机关，声请拨作别用者，实是错误；市政府天天做计划，若天天俯允所请，则大计划作成之日，即是“无计划的建筑”成就之日，我甚惧焉，惧将来悔之无及也。

53. 经路穿过通惠河，应造之桥甚多；但初期可只造一二座，俟后陆续添造。

54. 前文第 3 条谓，环城铁路北线移远二公里半，工程不小，苟非急需，不必急急施工，但不可忘此目标而将北大地轻易许人使用。

55. 最后一言：市政当局，须掌握主动，步伐勿乱，严防无系统无秩序的发展。

56. 前文算式内 L，是街道宽度，即是对面房屋之距；式内 h，是房屋高度，即是自底层窗台至房檐之高度。

图一之符号，详释如下：

1. 护城河及通惠河
2. 现有铁路
3. 将来移成的铁路及新站与岔道
4. 大道
5. 保留地带
6. 经路纬路仁路义路
7. 大经路大仁路

8. 住宅地面

9. 工厂地面

10. 树林

11. 分界路

12. 农业机械厂

57. 第 14 条曾言“左安门向东作一线”，此言非以此一线为限止；此线以南，尽可发展。总之，厂地应能向南向东发展。

25 天安门观礼台方案[1]

1956 年

简略说明

天安门观礼台，自解放那年至今日，始终是临时性的结构；最初用杉槁，开会时搭架，会后拆卸。其后改用砖，会后不再拆卸。临时性的建筑物，当然丑陋，且使天安门原来伟丽规模，亦变为丑陋。观礼台一年只用二次，即十月一日和五月一日；三百六十三天，丑陋形态，常映入行路人之眼帘。

我以为急宜改建正式结构，我提二个方案，以备采择；其一是我的老方案，其二是新方案。老的似优于新的，因为主席团与观礼人，可以互相瞻望，新方案不能也。

广场东西两角落的低台，改成两个扇面形的丁香林，或改为扇面形的荷池而加以飞瀑。丁香宜用紫色。

老方案

1949 年，我曾与钟森[2]同志提议碳钢结构可装可卸的观礼台，全用标准角钢和螺栓与螺帽；可分设于金水河之南岸北岸，亦可跨在全部河桥之上；大会前一日装成，后一日即拆卸而保存之；观礼台东西两座，主席台介于其间。

临时装用可以跨河，则可作成极广的面积，即可铺板以成观礼人之座

1. 此为正式提交给政府的方案，收藏于华家。华南圭草拟于 1956 年 4 月。

位。昔日，人患无钢，今则鞍山已能供给；将来改用硬铝，装卸更轻便。这是我的老方案，我觉得它优于新方案，其理由已在前文说明。

新方案

天安门的整体规模，高处有门楼和高台，低处有金水河和石桥，又有华表和石狮；天安门能成伟丽规模而不觉枯燥，全赖以上各物之配合；故以上各物，皆宜“原封不动”。

因此，我提出新方案，将观礼台筑于红墙之北，分为东西两大台，都是固定的结构，门楼介于其间。其最高一排，稍低于门楼之栏杆；其最低一排，人胸与墙顶看齐。

观礼登台之人，由文化宫正门走入而上东台，由中山公园正门走入而上西台。两台能容之人数，可多于目前临时性四台所能容之人数。

如此则天安门伟丽之原状，毫不毁伤。临时性的观礼台拆除后，在其地植树，可以增加蓬蓬勃勃的生气；宜用盘槐成横向生长之树，以免树头妨碍视线，勿植果树，因其开花时间很短，绿化之能力又很弱。

原则如此，细节则临时变化。我虽提出这个新方案，而我总觉得老方案比较更优，其理由已在前文说明。

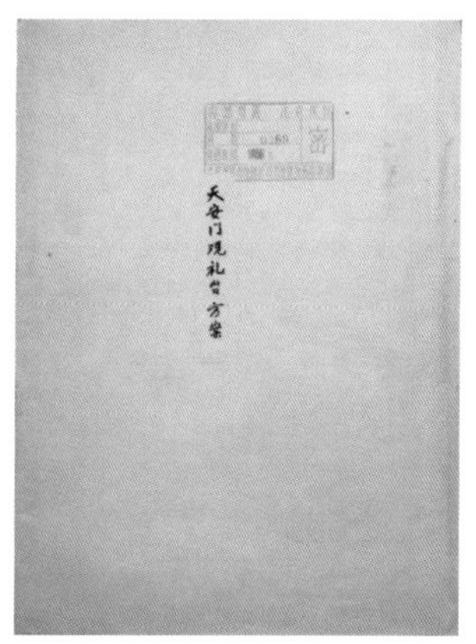

2. 土木工程师，1950 年代初曾为北京都市计划委员会成员。

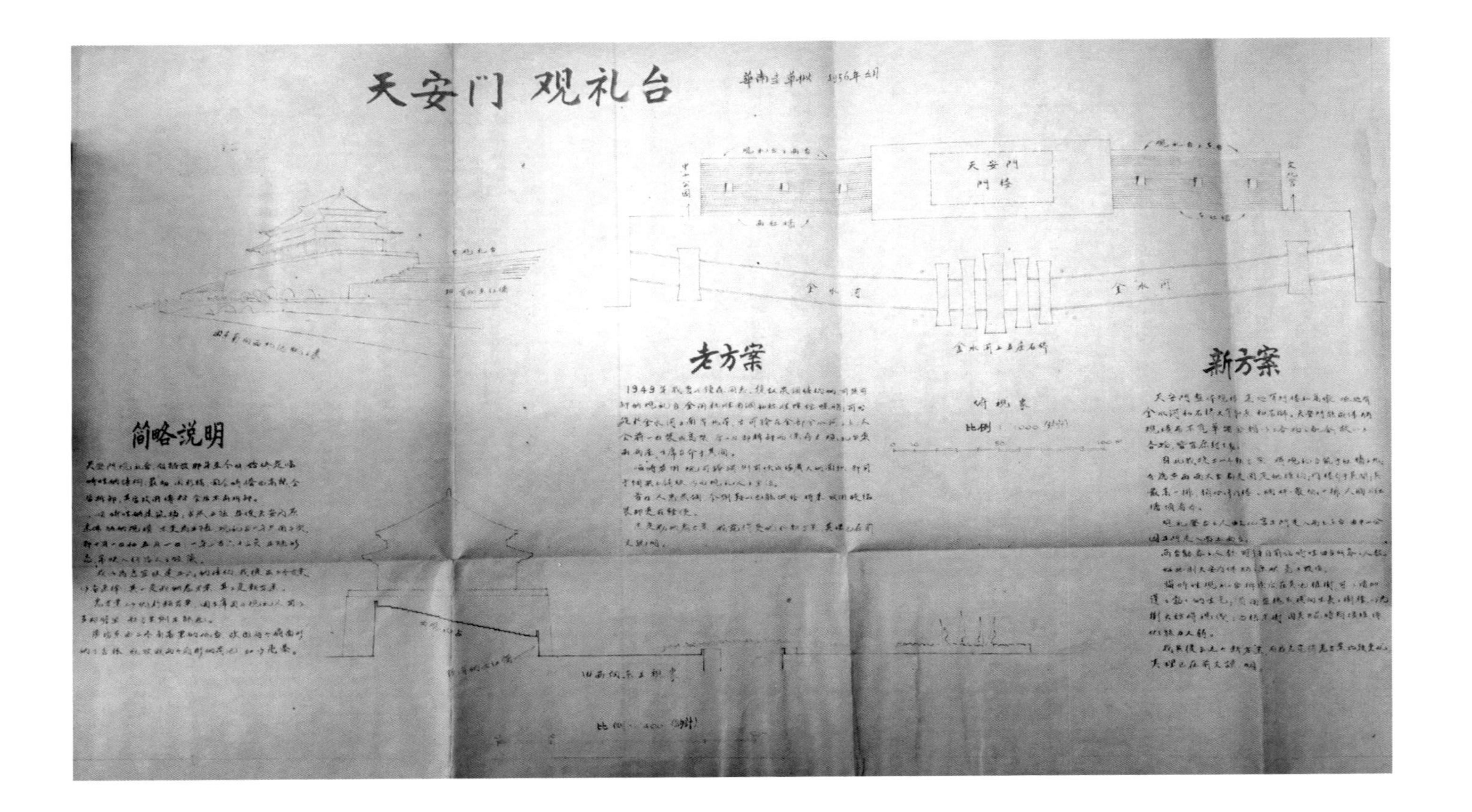
天安门 观礼台
天安門
門楼
金水河
金水河
老方案
新方案
简略说明

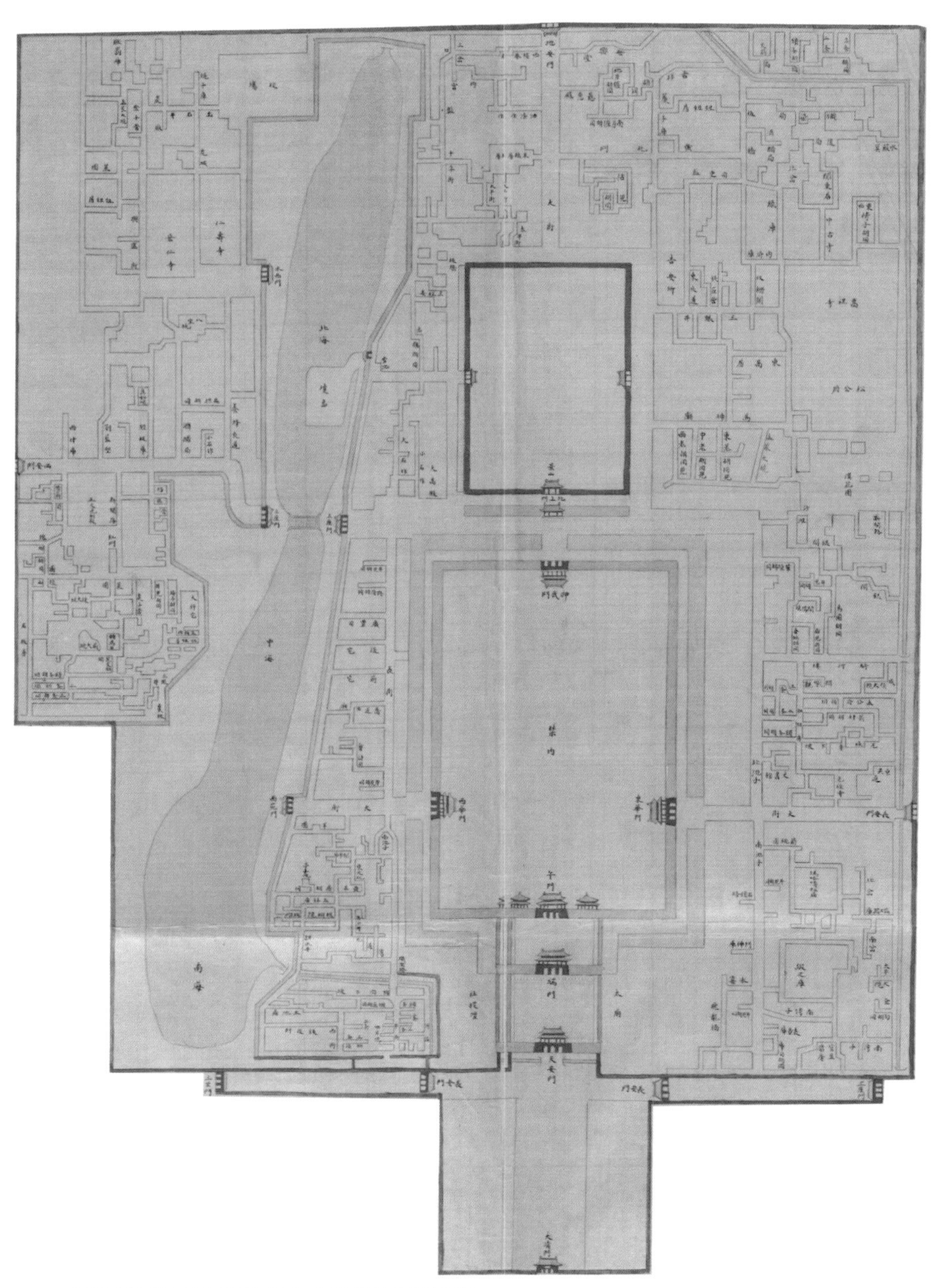

1901年京师九城全图里的皇城，收藏于美国国会图书馆

1958 年的长安街，赵树强提供

26 针对北京城市规划的视察报告[1]

1957 年

1957 上半年的视察工作，永定河引水工程外，吾视察之对象为北京市整体规划。这个项目很大，吾只能看到大项目中之小节目，又只能看到一个小节目之片面。

在“百家争鸣”之号召下，在“又团结又批评”之指示下，吾提出具体的报告如下。

壹、关于铁路及车站者：规划北京市内的铁路，一宜尽量少与马路交叉，二宜尽量避免立体交叉，三宜时时想到日常生活物品之供应。人之所以为人，第一重要之事，就是食品供应之难易。原图上划出的铁道，并非完善，但尚无大病，故可视为正式的规划而加以修正：由丰台引来之轨道，仍在外城西南设三角形岔道；此形之西边名曰西岔线，东边名曰东岔线，南边名曰南岔线。西岔线向北仍引至广安门外之某点而设站，南岔线仍引至南城墙外之某点而亦设站，我名之曰西站及南站。南站宜向南稍移，使其迫近城外第一环形马路之南线，即使其距离南城墙稍远，但仍在正南大马路之西畔。原图上画出之东便门车站，宜向东稍移而至环形马路东线之

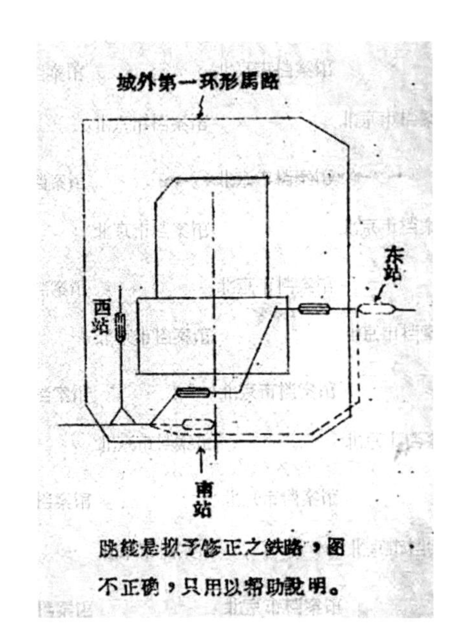

跳綫是拟予修正之铁路，图不正确，只用以帮助說明。

外，我名之曰东站。在三角岔道之东，沿南站之南边，添做一条联络线，与环形马路之南线平行：向东越过马路的东南斜线，然后与马路之东线平行而直至东站。这一条联络线，目前不是地下线而是明线，亦无立体交叉，而却为十五年后改成暗线之有利条件；到那时，若地面上之交叉不太繁杂，则不必改成暗线。

所需供应之食品，分为两大类，其一类可在仓库停留后分送于零售店，如一切干货是也；其又一类则应在到达的火车站迅速分送于全城之零售店，如鲜果、鲜菜、鱼虾等等是也。分配第二类，须赖"总菜市"。游览巴黎之旅客，常以总菜市列入游览的节目，因其庞大而分配迅速也。黎明入市参观，楼上楼下，堆满食品；日上三竿，则楼上下已全空，各货都已分配于全市之零售店矣；因此，市民可以吃到新鲜的食品。吾们将来的总菜市，可设于南站之旁，至多分设于东西两站之旁，不可再分，此是规划路线时所不可疏忽者也。

贰、关于天安门及正阳桥者：凭良心，说直话，十一个方案[2]，都不能称为满意，细节甚多，不暇详论，只就天安门近身及正阳桥近身，分别一谈其大病：

甲、天安门近身，应该保全原有的规模，原封不动，华表依然，石狮依然，金水桥依然；因为天安门之所以为天安门，自有其应有的性格也。然而十一个方案所一律保留者，乃是丑陋不堪而临时性的观礼台；弯形的金水河，又一律改为死板板的直形（或因比例尺太小，故看似直形）。

这个观礼台，我建议采用装卸轻便之活台；一年中，只在十一及五一节装用两次；其余三百六十三天，原封不动的原规模，使过路人不为丑陋大台所刺目。目前姑仍其旧，一俟铝钢生产时，即改用活台而废弃旧台。

---

1. 此为华南圭退休后，作为市人大代表关于北京市整体规划的视察意见，在 1957 年春夏之际。资料来源：北京市档案馆，档号 151-001-00056。原标题为"视察报告"。
2. 指天安门广场初步方案。

十一个方案，都把华表、石狮废除[3]；而第一方案及其他若干方案又排列了“非驴非马”的石柱或石碑，不但破坏规模，而且阻碍大游行。

抛物线屋顶，原是中国旧建筑中最庄丽的形式；而东西对称的两座大圆顶[4]，不但压倒门楼的屋顶，而且耽耽虎视纠纠武夫纳粹性高胄，尤大悖于吾们永久和平之精神。

乙、正阳桥近身，只有第一方案，画出两条滨河大道，一在南岸，一在北岸；其他各方案，只在南岸有一条滨河大道，北岸没有，不解其理由。图上画出的滨河大道，都是在桥下穿过的，即所谓立体式的交叉，车辆不能由桥面辏上大道，亦不能由大道辏上桥面，而且某一方案，画成平行的五桥，其意或要使它与金水桥配合；我以为此种配合，太拘于形式主义，而且大大浪费，反为交通的障碍。

滨河大道在桥下穿过，试问把桥身抬高乎？把大道降低乎？抬高若干降低若干乎？天安、正阳是一片大平面，真可能抬高降低乎？他年此类之交叉，将有二三十处，是否处处如此处理乎？技术问题很复杂，图和模型，皆不易表显真相；草草作为定案，恐实行时无所措手也。

注 1：规划路线，须同时想到满车及空车，来车及去车。

注 2：胄形屋顶，偶用未尝不可，多用则令人厌恶矣。西长安街，市人民委员会楼房，原是昔日德国建筑师的图案；两个胄形屋顶，就是可厌恶的例子。

注 3：目前二个象限内的小观礼台，当然废弃。东西红墙各向东西稍移以扩大地面，装置二个飞瀑。

注 4：新的正阳桥，若用交通广场的方式，则滨河大道，天然不在桥下穿行。

---

3. 之后的广场定稿最终保留了华表和石狮。

4. 指 1956 年天安门广场改造方案第一方案里人民大会堂与中国革命历史博物馆房顶上的大圆顶（见《北京规划战略思考》364 页所展示的模型，董光器著）。

贰

中国交通工程篇

01 | 铁道泛论[1]

1912 年

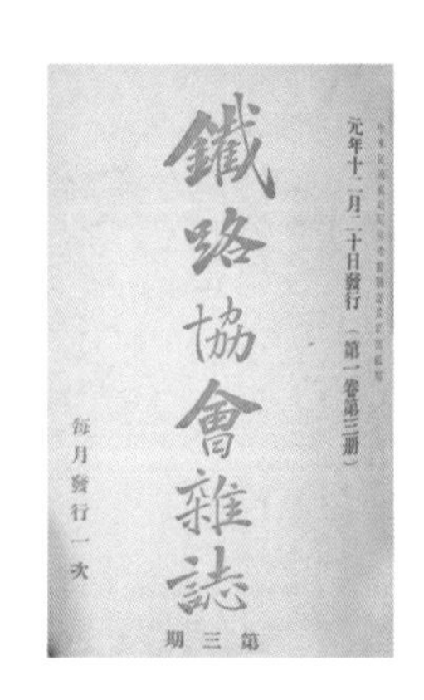

（一）铁道是文明之媒介

今有一物焉，非农非工非商。人谓之何，曰恶物[2]也。

然而铁道之为物，农乎？工乎？商乎？皆非也。近世来以非农非工非商之品格，而实为精神文明、物质文明之大机纽者，宇宙间无第二物，交通而已矣，交通机关中之铁道而已矣。

铁道之功能，何以如是其大乎？曰因铁道能受**速力最大**之机车也，因铁道能受**重量最大**之机车也。凡百交通机关，均是文明之媒介，而铁道其尤者也。

欧美铁道之发达，为彼国奇才异能之士所不及料。当法国第一铁道公司成立时，其著名之巨子，宣言铁道之成价太贵，卒非载运机关之优品。比国[3]著名之工程部总长某氏，于一八四五年，于竭力经营铁道之后，曾

---

1. 原载于《铁路协会杂志》第 1 卷（1912 年）第 3 期。
2. 这里古意为怪物。
3. 即比利时。

谓铁道既如是广设，则铁道之命运已达于极点，以后必不能再有扩张。于斯时也，比国铁道之延长线为五百七十八公里（每公里约等于中华二里）。斯时大人物之眼光，以为铁道命运已达于最盛时代，而岂知比国于一九〇八年时，铁道延长线竟达于四千五百九十三公里之多乎。

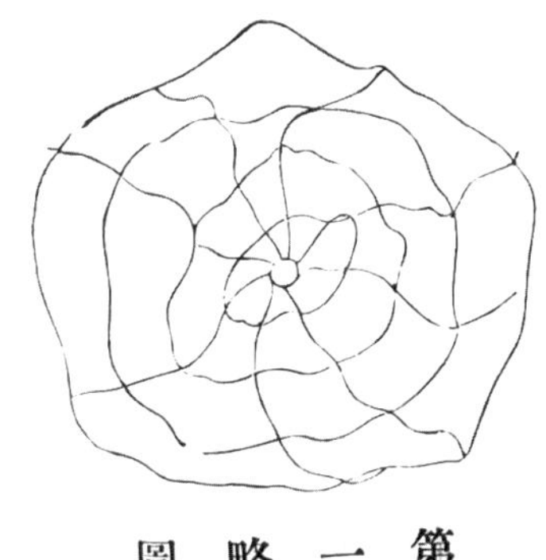

圖略一第

是故铁道之发达，真有神鬼莫测之奇象焉。

以国土之面积为比例，则中华铁道之前运，宜能达于一兆六百千公里左右，即三兆二百千里左右（中华土壤约大于比国三百六十倍，则 360×4593=1653480）。孙中山先生所倡议之二百千里（即二十万里），乃仅是三兆二百千里之十六分之一耳。吾国人有骇二百千里为夸诞者，盍放开眼光一窥世界之大势乎？

铁道愈多，文明愈发达，已为世界上众口一词之铁证，而无待赘述。而余所欲添一词者，则铁道之**影响于人民心理**者是也。大抵静而不动之人民，其进步恒迟钝。试以中华人民与西洋人民相比较，西人多动而华人多静，西人言华人无神经，又言华人有耐性，因华人不动故也，不动则神经顽钝也。西洋人民之感觉极敏活，易喜亦易怒，喜怒易形于色，不如华人之能掩藏。西人伫候一车，历五分钟之久，躁急不能复忍。而华人则伫候数时不沉闷。今日无车，俟诸明日，亦不躁急。窥见内地人民，往往今日言明日出门，而明日迄未动身；明日言后日出门，而后日仍在户内。日复一日，蹉跎又蹉跎，泰然自若也。由此类推于凡百事物，西洋人性急，中华人性缓，西洋人有自然的急进心，中华人有自然的缓进心。是故由政治方面观之，西人对于腐恶之政象，怒目切齿不能忍者，华人处之漠然无所动于中。由工业商业及种种方面观之，华洋二种人民之异同，靡不如此。

西人有自然的急进心，故百事之兴举极速。华人有自然的缓进心，

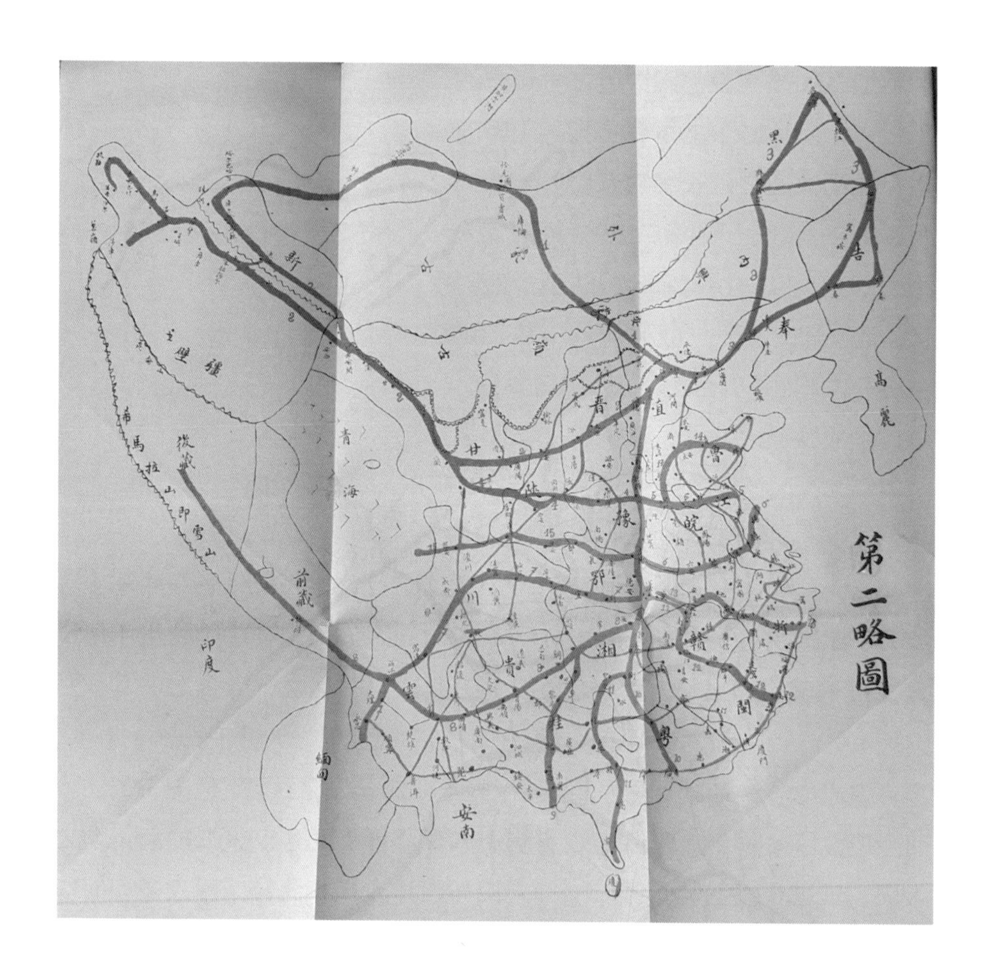

故百事之振起极迟。一速一迟，则聪明体质虽相同，而文野乃不能同日语矣。

夫西人自然的急进心，果谁造就使然者乎？曰种种机械及**交通机关**是也。百年前以人力锯一木，须历四时或五时之久者，今则只须数秒时耳。昔日燃一灯，须烦理线、添油、击石诸手续者，今则只须捺一指耳。昔日行百里，须秣马、驾车、越沟、绕岭，日出整装，日没息肩，今则一跨足之劳，一凝神之倾耳。西人自述其高曾[4]之忍耐性，非今人可比。西人又言交通机关愈趋于便捷，彼族人民之性情亦愈趋于躁急。由是观之，交通机关之影响于人民心理者不綦大乎（躁急非恒是良德）？此种

现象，非但可验之于西洋人民，亦可验之于中华人民。江浙闽粤人民之活动，远胜于豫鲁燕晋。无他，南方之交通旧机关，远胜于北方故也。南人活动，故工商业皆优于北方。即政治、文学两端，亦莫不南优而北劣。即就一省范围以内言之，同一浙省也，而杭、嘉、宁、绍之人民，远异于严[5]、衢[6]、温[7]处。同一苏省也，而苏、常之人民，远异于淮[8]、徐[9]。

4. 指其远祖。
5. 严，即严州，今为浙江桐庐、淳安、建德一带。
6. 即衢州。
7. 即温州。
8. 即淮安。
9. 即徐州。

无他，交通旧机关之优劣不同耳。

今欲促进中华之文明，欲齐一中华东西南北之人民，而使其具同等之政治智识，同等之文学程度，同等之工商业之能力，同等之内结力及外御力，舍广筑铁道无他法。

（二）中华铁道之布置

今欲作中华铁道之布置，宜先研究一下问题如下。

曰工业已兴之地，须多设铁道，其他诸地可缓焉，此一说也。

曰先于某某地振兴工业，工业既渐发达，然后添设铁道。此又一说也。

以上两说均是，而均非铁道圆满之妙用。须知交通不便之地，鲜有人能兴工业者。今设有某甲焉，见某某地多草多羊多鸡，其最初之一念，则在该地设厂，制皮，制罐藏食品，以销售于中华全国及东西洋各国。

乃退而审察该地之形势，高低硗角，不能通车马。即在平阳[10]，雨时不能行，雪时不能行，夜际又不能行。区区数百斤之重量，须有小车一，须有牲口二，须有人口二三，筋劳骨疲，一日仅能越百里。运价之高，竟达于货品原价之数倍。即厂内职员之薪俸，亦较交通便利之区为昂。通盘筹划，输出品之成价，较舶来品尤贵。某甲此时，爽然自失，初志顿灰焉。

由此类推，可知交通机关不预设，则内地及边地之天然物产虽丰富，断无人肯在该地投资兴工者。非直不肯，实亦不能也。是故，铁道政策，在以铁道诱起工业，非以工业坐待铁道也。铁道既兴，工业乃随之而兴。非工业既兴，铁道乃可随之而兴也。须知国家政策，与企业家之计划不同。仅于工业已兴之区设铁道，此企业家之铁道计划也；兼于工业未兴之区设铁道，此国家之铁道之政策也。

然则铁道之布置，不宜仅设于腹地，而须兼设于远省。同一省也，

10. 即平地。

不能仅设于目前繁盛之区，而须兼设于目前荒凉之域。盖目前荒凉之地，即后日繁盛之区也（沙漠不毛当作别论）。西伯利亚大地，非昔人所称荒漠者乎？何以今日之景象，远胜于昔日数倍？哈尔滨者，非满清政府不甚爱惜者乎？何以今日之规模，视中华内地巨城尤胜？无他，西伯利亚铁道之功也。若夫军事上之便捷，犹其偏端焉耳。若夫交换智识精神文明之发达，尤其无形者矣。

据此理也，中华全国铁道之布置，宜如蜘网。以汉口为集中，由汉口发出之诸线，成径射之形。其理想的形状如第一略图，其实际[11]的形状如第二略图。

其一线系京汉、京张之延长线，越库伦[12]及买卖城[13]，及乌梁海[14]，及科布多[15]，而达于新疆之精河（1）[16]。

又一线系正太之延长线，越甘省之兰州，而达于嘉峪关。由此关分出二支，其一支越天山北路而达于精河，其又一支越天山南路而达于伊犁，再延引以至于疏勒[17]及莎车（2）。

又一线系京奉之延长线，越长春及松花江而达于黑龙江及爱珲[18]，又由锦州支出，越齐齐哈尔而达于爱珲（3）。

又一线系汴洛之延长线，越陕省之西安而达于甘省之兰州（4）。

又一线亦系汴洛之延长线，越徐州而达于海州（5）。

又一线由京汉之信阳州发出，越皖省而达于江省之扬州乃至通州（6）。

又一线系川汉之延长线，越蜀省之成都，又越滇省而与缅甸之铁道衔接（7）。

---

11. 实际可行之意。
12. 今蒙古国首都乌兰巴托。
13. 今俄罗斯布里亚特共和国恰克图市老城。
14. 原部分位于我国新疆，今称阿尔泰乌梁海，位于俄罗斯联邦图瓦共和国。
15. 今分布于我国（新疆地区）、蒙古国和俄罗斯。
16. 指第二略图上的铁路线 1。后同。
17. 今新疆喀什地区。
18. 今黑龙江黑河市爱辉区。

又一线由粤汉线之岳州发出，越湘省、贵省、滇省而达于西藏（8）。

又一线由岳藏线之辰州[19]发出，达于桂省之南界（9）。

又一线即是粤汉线（10）。

又一线由粤汉线之衡州发出，越桂林入粤省而达于雷州（11）。

又一线由武昌越九江及赣省之南昌而达于闽省之福安（12）。

又一线由汉口起，越安庆、大通[20]及徽[21]、严而达于浙省之台州（13）。

又一线由开封发出，越曹州[22]及济南而达于胶州（14）。

又一线由信阳州起，越鄂省之襄[23]、郧[24]而达于陕省之汉中，再引至龙安[25]而入青海（15）。

以上十五大线名之曰经线。

欲得各经线联络之妙，则须有纬线如下。经纬线之并称，则曰道络，络者犹人身之经络也。

一自滇省之永昌起[26]，经普洱及开化[27]，及桂省之镇安[28]、太平、浔州[29]、梧州，及粤省之肇[30]、广、惠[31]、潮，及闽省之漳、泉、福，而达于浙省之温、台、宁。

一自湘省之永顺起，越贵省入川省，经叙州、宁远[32]，达于滇省之云南[33]及澄江及阿迷[34]而达安南[35]界。

一自张家口起，越晋省之大同、宁武，越陕省之榆林、延安、凤翔、汉中，越川省之绥定[36]、重庆、叙州，越滇省之昭通、东川，越滇省之云南、楚雄、普洱、思茅而达于缅甸界。

---

19. 今湖南怀化市沅陵县。
20. 今安徽淮南市大通区。
21. 徽州，今安徽省黄山市。
22. 原属河南省，今为山东菏泽。
23. 今湖北襄阳。
24. 今湖北安陆县。
25. 今四川北部平武县、江油市、石泉乡。
26. 今云南保山市一带。
27. 今云南文山州。
28. 今广西德保县。
29. 今广西桂平。
30. 肇庆。
31. 即惠州，今惠阳。
32. 今四川西昌。
33. 即云南府，今昆明。
34. 今云南开远。
35. 越南的旧称。
36. 今四川达州市。

一自甘省之宁夏起，越固原[37]、平凉、巩昌[38]，越川省之龙安、成都、嘉定、叙州，越贵省之大定[39]、贵阳，而达于桂林。

一自滇省之东川起，越贵省之兴义，越桂省之泗城[40]、柳州、广齿[41]、桂林，越粤省之韶州，越赣省、闽省而达于浙省之杭州。

一自晋省之大同起，越汾州、平阳、蒲州，越陕省之同州[42]、西安、汉中，而达于川省之成都。

一自晋省之平阳起，越豫省之怀庆[43]、南阳，越鄂省之襄[44]、宜[45]，越川省之夔州[46]，越湘省之永顺、辰州、长沙，越赣省之南昌、南康、饶州[47]，越皖省之徽州、宁国，而达于江省之南京。

一自湘省之长沙起，越赣省之瑞、赣[48]，而达于粤省之嘉[49]、潮[50]。

一自豫省之开封，越皖省之凤阳、六安，而达于安庆。

一自天津越鲁省之济南、兖州，越江省之徐、淮，而达于扬州（即津浦）。再自江宁越江省之常州、苏州，而达于松江之上海。再自上海越杭州，而达于宁波。

一自鲁省之登州、莱州、青州、沂州，达于江省之海、淮、扬。

一自鲁省之登州、胶州、沂州，达于江省之徐州。

一自松花江或宁古塔[51]达于齐齐哈尔。

一自新疆之迪化[52]，越天山而达于喀拉莎尔。

以上十四线，名曰纬线。其间有已设者，有拟设者。兹则一并论之。

---

37. 宁夏与平凉之间。
38. 原巩昌府，今甘肃陇西县一带。
39. 今为大方县。
40. 今广西凌云县。
41. 没查到文中的“广齿”，可能为今广西鹿寨县一带。
42. 今陕西渭南市大荔县。
43. 今河南焦作市及临近地域。
44. 即襄阳市。
45. 即宜城。
46. 夔州位于今重庆市奉节县。
47. 今江西鄱阳县。
48. 瑞、赣即江西瑞金、赣城，均属于今赣州。
49. 嘉，即广东嘉应州，今梅州。
50. 即广东潮州。
51. 今黑龙江宁安市。
52. 今乌鲁木齐。

（三）铁道之辅助机关

孤立之铁道，果已尽交通之能事乎？仅恃铁道以贯通大都，国内之交通果已大畅乎？未也。欧洲于大铁道之外，兼有小铁道及马路，为铁道之辅助品。

小铁道之建设费，虽廉于大铁道，而实大昂于马路。

欧洲之小铁道之发达，亦有为吾内地人士骇闻者。就比利时小国而论，其电力的小铁道之延长线于一九〇八年，达于三千九百九十二公里，其布置之状如第三略图是也。夫比利时国全壤之面积，仅等于中华之一郡，既有大铁道四千六百六十三公里（据一九〇八年之统计），复有小铁道三千九百九十二公里，则不可想见交通之重要乎。

然而比利时之交通机关，不止此八千六百余公里之铁道也。复有人工的航道二千二百公里焉，又有马路九千七百公里焉（仅就大马路而言，又仅就乡野之马路而言）。

中华全力，能兼营若许之小铁道乎？未能也。能兼营若许之航道乎？未能也（比国航道每公里折中之价为五十千佛郎，即五万佛郎）。而力所能为者，则惟马路焉。石沙为到处可获之物质，人工则利用犯人及退伍之兵人，费省而成功速。计孰有善于此者乎？

若但经营铁道，而无马路以贯穿之，则铁道之利益未圆满，则铁道之功效未完全也。夫以巨金经营全国铁道，而仅仅收获此不圆满之利益，不完全之功效，岂不大可惜乎？

是故，吾国宜于经营全国铁道时，兼设全国马路。且宜于铁道未完成之前，先修成全国马路，以使铁道人员便于奔走，以使铁道工程便于履勘，以使铁道材料便于输送，则铁道建设费上之节省者亦大。

既欲广设马路，则须预定马路职务之组织及办法。组织如何，办法如何，另稿详论。而兹先草线图如下，以示其略象焉。如第四略图是也。此图是县与县联结之马路之略象，即西国所称郡道者是也。郡道者，联结郡内各县之马路也，此项马路与铁路之络线相遇，则实是引导人货于铁道之大绍介也，岂但县与县收交通之利哉？

总之交通之为物，为人身之脉络。无交通之国，如无脉络之人。无脉络之人，谓之死人；无脉络之国，谓之死国。

动物皆有脉络，而动物之等级愈高，则脉络愈繁密。人是动物中之等级最高者，故脉络较种种动物为繁密。国之于交通亦如是，交通之脉络愈繁密，则其国之等级愈高。

铁道者，犹人身之干脉络也。马路者，犹人身之支脉络也。人无干脉络即成死人，国无铁道即成死国。人无支脉络，未必即死；而干脉络之作用减损，则成为弱人。国无铁路，亦未必即死；铁道之作用减损，则成为弱国。

人不可仅求不死也，须求为敏人。国亦不可仅求不死也，须求为敏国。人既有干脉络，同时不可无支脉络，则国既有铁道，同时不可无马路。

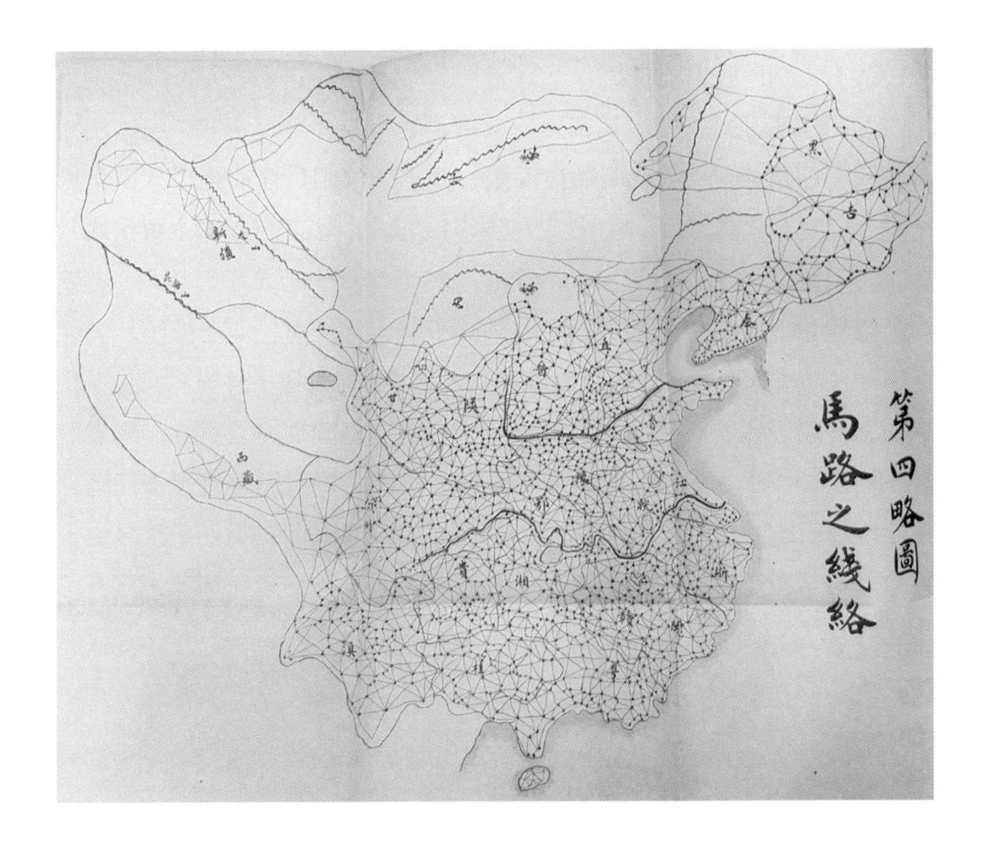

02　中国铁道改良述要[1]

1912 年

铁道者，交通之锁钥也。欧美创行于前，我国、日本继行于后。乃日本行之而害少，我国行之而弊生。同一亚洲同一黄种，何相形见绌如此也？抑亦人事之未善欤？今者民国鼎新，百度维贞，利既宜兴，弊固当革。时哉时哉，此其机也，因即平日精研所得，其对于吾国铁道改良之要图，聊贡刍荛，期与当代关心铁道事业之士夫，一商榷而力行焉。

（1）固有之钢厂宜力加推扩

吾国铁道渐兴钢轨为需用之一大宗，查川汉、粤汉所需，已达四兆米突尺。借款条约[2]固**载明购自汉阳**，倘不即**汉阳厂速加推广**，则条约所载，特欺人之具文耳。何则？四兆米突之轨条，须于**三年内全数供给**，则须**每日炼就四千四百米突**而后可也（约合华尺一万二千三百尺）。就汉厂近状论之，欲每日炼成此数，势必不能，计惟有仍买自外国，仍以巨财倾注于外国耳。是何异**以假借外来之款，加倍投还于外国**耶？呜呼！外货上多增一钱，即于国民负担上多增一钱。吾国前途之财政，尚堪设想乎？况川汉、粤汉外，尚有他路亟待兴筑者，尚有旧路亟须修理者，则全国每日所需之轨条，必在五千米突尺以外，即华尺一万四千尺以上。欲全仰给于汉阳厂，能乎不能？大凡振兴事业，道贵通盘筹算，万不可

1. 载于《铁道》第 1 卷（1912 年）第 2 期。
2. 1911 年 5 月清政府与英法德美四国银行团签订粤汉川汉铁路借款合同，借款六百万英镑修建湖广铁路。

作饮鸩止渴之举。与其以巨赀多购外货，何如即以此赀扩充吾国固有之钢厂乎（各国钢厂本不止一所，比国小于中华三百余倍，尚有钢厂数处，则吾国依例须添设多厂。然添设之费甚巨，不如将旧厂扩充，较为事半功倍）。且中国所需用者，不但钢轨也，桥梁所需之铁材或钢材，为数甚大。以外如屋宇所需者，亦日见增加。则扩充钢铁厂之紧要，此又其第二理由矣。

欲**扩充汉阳钢厂**，**国家不必拨款**，只须以**川汉**、**粤汉所需之轨之共价预给**该厂或**先给半数**，令其添置机器，以后陆续缴轨于川汉、粤汉两路局，即使其价稍贵于外货，仍宜**提倡国货**，以图抵制而塞漏卮。各国政策殆如此也。法国机器贵于德国，而其各铁道之车头，仍多购自本国，殆由政府所强制耳。政府所以强制之，无非为己国经济及工业计耳。经济者，立国之髓也；工业者，生计之母也。此政府所宜注意之第一端也。

（2）木植之公司宜速加提倡

吾国铁道上所用枕木，大都来自外国，此塞漏卮之一大端，而不可不急图补救者也。闻**吾国现已有一木植公司名曰华兴木植公司**，该公司纯取本国各山之巨木，用机器锯截，求适于用，木质较洋木为优，近且欲于枕木用机器穿孔凿槽，俾得敷轨插钉，各适所宜，较手工所穿之孔、所凿之槽优实多矣。夫所谓槽者，因轨条敷于枕木，不宜竖立而宜稍倾，故须在木上琢槽，盖槽倾则轨势亦倾也，倾势宜归一律，故以用机器为佳，所谓孔者，纳钉于此孔，而使轨条与枕木联结也，试以图明之。

今宜由政府责令各铁道与华兴木植公司订立条约，告以每年所需之木，嘱其预期准备。木质若与洋木同，则木价亦与洋木同，庶漏卮可塞，而国人企业之思想，因益发达也（闻该公司当满清时曾要求邮传部购用，适盛宣怀氏秉政拒之，可慨）。

（3）铁道之收入宜审慎用途

吾国际满清时代，其京汉、京奉、沪宁各路，均属借款承办，实亦不外乎国有范围，无如名虽国有，实则政府私有之不如，殆个人私有类耳。何则？盖政府今日欲千金，京汉即给千金，政府明日欲万金，京奉又付万金，而所给付之金之用途，不惟无一人过问，且无一人能知之者。铁道营业之所入，尽政府充暗昧之挥霍。可伤哉此铁道！可惜哉亦此铁道！

夫欧美各国每一铁道公司，往往岁添新路，而**京汉**、**京奉**已成十数年，**毫无扩充**，且本路上之工程及车辆，亦极欠缺，而管理上更有愈趋愈下之势。今者民国成立，倘犹不明定规则，凡铁道上之所入，滥支滥用，即支用亦不通告国人，是何异于满清之行政乎？故宜由交通部饬各铁道局，或将每月收支登载政府公报，或半年登载政府公报，俾国人得尽知其盈亏，而议院亦得籍以为国家预算决算之据也，岂不善哉？（满清时代邮传部大臣及以下各官均是好缺，岂非邮传部以铁路为私产，而恣意挥霍，肆无忌惮耶？不然，何钻谋请托者，不惜以重金贿赂乎？吁！革命之举，非尽为种族，实亦政治之败坏使然也，愿当轴者其注意。）

（4）专门之人士宜特加优视

满清政府无一日不声言提倡实业，其提倡盖已历有年所矣。乃今日派员赴海外调查实业，明日派员赴国内调查实业，卒之一无振兴一无起色者，原因虽多，而不外乎有专攻实业素娴实业之人才，不知网罗而利用之，其大较也。盖即观于肄业铁道归国之人士，使之闲散而游手，可以知其故矣。夫西国习惯，凡甲乙两人相遇，甲若知乙为技师，则肃然起敬焉。吾国则异是，甲若知乙为官，几不知若何趋承，若何逢迎，始克欢其色笑，俨然如对神圣而懔尊严，而在乙亦顾盼多雄，庞然自大，一如为造物所特产之一种异人；甚或乙则官而甲则技师，而乙之对于甲，恒白眼视之，以为彼不过吾等之下走耳，甲即以学术上实用之理论相应对，每格格不相入，而乙反生倦容焉，是乌可以言振兴实业耶？吾观东西各国，其专门学家，无不为国人所佩仰。故于铁道职务之组织，恒为一干三枝。干者，总理处也；三枝者，施工处、行车处、营业处也。其三处之首领，非专门学家，他人皆不得滥竽。而总理处之首领，往往号为专家者亦多。吾国苟欲**改良路政**，若仍以**铁道**上之重要及非重要位置而亦效**满清时代**，为**调剂候补道府人员**与**善钻谋者之馈赠品**，不惟**铁道休矣**，**新中华亦休矣**。

(5)聘用之外人宜严加抉择

西国国家铁道上之职员，己国人民居多。吾国铁道尚未发达，固不能遽严此制。然**宜于万不得已及决非己国人所能胜任者**，方许兼聘外人。一则可**鼓舞国人研求学术之思想**，一则**可免权利之外堕**，而**不为外人所垄断**。乃观于我国铁道上则不然，凡己国人所能为且能优为之事，往往亦倚重外人，更有排斥己国人而向外国另聘者。夫所聘之人，果属学识经验俱优，犹可说也。追细察之，往往庸碌者亦不少。夫职业为国民生计之源，外人多占一职位，国民即多绝一生路，可用己国人而必用外人，是政府者戕民之贼，非利民之母也，岂文明各国亦尝有此例乎？

(6)己国之产物宜提倡保护

国货为国家经济上之生死问题，亦即国民生活上之生死问题，故各国恒抱持暗图抵制外货之政策，固亦文明国所公认者也。查**我国铁道上需用各物**，其**不得不购自外国者**，当**以机器**为大宗，其他则宜奖励国货，俾浚利源而固国基。但就目前状态观之，购自外国者恒多，盖由于习惯者半，由于经理人之贪图私利者亦半，譬如只谋价廉者，其小则如屋盖，用锌叶或铅叶，以其廉于用瓦。然依国家主义，宁稍贵而用己国自制之瓦，不宜贪廉而用洋铅，此一例也。其大则如钢轨，凡由外国购入之钢轨，往往廉于汉阳厂之所出者，故虽纯然自办之路如洛潼，仍购用洋轨而不计利源之外溢，此又一例也。如此者，政府宜强迫各铁道公司购用国货，或强迫汉阳厂减短其价，务令与洋轨同值，而不必期其短于洋轨之价，即令出货者成本过重，恐致亏累，而政府当酌剂其平，而筹一津贴或奖励之良法，则善矣。

(7)适用之度制宜急求统一

英尺原为旧制，以十二进位，与重量及体积绝无关系，不精不便，早为世界多数文明国所诟病。法尺为近时新制，以十进位，以地球径线为长之基础，而与重量及体积又贯串联络，既精且便，已为世界多数文明国所采用。故吾国不欲改良尺制则已，否则，舍法制末由也，况英制较我国度制尤纷扰乎。今者中华民国肇基，内务部尚未暇遽议此制，而当新制未颁定以前，或由交通部先就铁道上划一暂行之制，而以法尺为准，并通饬勿论国有民有各铁道公司一律采用，即里数亦以法尺计算，庶有所遵循而资统一矣。（法制以千尺为一里，以十进位。查我国里制与法里颇易折算，盖法一里，即华二里也，京汉路旁极愚之乡人，均能如此折算，斯可见改用尺制之势顺矣。）

(8)铁道之名词宜分别审订

吾国铁道上通用之名词，有尚属易解者，有颇觉荒谬者，大半当时草创译述者，既无此等学识，而于本国文字亦不精通，故勉强逻辑，而不能定一的当之名称，良足耻也。譬如京汉路上之称营业处为行车处，称客车为票车，称货车为加车，非荒谬绝伦者欤？以外尤不胜枚举。且各铁道上更各有荒谬之名词糅杂错乱，既不统一，复不利便，其不贻外人以笑柄者，岂不难哉？今或由各铁道人员，中外学识兼长者，组织一机关，定名为考证工程名词会，迨审订确当后，禀呈交通部饬各铁道上改正遵守。现闻交通部已发起组织之，即名审订工程名词会，而以此机关附属于交通部，但交通部之职员不得穿凿附会，而以不妥洽之名词强制实行，斯云甚善。

(9)运货之责任宜速定施行

吾国铁道成立者，虽历数十年于兹，大半皆由外人经办而成，而一般司路政者又多不学无术，故铁道上各种法规，无一颁布者，而承乏铁道上人员，遂恒不知应尽之职务及应负之责任，法规之关系大矣哉。今设有甲乙二人于此，乙受甲托而携带某物至某处，乙当负责任乎？抑否乎？稍具知识者，必曰乙当负责任也。夫乙受托于甲，虽不取酬，尚当负责任，况铁道公司承运各货，取酬甚优乎，故各货一入于铁道公司，则运输之迟误损伤，及遣失缺少，铁道公司当完全负责任，此各文明国法律之规定，而为西国通行之公例也。吾国今欲离野蛮政治，而利用此文明机关，何竟铁道上无法律之规定，而不令铁道公司之担荷责任乎？考西国铁道运输律，铁道公司非但有货物损失照货值赔偿之条文，且有输送迟误因市面物价之低涨，而亦须赔偿之律例。假如某货由甲地运至乙地，依运输规程，该货应于某月十五日到乙地，乃铁道公司因半途出轨，或他项原因，致令该货于十七日始到乙地，而乙地之某货价则已于十六日可售至九万元，今于十七日仅能售六万元，则铁道公司即须负赔偿三万元之责任。西律之平允，固若是乎！盖以为公司不负责任，而谓工商家多享交通上之利益，此犹是半面之词也，据此而求工商业之发达，其可得乎？故蒙谓宜早规定铁道公司之责任。

（10）铁轨之敷设宜力求稳适

我国已成各铁道之轨条，其安置多依竖势，鲜有依倾势者，此与欧洲通行铁道所大异之点也。盖吾国最初之铁道，既期速成，又思省费，且火车之速力极微，故枕木上多未琢槽，轨条亦均取竖势，其后继兴各路，遂奉此为模范，以误承误延至今日。夫轨条取倾势之优于竖势者，其理请得而申言之，例如图 [1][2] 是地理的铅直线，[3][4] 是轨体的垂线，此轨体之倾势为 1/20，欧洲最通行之规则也，轨底如 [5][6]，与木槽之底面相贴着。[5][6][7][8] 即是枕木之槽，此槽虽可用手工琢成，然以机器琢成者为佳。轮势如 [11][12]，本是稍倾轨面如 [9][10]，亦稍倾，则轮面与轨面之中部相贴着，若轨面不倾，则轮仅贴着于轨面之偏部 [13][10] 处，则轮与轨均易消损矣，此倾轨之**第一优点**也。倾轨之面均受火车之重力，依轨干而直达于木面 [5][6] 处，若夫竖轨，则重力偏压轨首之 [10] 处，又偏压轨底之 [6] 处，则 [5][6] 之象殆可变成 [15][16] 之象，

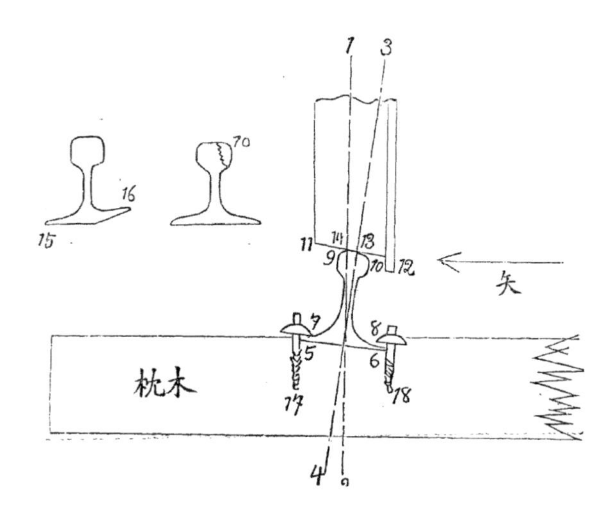

此倾轨之**第二优点**也。重力既常压于 [10] 处，则该处之质，将来必有剥落之弊，此倾轨之**第三优点**也。倾轨无此弊，轨常受横力，如图上之矢，轨既受此自内向外之横力，则轨身宜有自外向内之倾势与之相抗，能相抗则曲道内虽或缺钉，而轨仍不倒，若夫竖轨，稍受横力即难支立，而火车亦随之倒矣，此倾轨之**第四优点**也。轨与枕木连结，全赖轨钉，曲道内轨受横力，若轨势不倾，则钉如 [8][18] 常有向上伸拔之势，故钉孔即易松而失联结之效力，此倾轨之**第五优点**也。

今宜由交通部明订规则，以后另设新路，或添设旧路之第二道，则宜概用倾轨。

（11）运送之货物宜讲求联络

西国运输无不联络灵敏者，假令有一货由罗马运至伦敦，该货先由铁道运至聿内府海口，再航海运至法国马赛海口，次由铁道运至法国北海口，及航海运至英国海口，乃由火车运至伦敦，曲折虽多，寄货人及受货人均可不劳一步，故商贾称便，运输业日见发达，而工商业益因之大兴也。吾国不然，由上海寄货至北京，其间仅一曲折，而已十分困难，盖海航以上海之货运送天津，非于天津另立一机关，将至天津之货装入铁道，交由京奉公司转运，则货即难达于北京矣。然则以中外运输业相比，其优劣不已判若天渊乎？推其故，盖海航自成为海航，而铁道自成为铁道，且此铁道更与彼铁道又各自为政，而不相联络。今宜由交通部速订联络章程，务令本国境内各货，可直运至火车、汽船所可达之任何城市、任何区域，斯足以发达国内之贸易也。且宜令本国境内之各货，可直运至任何一国，以求握发达国外贸易之紧要枢纽。然而前者更急于后者，诚未可须臾缓矣。

（12）货款之汇兑宜亟速规定

西国铁道公司兼司汇兑之事，假如甲寄货于乙，即以货箱交纳于公司，并报明货值若干。乙则于货到之日，即按值付款于公司，公司乃交货焉。而甲则于若干日后，始向公司领取此款，此种汇兑之法，于工商业极多利便，最足以助工商业之发达。今宜由政府饬全国各铁道仿行此制，而规定其汇兑费不能逾百分之一，盖取费极微，而利用此汇兑费者，遂日加多矣。

（13）国际之行车宜早思联络

国际交通之联络，文明国久有成规，故欧洲与日本近亦妥订规则。吾国若能与万国订约联络，则欧亚陆道，可由法国衣袖海岸[3]，经巴黎、柏林、莫斯科而至北京，直达于汉口或上海，且宜于上海或汉口亦能购票，而直达于莫斯科或圣彼得堡、柏林、巴黎至于伦敦，及任何一城镇，此于国际交通上诚大有裨益者也。今宜与万国交通公司妥立规约，酌议办法，断不可株守闭关主义，而为世界文明国所诟病也。

（14）行李之运送宜实行整理

我国铁道管理上弊窦滋多，而以行李过秤一端，舞弊尤甚，或则以多报少，或则以少报多。前者司秤人中饱而公司受损也，后者则司秤人中饱而旅客被害也。而究其弊端之所由生，一则铁道上官威太大，多位

3. 即英吉利海峡。

置其私人，一则公司负管理之责者，又漫无学术，稽察因之不严。呜乎！铁道固国家便民之具，不几为国家妨民之政哉。

（15）**私索之陋规宜力求剔除**

吾国铁道上，往往商人纳金于站长，冀畀[4]以空车俾得克期装载，又冀其将已装载之重车克期启行，而管理者因乘其机以肆意要求。故商人每用一车，其纳金之数，恒丰俭不等，有五角者，有一元者（京汉路上昔日纳至二元之多，今则在五角左右）。此种弊端，固世界各国铁道上所罕见，而我国竟公然行之，湉不以为耻，其原因非甚于立法之未善乎？夫各国铁道公司，对于商人固有不得不畀以空车之义务，且有不得不以已装载之货车克期驾行之义务，藉非然者，是公司之咎也，公司有咎，则公司负赔偿之责可也。我国则不然，**际满清时代勿论如何行政机关均未整理**，则其关于**铁道**上之**行政立法设施**，既有**未备**而**商人困顿**，**而无所控告亦惟有纳金之计**耳。铁道职员既知商人之无所控告，又知位其上者之颟顸昏聩，彼亦何仇于阿堵物[5]而不逞其贪婪乎？吾愿司铁道行政之柄者，有以整饬[6]而革除之，铁道前途其庶有豸[7]乎？

（16）**代运之行李宜严禁索费**

各国铁道公司，无不为旅客转运行李者，特必有规定之则例耳。盖旅客之行李携带既多，其在不急用者，势不得不交于公司，公司必专备一装载各客之行李车，该车与客同行，车到客即持票领取，公司更饬役将该行李送至站外，或竟代运至住所，此固**各文明国通行之例**也。闻沪宁道上现已仿行此制，今宜由交通部通饬全国铁道一律仿办，重量在若干以内，公司概不取运费，如此则公司得整饬之名，而旅人享便利之益，谓非两者俱善乎。（京汉新章未始非代运行李也，然运费无等级之分，甚非方便旅人之道，况较旧章尤为苛刻耶。）

（17）**行李之置放宜特立室所**

东西各国其于铁道各站所，均于寄贮行李之室。旅客下车或上车时，均可以轻便之行李（重大者也可），寄贮于该处，而同时则收执一票为据，故每一行李，每越一昼夜，旅客只须纳铜元一枚或二枚。各国间有异同，而无逾于二枚者。此等组织极便于旅客，闻沪宁道上已仿行之。今宜由交通部通饬各铁道上遵行，以便旅人而图整顿。

（18）验票之规则宜拟订通行

西国铁道上验票之法有二，一为车内之验票，一为车站之验票。而车站之验票，复区有二次，其一为旅客入站之时，其一在旅客出站之际。夫验票之关系甚大，若车站不验票，则旅客出入自由，只于车内私纳苞苴[8]，即可不买旅票，而车长或车内**验票人**，遂**藉此**以图**中饱**。吾国铁道，除沪宁另计外，车站恒不验票，岁入之所失，统计甚巨。今宜由交通部通饬各铁道上，改良此项组织，则岁入之所增，必有可观者也。盖就此制改良实行之，只须于各站添设栅栏，验票人站立于栅门，无旅票者之任何巨卿及任何小民，均不得擅自出入。如此良法，夫亦何惮而不励行也哉。

（19）币制之混乱宜考求通用

吾国币制混杂，漫无规定，有识者恒思有以挽救而整理之。然勿论如何混乱，究属己国之货币，且亦为国家之所有币制。铁道上诚不可故意挑拨也。故京奉、京汉诸路，非所称为国有者乎？既云国有，何以某银元则用之，某银元则弃之？夫当满清时代，外人多谓朝廷以盗为政策，其种种行政，责不胜责，本国货币任意轻践，各省几成为风气，固不独行使于铁道上为然也。然惟铁道上为尤甚，甚且出纳更不一律，而商旅之受害匪小，盖每一旅客纳金，若不满一元（如小站几角几分），必以

---

4. 给。
5. 古时因雅癖忌讳谈金钱时对其的隐称，阿堵物源自六朝，意为东西。
6. 整顿使有条理。
7. 豸本意为虫，古代也作“解决”讲。庶有豸乎之意：也许有解？
8. 贿赂。

大洋给算，犹可说也。乃购票者给以大洋一元，而司事者恒以小洋找付之，故司事者每日实获之私利恒数元至数十元不等，西人讥中国无处非盗，岂虚语耶！今者币制尚未规定，宜由交通部暂订统一规则，通饬各铁道，凡不满一元者，若小洋九角即作大洋九角计算，直捷爽快，弊端自清，如恐营业上或因此亏累，即仿沪宁铁道规则行之（每大洋一元作铜币一百二十枚小洋，一角作铜币十一枚，且每小洋之角加铜币一枚即作大洋一角，彼此均无甚损益）。蒙意司事者当无甚币混于其间矣，质之当道，以为如何？

（20）铁道之警兵宜酌量裁汰

吾国铁道上所以有警兵者，其原因如何，兹不深论，而察其成效仅形式耳。车到则高唱曰立正，车去亦高唱曰立正，其职务如斯而已。查西国本无此警兵，中国有之已属特例，而以立正为职务，尤属特例之职务。且计其每岁虚耗不下数十万金，乃铁道上遇有窃案及争案，多不能理直，仍由地方官审判之，夫亦何赖有此警兵为哉？

（21）沿路之铁贼宜严订罚条

京汉、京奉各铁道上恒有夜际偷窃轨钉之小贼，而京汉道上如彰德府、驻马店之间，窃钉之案尤多。此事甚微，酿祸极大。盖以轨之联结于枕本者，全赖于钉，钉缺少则轨能活动，而轨亦随之以倒矣。夫窃案为地方巡警之责任，而捕贼尤为地方巡警之职务，乃地方官吏对于此项窃案恒不注意。彼以为一钉之微，固无足重轻之物也，岂知数钉之缺少能使全车倾覆，全车倾覆则若干人之性命，及若干数之财产去矣。司路政者讵可不于此加之意乎！

此其大略也，其他关于站上邮务及车上邮务之组织改良，与夫种种公共便利之举，俟诸异日再为论及。

03 论马路职务之组织

1912 年

第一节 概论

路政职务之组织，在前清时素不完备，今者民国肇兴路政改良，为入手之办法，而其职务之组织为尤要。顾兹事体大，非二三人之心力，所能布置周密，但余为路界中学子，敢就研究及阅历所获者，叙述一二，以资采择。

各国路政交通是一大端，而所谓路政者，非如前清之有名无实，仅因铁道轮船之可获利，而盗为政府之私产也。

故就共和成立，改邮传部为交通部之后，非大加更张不可。欲更张之，须先审明宗旨安在。昔日之宗旨，为亡国政策；今日之宗旨，为利国政策。亡国政策，敛财而已，并无发达交通之经营；利国政策，则以远大之利为利，以无形之利为利。各国于交通大政，年筹巨款，以资推广新工，及修养旧工。其铁路国有主义，亦全在酌盈济虚，挹富注贫，以推广交通机关，并非以垄断罔利为主义也（国家不视铁路为获利之经营，而铁路却无不获利者。事之趋势如此也，总言之铁路虽可以获利，而国家之主义，并非恃此以贸利）。

交通机关，非但为工业商业之必要，而亦为人民智识学问之枢纽。

各国交通工程有五大端，曰邮路，曰马路，曰铁路，曰内地航路，曰海口航路。各国有将铁路与马路分为二部者，有将马路属于内政部，并将邮路、铁路并部者，有将航路、马路及公屋，并属于公益工程部者，

1. 原文连载于《铁道》第 1 卷（1912 年）2 期、3 期。

或分或合绝无成例，亦视若者为与本国方便耳。今为民国路政职务组织计，宜将公屋属于内政部（所谓公屋者，如议院、学校、公道院[2]、监狱、陈列所，及其他种种之公家屋宇是也。此类之屋宇，苟非由国经理，则修养保护，无专职矣。故各国均以此职务归纳于国家）。而以马路属交通部，中华民国交通部之内容，宜分三项如下：

邮路：纸递、电报、电话。

陆路：马路、铁路（重载铁路、轻载铁路）。

水路：内地航路、海口航路（航业则隶于工商部）。

邮路非余专门，如何改良之法，不敢道其只字。而陆路水路，则为余所研究者，敢述其略，而先言马路。

天下既无不行之人，而行则需路，故天下无无路之国，有之则中国是已。目前之中国，除区区一二铁路外，未闻有尺寸之马路（城内之马路，则属于市政，非国政也）。故中国实是无路之国也，此地球上独一无二之特国也。

西国马路，密如肤上之纹，非但城与城莫不贯以马路，镇与镇、乡与乡、村与村、庄与庄，亦莫不贯以马路，并不因铁路既盛，遂视马路为不急之务。盖铁路虽盛，只是交通之经线，苟无马路以为交通之纬线，则联络之功用滞涩矣，工业商业之动机阻遏，而人民不得交换其智识，害孰有甚于此者？查比利时国，面积不达三万顷，而其国道郡道之长，于一九〇九年，将达于九千七百里，中国面积达于十一兆顷，即大于比国三百六十倍，而未尝有尺寸之马路，文明焉得而发展乎？

说者曰，东南数省，如江浙虽无马路，而小河甚多，交通未尝不便。余曰不然，船行之速力，远逊于车行之速力，且风浪既可愆期，又可酿祸，而诸船复不能经越各家户，故虽多河之区，仍须添设马路。水面上能通行者，船外无他物，马路上能通行者，以数则十百，马车、电车、汽车……皆能通行于马路上者也。故马路与水路比较，马路为更优也。水路

2. 公道院即法院，两词均来自日本，公道院一词的引进在法院之先。

在各国，本亦是极大之政，惟在新进国如中华，则可暂置于铁路马路之次耳。查比利时小国，其内地人工的航路之长，达于二千二百粴，其闸数达于二百二十三（每粴之建设费，折中计算为半兆元）。法国小于中国十四五倍，而其人工的运河，达于三八七〇〇〇粴，据此可知各国均视航路为重要之大政也（粴者，即是法尺制之一里也，即是法尺制之千尺也。鄙人依日本译名，称米突尺为粎，每加米字于旁，所以表明其是米突之制也）。

各国马路，分为国道、郡道、邑道、区道四大项。

国道者，贯通国内诸郡之道也。

郡道者，贯通郡内诸邑之道也。

邑道者，贯通邑内诸区之道也。

区道者，贯通区内诸村之道也。

今民国初成，为急求交通机关粗备计，宜克期先将国道、郡道筑成，次渐及于邑道、区道。

欲振兴此项事业，宜分别两种团体，曰行政团，曰施工团。行政团属于国家，施工团属于个人。所谓行政者，规划某道经越某地，裁决某河宜架某桥，考核图算之是否有误，稽查工作之是否合制，察验材料之是否适宜，管理平时养护各道之职员，又筹划经费之所由来，凡此皆属于行政。若夫布算、制图、兴工……则皆属于施工。

所以须将行政团与施工团分立者，因国家自己施工，糜费恒大，夫糜费者，实业之蠡贼也。在欧美富国，尚以糜费为大戒，况贫病如今日之中华乎。比利时公益工程部（桥路属于此部），政简而事易举，因以施工团属诸民人耳；佛兰西公家工程之成价恒巨，因行政团而兼施工团耳。人民施工则其目的在营业，操作既勤稽督又严，故工作物之成价必廉。同一工作物也，政府自营须费千金者，工业家营之，只须费五百金，盖政府中人，对于成价之高贱无责任，贱是政府之财，高亦是政府之财，与个人不关痛痒也。若夫民间工业家，则亏本或获利，均是切肤之痛痒，故劳心殚力，始终不懈。

第二节 职员之支配

既有事即须有人，施工团中之人，兹姑弗论，行政团中之人，即职员是也。

马路是工程专艺，故此项行政之职员，多半宜是工程学家，而位之高下，视乎学程之深浅，惟人浮于事之弊，宜慎之于始。且目前事务未繁，人尤宜少，他日事务扩张，员数亦随之扩张。总须为事设官，断不可为人设官。今将目前职员之大略，叙列于下：

（1）京都有艺师一名，名曰陆路总艺师，即是交通部陆路司之艺务司长（每司可设二司长，其一为通务司长，其一为艺务司长）。

又有艺师一名，名曰大艺师，即是陆路司之马路科之科长。

又有艺师三名，名曰稽工艺师。

又有画师二名。

又有书记二名（钞员若干名副之）。

又有会计二名（钞员若干名副之）。

（2）每省有艺师一名，名曰正艺师，直隶于京都马路科之科长。

又有绘师二名。

又有副绘师一名。

又有稽工一名。

又有书记二名。

又有会计一名。

（3）每郡有艺士一名。

又有绘师一名。

又有稽工一名。

又有书记兼会计一名。

（4）每邑有艺生一名。

又有书记兼会计一名。

又有养路工队若干，每队含工役若干。

第三节 职务之支配

（1）陆路总艺师之职务如下（仅就马路之职务而言）：

裁决省艺师所不能裁决之事。

支配贫富各省之财政，务令贫富各省均有马路。

关于马路之法律及命令之参议。

征集各省正艺师之意见，而订颁部令。

因马路而与他部有交涉，则献策于交通部总长。

大艺师之职务如下：

资其总艺师之顾问；

裁决马路之型性（如倾势如圆径如宽度……）；

以退兵充工役之计划；

以犯人充工役之计划；

监察各省正艺师之职务及各路之适宜与否；

时时遣派稽工艺师赴各省稽察关于马路之各事。此稽工艺师之级，与各省总艺师同，而彼此各自独立；

裁决各省正艺师所不能裁决之事，并察核其路稿（桥亦在其内）；

各银行之交涉；

极艰难之工程，总艺师求援时，大艺师须代制稿，并指示施工之术。

稽工艺师之职务如下：

承大艺师之命令而赴任何一省稽察各务，速去速回，报告于大艺师。在部内时辅佐大艺师，于凡百职务。有管理部内绘师、书记、会计之权。大艺师离位时，可代行职务。

（2）各省总艺师之职务如下：

铁石诸桥之算稿及图稿，制成后颁寄于各郡，责令施工；

汇集各郡所测绘之图，乃就此图以规线路。寻常桥路，可不待大艺师之察核图算，而施诸实行，遇艰难之桥路，则可求援于大艺师；

以施工之法术、材料之察验，及使用之方，指示于其属员；

预估工作物之成价，以此成价之图籍，分递于各郡，以令其就地招人包工，而包工之契约，则仍由总艺师与施工团双方订立；

逐月发给俸金于其属员，而以银行为中介，盖正艺师所发给者是替金证书，而实款则由银行直接与各员相授受也；

逐月发给工款于施工团，仍以银行为中介；

逐月以所成之路报告于大艺师；

时时派遣其稽工艺士赴各郡稽察各务，总艺师亦须间时自赴各郡稽察各务。往返宜乘马或乘车（勿乘轿）。一周年内宜观遍省内之路务。以路务之各稿案报告于省内之议会；

以来年之预算报告于大艺师，及省内之议会；

筹划本省内以退兵及犯人充作工役之办法。

（3）各郡艺士之职务如下：

测量本郡内之路线，测量时以邑艺生为辅佐；

以测量所成之图递达于其正艺师，以省艺师所制成之图稿，颁布于各邑之艺生，并促令兴工。又授以方针，周行于各邑以稽督路工；

以路线之须改动者，叙述理由于正艺师；

购地事务及讼务；

材料之察验及石坑之开采；

代正艺师订立包工之契约；

经费之筹划，以其策叙述于正艺师；

以退兵及犯人充作工役之事务；

支配艺生之职务，而稽察其成绩，并报告于正艺师。

（4）各邑艺生之职务如下：

寻常之测量（遇有艰境则求援于艺士）；

寻常之施工（遇有艰境则求援于艺士）；

以退兵充作工役之时，兵队长兼受管辖于艺生；

以犯人充作工役之时，犯队长兼受管辖于艺生；

筑路时艺生即是监工人，或即施工人，须随时以各务报告于艺士；

路既成，则艺生任养护道路之事务，如修理损痕、扫除积土之类是也。

第四节 经费之预计

经费分为三类，曰工程费，曰器械费，曰行政费。

（1）工程费

工程费有二项，曰人，曰货。人又分二项，曰匠人，曰役人。

匠人为桥梁所必需，此项之费，不能预决，因不能预知有若干桥梁也。

役人则以退伍之兵及各地之犯人充之。而退兵则由兵队长管辖，犯人则由犯队长约束。然则役人之费，即以旧日兵费充之。

货之用途大端有三，曰路身，曰石桥，曰铁桥。而铁桥为最少，因寻常之路，宜设法多用石桥也。

路身所需之货，曰石，曰沙，均可令役人搬取。石则取之石坑，沙则或取于山，或取于河。石场沙场距地太远，则仍令役人挑运或载运。

石桥所需之货，曰石，曰沙，曰砖，曰洋灰。石沙之取法，仍赖役人，砖则可以自制（凡工程师皆知制砖）。取土之劳，仍赖役人，惟须购燃料耳。若夫洋灰，则非购不可。然桥体之不浸于水者，仍可暂用石灰，此石灰亦可自制（工程师必能制石灰）。然则桥工之货之费，仅为燃料费及少量之洋灰费耳。此费究须若干，不能预决，因不能预知有若干桥也。

（2）器械费

器械分为二种，曰机械，曰家伙。机械中最要者，为测量器具。此器具有二种，其一为平面测量之用，其二为高度测量之用，大抵五百元可备一副。

大抵每郡须备测量机械一副。中华民国殆可设三百工郡（计其大数），则须三百副，则此项之费为 500×300=150 000 元。绘图器具则由各职员自备。

家伙者，公事房内之桌椅橱箱等物是也。假令全国之省数为二十二，全国工程郡为三百，全国工程邑为二千，又假令各公事房内之家伙，力求俭约，则其大约之核计如下：

邑	桌二	椅三	橱一	图画桌无	一房之费	公事房数	共费
	4.00	1.50	1.50	0.00	7.00	2 000	14 000 元
郡	桌三	椅四	橱一	图画桌一			
	6.00	4.50	2.00	2.00	14.50	300	4 350 元
省	桌三	椅五	橱二	图画桌二			
	10.00	6.00	5.00	5.00	26.00	22	572
京	桌四	椅八	橱三	图画桌二			78

共计公事房之所需为	19 000 元
再加意外之费	1 000
家伙之共费为	20 000
机械费为	150 000
即开办费为	170 000

（3）行政费

行政费以俸为大宗，职员之工队长，本宜遍设，惟目前为节省起见，仅设于省道而不设于郡道。

假令全国工程郡为三百，假令郡与郡折中之距为 80 粴，又假令每 10 粴必有工队长一名，则全国须有工队长三千六百名。假令每四郡必有马路六条联之，若夫役人，则以退兵及犯人充之，其费另计。欲示其行政费之总数，特为立表如下：

职　员		名数	月俸	月款	年款
邑员	艺生	2 000	60	120 000	1 440 000
	书记兼会计	2 000	30	60 000	1 800 000
	仆	2 000	7	14 000	98 000
郡员	艺士	300	120	36 000	4 320 000
	绘师	300	70	21 000	1 470 000
	稽工	300	70	21 000	1 470 000
	书记兼会计	300	40	12 000	480 000
	工队长	36 000	8	28 800	2 304 400
	仆	300	8	2 400	19 200

省员	正艺师	22	300	6 600	1 980 000
	绘师	44	120	5 280	633 600
	副绘师	22	80	1 760	140 800
	稽工	22	100	2 200	220 000
	书记	44	40	1 760	10 400
	会计	22	40	880	35 200
	仆	22	8	176	1 408
京员	大艺师	1	500	500	250 000
	稽工艺师	3	300	900	27 000
	绘师	2	120	240	28 800
	书记	2	80	160	12 800
	会计	2	80	160	12 800
	仆	3	8	24	192
		每年俸金			16 754 600
		公事房租金			80 000
		纸墨零费			2 400
		每年行政费			16 837 000

然则以大数计之，器械费为一百七十千元，每年行政费为十七兆元。

第五节 结论

马路职务之组织已如上言，顾余更有不能不谆谆者，如下文：

（1）人材

用非所学是大弊。马路是工程专门，则职员宜多是工程专家。权位之高低，以学艺之深浅为准。若仍以旧日之官充专员，则费多效少，弊必百出。然则人材何来？曰搜罗之造就之而已。造就之道有二，一则就已有工程程度者增高之，一则就仅有科学根底者裁成之。上者可造于艺士之资格，下者可造于艺生之资格，殆须半年之速成术耳。此外再可造就书记、会计之人材。绘师及书记及会计诸员，亦须略其专艺之智识。惟交通部总长，及通务司长，不必是工程专家，只须有知人及办事之能力耳。

（2）经费

观上列之预算，每年需款十八兆，工程费尚不在内，人必有望洋兴叹者。殊不知国家大政，不能如个人敷衍偷生，须知交通既盛，富强立致，十年后之大利，将非可以京垓计矣，区区兆数云乎哉。况国家既组织有益之新机关，宜废除蠹国病民之旧机关，则州县中杂职，必在废除之列。中华州县官约计二千，每一州县官每月折中之费约五千元（文案、刑名、钱谷、马匹、仆役、妻妾、亲戚、书吏，以及旗锣[3]等人之所需均在其内），每月净余之金约千元，统计每年每一州官或县官，须耗七万元，以二千名与七万元相乘，即全国须耗一百四十兆。然则取州县项下旧款之十分之一，已足充马路大政之经费，猥云经费无着乎？

（3）旁利

就交通以论交通，利益远大，不必旁论他项之利益，而亦何妨一论及之？旁利之最大者，莫如利用休职之兵，以充工役。一则钱非虚縻；二则分散于全国，兵无啸集之机缘，而易加镇摄；三则军人渐习于勤，骄暴之气渐除，而变成良民。

（4）政体

政体有统一派及联邦派之别，而以上所述之组织，则适宜于统一政体，亦适宜于联邦政体。大抵以上组织之性质，专艺重要之任，属于各省之正艺师，而总纲领则属于交通部之陆路总艺师，事势必当如此也。

（5）功绩

吾国官士之勤，远逊于西国。顾欲国政之整饬，断非文人韵士之闲雅，所能奏功，尤非老爷大人之侈惰，所能为力。一日之间，以六点钟或八点钟办事，则此六八点钟，须实心任事，方能有效。否则有名无实，有形式无精神，有场面无内容，势必渐流于腐败而无功绩之可言。

冗员之多，在中国已成习惯，故世界文明国每讥中华为冗员国。今宜将此旧习改正，目前交通部内之马路职员，决不必逾十人。

（6）工作

上文曾言行政者政府，施工者个人。然则政府绝不施工乎？非也。利用退

---

3. 旧时为官吏鸣锣开道者。

兵及犯人之处，自可免招包工家，惟遇特别之工作，则仍当由民间工业家包办也。假如一大石桥，石可自采，沙可自取，则只宜以洋灰及砌工包办于民间工业家矣。权变之处，出自艺师之临时斟酌，非必将大大小小之工作，全包办于民间也。

04 铁路公司之责任[1]

1913 年

今人有两口头禅，曰维持，曰进行。

吾等之铁路协会取维持主义乎？抑取进行主义乎？

维持者，敷衍之别名也，扶得东来西又倒，扶得西来东又倒，此决非吾同人所取之主义，固不待言。

顾吾铁路协会果能促铁路之进行乎？此是一问题也。

对此问题有二说，其一曰铁路协会不能促铁路之进行，何则？进行之手续，必有二端，曰兴利，曰除弊。夫欲除弊，不先知弊之所在，而人之恒情，往往昧于自知，又往往不愿自表己之所短。今协会会员全是路务人员，则个中人不自知弊之所在，又不愿自言弊之所在，即欲言矣，而又因职位上之利害，或不敢得罪于同僚，或不敢拂意于上司，遂至弊虽丛积而卒难发现，故曰铁路协会不能使铁路进行也。

其二曰铁路协会必能促铁路之进行，何则？局外人议论局中之事，往往不甚亲切，惟因协会会员全是路务人员，则个中人对于个中事，苟欲改良，言之必头头是道，行之必针针见血，故曰铁路协会必能使铁路进行也。

前二说果孰强健，余取第二说。盖个中人而能不顾忌于得罪同僚，不畏惧于拂意上司，则无弊不显无弊不祛，弊既祛，乃言兴利势，固顺而力亦不劳矣。

---

1. 原文刊载于《铁路协会杂志》第 1 卷（1913 年）第 7 期。

20 世纪三四十年代中国的二等车厢（自京都大学网站公布的该校人文科学研究所所藏华北交通写真资料）

夫欲兴利除弊，当先语及责任。责任一物之产出于中华，实在凡百事物之后：君无责任，官无责任，民亦无责任。积习相沿至满清末造，竟成一全无责任之社会。而人民之不负责任，几几是天然的性根。偌大中华，推来倒去，不可收拾，皆由于责任心之薄弱。岂但铁路一端为然哉？吾国文章中，非无责任二字也，而人心中往往误解其义。假如甲语乙曰，某事是子之责任，其意若谓子应办理此事也，其意非谓子若不办理此事或办理此事而不善，则子应受罚也。因此误解，责任二字遂轻如鸿毛焉，以语铁路在西洋负极大责任者，在中华则全无责任。对于旅客，既曰吾不负责任；对于运品，亦曰吾不负责任。社会既不加诘质，政府亦不相问闻，如此而欲铁路之进行，不綦难乎？

今就西国铁路担荷责任之大，略述其一二，如下：

（一）对于人之责任

对于人之责任，分为两大项：曰关于卫生者，曰关于祸患者。卫生有关于旅客者，有关于职员者，各国之法律小有异同，各法律皆极详细，兹若遍为引证，殊嫌烦琐，只能摘录一二端以示。其凡凡人之有传染病者，可拒之入车；车之已为传染病人坐卧者，该车一到其站，即须以药水洗刷；禁止在车内或在站内扫除干尘，扫前须先撒布细水。等候室及站上之地平之物质，须能以大水冲洗，冲洗后须能速干，其污水则须能顷刻流注于他处。车内之被衣枕衣，每用过一次，即须用蒸汽煮过。车内及等候室内之暖炉，须适宜于人生所需之温度，其通风之道亦须适宜。禁止随便吐痰，痰必吐于盂中，盂须常洗。中下等职员之公共寝室，高须在 2 米 60 以上，每人所占之体积，须在 14 米 ^{3} 以上[2]。床与床之距须在 0 米 80 以上。除巡守夫以外，任何人均不能在工室及库房内住宿。在温度忽升忽降之处，墙厚须在 0 米 30 以上。若稍薄，则须其外层有空气或不传热之物质。油漆类则禁用合有铅质者。旅客受伤须赔偿其所损，旅客毙命若咎在铁路公司，则公司须给以相当之偿金（昔时之赔偿，仅依该旅客本身之价值而折算其偿金。迩来人道主义更发达，而保护生命之法律亦更严，故更有所谓苦楚费焉。假如有一儿毙命于铁路，昔时仅以教育费赔偿于其父母，今则须再赔偿一项苦楚费）。欧洲各国对于此项之法律，宽严固有不同，而要无无责任[3]之公司。假如有一旅客由火车坠地而死，其故由于车门未闭，则欲知咎之所在，宜研究车门未闭之原因，或因旅客自开者，或因机关有损坏者，或因路员未预将车门关紧者。第一原因之咎在旅客，第二、第三原因之咎在铁路公司。顾法国法律须由铁路公司证明咎不在公司，若不能证明，则公司即为有咎。德国法律，须由被害一面人证明咎在公司，若不能证明，则公司即为无咎。此即德律宽法律严之一例也，因证明之手续颇艰难，故在法国则公司恒被失败于被害一面之人，在德国则被害一面之人恒被失败于公司，故法国公司每岁之赔偿金远过于德国公司每岁之赔偿金也，故曰德宽法严也。

（二）对于货之责任

铁路所运之货，往往有损伤者、遗失者、迟误者。损伤与遗失，铁路公司固须赔偿，即迟误亦当赔偿。

各国法律有严宽之别，故赔偿亦有巨细之殊。大抵法国失之太严，每一大铁路公司一年之赔偿金有达三兆之巨者（即三百万）。欧洲国际运律，即瑞士京城之协约，极宽而亦极平允。

---

2. 此为当年的表述方式之一，现今则一律为 m^3。
3. 没有无责任。

中华铁路，对于货品之损伤及遗失及迟误，均不负责任，故职员非但无爱物勤职之真心，且恒因此而舞弊。日者，京汉路上某商人交运鸡蛋一车，力嘱挂车时勿太冲撞。机车匠人索贿不获，逐不肯小心从事，卒令全车鸡蛋一并破碎。诉诸公司，公司不认咎，商人含怨忍苦，无如公司何。此外瓷品及种种他品之损伤，不一而足，枚举殊嫌太烦，以此类推可也。

运品之遗失，公司更不负责任，故各商人虽交少量之货，不得不另派一人伴送。夫此一人者，既须佣金又须旅金（须另购旅券），且伴物往者恒空身归，统计所费，殊成巨款。此种消耗金一并纳计于货物成价之内，因此则成价自然增大，销售自见困难。

迟误一端，中国尤视为无足重轻，殊不知商品之迟误，关系极为重大，一则资本金之困滞也，二则货性之变损也，三则时价之涨落也，此三者皆商务上所大忌者也。

简言之，责任之为物，足以促文明之进步，而责任之加之于人，又恒为人所不喜。今吾欲以责任加诸铁路公司人，必有与吾反对者。其狡黠者，则以一时暂办不到为辞，究其实际，非不能也，实不欲也。

顾吾欲以责任加诸铁路公司，亦非欲以对于人之责任及对于货之责任，同时加之也。先其所急而后其所缓，未尝非渐进之办法也。大抵就中华目前情形而论，对于人之责任可稍缓，而对于货之责任则一日不可稍缓，盖欲图运输之方便，促工商业之进步，不得不然也。虽组织不无改动之处，手续不无烦劳之处，而断不能因循苟且，阳作进行之应声，阴持敷衍之根性。

吾诵责任二字之名词，吾欲观责任二字之实际。吾人起义以来，去专制而造共和，所争者，责任政府也。虽今日之共和尚假，责任亦伪，而吾大多数之人民，固以激烈之革命，使无责任之政府，变成有责任之政府焉。

铁路协会同人者，中华少数之人民也。吾愿此少数之人民，行其和平之革命，使无责任之铁路，变成有责任之铁路。

05 定严律以减轨钉之窃案说[1]

1913 年

一钉之值甚微，今欲订一严律以加罪于偷钉之贼，或者疑其太暴，又或谓共和民国岂容有此苛政，今方议定宽刑，奈何于钉件之微，反增酷律，虽然，予窃有辩。

钉值固微，而轨钉缺失即可肇覆车之祸。京汉道上已有覆车之故事，幸所覆者是货车，若是客车，则死伤不知凡几矣。

严刑足以戒将来，姑息一二贼之性命，以草芥千百人之性命，谬政孰有甚于此者？

若谓严刑与共和抵触，则殊不然。法国非共和政体乎？何以法国路律亦有死刑乎？大凡刑律之宽严，不以原犯之事之重轻为比例，而以该事之结果之重轻为比例。钉值虽微，而肇祸甚巨，则刑律当以祸为准则，不能以钉值为准则也。今将法国路律中之足资参考者译出，并录其原文如下。

一八四五年七月十五日之法律之第 16 款：“任何一人若有意毁损或扰动铁道，或以阻碍车行之物置于道上，或以任何法术阻碍行车，或使车出轨，则此人必受监禁。若所酿之祸为伤人，则此犯人得定期苦工之罪；若所酿之祸为毙命，则此犯人得死罪。”

1. 原文刊载于《铁路协会杂志》第 2 卷（1913 年）第 7 期。

La Loi du 15 juillet, art 16 :

Quiconque aura volontairement détruit ou dérangé la voie de fer, placé sur la voie un objet faisant obstacle à la circulation, ou employé un moyen quelconque pour entraver la marche des convoies ou les faire sortir des rails, sera puni de la réclusion. S'il y a eu homicide ou blessures, le coupable sera, dans le premier cas, puni de mort, et dans le second, de la peine des travaux forcés à temps.

就法国该律观之，只须有人有意扰动铁道，已须科之以监禁之罪。夫曰扰动并无价值之可言也，惟因其结果足以肇祸，故设律以防之也。偷窃轨钉即是有意扰动铁道。

窃愿吾握持路政者，据法国共和国之路律以订定吾国之路律，就中尤以扰动铁道为最急之一端，须即日订定，免使铁路成为祸人之具。

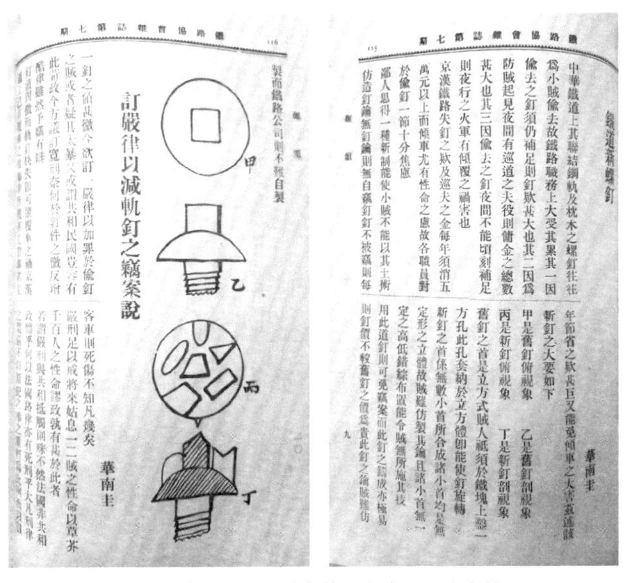
鐵路協會雜誌 第七期 115

鐵道新螺釘

華南圭

中華鐵道上其聯結鋼軌及枕木之螺釘往往爲小賊偷去故鐵路職務上大受其累其一因偷去之釘須仍補足則釘欵甚大也其二因爲防賊起見夜間有巡道之夫役則傭金之總數甚大也其三因偷去之釘夜間不能頃刻補足則夜行之火車有傾覆之禍害也

京漢鐵路失釘之欵及巡夫之金每年須消五萬元以上而傾車尤有性命之慮故各職員對於偷釘一節十分焦慮

鄙人思得一種新制能使小賊不能以其土術仿造釘鑰無釘鑰則無自竊釘釘不被竊則每年節省之欵甚巨又能免傾車之大害茲述該新釘之大要如下

甲是舊釘俯視象　乙是舊釘剖視象

丙是新釘俯視象　丁是新釘剖視象

舊釘之首是立方式賊人祇須於鐵塊上鑿一方孔此孔套納於立方體即能使釘旋轉

新釘之首係無數小首所合成諸小首均是無定形之立體故賊雖仿製其鑰且諸小首無一定之高低錯綜布置能令賊無所施其技

用此道釘則可免竊案而此釘之鑄成亦極易則釘價不較舊釘之價爲貴此釘之鑰賊雖仿

九

鐵路協會雜誌 第七期 116

製而鐵路公司則不難自製

訂嚴律以減軌釘之竊案說

華南圭

一釘之值甚微今欲訂一嚴律以加罪於偷釘之賊或者疑其太暴又或謂共和民國豈容有此苛政今方議訂寬刑奈何於釘件之微反增酷律雖然予竊有辨

客車則死傷不知凡幾矣

嚴刑足以戒將來姑息一二賊之性命以草芥千百人之性命謬政孰有甚於此者

若謂嚴刑與共和抵觸則殊不然法國非共和政體乎何以法國路律亦有死刑乎大凡刑律

《铁道新螺钉》，同自《铁路协会杂志》第 2 卷（1913 年）第 7 期

06 技正华南圭关于路政（交通）博物馆及其它之报告[1]

1914 年

此次赴各路调查以关于博物馆者为正，以不关于博物馆者为副，调查之时间极短促，只能得其大略，情形谨呈报如下：

京张铁路上之图表材料

悉由邝工程师管理，邝君正在病中，故准备须稍待。模型除山行机关车外，无特请制造之必要，惟西直门站之扳道机械，有可制一模型之价值。此模拟由博物馆筹备处派匠自置，因京张匠人不多，且远在南口也。青龙桥站势颇为特别，但只可以图画照片为陈列品，若制模型则费太大也。京张路工颇佳，惟工料不免有太坚实之处，道尖及倾势及里数均有标志，惟曲路则无标志。下花园一带泄水似尚艰涩，他日恐再有水。南口机厂窄隘殊甚，现已添筑凉棚，恐尚无济。机车房是圆形，确是欧洲新式，此以与各路特殊者也（惟株萍路之机车房亦是圆形，其他各路则均沿用方形）。山行机关车有二种：齿轮偏居者为旧式，无齿轮者为新式。

吉长路之路工

尚未十分完竣，土们岭一带全赖便道以行车，此段之倾势为3/100，将来拟筑隧道而降至1/100。现时行车颇艰难，每阵货车须分作

1. 原载于《铁路协会会报》1914 年第 16 期。原标题无“交通”两字。华南圭时任由其本人创办的交通博物馆的馆长，详见《华南圭略历（自述）》，542 页。这是中国第一个交通博物馆，位于北京府右街交通传习所院内。1914 年向社会开放后，盛况空前。1937 年以后遇战乱，展陈基本散失。

交通博物馆开幕合影，后排右二为华南圭。摄于1914年10月10日，自《铁路协会会报》1914年27期

数截以渡此岭，车托之弹簧常摧折，所值亦殊不细。惟隧道似尚非在不可不筑之境。据言该隧道需款二十余万元，然若不筑隧道，所费谅仅数万多，亦仅十万耳。所困难者，客车货车今日按日开行，仅就现道掘深，如不能停止车阵何？盖停止一日即少一日进款也。虽然，亦有术以济其穷。

该术如下：假定甲乙是现时便道之宽度，可先将轨道拨减甲丙地位，次乃挖除乙丙丁戊辛之土，此时绝不阻碍行车。

次将轨道逐节卸置于丁戊处，大约需时二天（人多则速），此二天之货车可暂停所有运品，不妨压迟一天，客车则照常开行，惟须截为二段，客须步行一里，行李须搬行一里耳。次再挖除甲丙丁庚之土，此时绝不阻碍行车。

末乃以轨道倾倚于申庚坡，而挖除丁庚己戊土，此土之体积已小，大约仅四五千立方米突，则需时亦短矣。货车停止一旬或一星期，并无损失，客车仍逐日开行，仍用步行一里搬行一里之法（图1）[2]。

2. 本文插图号为编者所添加。

吉长路之职员

似尚可以减少，厂务之设备颇欠缺，工匠往往暴露以修理车辆，机械亦缺乏，规模亦隘小，工程处材料不免有蹭蹋之处。

吉长路之长春站，落在僻静之处，营业及办事均受其困难。

京奉路之唐山厂

自是中华铁路最大之工场，惟嫌有零落不联贯之处，谅因规模是逐渐扩张的，非初创时即已如此，故有此弊也。唐山、山海关两厂之工匠均有闲暇，据言可裁去二百余人，惟因该工匠均是当初特地招来，又因翌岁或能事业增忙，故姑不裁去也。圭请该路代制模型略多，正由此故，盖利用此闲暇，以增博物馆之陈列品，殊非失计也。

京汉路之汉口炼木厂

规模尚不太隘，然有一弊，即费时太多是也，其故如下：

京汉该厂之圆筒体是甲式，每炼一次须将该筒推至外场，再卸去已炼之木，再装入未炼之木，再推入内场，再旋紧螺钉，以令三筒联接。假定炼务须费半点钟者，装卸诸手续约亦须耗半点钟，若圆筒内设有轨道如乙图，则只须有车床，如丙丁戊己，于此车床上满载木块，此车床可推入于圆筒，或推出于圆筒，则已满之圆筒正在内场行炼之时，外场即可以未炼之木装置于车床，俟炼务一毕，将此车床推出于圆筒，将彼车床推入于圆筒，一指顾间炼务又可开始，一出一入所耗之时暑极少，三圆筒又无忽须联接、忽须分离之繁。该厂现时每天能炼二千五百木，若用乙式，则每天能炼四千余木，可断言也（图 2）。

汉口机厂

有三机器本年所添置，其布置极新，为他路所未有。每机各具一小电机以发生原动力，此法可省去皮带之缭绕，可省耗无益之气力，他日经营新厂，宜仿照此式办理。

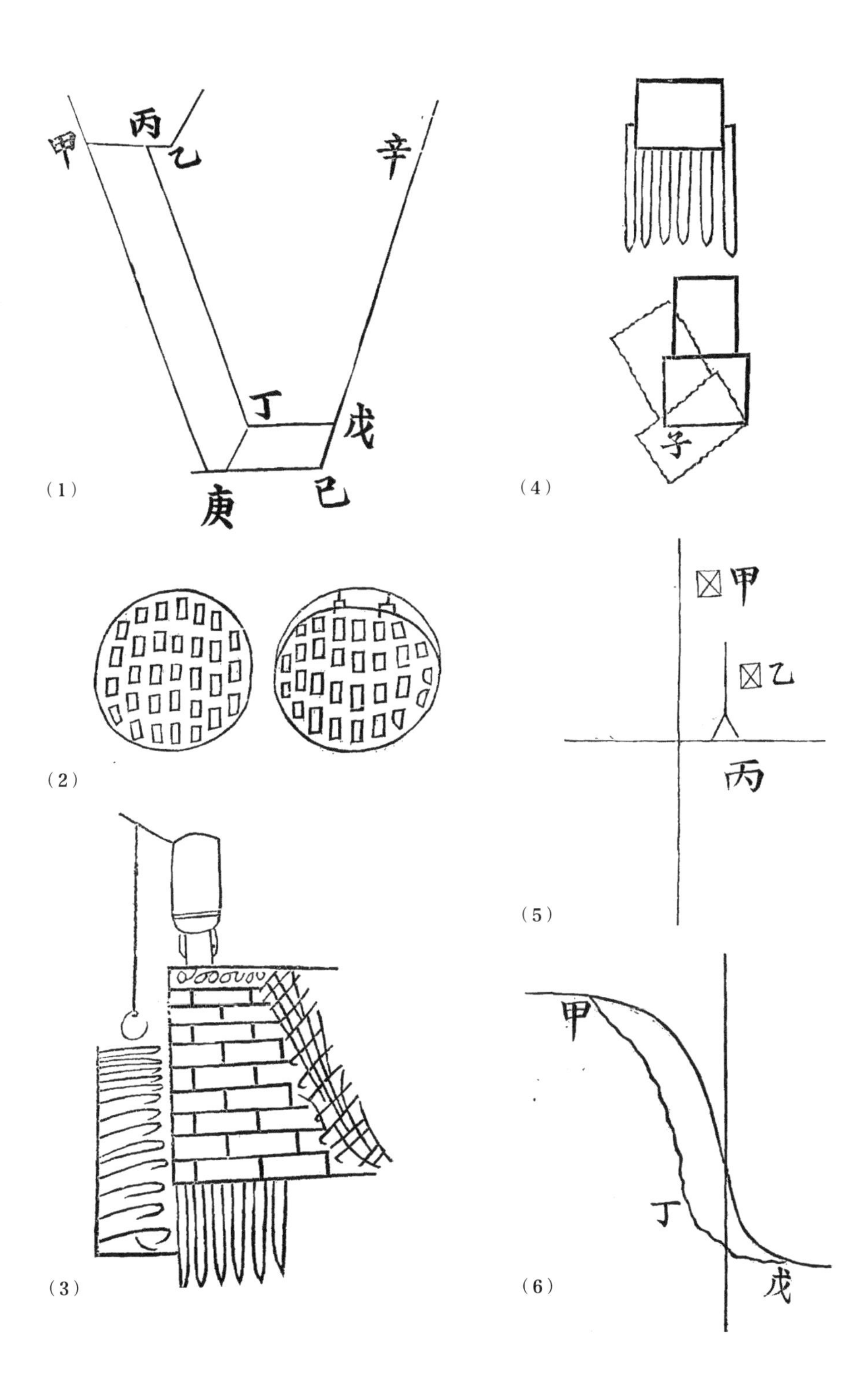
甲
丙
乙
辛
丁
戊
庚
己
(1)
(2)
(3)
子
(4)
甲
乙
丙
(5)
甲
丁
戊
(6)

京汉路有宜经营者

此一事，此事在京汉，非但有便，而且有利，略述如下：

汉口码头均是斜坡，无直立者，故大轮不能直逼岸沿，货品登岸须赖搬运，而笨重之体搬运艰困，耗费甚大，且易肇祸。京汉在外洋所买机件，往往在秦皇岛登岸，再由京奉路运至长辛店或汉口，而偏不在汉口登岸，一固由巨船不达汉口，一又由汉口有搬运之艰困也。由此观之，京汉路可在刘家庙建设一码头，其墙宜直立如下图，沿岸敷一轨道，上置一起重机，京汉自购之物可由轮船直捷起卸，所谓便者，此也。京汉可添设一货栈，汉口商人可在该栈存货，即可在该岸装货、卸货，而纳一存费及装卸费，所谓利者此也（图3）。

京汉各站之信符

至今尚未遍设，此事直较各路为后，又道床尚多是沙质者，此事亦落在各路之后也。

京汉今岁水灾，道床为水冲去者，不可胜计，小桥之摧损亦多。其最大之桥伤，在411里处及420里处。

411里处有一孔之小桥，其两垅均被水整身冲去。

420里处有三孔之大桥，每孔之宽为二十米突，桥垅未冲除，桥墩则被水身冲倾，镂空钢桥身二节则冲至三百米突之远。

细考桥垅及桥墩冲塌情形，均因子处之沙为水冲去之故，改筑之新桥只须加深基础，并于基础之下部添插木桩。京汉曾请改用气箱，似可不必，若夫增多桥孔及加宽桥孔，自是应有之事（图4）。

京汉此次奖励出力人员

物议沸腾，嫌未平允于患后助工者，有奖于患前施工者；无奖受水患而火车出轨之处，有奖杀水患而火车保全之处。无奖似殊非鼓励之道，且适以长矫惰之风，而路务将愈趋愈坏。

正太路之特别车托

能使窄道上之车辆行走于宽道，虽系略仿俄德间之故事，而构制实非全同。此车托妙在机件简单而又坚实，不得不制一模型，以为博物馆之陈列品。各站之信符亦与他路不同，因其是圆板也，路工极完善，沿途之指导最为详备，有计里牌，有倾势牌，有曲道牌，并写明圆半径及超高度，且每一曲道之二切点均有一牌，令来车及去车均能视诵，令养路工人永无错误。此路工程之艰困，在中国固为独一无二，在欧洲亦为不常见者。桥工亦无疵可摘，既坚实亦轻丽。石家庄总厂规模虽小，而设备完善，应有尽有，无一欠缺，所可议者，外宾太多耳。然其薪俸尚廉，且事权不在吾手，则其弊固不能旦夕除去也。

道清路之工程

极易，全路平坦，既无丘岭，又鲜河流道床，全系石子且极富厚，惟养护不甚得法，故车之振动殊甚。各站均无远距之信符，仅有道尖之标符。其捩动机系用竖立锥体式。道清路与京汉路衔接之式，极怪劣。

各自为站各自为路

旅客换车，须由京汉甲站步往道清乙站，行李稍多、时间稍促，则忙乱殊甚，遇雨则狼藉更不堪设想。

乙既是道清站，乙丙既是道清路矣，而又须在丙站换车（图 5）。

道清路之厂务处

糜费似大，头等客车，每日仅有一二客，实不必如此华美。木质煤车尚可修缮应用，何必另购铁质新车？又救火特别机器，事实尚非急需，何必费如此巨款？全路职员尚不太多，则全年支出尚不糜废。

此路欲期营业发达，似宜展至山西之泽州。汴洛路之各种设备均与京汉无异，其与京汉衔接之法，亦甚合宜。视道清为优多矣，站亦公共，自是正当办法，无论两路均是中华国家产业。若两路属于异国，亦当如此联络也。

闻现欲添一绕道，如甲丁戊，以备陇海直达快车之用。汴洛全路无信符，其多山之工程，均在郑州以西，以东则是平阳也（图6）。

各机关车同出一制造厂，此办法极优，盖可免不统一之弊，而机匠火夫又易熟悉机关车之性质，则事实上颇有便利也。

洛潼铁路之设备

多不合法，无益之曲道及有害之曲道均太多。其桥梁及涵洞有应大而太小者，有可小而反大者。与新安站相近处，有一大涵洞，既已裂断，又已倾陷。

株萍路

原系矿路，设备之欠缺固无足怪，无益之曲道及有害之曲道均太多，木桥数座均非持久之道，其成价实并不较铁质为廉。此路多丘岭，而丘岭绝不为工程上之障阻，因恒有缭绕之低地也。各站屋虽极草草，而布置却尚适宜，较京奉、京汉者为优。人员似太多，虽薪俸皆薄，然为职务上之利益计，与其俸薄而人多，无宁俸厚而人少。盖俸薄之多数人，人人有若即若离之态，而职务因以懈弛；厚俸之少数人，人人有乐业安居之心，而职务因以勤勉也。该路之总厂在醴陵，而机厂则在安源。厂极小而机车房却是圆形式，又铁质煤车是形学上之梯形，而非长方形，此亦是特别之点也。该路上有机关车模型，工殆及半，系南京开博览会时动工者，若再加工，造完则可作博物馆之陈列品。惟圭察该路工匠不多，若专为此事添雇工匠，似不经济，故未嘱其加工造完，俟财力宽纾时再议，可也。

沪宁路

之水鹤上有小水仓，以济大仓之穷，此是与他路殊者，仿佛与他路无不同处。沪厂内之锅灶后部，有一自动机械，颇为新色，下关新站正在布置之际，落成后旅客可直捷登船，以渡彼岸。但当初并未预作此计划，实为可悔，将来下关浦口间理应添筑一桥，似宜于此时早加研究，以免再生后悔。

苏路之厂务

极简单，修漆车辆尚嫌不敷，全路均坦，工程极易。浙路路工则较劣，谅由养护不合理法之故。各站均有货栈，均有天棚，均有天桥，天桥亦均有天棚，虽工料均极俭约，而设备实为完善。杭州车站之布置尤为特色，站前有一大场，场中将有一花园，场外有纵横两大马路，与南满铁路长春站外之布置，其工料固难颉颃，其规模实可争衡。两大马路上之商务，颇有蒸蒸日上之势。戏园及公园及模范旅馆，正在建设之际，拱会桥之租界实因此而未能兴旺。津浦路之南段，殆皆是京奉旧式，其北段之路工极佳，盆道之道针用挠动力，不用旋转力，亦是欧洲新制。济南机厂规模虽不甚大，而布置却为新颖，各机械之转动均赖电力，但非如京汉汉口厂新添三机械之各具一电机耳。济厂内之机械分为多队，每一队公具一电机，则厂内皮带虽未除尽，而实已减少矣。济南亦有炼木厂，惟目前正在歇工之际，未能入内研究。济南站屋已完工，此站屋之气象极佳，就建筑术而言，实较沪宁路之沪站为优，盖彼用红色砖，此用淡色石也。

其他各站外表有轩昂者，然往往模仿庙宇式样，殊属无谓，且站上之布置于旅客并无大方便处。

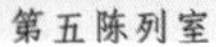

第六陈列室

交通博物馆室内，来源：《铁路协会会报》，1914 年第 27 期

07 中国土道上驶行公共汽车[1]

1917年

概论

欲发达中国人民之智识及农工商矿各种事业，非广与机器不可。此固为人人皆知之理论矣。

顾欲于财政困难之短促时期间，广筑铁路，以利交通，言之易而行之实于难。于万难之中，求一可以实行之法，殆惟于目前现有之土道上流通汽车耳。资本既微，工程又小，而收效却速，利国便民，无待赘言焉。

土质官道能否受汽车

所谓汽车系公共汽车，盖一车能容十数人者是也。

第一须研究之问题，即能否利用现有之土道是也。

苟能利用，则入手有方矣。

据北京胡同情形观之，土道却能受汽车，惟车之消损较速，其行驶力较小耳。

西人已在北京行驶汽车，且穿越任何胡同。夫北京胡同，固极硗确不平者也。若能将土车所研成之辙沟，设法平之，则汽车之行走不甚困难。

中国土质官道上之辙沟，未尝不可垫平，惟须有长期之工人耳。垫平辙沟之外，宜再于道之二旁，添开深沟，以令雨水易泻，此外又须添

---

1. 原文发表于《中华工程师学会会报》第4卷（1917年）第1期。

设涵洞及小桥。

质言之，苟能添筑涵洞及小桥，并有长期工人，则公共汽车确能行走于土道上矣。此虽非国家交通永久之策，而为目前计，实为救急之善策也。此又固非全国土道可行之策，而就一般土观，实为适宜之善策也。

大凡北方土道，此策可行，而南方土道，则难行。其一因北方土质含沙，其粘性小于南方土质；其二因北方雨水较少于南方也。

土道之维持

欲令土道能受汽车，须将土道维持，即如上文所言矣。

今设有二城，相距二百里，其间有土道，欲维持此土道，须有常期工人五十名，工长五名。

道既平，又须有涵洞以利疏泄。此种涵洞，只须用砖砌成，以铁路上之砖工成价为标准，则每一立方公尺之价为五元或六元。

小涵洞之体积，殆仅一立方体或二立方体，则每一涵洞之价约须十元。

假定每一里有一涵洞，则二百里内有二百涵洞。

若夫大桥，则是另一问题。盖此项汽车之路线，本以一般土道为限制也。

开办费之预计

开办费有三种，如下：

甲）汽车

乙）涵洞

丙）小桥

汽车之速力约每点钟为五十里，惟因土道难于行驶，则缩之为四十里。

则二百里路程，须时五钟[2]，则一日之内，一车可以往返。每天开车二次，则须有汽车二辆，则备一辆为不虞之需，则共需有汽车三辆。

涵洞之数约为二百，小桥之数假定为一百。每桥之价又假定为三百元，则开办资本如下表：

汽车三辆	3×10 000元	30 000元
涵洞200个	200×10	2000
小桥100个	100×300	30 000
履勘杂费		1000
开办资本		63 000

经常费之预计：

修道工人五十名，每名6元	300	
工长五名，每名10元	50	
监工一名，每名20元	20	
则每月维持费为		370
总理一名	50	
会计员二名，每名25元	50	
机匠一名	25	
大夫二名，每名20元	40	
洗涤二名，每名7元	14	
事务室杂费	10	
房屋租金	30	
则管理费为		219
汽车修养费	100	
汽油88利脱[3]，每天14.80	444	
油三利脱，每天2.80	84	
脂一公斤，每天0.80	24	
则汽车生养费为		652
则每月经常费为	1 241	

2. “五钟”即5小时。
3. 法文litre的音译，即“升”。

进款之预计：每一汽车能容头等座客八名，二等座客八名。

旅价宜较铁路旅价略廉，兹将京汉旅价及预拟汽车旅价作甲乙二表如下：

甲			乙	
每里每客	三等座	0.006	元 0.009	等座
	二等座	0.012		
	头等座	0.018	0.015	头等座

乙表中之 0.009 元是 0.006 及 0.012 之折中数。

0.015 是 0.012 及 0.018 之折中数。

路长 200 里，假定座位常充满，则每次之入款如下：

二等 0.009×200×8=14.40	38.40 元
头等 0.015×200×8=24.00	

则每车一次之收入为 38.40，每天开行 4 次，则每天之收入为 153.60；假定行李之收入为每天 16 元，则每天收入之总数约 170 元，即每月为 5100 元；假定此数未必可恃，乃折取其半，则每月可得 2550 元。

净利之预计

于进款内减去经费，即是余利：2 550 － 1 241=1 309 元

每月余利约一千三百元，则每年余利为一万五千六百元。

开办资本为六万三千元，余利为一万五千六百元，则

$$\frac{15\,600}{63\,000} = \frac{X}{100} \quad 即\ X = \frac{15\,600}{630} = 2\,476$$

则每年利率为二分四厘，即 24.76%。

约四年，即已将资本收回。

08 河底隧道之浮箱[1]

1917 年

水底隧道之工程以环筒为最通行，如法国 Clichy 河底之隧道，如美国 Michigon 湖底之隧道，如英国 Severn 河底隧道及 Tomise 河底隧道，如美国纽约 Hudson 河底隧道，如柏林 Spree 河底隧道，均利用环筒。

最近巴黎 Seine 江底之隧道乃改用浮箱 Caisson flottant。

此隧道为地底电力铁路而设，初拟沿用环筒 Bouclier，并拟作二隧道，皆为孤线，其一供奇号车队之用，其又一供偶号隧道之用。盖分为二隧，则其截面各小，施工较易，且较安稳也。

嗣有包工家工师名 Chagnaud 氏，改用浮箱，并将孤线二隧并成双线之一隧。

如 Fig.A，ABCD 是气箱（因其中有被压之空气，环筒亦可利用空气），BC 上面置一圆筒如 EFG，与隧道之截面同，其质为铁筋混凝土。此筒之二端皆闭，其四周如 HIJ 皆是铁质骨干。

此圆筒之中央（在 IM 轴线上）有普通气箱之装置。此气箱之竖管之上端，恒能透出水面。

如是，则此圆筒成一空箱，初时能浮于水面，故名浮箱。

铁质骨干中，陆续用混凝土充塞，则箱渐重，而沉达河底。既达河底，则 ABCD 中有气而无水，工人得以作工，此 ABCD 室名曰工作室。

1. 原载于《中华工程师学会会报》第 4 卷（1917 年），第 9、10 期。是最早的向中国介绍地铁及相关水下隧道的文章之一。

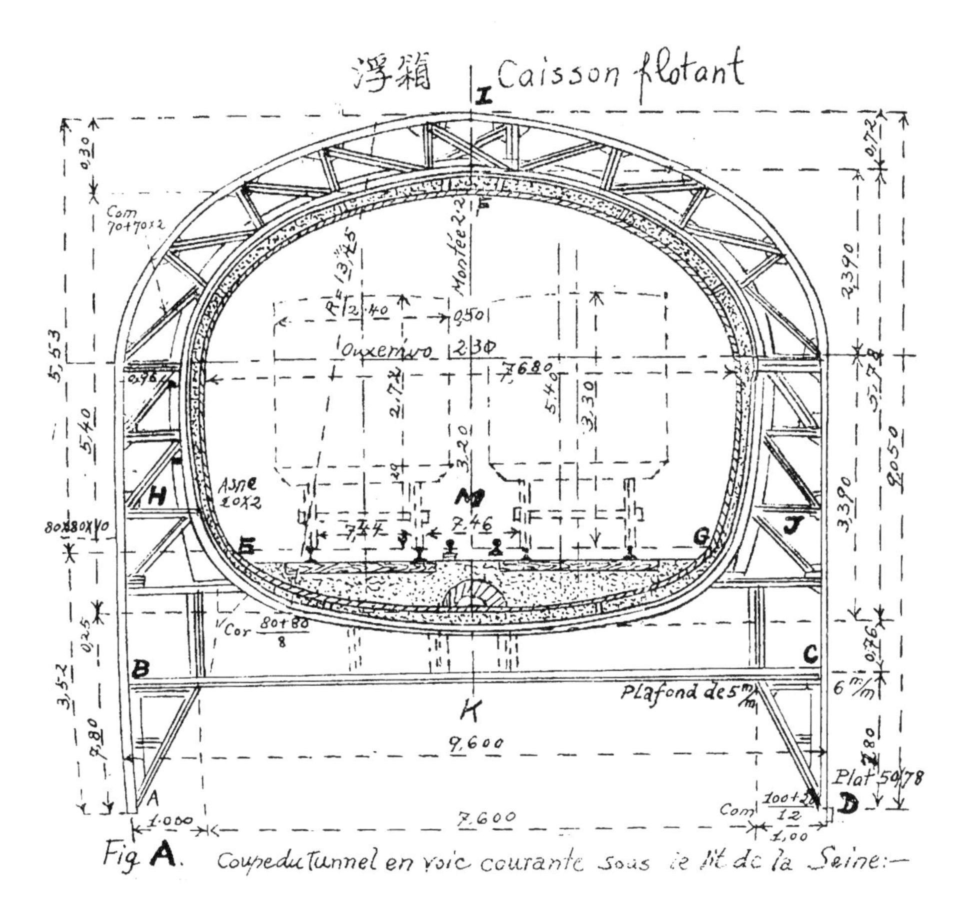

Fig A. Coupe du Tunnel en voie courante sous le lit de la Seine:—

河底之土逐渐挖除，则浮箱逐渐下降，至适宜之水平度而止。

用三个浮箱衔接，以联络二岸。其第一箱之长为 36m，第二箱之长为 38.40m，第三箱之长为 43.20m，而箱与箱之距为 1.50m。

则隧道之长为 36+38.40+43.20+2 × 1.50=120.6m

合华尺 375 尺（1 华尺 =0.32m）。

浮箱与浮箱之间有空域 1.50m，此空域用混凝土掩盖之，如 Fig.C，K_1、K_2 是浮箱之俯视象。另用气箱以砌竖墙及 M_1 及 M_2，此二墙既成，乃作临时竖墙，以达于水面如 abcd 是也。再用唧机[2] 抽除 V 处之水，则

2. 即水泵。

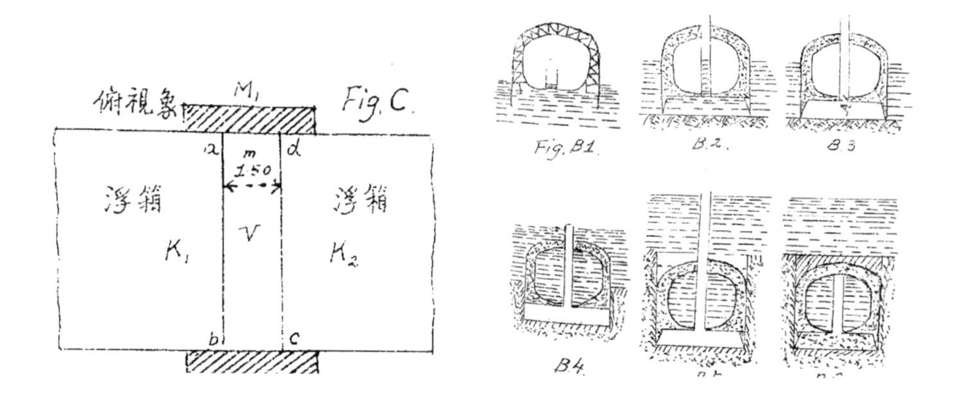

K1、K2 之贯通，可在自由空气中作工矣。

Fig.B_1 是浮箱第一期之象，即浮于水面之时之象。

Fig.B_2 是第二期之象，即浮箱方达河底之象。

Fig.B_3 是第三期之象，即已达河底，并已除水之象。

Fig.B_4 是第四期之象，即箱底未达适宜水平度之象。

Fig.B_5 是第五期，即箱底已达适宜水平度之象。

Fig.B_6 是第六期，即箱中已用混凝土充塞，并圆筒上面亦已堆砌混凝土之象。

第三、第四期，内圆筒含水，以令其全体颇重，而易下降。

第六期以后，再用唧机将此水抽除，则此空洞即是隧道，即可铺轨路。

09 铁筋混凝土（桥）[1]

1918 年

最古工程，用木用石。十九世纪中以钢铁为最盛，而二十世纪，则将以铁筋混凝土为最盛矣。此种质料之优点，我工程家无不知者，无待赘述。十九世纪之末，普通工程已采用之，如电杆、水柜、房屋……是也。桥梁受火车之活重，危险最属可虑。初时各工程家，不敢贸然采用。嗣试用于徒步之桥梁，嗣又试用于马路之桥梁，嗣又试用于铁路之小桥。今则虽铁路之大桥，亦胆敢用之矣。

凡用铁筋混凝土，既可省工，又可省料，且极轻雅。兹将石桥及铁筋混凝土桥，比较如下。

图 1 用石，图 2 用铁筋混凝土，图 3 用石，图 4 用铁筋混凝土，图 5 用石，图 6 用铁筋混凝土，其优劣如何？

图 7 用石，图 8 用铁筋混凝土，试参观之，其优劣不言可喻。

又如图 9 及图 10，其轻雅又何如？

图 11 是法国铁路之桥，图 12 是德国马路之桥，此外形式尚多，姑不详述。跨度亦有更大者。图 13 是奥国者，图 14 是比国者，15 是葡萄牙，16 是西班牙，17、18 是意大利，19 是俄国。

以上所列，不过举一以示其凡。我国富于石料西门土，又为本国自造，则工程家宜何如黾勉[2]奋起，以推广铁筋混凝土之用途乎？

---

1. 铁筋混凝土今称钢筋混凝土，原文发表于《中华工程师学会会报》第 5 卷（1918 年），第 8 期。原标题无“（桥）”字，为编者所添加。
2. 努力。

法國國皇橋
Fig1
A是十九世紀石橋之象
A

Fig2
Pont-Royal
B是廿世紀改用鐵筋泥凝土之象
B

Fig3
法國都龍橋
Pont de la Tournelle
A是十九世紀石橋之象
A

Fig4
B是廿世紀改用鐵筋泥凝土之象
B

法國亞史微靴橋
Pont de l'Archevêché
A是十九世紀石橋之象
Fig5

B是廿世紀改用鐵筋泥凝土之象
Fig 6
B

法國聖密神橋
Pont Saint-Michel
A是十世紀石橋之象
Fig7
A

B是廿世紀改用鐵筋泥凝土之象
Fig8

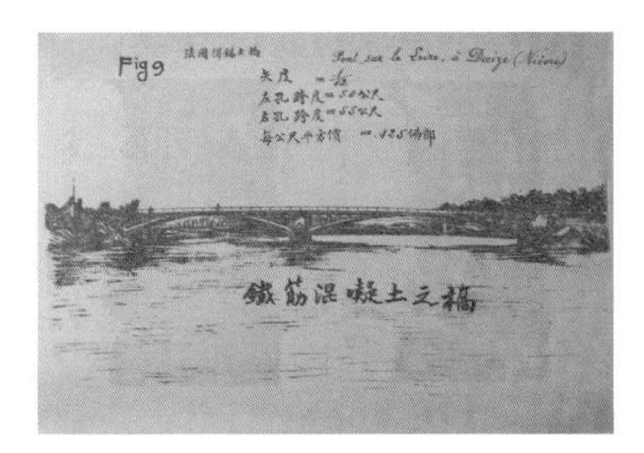
Fig9
鐵筋混凝土之橋

Fig10
鐵筋混凝土之橋

Fig11

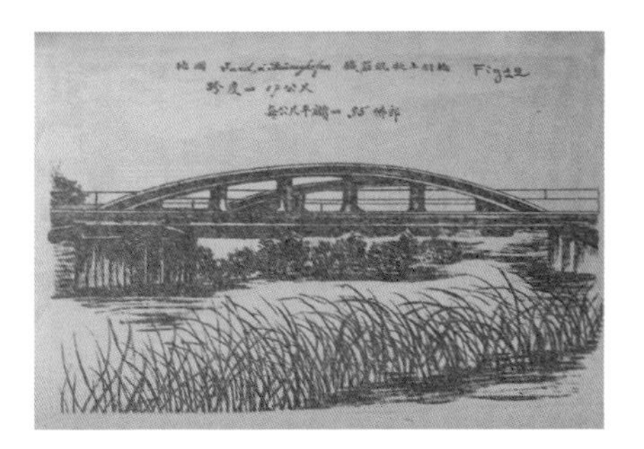
Fig12

Fig13

Fig15

Fig16

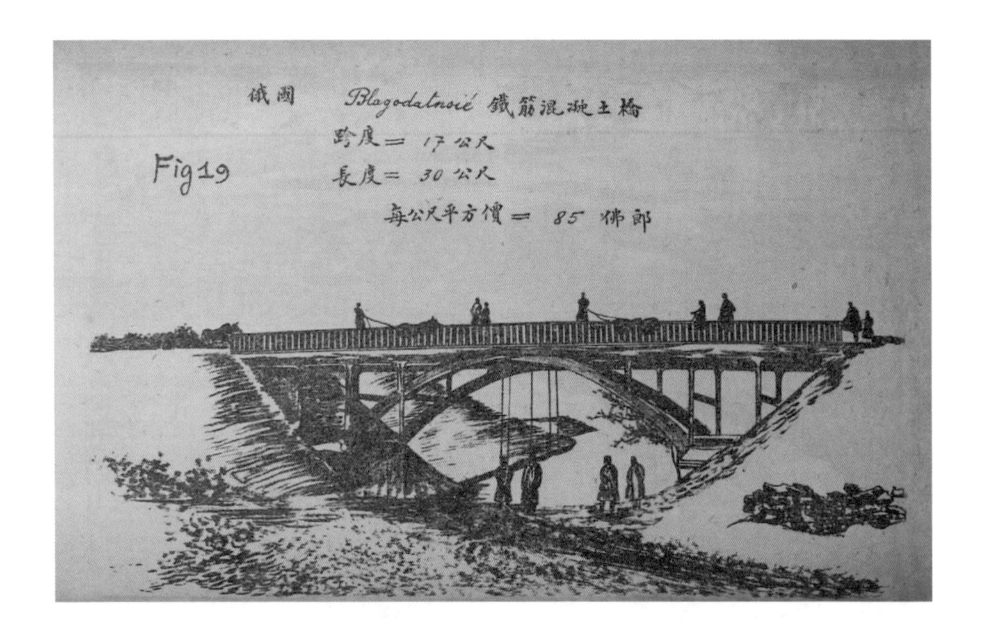

注：微信扫描后附图首页二维码后，可通过链接，上电脑高清放大浏览本篇附图。

10 审查本会改良会务意见之审查书[1]

1921年

评议员华南圭提出：

一、广揽专门人才

原案所论极是，亟宜延致入会，函恳供给资料。

二、详慎分划职掌

原案所称，函询会章及证书，不蒙声复，非积压，即漏略，必居其一。等情亦系确论，应请整顿。

三、整肃办事时间

时间迟早不定，养成懒散懈怠之习，此论亦是。我国机关多犯此病，此后拟请振刷精神，勿稍假借。查协会与官僚机关不同，势力、情面皆可不顾，尚且不加整顿，则尚有何事可以整顿？

四、多派专任人员

所称不宜，兼差过多亦是确论。窃意绝对不应兼差，否则前项所谓分划职掌、整肃时间，皆属空论。

1. 原文载于《铁路协会会报》1921年第104期。

11 交通员工养老金条陈[1]

1925 年

呈为呈送说帖事，窃查交通职员养老制度为当今切要之图。民国十年十一年间，曾奉大部颁发养恤大纲，并饬令详细研究以资核办，但迄今尚未实行。南圭远考欧西，近察事实，愈觉此项制度似属难于再缓。谨将管见所及，拟具说帖恭呈。

大部采择施行谨呈

交通部总长次长

京汉铁路管理局工务处处长华南圭呈

民国十四年六月十六日

交通员工养老金意见说帖

窃维各国对于交通职员，多有养老制度，虽其制不一，推其意，无非使劳苦多年者，晚年有所赡养，后顾无忧，始能服务勤而律身正，不特此也。服务职员年龄既高，精力自差，若无养恤制度为之保障，彼年老者，精神虽已衰颓，必不愿遽而退职以自绝生计，迹近恋栈，情实可原。主管者亦念其多年劳绩，不忍开缺，而欲事务之不废，不能不添年青力强、精神充足者，以为老者之助。其结果，无养老之名，而有养老之实，

1. 原文载于《中华工程师学会会报》第 12 卷（1925 年），第 5、6 期。条陈两年之后，1927 年出台《京汉铁路养老金试办简章》（如图所示），正太铁路（今称石太铁路，石家庄至太原）亦然。

京漢正太鐵路試辦養老金

鐵路養䘏制度、原爲優待年老員司而設、法至良意至美也、考歐美各國、均有極完善之辦法、獨我國尚付闕如、年來國有各鐵路、雖作種種研究、然未有具體辦法、或在試辦期內、或尚未實行、玆將京漢正太兩路所擬辦法、及關於此事之訓令、彙錄如下、

京漢鐵路養老金試辦簡章

第四七四號訓令

令工務處

會呈暨簡章均悉、所請試辦本路路員養老金、先自簡單辦法入手、法良意美、事屬可行、惟原擬給金成數、未免稍多、業經飭令修正、應准照修正之數先行試辦、除分令外、仰即知照此令、

民國十六年四月二十一日

局長柴士文

第四七三號訓令

令工務處

查路員養老金辦法、業經本局核准先行試辦、並令遵辦在案、此項辦法、應自本年五月一日起實行試辦、合亟令仰遵照、並查明合於試辦簡章第一條之資格員司、開單具報、以憑核辦、

除分行外此令、

中華民國十六年四月二十一日

局長柴士文

(一)年滿六十歲者、應令退職、但精力强健本路尙有須借重者、作爲例外、

(二)退職人員依下列數目給予養老金、

服務滿五年者、給予原薪之百分十、

服務滿十年者、給予原薪之百分一十五、

服務滿十五年者、給予原薪之百分二十、

服務滿二十年者、給予原薪之百分二十五、

服務滿二十五年者、給予原薪之百分三十、

服務滿三十年者、給予原薪之百分四十、

服務滿三十五年者、給予原薪之百分五十、

服務滿四十年者、給予原薪之百分六十、

(三)前項所稱原薪、係將津貼一併算入、

(四)給予期限、等於服務之年數、未滿期而死亡者、停止給予、

正太鐵路救濟儲金會章程

交通部指令第二二九四號　民國十五年十月十六日

令正太鐵路監督局局長丁平瀾

呈一件擬請開辦本路同人救濟儲金由、第一一三

京汉正太铁路试办养老金。《中华工程师学会会报》，第14卷，第3、4期，1927年

且养之之期无限制，则实际之损失颇大。养老制度实有不容或缓之势。盖我国铁路，如京汉京奉，历年已久，员匠中已达退职年龄者，不在少数。为公为私，非急定养老制度不可。说者谓，养老制度实行，则公家之出款骤增，以目前财力之绌，何能堪此？窃谓不然。实行养老之制，公家出款并不骤增，或更有节省之处。盖此项养老金，以退职为条件者也。公家保留老年有二种损失，其一为直接之损失，年老力衰之人，薪金已达最高点；年富力强之人，则反是设有一物，欲令其成器，必加以一定程度之功作。今命此功程曰，予欲得此事之功程，非令甲老与乙少合作不可，而甲老之功程，殆仅能得百分二十，乙少之功程却能占百分之八十。假定甲薪为六十元，乙薪为四十元，合计之为百元。然而甲之功程仅百分二十，即六十元中仅十二元为有效，其四十八元则为虚糜者也。今若令甲老退职，而予以四分一之养老金，即六十元之四分一，即十五元，然则同一虚糜也。前此为四十八元者，今仅为十五元矣。易言之，公家乃节省三十三元也。是故实行养老制，则公家非但可免直接之损失，且更可有节省焉。其二为间接之损失。机厂内之工事，往往人机相伴，老年人之举动迟缓，则机力随之虚糜，此即间接之损失也。若实行养老制，则老者去，少者来，此项间接之虚糜可以减少矣。窃查储恤制度，各国早已实行，有储恤同举者，有储恤分办者，而其百分率，则各国各路各随其情势而各殊。日本交通职员养老金，大概为百分二十五，美国南太平洋公司大概每服务一年，可得百分一之养老金（例如，服务四十年，平均薪额为 75 元，则每月养老金为 $\frac{75\times40}{100}$ 即三十元；又例如，服务二十年，平均薪额为 75 元，则每月养老金为 $\frac{75\times20}{100}$ 即十五元）。我国究以何法何数为标准，则应斟酌我国情势以定之。鄙意以为，储与恤应分两项办理，其数应为若干，其年限应为若干，则为详细规则问题，宜另案讨论。退职之年龄亦应按照职务分别，另行规定。惟此项大体办法，在本人可得实惠，并可免年老恋栈之弊，及年老作工之苦；在公家既可免直接间接之损失，并可得直接间接节省之利。又查本路本年三月中，局务会议曾议定工人储恤合办之法，并议定本人每月提储百分五，公家补助半数，其补助金一项与养老金同实异名，不可谓非良法，惟何年退职，退职后如何待遇，则尚未有所规定，且此仍系储恤合办之法，非分办之法也。民国十一年二三月间，京奉路曾请将养老、储金分为两事，该大部四一六号训令曾发交路局详加考量，此案久悬未决。窃以为办理养老金之需要日急一日，应请重提原案，急加讨论，期能克日实行。区区管见，伏乞采择施行。谨呈

钧鉴

京汉铁路线上正在行驶的列车，摄于20世纪30年代，自京都大学网站公布的该校人文科学研究所所藏华北交通写真资料

12 华南圭致英庚款委员团意见书[1]

1926 年

前日在某报见庚款用途，拟定四项，曰农业，曰科学馆，曰公共卫生，曰其他，此种支配似以日本为蓝本，殊令人有怀疑之处。所谓有利之事业，决有二道，曰切近与泛远是也。切近与泛远之区别，可取房屋以为譬。房顶为先，天板次之；地板为先，毡毯次之；窗户为先，帘幔次之。我所盼于委员者，勿以天板先于屋顶，勿以毡毯先于地板，勿以帘幔先于窗户，而已。中国之贫已达极点，目前急务，在使固有之农产、矿产，赖新式交通而免埋烂于内地。至于改良农业，虽曰有利，而可视为第二急务。中国人之智识太幼稚，目前急务在增进谋生之技能，而纯理的科学亦可视为第二急务。中国人饥寒尚不能自免，目前急务在救其饥寒，而卫生亦可视为第二步。鄙人按国情以权缓急，不敢不以予之主张供献于诸君，幸垂听焉。

（一）何者为主要用途

孔子治国，先养后教。今即不分先后，亦当养教并行。今日新名词则

---

1. 原载于《铁路协会会报》1926 年第 165 期（特刊）。在参与英庚款用途论争的一些铁路工程师的集体努力下，终于得以获取部分英庚款并使粤汉铁路全线联通。

为民生民智是已，民智之增高赖教育不待言矣，民生之发展赖铁路。三十年前之华人，鲜明其理，今则苟非大愚，莫能否认。就已有铁路之区域观之，一旦路坏，则士死，农死，工商人皆死。由此反观可知，无铁路，则士农工商四人皆不得而生也。是以主要用途，教育外惟铁路。我人应以庚款之半办教育，又半办铁路。今日言造路，闻者未免灰心，因军人毁路惟恐不速故也。然而军事只可视为一时之天灾，我等工程专家当就常局立言，不可灰心于变局。且军人蹂躏铁路，究竟多在营业方面，至于建设之资本，固损失较微也。教育应以培养生利之人材为目标，分利之人宜少不宜多。前见铁路协会宣言，其撮要语为借用庚款，以完成粤汉铁路，闻之实获我心。投资事业以成功速、收利巨为原则，粤汉线已成之北段为四一五公里，未成之南段仅四三〇公里，苟有的款，则三四年即可完工，自第五年或第六年起，即可获利，且巨利实属可恃。因中国目前已营业之干路，无一不收巨利者也。需款只须五千余万，加以建筑期内之利息，总计不逾六千万元，而营业净余每年至少可得六百万元，此系平均言之。若因南段建筑费巨于北段，而令其运费亦较巨，则利率尚能高于此数。或谓川汉线亦是重要干线，何不先筑此路？予曰不然。此路在根本上大有问题，且与水路平行，国家利益既不如粤汉之重要，而投资所得之利益亦远不如粤汉之多，且功难期久，远不如粤汉之功易期近也。

（二）如何则款不虚糜

凡经济薄弱之国，用财须格外慎重，务使无毫末之虚糜。欲达此目的，则用之种类不可繁琐，用之方法不可放任。非但教育范围内之事业如此，其他事业亦如此。闻条陈用途者名目繁多，三百六十行，行行皆有充分之理由，一若偌大中国之千万事业，皆须仰给于此区区庚款者。殊不知，枝节愈多，办理愈难，耗糜愈巨，而收效愈不可恃。譬以一杯之水灌万顷，其有济乎？又譬如战事战线愈长，则战费愈大，而战力愈微。故予之主张教育及其他事业，应以一二端为限，曰技术教育及铁路是也。技术教育应以中级程度为主体，因其切于实用，而需用最多也。放任二字系监督之反词，就教育一事言之，将创立新校乎？抑补助旧校乎？如曰补助，将补助多数乎？抑补助少数乎？既补助矣，将为一次者乎？抑续年者乎？将不问成绩而年年照例拨款乎？仰年年考核其优劣而为续绝之标准乎？凡此种种，一言难尽。予谓不可放任，其意包含甚广。当局明达，幸深长思之。

（三）具体之主张

（甲）组织

（a）设立华英董事会，任保管基金及支配用途之全责。董事华人七名，英人六名，或用六与五之比例。董事长设正副二额，第一年华正英副，第二年英正华副，以后照此轮流。各董事皆为名誉职（名誉职则可免日本文化会抢位之丑事）。

（b）设学务稽核处及投资稽核处，受董事会之管辖。

（乙）事业

（a）设一大规模之技术学校，由华英人主持。附设工厂，以备学生实习。此种学校应是劳动的，而非贵胄式的。学生自幼即须习打铁握泥等事，目的在养成能言、能行、能忍苦之中级技手，务使其为生利的，而非分利的。一切嚣张怠惰之习，自幼即须除去。

（b）建筑粤汉铁路之南段，以完成广东、汉口间之交通。修正该路借款旧合同，以免后日纷争。南段之会计，应另立帐册，使勿与北段相混，并使教育界便于监督管理。权应依平等原则，由华英双方商订妥善办法，务使主权及余利均能保持。建筑时期定为四年，以庚款半数作利息之担保，发行公债三千五百万元。此款与从前积存之一千六百万元，合计五千一百万元，足敷完成该路之用。前六年利息，由海关拨付，每年约二百五十万元；第六年起，利息由铁路拨付；第十一年起，铁路付息而又拔本，拨归董事会充教育之用。

（c）酌量补助。现有各校不分公私，只问优劣，且又应重实而轻虚。年年考核，一见成绩退化，应即停止补助。至于教育行政，绝对不能通融分润，盖一经通融，即可使巨款转辗滚于他处也。

13 南满铁路[1]参观记略[2]

1926 年

本会会务主任华南圭君于本年八月，偕同京汉路运输课代理课长许建康君，参观南满铁路，并顺途参观朝鲜铁路。兹特录其参观记略，以供留心路事者之参考焉。

（一）南满铁路之组织，与我国铁路制度，根本不同。我国系中央集权制度，故总局设有处长。各处长承局长之命，直接管辖各该处事务。南满铁路系分区集权制度，总局设课而不设处。共计设有八课，曰庶务课（即京汉铁路称为总务者），曰经理课（即京汉铁路称为会计者），曰旅客课，曰货物课，曰运转课（即京汉铁路车、机两处所属之行驶事项），曰计划课，曰保线课，曰机械课（即京汉铁路机务处所属之机厂事务）。至于外段，则大连、奉天、长春三处设有三所，名曰铁路事务所，略如京汉路之三总段。但京汉路车、工、机各设三总段，南满路则铁路事务所监管车、工、机三事。观于此，即可知其组织根本不同之点矣。前项事务所之外，尚有食堂事务所、埠头事务所、上海事务所、沙河口工厂、辽阳工厂。至于权度之制，则议定改用万国权度通制，即公吨、公里是也。

（二）南满铁路之营业，据民国十三年之成绩，总收入为九千二百六十万元，而其干线之长为九六六公里，即长春一大连线七〇六公里，奉天一安东线二六〇公里。比京汉路干线较短五分之一，而营业收入乃三倍之。

1. 原为 1897–1903 年沙俄在我国东北境内所筑中东铁路的一部分（长春至大连段），日俄战争后，为日本所占并予以改造，改称南满铁路。
2. 原文刊载于《中华工程师学会会报》第 13 卷（1926 年）第 9、10 期。

其间客运占百分之十五，货运占百分之八三，仓库及他项占百分之二。京汉路沿途物产，不为不丰，南北地位亦极重要，而营业收入，如此悬绝，此无他，京汉路历年受时局影响，至深且巨，致不获锐意经营。诸如机车一项，南满路同年共有四〇五辆，而京汉路所有仅及半数；又客车一项，南满路同年共有四〇一辆，京汉路则仅有一百五十余辆。又货车一项，南满路同年共有六二八〇辆，均能实际应用，及观京汉路，现下虽有四千余辆，然仅能以千余辆作为运输项下应用，其余均糜于军事，及流落于外路。至于南满路支出事务费一百四十九万元，运输费一千〇十二万元，车辆费五百〇八万元，运输费六百四十四万元，保存费四百八十万元，合计约二千八百万元，尚不及收入额之三分之一。该路营业如此之良，不外收入丰而开支省。收入之所以丰，最大原因，为人与事之各能持其平衡。人皆称职，事无不举。

（三）南满路之工程，颇称完善。当初每年略有水冲之处，今则巩固工程，业已完备。且森林茂盛，故洪水已不能为铁路之害。桥梁最初时，为古柏氏[3]之E35，后改为E45，今则以E50为标准。钢轨初为64磅者，后改为80磅，今则用100磅。轨道初本单线，后逐段改为双线。由大连至奉天，今已全成双线。据称明年可达长春。两线中线之距为四公尺三寸。第二线之桥梁系于第一线之傍，平行添设。轨道之最小半径，由300改为400公尺，将来尚拟改为600公尺。坡度由1/80变成0.6%。钢轨长十码，每轨道之枕木为十五根，或十六根。炼法系用煤脂。主要号志之形式，与本路无异。但其运用，则渐改为电力。与大连相近之周水子站，及瓦房店车站等处，业已改用电力。重要车站大石桥，现正在改设之中。号志设计，由计划课办理。装置工事，则由保线课办理。护站号志与轨尖之距，定为一百公尺，与本路无异。远距号志，则以五百公尺为最小限。我国所谓道棚，彼称为丁场，分段称为区，每区

---

3. 古柏（Theodore Cooper）为19世纪末至20世纪初的一位著名美国桥梁工程师。

约长七十乃至一百公里。每丁场越长七公里乃至十一公里。而每一丁场之工人，有日人二名或三名，华人四乃至八名。平均每一公里，有日人 0.2 名，华人 0.42 名。工薪每天自四毛乃至七毛，平均约 0.58 毛。抽换轨枕，系用定期整批抽换方法，即京汉路二三年前所用之方法也。

（四）南满路车辆载重及运用方法，均优于京汉路。查南满路运货之机车，大都采用美国（咪卡哆）式，又均装置汽轫。计此项机车，每次能牵引载货车至二千吨，最大速度至六十公里。又客车最大载重量至七百余吨，最大速度至九十五公里。反观京汉铁路，桥梁路基，此时均见薄弱，既未能增加载重，又未能增加速度。又南满路机车调度修养项下，计运转使用数占百分之六五，预备数占百分之一八，修缮占百分一六。以此比较京汉路现有机车，因受时局影响，致不获加以修养，其不日就窳败者，几希矣。南满路运客列车，长春奉天间，每天往回各有五次之多；奉天大石桥间，每天往回有六次之多；而长春大连间之通车，每天往回各有四次之多。至于货车，则更不可胜计矣。

（五）南满路大宗物产，系煤豆、豆饼、豆油、高粱。每年输出约五六百万吨，输入其他货物约一百万吨，合计约六百万吨。货物运单，一经缮就，即可作为押汇。上年国内运输会议，曾经议及此事之应及时举办，而尚未拟有具体办法，因此事须与银行界合作，此时似尚不易谈到。

（六）南满路客车装置法，略与中国各路不同。头二等车，大都采用中央走道敞座式。日间折叠，即为客座；夜间座椅抽出，合成低床，高板放下，即成高床。走道左右排列之椅，每椅应坐二人，左右共计，大概二十八排，即为五十六座。头二等相差，不过绒垫之新旧粗精而已。此种格式，座位之数颇多，在铁路方面当然有利，但恐不适于中国之现状。因中国之乘客，每喜占用包房故也。且敞座式之客车，苟公众秩序未能整肃，则夜间似易遗失物件。该路三等客车，既非中央走道式，又非边傍走道式，而为偏心走道式。就同排而论，走道左畔一椅坐一人，右畔一椅坐三人，合计四人。夜间右畔一椅成一床，左畔两椅合成一床，即五座变成二床。而右之靠背扶起悬之，又成一床。其高处复悬一床，左畔座位之上，既无中层之床，又无高层之床，盖为置物留余地也。统计若以三十二排计算之，则日间可坐一百二十八人，即左坐三十二人，右坐 3×32=96 人，夜间则可卧一百十二人，即左卧 32/2=16 人，右卧 3×32=96 人。此种布置颇称改良。三等客之待遇，卧时各客首足皆能隔离，颇宜于卫生。中国各路将来似可仿行。但京奉路双行走道式之三等客车，却能容人更多。就三十二排同等地面而言，京奉式能坐 186 人，卧 160 人。盖二边左右，能各作床二层。中央左右，能各作床三层也。南满路货车吨量，增至五十及六十吨之巨，较京汉路以四十吨为最大量者，又超过百分之五十矣。头等客车，中段即为敞座式。而其一头，附设包房。一间日间可坐六人。特别快车，恒附挂展望车一辆，更洁净宽舒，以大块玻璃为门窗，大椅书棹，无一不备，且有书报供人阅览。前文所叙述之头二等客车，不无美中不足之处，即挂床太低，日间触头是也。添制新车时，不难改良，以祛此弊。至于车身上之头二三等字样，南满路亦已改良。其法系沿窗槛加横线，使站上之客，一望而知其相当之等级。黄色为头等，蓝色为二等，红色为三等。

（七）南满路客车内之卫生设备，视我国任何一路为优。恭桶则有坐式、蹬式之二种，分设于车之两头，且各有洗手之具。洗面具必有二室，既分设于车之两头，又各与便室分开。头等、二等、三等之设备，大略相同，唯有精粗广隘之分。水量充足，洗扫洁净。而头二等车，尤多备手巾，每块只用一次，有可移动者，有不移动者。且有可饮之冷水。至于车内及上车下车时之整齐划一，犹其余事耳。食堂车亦异常肃净，装饰亦极美。中膳晚膳同价，而皆以正膳二碟为限，即一汤、二荤、一甜菜、一果、一茶是也。此外又另有四合盘或和菜，每份五角。此种设备，于旅客极为适宜。较我国车膳简单，而却适口。司膳者亦不甚忙，用人可少。而洗刷可以得彻底之清洁。各车站皆设简朴之洗盥室，以备三等客人洗手洗面之用。

（八）南满路附属营业，如沿途货仓，设备完善。今索有详细日文章程，拟即付译，以资借镜。附属旅馆，计有大连、旅顺、奉天、长春四处。

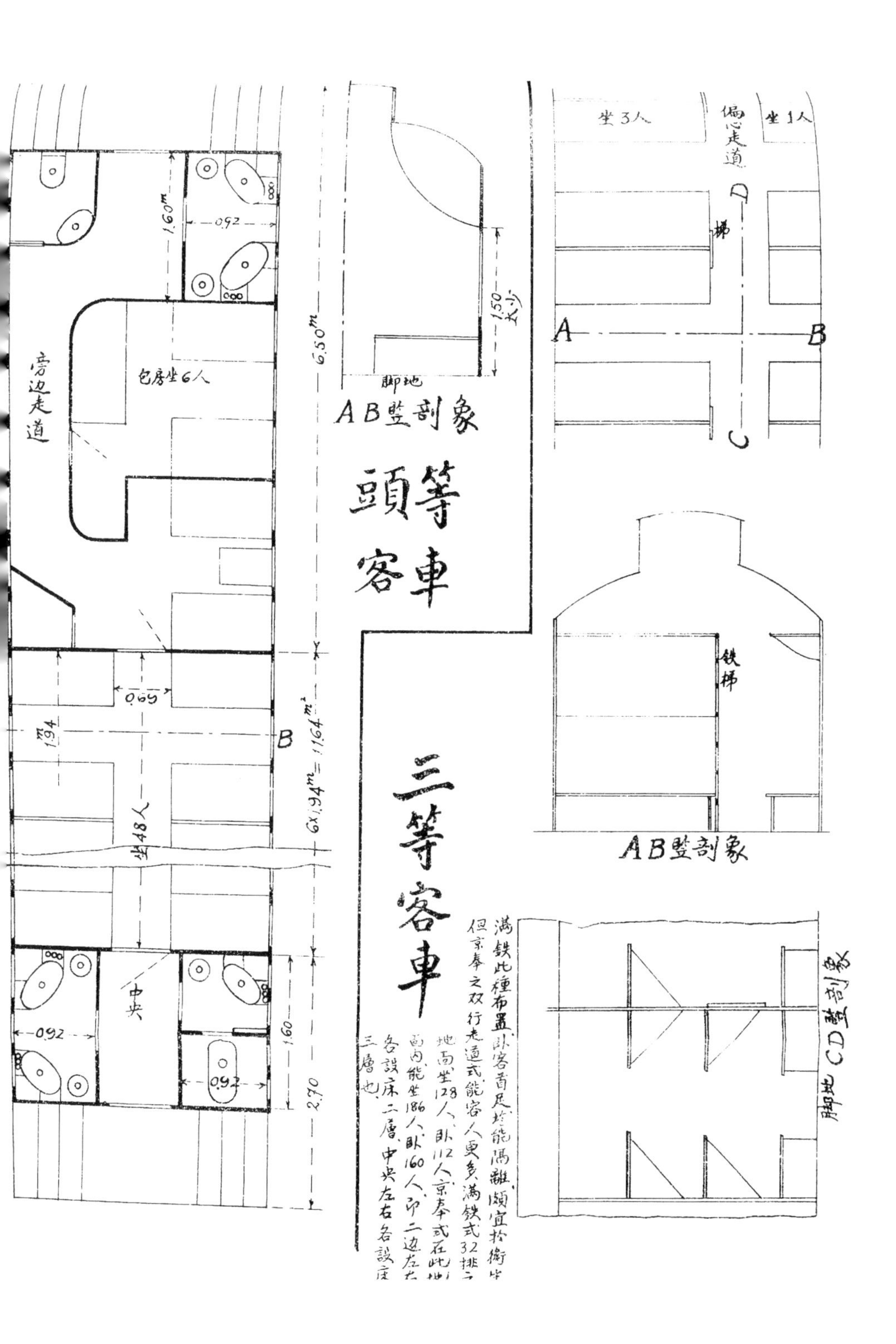
坐3人
偏心走道
坐1人
梯
A
B
D
C
1.60m
0.92
1.50 大少
6.50m
脚地
AB竖剖象
头等客车
旁边走道
包房坐6人
0.69
1.94m
B
6×1.94m=11.64m
坐48人
铁梯
AB竖剖象
三等客车
中央
0.92
1.60
0.92
2.70
CD竖剖象
脚地
满铁此种布置卧客皆足，埒能隔离，颇宜于卫生，
但京奉之双行走道式能容人更多。满铁式32排之
地面坐128人，卧112人。京奉式在此地
面内能坐186人，卧160人，即二边左右
各设床二层，中央左右各设床
三层也。

建筑规模宏大，内容系雇佣掌管而略带包办性质。营业出入，逐日具报。闻此项旅馆，不过为方便旅客计，历年有亏无盈。又客车所挂膳车，系归旅馆兼办。又沿途广告，定有专章，每处每方尺若干。似与本路所定办法，大致相同。

（九）大连码头之海内陆上各工事各设备，实与西洋最新之办法相同。水深足容二万吨之巨船停泊，同时可系留三十六船。码堤现有三座，第四座亦已动工。每座与码岸成丁字形，堤线延长一万四千一百九十六日尺，即四千三百〇一公尺，约有九华里之长。且堤之竖面，皆成垂直线。俾船岸间不用长板，而便人行。每堤上既有轨道三条，又有极长极广之货棚。第一堤专为出口货之用。第三堤专为进口货之用。第二堤居中，一面为进口货之用，又一面为出口货之用，且兼为客人之用。三层楼板，均用铁筋混凝土造成。对于旅客之设备，则头二等等候室、食堂、球房、书报房、理发室、小卖室、兑换室、大小便室、擦鞋室，无一不备，亦无一不精。屋顶又有送客人远望行船之设备。防波堤长三千九百七十六公尺，即等于八华里之长，包围海面九十五万坪，即三一四〇七〇〇平方公尺，即五千亩有余。码头上之仓库，计有七十四栋，占地十万坪，即三十三万平方公尺有余，即约五百四十亩。同时能容纳四十万吨货物。仓外尚有堆场十二万坪，约六百五十亩。凡易燃之货物，与他货隔离颇远，以免火灾时延烧之害。海口另有检病码头，附设病院，以便抱病人离船后在岸调养，至病愈可以入口而止。此外又在车站近傍填塞海滩，为车站发展之用。组车之大站，介于码头与客站之间，轨道甚多。附图于后，以示概状。

（十）南满路养老金制度，业已实行，故人人得以安心服务。大概服务十年以上者，退职时给以五十月；服务十五年以上者，退职时给以九十月，名曰退职慰劳金。至于退职之资格年限，以及自由退职，及强制退职等项，既随职务而殊，亦随等级而殊，当自有详细章程所规定也。

（十一）至于大连旅顺地方事业，虽不在南满铁路本身范围以内，而满铁公司，实多提携之处，大抵当时属于满铁者甚多，今渐脱离满铁而独立。如学校、医院、矿场、工厂、电车、电灯之类是也。大连道路之宽广完善，与西洋都市无异。而由大连至旅顺之道路，所经皆属乡野，而其宽度，乃在三丈以上。隧道甚多，汽车往返，十分便利。龙王塘水堰，与比国最新之 Gileppe[4] 水堰无异。闻其建筑费达三百万元，合以水管机器及滤池等等，总费五百万元。大连市之自来水，来自三路，龙王塘是其一路。该堰长一万日尺，即约三二七公尺；高五八日尺，即约二六公尺；顶宽一四日尺，约四公尺；底宽一〇〇日尺，即约三〇公尺。形如上图。截留之水量，为一千六百万吨，即一千六百万立方公尺。龙王塘近地有一岭，高于大连程途中之各岭，于此设一大池。堰内之水，先送至此池，再用直径二英尺之铁管，赖水之重心力，以流至大连。堰分三段筑成，其衔接处，用∧形之铜板，竖插于圬工之内，以防衔接处之渗水。至于森林，自奉天至大连，沿途遥视之，层峦叠嶂，无一处不绿树蔽天。安奉线之两傍亦然。朝鲜铁路两傍亦然。旅行中所经四千里路中，无一处不见森林。因此河流顺而净，大雨不能为灾。轨道及桥梁，鲜有冲毁之患。闻日人保护森林，奖罚并用，故能有此成绩。凡伐树者、烧树者、垦树者，以及偷移标志者，概处以十年以下之苦工。

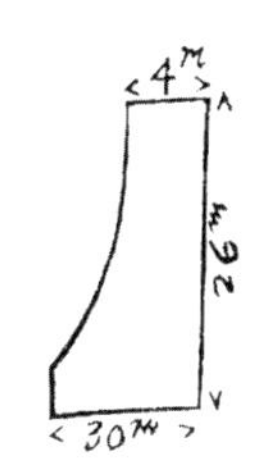

以上情形，不过举其大概。此次考察日期甚促，未暇究其细节。以后各路如能每年轮流派员参观，以增见识而资采仿，实于路务大有裨益。再者南满公司于路农工商四事，既竭力振兴外，对于社会问题，亦颇能随时随事，加以改善。例如食堂车于全膳之外，兼售每份五毛之四合盘或和菜。又如大和旅馆全餐三元之外，于另室兼售每份五毛之单餐。而大连市之汽车，在区内每用一次，定价五毛，等等，皆是有益社会之举也。日人官私上下，礼节上之繁文，多能蠲除。朝鲜途中，由元山至京城，

4. 比利时的一条河，位于该国东部，临近韦尔维耶镇（the town of Verviers）。

系一支线，无头等客座。于二等车内，遇一日人，姓斋藤者，坐占一座，卧占一床，坐卧均与常人同。初不知其为何许人也，迨至京城车站，在站台迎接者，约有七八人，似为家族中人。此时询诸众人，始知其为朝鲜总督。另有一二十人，在站台外迎接，简净不烦。就人事加以视察，大抵皆勤工称职，安分乐业，凡百庶政，无一不蒸蒸日上。有由来矣。

附图两幅。

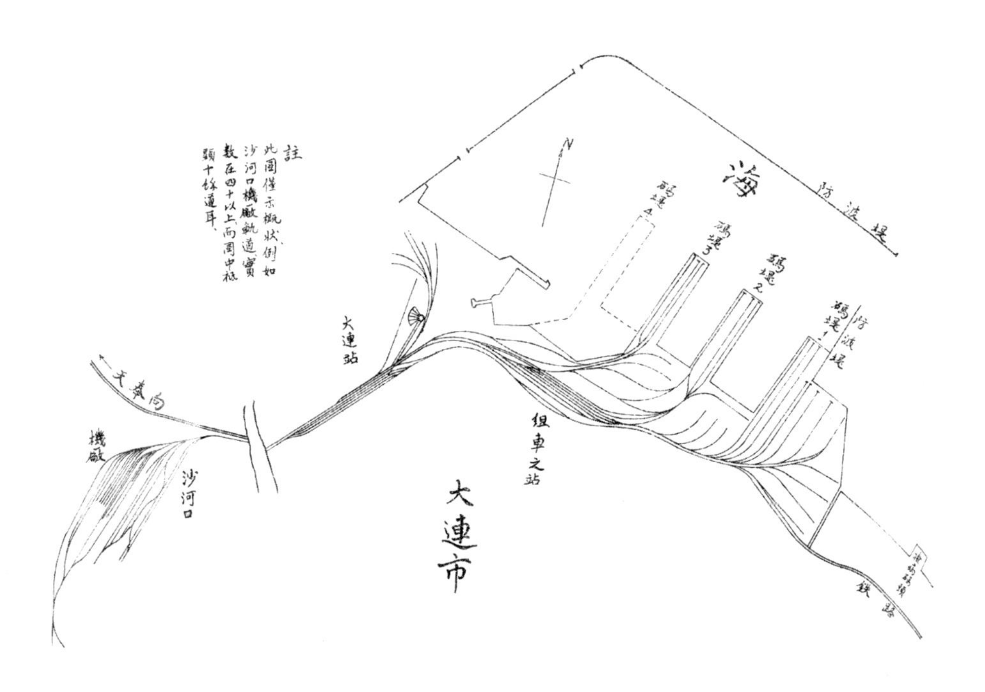

14 昨日黄花之文[1]

1928 年

数年来铁路当局，人人美其名曰整理，实则人人行其破坏之手段。当局每更换一次，破坏必增加一层。二三有志之士，类皆敢怒不敢言，只于独坐之时，长吁短叹而已。历来破坏之方法，恒从人字做起，以新人易旧人，以庸人易能人，以恶人易善人，此一方法也，为人设事之恶习，犹谓不息。本无所事，而必巧立名目以用人，此又一方法也。人愈多愈杂而事亦愈乱，且破坏亦愈深愈广。民国十六年，京汉铁路北京当局，又欲借地亩名目，分段设员以广开大厦，旨意已定，形式上由总务处征询工务处意见。鄙人秉性戆直，一方面迫于公义，一方面慑于威权，严其义而仍圆其辞，提出十大考虑，以钳执当局之口，邀天之幸，设段原议，居然无形取消。此文已成昨日黄花，然而各机关类此之事甚多，故辑录之，以供工程同志之一览。

径启者，案准贵处第一〇一九号函开，迭奉局令，以本路出租地岔，收缴租金，改归地亩课接办，并修订各项办事规则，抄送查照，嘱详细审核。如应修改之处，务祈逐条签注，以凭呈请公布，等因，准此。查地亩一项，原系贵处内部之事，敝处本未便妄参末议，既承采及刍荛[2]，不得不就事实上之利弊，披诚言之。办事规则及分段细则，根本上似尚有须考虑之处。本路地亩价值，说者谓值一二千万之巨，闻者不察，信

1. 原载于《中华工程师学会会报》第 15 卷（1928 年），第 7、8 期。

2. 原指割草打柴的人，后常用作向人陈述意见的谦词。

为确凿，殊不知地亩须分三种观之，一曰汉口地亩，二曰各站地亩，三曰沿路地亩。本路前曾设立地务处，目的在投资以经营汉口地亩。其地在刘家庙玉带门之间，此项地亩，多系低洼，填高后方有价值。划出马路，安设沟道，则价值渐巨，说者称为一二千万元者，系指此项而言，非谓全路地亩均如此昂贵也。且亦须在投资经营之后，此宜考虑者一也。各路地亩，历来租与商家，办理已久，向不觉有扩张机关之必要，且各站余地，并不敷裕，每次添筑岔道，常须另购新地，即是不敷裕之明证。大站如石家庄、郑州等处，竟无尺寸之敷裕。既不敷裕，则机关应否扩张，此宜考虑者二也。至于沿路地亩，非高岗，即深坑，琐碎不成片段。即使有人民函请租种，所入租金亦必甚微。且此项人民，寒苦者居多，催取租金时，顽者恒潜匿不见。收入有限而费用增加，此应考虑者三也。本路各站栈地岔道，商民习向车务处请租，转呈管理局，令车工二处查勘具复，由局核准后，订立合同。所有租金，由车务处催取，转缴会计处点收。本路通车至今已二十余年，上项手续，并无不便之处。兹查新订规则及地务分段办事细则，仍须由车工警三处会同办理，能无贻叠床架屋[3]之讥，此应考虑者四也。又本路自军兴以来，管辖段站，伸缩靡定，营业收入，较前锐减。因是，前此各处，莫不缩小范围，以资撙节[4]。今地亩课除分股办事外，尚拟在沿路设立三段，添派分段长课员司事若干人，所支薪费，不免较目前增加，与路政会议及屡次部局减省营业费用之明令，不无抵触，此应考虑者五也。裁并骈枝机关，部局已三令五申。若一面裁并，一面添设，且所添设者为骈枝之骈枝[5]，则情理法三字上，能否说得过去，此应考虑者六也。查各国铁路，除车务、工务、机务，以行车关系，日夜均有勤务，各须设段就近服务外，其余鲜有分段而又设分段长者。他国地价及地亩子亩，远在我国之上，尚未闻

3. 床上架床，屋上加屋。比喻重复、累赘，自找麻烦。
4. 节省。
5. 指手的大拇指或小拇指旁边多长出的一个手指。比喻多余的或不必要的事物。

有扩张机关之必要，此宜考虑者七也。扩张机关，名目上只添数人，实际上费用甚巨，需新房焉，需仆人焉，需差费焉，需煤柴灯火焉，需笔墨纸张焉，所需者不胜枚举。而相关各处亦从此多事，账目增多，公文增多，电报增多，所增者又不胜枚举。凡此种种，其结果则地亩之收入未增，虚縻之费用甚巨，坐领干薪之冗员，其害仅虚縻一份金钱，添设无事之机关，其害且纷扰全路之各处，此宜考虑者八也。分段长名目，在各国不肯经授，一须有日夜不息之重大职务，二须有相当之学问及经验。敝处前所辖之造林事务所，为慎重各器起见，始终只有林务员，从未给予分段长名称。当时请者纷纷，非不娓娓动听，而敝处抱定为事择人、不为人设事之宗旨，卒未为浮言所动。地亩事项，是否日夜不息，收租事项，亦是否日夜不息，抑或仅一年数次？此应考虑者九也。裁员减政之举，距今不过数月，若将机关扩张，势必另添新人，能勿为世诟病？且冗员愈多，徒使勤能者日渐灰心。人心破产，视物质破产为更难收拾，此应考虑者十也。以上荦荦十大端，管见所及，是否有当，仍希卓裁，工务处启。

15 铁路工程之我见[1]

1929 年

本年献岁，友有征求俚文者，其题以铁路工程为限。鄙人现供职于市政工程，铁路已非分内之事，然而枯肠尚非无物，譬如开设多年之小店，存货尚不难搬出几件。舍广漠无垠之普通问题，而就工程中之较有边际者，提出十端，与世人一商榷焉。抑余所最不满意于我国铁路者，为组织及管理，但题只限于工程，则余仍舍组织及管理而专言工程可耳。

（一）裁兵造铁路

此言哓哓多年，在当时颟顸泄沓之官僚，言之无物，诚不足怪。革命告终，建设伊始，宜不再作此“门外汉”之空言矣。孰知不然，近日尚有作此无稽之言者。铁路工程，十之九属于专门，其为普通人所能为者，只有土方及石碴二宗，只占铁路建设总费之十分一。若专为安插裁兵以造铁路，则必预筹十分十之的款而后可。若只筹十分一之的款而先作土方，则此费殆全掷于虚牝。例如一百公里之路线，总费须四百万元，裁兵所能为之工作，仅占四十万元，以每人每月十元计算，假定收容一万人，只须作工四个月，四十万元已用罄，而铁路所成者仅土方。若不再用三百六十万元，则一年之后，土方消散，岂非掷于虚牝者乎？余敬谨告国人曰，慎勿作“裁兵造铁路”之空言。无已，其惟造公路或开河乎。河及公路，却能容纳多数之裁兵，盖挖土挑土，彼等所能为者

1. 原文载于《中华工程师学会会报》第 16 卷（1929 年），第 1、2 期。

也，采石运石捣石铺石压石，彼所能为者也。至于堤岸及桥梁，已须专技，惟所占百分率甚小，大概为总费之百分十乃至百分之二十耳。是故，与其谓之“裁兵造铁路”，无宁谓之“裁兵开河”或“裁兵造公路”。

（二）广筑小铁路

吾国财力，凋敝达于极点。说者欲利用外资，余试问外人愚于我等乎，抑智于我等乎？政局不宁，本国人尚不敢投资，何况外人？湖广借款，津浦借款，陇海借款，本既不拔，利亦不偿，市价一落千丈，即有一二银行家，投机尝试，垫款数万或十数万作开办费，其结果卒同泡影。美国之富甲天下，请问裕中借款之成绩如何？据余意见，欲紧急发展农工商，应一面筹划大铁路，一面先发展小铁路，用小机以驶车可也，用牲力以驶车可也，即用人力以驶车亦可也。

（三）铁路国有政策

此政策有利亦有弊。以中国地面之广阔，威权之分散，欲巨细皆操于中央，恐纠纷实多于乱丝。不如略仿美国先例，中央处监督地位，划出区域，定出条例，在法定范围以内，任何人任何机关，任何国之公司，皆能造路营业，余窃料路线之增长，必较政府专办为迅速。

（四）轨间问题

我国目前，有二种轨间，其一为一.四四公尺，即世人共称为标准宽度者是也；其二为一公尺，即世人共称为窄度者也，如正太、滇越是也。今人有绝对的主张第一种者，亦有相对的采用第二种者。日本铁路，皆是窄度，近日欲改为标准宽度而苦其难，因此遂责备前人之错误，殊不知窄度之建设费，小于标准宽度者甚多，以同等之财力，窄度铁路之路线可较长，即所发展之地面可较广，而较普遍。以日本论，不有前人之错误，则富力发展不能如是之速，今日恐尚未达于急需标准宽度之程度，则错误者非真错误也，谓为功绩可也。是故，余以相对的主张为是，凡在下列三种情状之下，可采用窄度。其一属于内地，即山陵区域是也；其二属于口岸，凡一路所转输之物产，能直接达于口岸而无须中途改赴他式铁路者，不妨采用窄度；其三属于衔接，凡车必须由此铁路改走他式铁路者，则视其物产之轻重以定窄度之采用与否。例如甲路用小车，乙路用大车，若货物笨重而换车之费巨，则甲乙路制应相同；若货物轻贵而换车之费不巨，则甲乙路制不妨不同。沧石铁路，有人拟议采用正太铁路之窄度，理由即在于此。但余以为，尚须视沧石路能否展至海岸为权衡，果采用窄度，则汉平太轻弱之铁桥，一律可移用于沧石，一转移间，两得其利。抑更有须注意者，正太铁路之轨距为一公尺，可视为小铁路之一种，车身之宽度倍之。查日本全国铁路之轨距，与正太仿佛，即一公尺六七公厘，而近日车身之宽度乃三倍之（如附图），即与大铁路之轨距同。将来我国添造一公尺之铁路时，此事不可再忽。

（五）桥梁制度

桥梁能用石工或砖工或铁筋混凝土，则必用之，不得已乃用铁桥。而铁桥本身，宜多用托式，少用提式；又宜多用独梁，少用统梁，统梁之建筑费虽稍省，而有二弊：一孔若毁坏，则邻孔连带受害，其弊一也；桥墩高度若微有变迁，则耐力随之变迁，其弊二也。济南铁桥，所毁者为挑式，一孔伤必须同时修理前后二邻孔，此是第一弊之最近明证也。我国河流多沙，土质松紧，未能绝对相同，洪水时又不免受冲刷，则细微之降低，势所难免，此第二弊所以不能免也。

（六）以堤代桥

我国河道，一律未用人力规正，故急流之方向常变，且水盛之时期，仅在夏秋之交，此外则殆无水。京汉铁路上许多大桥，常有此现象，许多桥孔，当时视为必要者，现已等于虚设。南端桥孔既等于虚设，则必于北端又添桥孔，既如是则何如不设铁桥之为愈乎？不设铁桥而以堤代之，较为合算。堤长至低，两旁插桩，土石合用，洪水之时，水可在堤

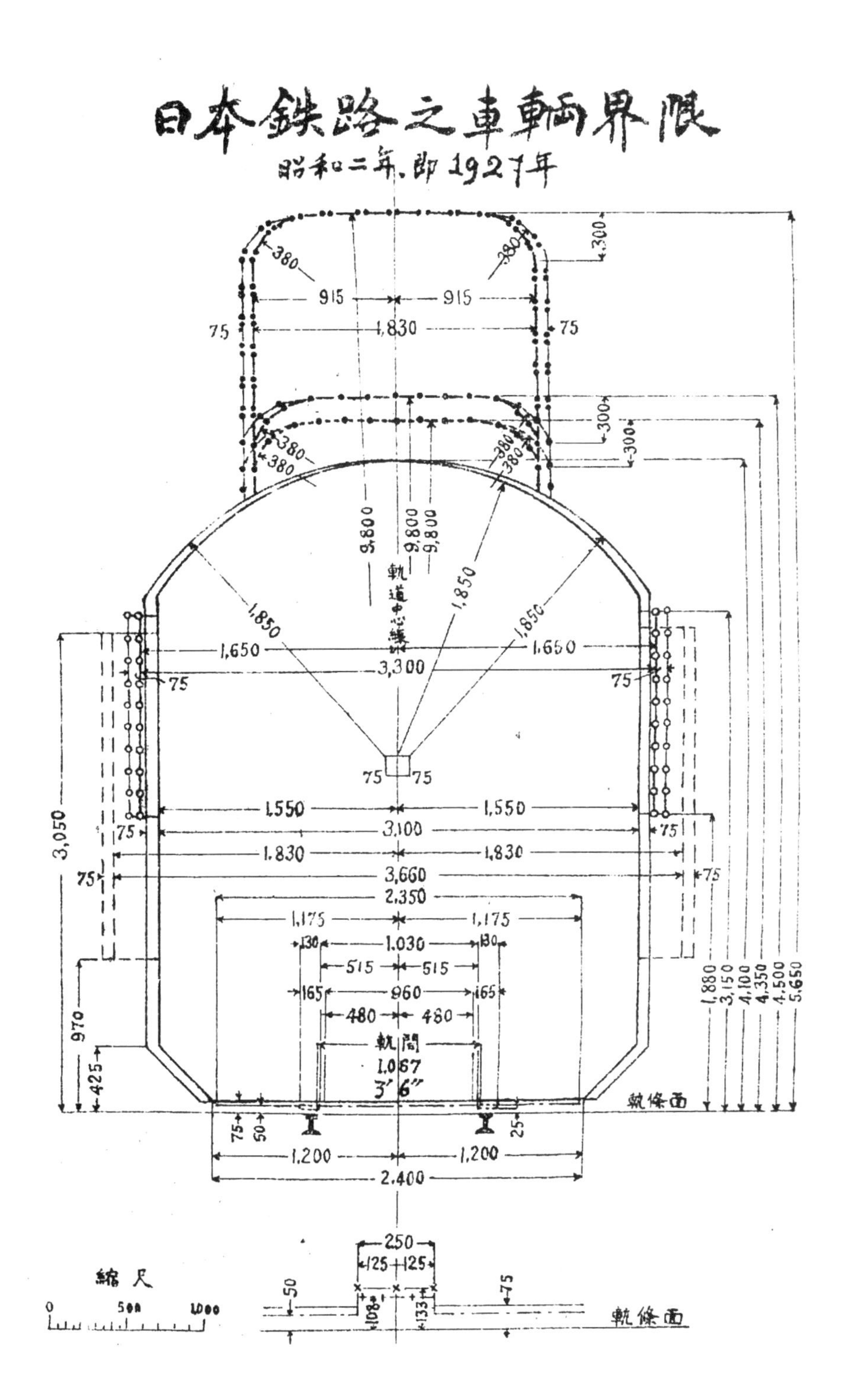
日本鉄路之車輌界限
昭和二年，即1927年
軌道中心線
軌間
1,067
3′6″
軌條面
縮尺
0 500 1000

面滑过，停车数日可耳。水过堤又显，即可继续通车。停车所少收之运费，恐尚小于冲毁桥墩之损失也。

（七）汉平黄河新桥

此桥之长为三公里有余，即六华里有余，实为世界上最长之桥，铁桩细弱，数年前有改建新桥之计划，设立设计审查委员会，曾聘英美法比日五国大工程师为委员，余当时充副委员长[2]，预估约一千万元。世人常谓汉平全路危险程度，以黄河旧桥为最甚，此言实有辩驳之余地。余以为汉平全路之桥，以此桥为最不危险。余非谓此桥之真不危险，惟此桥以外之各桥，其危险无一不甚于此桥耳。且全路火车，在黄河桥之南岸北岸，一律皆须停车，停而复开，不难遵守法定之速度，以免振撼。至于其他各桥，虽有缓行之规定，事实上则各火车未必能绝对遵守。盖桥数甚多，行车时忽减速度忽增速度，勤慎之司机，尚感其繁，怠忽之司机，则对于缓行之规定，阳奉阴违，无时无地无危险之机也。由前之理，汉平铁路之铁桥、黄河大桥，固宜改造，而全路各铁桥，尤须巩固。偏于此而疏于彼，实大误也。

（八）车站及其岔道

车站及其岔道，人皆忽之，实乃是极大问题，盖犹是人之喉也，胃也，肠也。汉平铁路，前车可鉴，将来新路，万勿疏忽视之。例如石家庄，堆货无地，岔道难添，调车不便，铁路与商家兼受其害，历年纠纷，始终未能改良。先得岔道者，始则居奇垄断，继则自身亦无法发展。石家庄之货物，以煤为大宗，目前各煤矿每天之能力，仅就烟煤言之，正丰二千五百吨，井陉三千余吨，临城一千余吨，并计每天七千吨，而大宗红煤[3]，尚不在内。若每地合计合为二万吨，则每天须有四十吨之货车

---

2. 1921 年计划建京汉铁路郑州黄河铁路新桥，是为替代老桥，最终因款项不足而没能投建。但筹备过程为之后的桥梁建设事业提供了宝贵知识。

3. 方言，无烟煤。

五百辆，或二十吨之货车一千辆，方能使站无留货。若车辆不能按天接济，或出入不便，则货之停留，势所难免。能容一千车之轨道，至少须十公里，即二十华里，所占地面之广可以想见。且留货所需之地面亦广，则该站总地面之不能不广，可想见矣，即该站岔道之不能不多，亦可想见矣。岔道多而布置不善，则费用巨而利益少，不慎于先，贻误于后，然则造路时不可不有远大之眼光及计划，亦可不言而喻矣。以后新路，一须使站地宽广；二须留支配岔道之地步，以免临时不可能之大弊；三须将站地划区编号，随时租与商人，利益平均，无竞争之必要，且交运时可检查其究是何货，究存货若干，以免货等蒙混及分配车辆不均之弊。

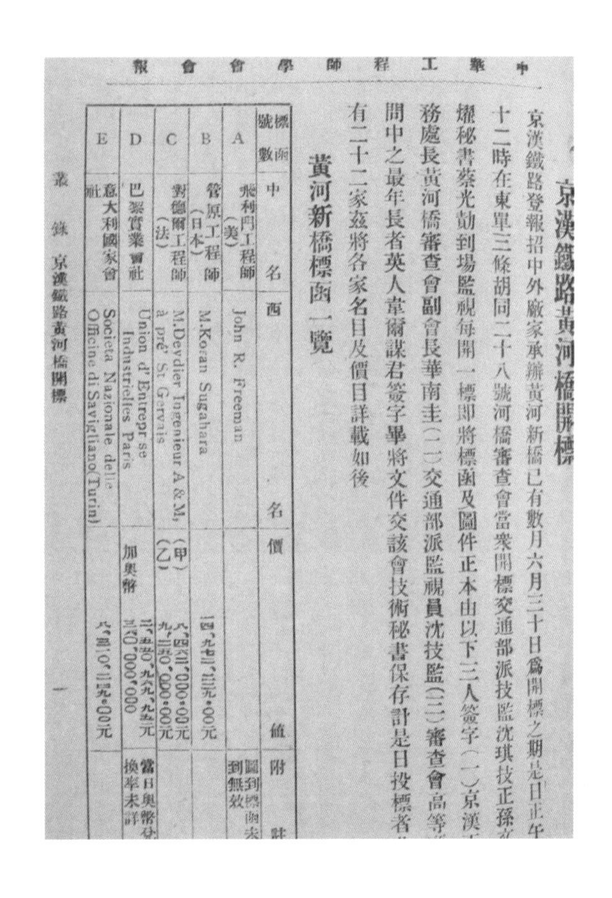

中華工程師學會會報

京漢鐵路黃河橋開標

京漢鐵路登報招中外廠家承辦黃河新橋已有數月六月三十日爲開標之期是日正午十二時在東單三條胡同二十八號河橋審查會當衆開標交通部派技監沈琪技正孫〔…〕燿秘書蔡光勩到場監視每開一標即將標函及圖件正本由以下三人簽字（一）京漢〔…〕務處長黃河橋審查會副會長華南圭（二）交通部派監視員沈技監（三）審查會高等〔…〕問中之最年長者英人韋爾謀君簽字畢將文件交該會技術秘書保存計是日投標者〔…〕有二十二家茲將各家名目及價目詳載如後

黃河新橋標函一覽

標函號數	中名	西名	價值	附註
A	飛利門工程師（美）	John R. Freeman		圖到標函未到無效
B	管原工程師（日本）	M.Koran Sugahara	四，九七三，三三九·〇〇元	
C	對德爾工程師（法）	M.Devdier Ingenieur A & M, à pré St Gervais	（甲）八，四六三，〇〇〇·〇〇元 （乙）九，三五〇，〇〇〇·〇〇元	
D	巴黎實業會社	Union d' Entrepr se Industrielles Paris	加奧幣 三，五五〇，九九九，九五元 三〇，〇〇〇，〇〇〇	當日奧幣兌換率未詳
E	意大利國家會社	Societa Nazionale delle Officine di Savigliano(Turin)	八，三一〇，三三九·〇〇元	

叢錄 京漢鐵路黃河橋開標 一

（九）铁筋混凝土之轨枕

轨枕之质料，大概可分三种。其一用木，其二用钢，其三用铁筋混凝土。木与钢多属洋货，以后似可采用。第三种质料，盖石与西门土皆是国货，钢筋虽仍是洋货，而其量甚微，则虽谓之纯然国货可也。且制造之工，可全用本国工人，则国民生计亦受其利，是故，余仍盼第三种轨枕，以后推行日甚。其形式变化甚多，而大体可分为二种，其一是统

1918 年，中华工程师学会常会合影。右二和右三为当任副会长华南圭及邝孙谋。自《中华工程师学会会报》第 5 卷（1918 年）第 10 期。

中华工程师学会宴请参与黄河铁路新桥计划的国外技术专家。末排中间着白衣者为华南圭，前排右二为学会当年会长沈琪。摄于 1921 年 8 月。自《中华工程师学会会报》第 8 卷（1921 年）第 8 期。

长之整块，略与木枕相似；其二以两小枕联结为一枕，其联结之物为钢料。第二式优于第一式，一因其无中断之患，二因其较轻便。

（十）建设费之大小

吾国经济薄弱，费一钱须得一钱之实用，内行人办事费必节省，外行人办事，费必虚糜，此是必然之理，无待赘论。余今所欲言者，近日筑路，贿赂公行，实可伤心者也。数年来关内无新路，惟关外则有奉海、吉海诸新路，兹只就吉海路之贿赂言之。铁桥由慎昌承办，平奉山海关桥梁厂，开价较廉十万元，交货时限较早三个月，而竟不能得标。不但此也，慎昌仅送至牛庄，山厂则送至工地，慎昌只送货而不代装配，山厂既送货而又代装配，慎昌不供给副件，山厂兼供给副件。然而铁路当局，弃山厂而取慎昌，其故何在乎？至于轨枕，铺设应自海龙起手，而货偏交至吉林，再由吉林自费转至海龙，仅仅转运之费，每枕竟费二元四角，如在海龙就地购货，亦不过二元四角而已，而且货色尚可较良。铁路当局，弃海龙而取吉林，其故又何在乎？闻之，当局与商人军人，三面勾通，朋分大利，要皆以长枪利刃为后盾。此外石料沙料以及木桩等等，无一不与此情形相同。试问此种铁路之建设费，焉能不巨？铁路资金，半成贿赂，民脂民膏半入私囊。一般技术人员，素行清廉，伤心动魄，亦惟付之一叹而已。

以上十端，仅举大纲。此外行车号志及调车电报等项，皆在工程范围以内，他日再论。

16 本会华副会长就北宁工务处长宣言[1]

1930年9月9日

与同人讲五字

余两袖清风，来此就职。手中只携二物，左手携一尺，右手携一杖。尺上有分寸，可以代作天平之用，要量量五个大字，曰廉能勤俭健。

第一要先量量我自己的廉能勤俭健，配不配与同人相见于青天白日之下。

余愧心之事，只有一鸡。当时作管段工程师，包工人馈赠礼物，情不可却，收受一鸡。以后婉曲说明，不再收受。馈者渐亦原谅，不再以却之为不恭。

古人云："国家之乱，由官邪也。"凡服务公家之人，皆可谓之官，不廉不能不勤不俭不健，即谓之邪。

第二要量量本处同人之廉能勤俭健，不分华籍或外籍，不分内勤或外勤，但稍分已往与将来，窃符于往者不谏来者可追之意。

不廉为万恶之源，故余所求于同人者，以廉为开宗明义之第一字。

"季康子患盗，问政于孔子。孔子曰：'苟子不欲，虽赏不窃。'孟子曰：'上下交征利，其国危矣。'"欲即不廉，不廉即是盗，上盗下亦盗，即谓之上下交征利。铁路事业广大，世人几视为盗之薮，其实廉者究居多数。然而少数人之不廉，即可败坏多数人之名誉。以后种种，余以"弊绝风清"四字向局长担保，盼同人亦以此四字向余担保。

---

1. 本文原载于《中华工程师学会会报》第17卷（1930年），第10、11、12期。

工务方面之弊端，大者勾通包工人，纵容其偷工减料，小者略受礼物曲予通融。余在京汉任内，以身作则，扫除积弊，新风气既成，旧风气至今未能复萌。本处内外高级人员，操守谅皆可信，惟不检小节之处，或尚难免。例如公役用作私仆，木铁残料，用作家具，此类各事，虽非营私舞弊，究属假公济私，愿同人有则改之，无则加勉。公与私须严明分开，且须知习惯成为风气，星火可以燎原。自己不能严格的清白，将何以禁止所辖员工之龌龊，更何以避去外人之指摘。同人俸给，虽不甚丰，亦不为太啬，贪小利而伤大节，太不值得。

廉不仅在守己而又在严督他人。本处如有情弊，大都在下级人员，如所谓工头、监工及轨道巡查之类，凡为工师者，宜随时严密督察，毫不予以宽容。

廉不仅在监督而又在裁制。积极之裁制，施之于所辖员工；消极之裁制，施之于局外之人。

例如某甲贪污有据，则终身以冷眼对之。若社会上人人能作此消极之裁制，则为恶者自然日少，改过迁善者自然日多，而天下安矣。

余所欲量之第二字为能字。古人云："贤者在位，能者在职。"治天下如此，治铁路亦如此。能之为物，学问与经验同重，学问家不能轻视经验，经验家不能轻视学问。能之种类有区别，我能于此，人另有能于彼者。能之程度有高低，我虽有能，人岂无更能于我者？炫己之长，藏己之短，不可也。没人之长，攻人之短，亦不可也。若仅偏于观己略于观人，则私欲日炽、是非之天良灭矣。

近日新进，以生活日高为词，要求给薪优于旧人。在个人片面着想，理由不可谓不正，然而旧人资格，亦岂可以不计？岂新来者有生活问题，旧留者无生活问题乎？优待新者而薄待旧者，夫岂情理之平？是故，同一能也，资格亦不可不加入于秤盘而计量之。

廉且能而不勤，廉既无益，能亦无效，故廉能二字，须继之以勤。旅进旅退非勤也，敷衍塞责亦非勤也，勤在表面或勤在实际，勤而有效或勤而无效，亦不可不加以权衡。

我人服务于铁路，以铁路为本位，有时不应以自己之职务为界限，各人自扫门前雪，尚非勤字之上乘。内勤者于本课之外，应同时顾及他课；外勤者于本段之外，同时应顾及他段。例如此次水冲后之工事，甲段人员，调往乙段帮忙，固有真能任怨任劳者，亦有奉行故事可罢即罢者。盼以后同人，提起合作精神，他人虽未求助，亦何妨自告奋勇？

暮气是我国人之通病，即我同人所应力戒。逾时到班，其来也姗姗，不到时而散班，其去也姗姗，谓非暮气而何？世界讥中国为头等惰国，虽是过甚之言，却亦非无稽之谈。日本虽小而日强，德国虽败而复兴，全国习勤，始克臻此，对镜相照，能无愧心？

廉能且勤而不俭，则何如？曰，不俭即不足以养廉，志向不能定，操守不能坚，为人之道，必致根本动摇。其能适以养奸，其勤适以助恶而已。人必无意外之希冀，然后可以称廉。欲无意外之希冀，必先有确定之收入及长期之储蓄。欲有储蓄，须先崇俭，故俭字与廉、能、勤三字并重。且也，俭于私，又应俭于公。俭不但在治身，而又在治事，例如画小图而用大纸，非急事而用电报，无形中虚糜公款甚巨，不知俭于私之道，即不知俭于公之道。古人云：“齐家治国，其道一贯。”旨哉斯言。

健字作何解释？曰不作废人而已，不健即是废人。欲俭不俭，欲勤不勤，能也等于无能，廉亦等于木偶。我人须知铁路是勤务的大机关，非养病的慈善院，故废人不应偷生于铁路。大造生人，早赋之以健。其不健者，大半由于自误者也。烟赌酒色，皆是不健之原，沉溺于此四害而不自拔，反谓天不助人，不甚谬乎？

右手中之杖，约有四用，曰指导，曰调剂，曰鞭策，曰挑剔。

前文所叙之五个大字，余始终服膺[2]以自治，亦始终执之以治人，尤愿同人皆以此为治己治人之标准，所谓指导者此也。

本处有不接气之大憾，内外不接气，高低不接气，新旧不接气，彼

2. 意为铭记在心，特指道理和格言。

此不接气。

余欲使内勤外勤有指臂之灵，欲使高低两级间有中级优材，欲使新人渐增其经验，旧人仍能展其所长，欲使此课与彼课分功合作，此段与彼段呼吸相通，所谓调剂者此也。

既指导矣，既调剂矣，如尚有不合格于五大字者，余欲根基于忠与诚之精神而鞭策之。

如有人，志不能同，道不能合，一人不能得一人之用，则分道扬镳，各行其所是可也，所谓挑剔者此也。此系不得已之一举，窃盼无实行之必要。

总之，廉能勤俭健五字，循之则人成为人，家成为家，国成为国；反之则国必乱，家必亡，更不足以言人。

余夙有五字偈，请为诵之以自勉，亦以盼同人之互勉。

君子小人之辨，端在廉与不廉；

进退究何所凭，视乎能与不能；

廉能俱是空名，苟非济之以勤；

社会财力有限，公私皆应崇俭；

吃白食最无颜，力食须先康健。

注：文内用余字，并非妄自尊大，英文处处用 I，法文处处用 Je，皆是我字也。我国繁文太多，虚恭过度，宜矫正之。

17 讲一个小字[1]

1930 年

什么大计划，什么大问题，此乃大人物之大言，我却不知所谓大，只知所谓小，字典中只见得有一个小字。

其大无外，究是何义，即算学上之∞，谓之为无可也。其小无内，究是何义，即算学上之微分数，积之乃真成其大焉。

一耳之于身，小甚，然而耳有疾，则全身不宁。目亦然，口鼻牙齿亦然，一手一脚亦何莫不然。

大桥梁，大房屋，一钉不可不固，一榫不可不善。大厂之工作，烧火者专烧火，故越烧越精；打铁者专打铁，故越打越精；画线者专画线，旋螺[2]者专旋螺，故越画越旋越精。试问有一事为大者乎？有一人可不精于小者乎？不言小而言大，只可谓之大言欺人而已。

言大铁路，人人皆赞美，言小铁路，人人皆厌恶。举世滔滔，惑于大之一字。十年以前，我亦主张多造大铁路，今则反是。天不能雨金，人亦不能点石成金。有限之金钱，用以造少数之路线，不如用以造多数之路网。日本今日殷富，需要大轨，责备前人采用小轨之非，殊不知不有当日之小轨，即无当日之路网，亦即无今日之殷富。既殷富而忘掉殷富之所由来，只就目前需要以责备前人，非公允之言也。我国今日所最需要者为广布路网于各省，而我国今日最缺乏者为金钱，如再坚持大轨之议，譬如赤手穷汉，洋车不可得，坚欲乘汽车，窃恐终其身老死牖下[3]

1. 原文刊载于《交大唐院季刊》1930 年（第 1 卷）第 1 期。
2. 即螺丝。

而已。我是以劝世人，既知铁路之重要，目前请勿侈言大字，请先做小字。

铁路上之一石一木，小甚矣，然而数十万数百万之损失，岂不由于小字之疏忽乎？譬如路堤之石坡，平时缺少一块小石，视为无奇。然而洪水一到，小孔化为大孔，沙石乱滚，泥土坍没，桥墩枕轨，随波逐浪而去。例如北宁本年水患，交通断绝两旬以上，运输损失一百数十万元，临时恢复交通费去三十万，下年善后工程须费六七十万。虽曰天灾，焉知非由于工程师平时之大意乎？工程家经验越久者，小字之功夫亦越深。欲作大工程家，应先于小字做功夫。

我常见有一件新衣而已是修补者，我于工程亦往往见之。例如一门，不应有槛而有槛，不应触墙而触墙，锁簧太与扣板正对，开势应向左而向右，或应向外而向内。又例如桤檩天板，钉势或应正而反斜，或应斜而反正。又例如地板，榆骨[4]之水平稍有不齐，则地板铺完之后，或者凸凹异状，或者叽咕有声。凡此皆是小事，而贻害于工程全部者甚大。新工初毕，不得不加以修补，其咎无非忽于小字故也。

铁筋工程，设计画图之外，小节尤多。沙石含一树叶或木片或纸烟头，可谓小之又小矣；模壳受太阳晒干，支撑之木头稍尖，工人挑担时身撞支柱或脚踢垫板，或者送水时泼水于地面，皆不可谓非小事也；然而建筑物受伤甚大，后日之大祸，或即暗伏于此各项小事之中。

图画纸张固然亦是一桩小事，然而关联之大，非一言所能形容。大图善乎抑小图善乎？大纸善乎抑小纸善乎？今有甲乙子丑之各样在此，甲大乙小，子大丑小，比较一阅，即可知小者善，大者不善。大则所需之桌案须大二倍，所需之橱柜须大二倍，所用之纸须多靡二倍，所用之仪器须多伤二倍，绘图时所耗之光阴亦二倍，所耗之电灯亦二倍；而且洗纸时，须用二倍大之盘，须用二倍多之水，须烦二倍多之手；又且携带不便，递送不便，平时翻寻不便，以后检查不便，在公事房展览不便，

3. “老死牖下”为成语。牖即窗。
4. 今称龙骨。

在工程地展览更不便。至于图之卷或折，似乎更是小事，然其便与不便之区别亦甚大。例如路线纵势切面图，分为数张而卷之耶？欲阅其点，须翻寻某卷，又须以重物镇其四角，否则纸必自卷。此种手续，实苦其烦。接成一张而卷之耶？欲阅某点，须展至某点，欲阅他点，须再卷而再展，欲同时比较数点，则展又不可，卷又不可。此种手续，更苦其烦。若用折叠方法，则种种不便皆可免。以上情形，人多不甚注意，或径不屑注意，然而如此之倍数及不便，无形中之不利何可胜算。咎何在，曰在忽于其小。

铁路虽然是一大事，然而详细分析，则件件皆是小事。目前及将来，最为路政之患者，太少彻底明白下层工作之人材。此项人材，已往已嫌其少，将来尤患其更少。我本人亦不过是一个半成熟之人材。近日高等毕业生，一出校门，便如前清候补道之万能，多半不肯小就，不肯致力于下层工作，或竟欲一跳登高，管理工匠，反为工匠所管理。顾工匠之经验固较多，其智识实嫌不足，以致铁路技术，永在不上不下之情境。费用大，效率小，有退步而无进步，贻害何堪设想。工程师自己前途，亦是暗淡无光，蹉跎四五载或六七载，一瞬已届壮年而入高年，如半生半熟之香蕉苹果，如半软半硬之海参鱼翅，退则忸怩有惭色，进则虚名不能博社会之信仰。即有时因缘时会，而一年半载之后，信仰依然坠落，不上不下之情境，正与铁路本身相同，此皆务大不务小之贻害也。

总之，我辈工程师，须认定在小字做工夫，庶几由小渐大，积小成大。我人亦不欲享大名，只愿作一粒之沙，作一勺之水，积沙成山，积勺成海，则我人无名氏之功真不小矣。

在今夕一小时内，把这一篇小文章，与诸君作小小的谈话，或者可在技术界发生一个小波浪，透露一点小光明；但是大言不惭，还请诸位大大的原谅。

18 北宁铁路十九年份水害报告书[1]

1930 年

（一）缘起

本路之成固有其悠久之历史，但因历年政治上、经济上、军事上之种种牵制，路线所经，每不能悉合工程家美善健全之旨。自滦县东迄沟帮子，几全部襟山面海，夏秋多雨，山洪暴发，极易侵袭路基，妨碍行车。而东部复有辽河、柳河、绕阳河之特殊情形，故开办迄今，对于防水设置，惟日孳孳，莫敢或怠，频年水患得以迅速修复，未成巨害者，职是故也。本年水量之大与暴，为数十年来所未有，自八月三日起，全路冲毁之处，都三百十三处。

经局长躬亲督率诸同寅努力抢修，全路各工段，无论已灾未灾，几于全部动员，日继以夜，工作罔懈，而犹亘时四星期之久，始获全路通车，暂维现状。受创之深与工作之艰，洵为自有本路以来所未经，其雨量之洪广，受害之由来，及救济之办法，颇有足资纪录为异日参考所必需者，爰草此文，备借镜焉。

（二）雨水经过情形

本年入春以来，天时亢旱，得雨极鲜，禾稼之属，日就黄萎。农人柳冠跣足，呼唤甘霖者，道相望，证诸已往经验，即知蓄之也深，发之也暴，

1. 原载于《民国时期铁路史料汇编》，第 11 册 . 国家图书馆出版社，2013 年。初始为北宁铁路局于 1930 年刊印出版，华南圭著。

本秋水患，未可幸免。洎七月初旬始获透雨，继则时作时辍。七月十四日起，柳河沟白旗堡间首以被灾闻。继之，大通及锦朝两支路，亦迭有小警，幸均获克日修复。然而土质经雨溶解，路基异常松软，设再经暴雨，不待智者，亦知其危矣。八月三日下午七钟起，复雨风急且暴雨大而狂，赓续一昼夜，至四日下午九钟始行放晴，全路所受损害，以此时期为最甚，电信不通，路断援绝，各工段各就其本有工料，赶办片段修复工作，洎后通车之处渐多，工料始得运送，管理始称方便。而每间一二日或二三日，大雨必一至，以致修理进行，诸多棘手，时修时毁，亦随毁随修，直至二十六日以后，天怒始收，而工事亦于此时成功，于八月三十一日，干线、支线交通完全恢复。此届大雨极为普遍，干线自卑家店至新民支线，自锦县至北票，自大虎山至通辽，自沟帮子至营口，全在水患之中。留守营车站，房屋没水约三尺，绥中县没水约七尺，田内高粱皆受没顶之害。滦县工段同一时间冲毁至三十三处，山海关段九处，兴城段六处，锦县段一百十五处，沟帮子段三十处，营口段十六处，巨流河段七十七处，大虎山段二十三处，通辽县段四处。有因土质受雨而酥，复经急湍冲荡路基，因而坍塌者；有因河无正流，横决及于路身，并将桥墩桥台冲去者；有因路身原系洼道方法，一片江洋，竟将道碴刷尽，致枕木钢轨逐浪以行者；有水势凶猛，将轨道整个掀起翻转者；有将轨道以外数十丈之地面冲刷净尽，化成巨泽，致路身随之坍塌者。桥梁受损，或失其桥台，或失其桥墩；有冲斜者，有冲倒者；有桥墩已失而钢梁仍前联属竟未坠下者；亦有全桥未动而其桩如腿骨露出者。以上各种情形就下表及照片[2]，逐一审视即可见百孔千疮之真状。

（三）临时抢修情形

路线既成百孔千疮之状，节节隔断，人与料皆不能输送，全路同时抢修，势所不能，只可就若干处同时施工。其时正值盛暑，旅客之往来于北戴河海滨者，数千百人。里程碑六三七五处，在北戴河之西，留守营之东，冲成二十五尺之深坑，于十二日最先修复，以利北平、山海关

上：留守营、北戴河间上下行路基冲断，在工作中盘运旅客摄影
下：五十九号桥被冲状况，十九年八月四日

---

2. 原著载有 85 幅图，包括照片和表格，以上为其中两张现场照片。

间之交通。此处系属双线，其第二线亦于十六日修复，山海关、秦王岛两站，略存防水存料，而大宗石料来自唐山，须俟留守营一带数十处修妥，方可通运，故迟于十二日方能开行客车。

绥中县、兴城、陈家屯、女儿河、锦县、双羊甸一带，损毁之处甚多，干线上既因节节隔断而难获援助。锦县支线上情形复相同，工与料皆无由输送，只得绥中县由山海关方面就仅存之工料，赶行修复，于十日通车。同时，兴城方面将兴城附近修妥。其时留守营、北戴河间已通车，故能集中工料修复。陈家屯、女儿河间各项损毁之处，其锦县以东干线，则方当冲毁之时，即由锦县方面着手修理。柳河、绕阳河在大虎山、新民之间，向无正流，年年两季横决漫流，为害本路者已久，而本年之害特别巨大。同时大虎山、唐家间之二十三号桥失去一墩，励家窝铺一带路床亦冲毁数十处。先由大虎山方面运工料施救，及西部通车，关内及榆兴、锦沟营各工段，各拨其羡余工料来相协助，始得陆续将励家窝铺、白旗堡间各损毁之处修复，中间迭遭大雨，修而复毁，工作困难。绕阳河十里长程淹在洪流之中，修治工作东西并进，于二十五日合拢，方通过上下行混合列车各一次，夜间大雨又由北面飞来，致合拢之处又呈险象，继续抢修，得于二十九日通车。其东端新民、柳河沟间则始终经沈阳方面一力完成，计旋修旋毁者都六次，卒于二十一日通车。

锦朝支线，本年冲毁亦多，而尤以大凌河山岩及第三号、第七十三号等桥被冲最剧。南北百余公里，节节损毁，欲援无从，只得由锦县方面勉拨一部分工料，先行由南而北逐段修复，一面由南圭电请北票矿务局拨助工料，由北而南，计由锦县至许家屯，于十二日通车。许家屯至义县，于十九日通车。义县至邹家屯，于二十六日通车。邹家屯至口北营子间，已事先拨工修复。当日车抵口北营子、骆驼营子间时，七十三号桥已经矿务局代垫甚多，经本路努力续修，于二十九日全线通车。

营口支线向无冲毁路身之处，惟雨大水涨，上游村落几全部淹没，村民为自卫计，聚众将路堤掘断多处。虽营口方面闻信赶到，急行抢救，已有数处救援不及，决开数丈至十数丈不等，经就营口仅有之防水存料，努力施救，复由沟帮子方面协助，于十四日全支路通车。

大通支线之受害情形，北端少南端多，桥梁冲断六处，路身冲断者二十余处，幸该处新工未竣，存料尚敷抢救之需，因由大虎山及通辽县两方面自行相向工作，逐段进行，三十日下午八钟，两方面遇于芳山镇，即行通车。

（四）抢护方法

抢护之目的，应迅速恢复而又不妨碍于后日之正式工事，因地制宜，约分四类如下：

（甲）片石填筑法

路基冲断甚长，水溜仍急，非土力所能抵御者，此法适用之。

（乙）片石为底，枕木为墩，方木为梁之临时支架法

此法先从未冲段落运送片石至被灾地点掷下，俟填出水面约一二尺时，再用枕木作墩，每墩率以枕木十根作底，以上则每四木作一层，至应需高度则复以枕木十根盖覆，墩与墩之相距为一丈至一丈八尺，距离近者间两三层，可用枕木横立数根，用铁锯联钉，俾各墩间既可泄水复有联络，其方木之设置视两墩之相距为准，大抵一丈以下，两方木平铺于一铁轨下可矣。一丈以上至一丈五尺须两方木叠置于一轨之下，一丈五尺以上则须四木叠铺于一轨之下也。方木截面大概为三公寸见方，路基冲断至十丈以上适用此法，十丈以下片石不敷用者，亦可用此法济急。又桥墩冲去须筑便道，其经过河身一段，亦适用此法。

（丙）拨道法

此法只适用于路基未断道台，一面或二面坍塌道台，顶宽犹有丈许时可将轨道左右挪拨，维持通车，俟道台修复再行拨正。

（丁）便道法

路基冲断至数十丈，桥台或桥墩冲去，如就原有状况修复，费工需时，只有就原来路线之旁相度地形修筑便道，一可省去工料不少，二可使将来善后工程易于着手，而交通复可于最短时期恢复也。

（五）水灾之原因

铁路建筑之始所，于大小桥孔均应经过缜密之调查审核，而复着手计划。各河流之最高流水量为根据，计划之最大要素，而往昔行政机关向不注意，苦无典籍可稽，只得访诸土著老人之能知已往三十年内发水之经过者，细心考核，据之以作计划。其有无从查考者，则只得暂就需要限度先行建筑，以后如发现流水量不敷宣泄，或所筑堤坝过低，则增筑桥孔加高堤坝，以作补救，盖处工程幼稚之中国，舍此别无他法也。民六秋间，关外大凌河坝为洪流漫过，巨浸直袭邻近之第二百八十七号桥，断绝交通者七日，事后重筑大凌河坝，较是年洪水之最高水面加高五尺，以为可从此无事矣。而本年此坝竟又复漫过一尺，是则本年水量较往年竟增高六尺，一大凌河之流水量增高至此，全路同此增高而无大凌河坝之健全设备，此所以崩溃横溢不可收拾也。兹将本年八月份雨量与近十年历年同月雨量，列表比较如右页。

综上表所列，本年八月间雨量倍于十五年度，三倍于十一年及十七年度，四倍或五倍于十三、十四及十六诸年度。十年度本路营口、锦县、义县间，及沟帮子、双羊甸间被灾已甚剧，而本年雨量亦几倍之，故本年雨量可作为本路最大雨量，日后计划桥孔均可引为标准，或可永免灾祲，但若地方不治河道，则水无正道可循，后患终不能永免。

（六）冲毁之情形

全路糜烂既如上述，而其受灾最甚、阻碍行车各地点类，与本路将来防水计划上有重大之关系用，特缕述如下，作观摩之一助焉。

（甲）新民站、柳河沟站间之柳河决口

八月四日下午，第五十一 E 号桥桥墩迤西，因柳河水涨斜侧，冲激路基，冲断三百尺，当经卸石抢堵，于六日早六时完全修复，是为被冲第一次。六日雨，七日早桥下水势渐涨，下午一时水面已没桥墩，三时水及桥枕底，六时水浪越桥流过，急湍如箭，激声如牛吼，六时半桥墩迤西，前次冲毁处重又被冲，路基约六百尺，钢轨枕木相挟俱去，合抱树木

段别	十年度	十一年度	十二年度	十三年度	十四年度	十五年度	十六年度	十七年度	十八年度	十九年度	附注
滦县	十三·二寸	六·七寸	十三·二寸	四·五五寸	六·八寸	七·八寸	一·二寸	七·〇五寸	十一·〇寸	二十四·六寸	表内段别以水灾有关之段为限大虎山通辽县两段，于民十六始设段，记载不详，从略
山海关	六·八寸	一二二寸	七·五寸	七·九寸	七二二寸	八·五寸	二·四寸	七·一寸	九·九寸	十五·〇寸	
兴城	十二·七五寸	七二二寸	九·五五寸	三·九一寸	三·二四寸	八·四寸	一·五寸	六·五寸	五·六寸	十八·八五寸	
锦县	十九·〇寸	七·八一寸	十六·〇寸	二·八一寸	〇二四寸	八·三六寸	一·六二寸	四·七寸	八·七五寸	十六·三寸	
沟帮子	十八·四寸	六·八三寸	十四·三五寸	二·三寸	二·四寸	十·五寸	二·〇寸	五·三五寸	七·六寸	十四·八七寸	
营口	十二·七寸	七·七五寸	十五·三五寸	〇·七寸	六·五寸	十三·八寸	二·五二寸	六·七三寸	六·八七寸	十五·六五寸	
巨流河	十八·九寸	五·三寸	十四·三寸	二·六寸	三·〇寸	十·九寸	二·四寸	三三八寸	五·四五寸	十九·九寸	
平均	十四·五寸	六·〇九寸	十二·八八寸	三·五五寸	四·一二寸	九·七五寸	一·九五寸	五·八六寸	七·八八寸	十七·八八寸	

连根而拔。入夜，水势更涨，山洪暴发，河身渐宽，更向西移。五十一 E 桥下均为断木折柳所塞满，淤泥逐渐加添，至八日早四时半，桥下完全干涸，淤泥高及梁底，计深在十尺以外，南望无际均成新田，河身完全改道，冲毁路基合共一千尺，而成新柳河河身，是为被冲第二次。抢堵工作因西部不通，只得由皇姑屯运料接济。自八日起填堵决口，而河水过深，平均在十尺以外径尺，石块掷入即滚流无踪，只有努力修堵，昼夜罔懈。截至十一日夜午决口，已堵塞及半，十二日竟日大雨，水势渐涨，饬工泅水至对岸，用麻袋装土填护决口西端，更派多工至对河北岸，泅水冒雨修筑，麻袋掠水坝三个，以期阻改水流方向。至天色昏黑时，三坝已成五十尺至六十尺，而雨势愈急，垫成之石基渐波冲刷。晚十时，石基大半已在水面之下，连夜作工抢救，又迁移紧要材料至安全地点。至十三日早二时半，水势突涨六尺，洪流重复归入故道，且漫过第五十一 E 号桥，工人之在西端工作者，被水冲断无法逃回，四顾汪洋，浪与人齐，汽灯既灭，暗不见掌，隐隐闻工人乞救之声。至四时半，天色渐明，未及逃回工人共十三人，幸伏于本月四日第一次防堵决口时堆存石块之处，未被冲没，得以一一匍匐沿轨爬过，以至桥东，惟一名当夜为水卷去至十数里外，半身湮没泥中，经村人救起，始获生还。天明后，水势稍落，查点以前所筑之石基等，泰半被冲，铁轨冲至与桥身成直角形西端，复于千尺之外续冲一百尺。第五十一 E 号桥下流水渐微，河身急流仍斜向决口冲过，桥下水深不过二三尺，因淤泥既深且远，此次涨水只能冲开一部，不能使河水移于原道也，是为第三次。十四日水势更落，桥下之水向南流出数十尺，既为原淤所阻，由桥下西部折向北流，然后西沿石基，经决口而南，所有石基等均露出水面。因就已成之石基从事巩固，继续以前工作，西进堵筑，复泅水另在对岸填堵麻袋，以保路基兼向东进，又于河北重修三坝以改流向（前筑之坝已大部冲去，且远在淤泥岸上，无补于事）。更于五十一 E 号西桥台之北面，加筑极强之石坝一处，逼使河水由桥下南流。至十八日止，昼夜工作，除片石路基已经填起，并铺轨九百三十尺外，河北三坝一长一百八十四尺，一长一百二十余尺，一长一百尺，桥头一坝长五十五尺，均已筑成。对岸亦垫出三十余尺。乃是夜大雨，河水又暴涨二十四寸，片石被冲，铁轨被毁，是为第四次。后虽渐落，而十九日下午，山洪继至，波浪淘涌，突涨六尺，决口西端重复被冲一百六十余尺，合共一千二百六十余尺，是为第五次。水流高过铁轨，然借所筑掠水坝之力，竟有一部分经桥东部直向南流，卒以原淤过高，其中一股仍洄漩折回，经桥西部转向北流，西沿石基冲口而南，原筑各坝逐渐被淤，只余遗迹。虽较强之桥头一坝亦被冲毁而存其半，此时为引河入渠重返桥下故道计，一方面在桥之西端数孔南面，掷下洋灰废管二十余车，以截洄水，不使北流；一方面雇土著善水者，在河心修筑柳枝坝，俾桥下西半渐能淤浅，桥下东半渐能畅流，又挖引路北土坑，使水流一股西流而入于第五十一 B 号，同时填筑决口，赶铺铁轨。二十二日上午九时半，水又突涨五尺，汹涌无异于前，而河水干流由桥东部直流而南，另有一部分西流而远，入于五十一 B 桥，是为第六次。于是迎水掷石，加固路基，一面仍行填筑决口，卒于午刻水落，决口合龙。竣工之后，水势益落，桥下东半河水畅流，不越日而他处均干涸淤出，至此河水始循行故道，得庆安澜焉。是役经皇姑屯总段工程司王国勋躬率全体皇段员工，始终其事，劳苦功高，有足纪者。

（乙）绕阳河站、白旗堡站间之洼道及第三十八号桥

其他名曰蛤蟆沟，当初原许水由轨面滑过，而此次淹没约有十华里之长，且狂流急湍，道碴既皆扫刷，钢轨木枕亦推移十数尺而又为沙泥湮没。且三十八号桥于四日下午西台冲倒，以致东西隔绝，相对不能辨人面。此处原在第三总段管辖之内，而该总段人料两项均隔绝于东，末由飞渡，至十九日晨始，由第二总段之营口工程司吴庸允，带领营口、沟帮子、丰台、塘沽、唐山等段工人赶到修理。该桥原为丈二跨度之钢梁一座，决口深约十四尺，运输材料异常困难，因此一面赶筑三十八号桥之便道，一面赶将洼道处掩没钢轨设法挖出。二十二日晨七时，便桥竣工，二十五日下午四时半，缺口填毕，敷轨工作亦竣事，列车已通过二次，而河水忽又大涨，是晚复大雨。二十六日，勘得洼道内复有数处冲开。三十八号桥临时片石桥基，亦被冲毁。二十九日晨，便桥又竣工，

缺口处急流汹涌，东西两头全体员工兼程赶工，卒于下午二时接轨通车。至此，干线交通始获全部恢复焉。

（丙）荒地站绥中县站间之一百八十七号桥及绥中县车站

绥中县站东一公里许，有一河名曰六股河，河身甚宽，原筑有二十四孔百尺跨度之大桥，平时流量足敷宣泄，历年相安无事，乃土人于河心高阜种植树木，方其幼小，尚与河流无大关碍，及其蔚然成林，根深蒂固，洪水排空而至骤受阻碍，激而四散漫溢，遂至泛滥为灾。绥中县站于四日午间涨水，继长增高，下午五时竟高出站台二尺。当时在车站避难者，凭窗四望，周千尺以内一片汪洋，四十吨篷车飘浮水上，一如行舟，房屋坍倒声、呼号援救声断而复续。是晚九时，雨止水退，勘得只留站台中间之轨道未被冲动，其余轨道全部冲动，上行下行站台均被冲去三百余尺，在站车辆之已装货、未装货者，冲倒十余辆，站东附近六股河处之路基冲断二处，长数丈至十余丈不等，站西远距号志内之第一百八十七号桥，原三丈跨度者，两孔中间桥墩冲去，钢梁坠下，交通断绝。山海关总段工程司梁镇英，于四日晨冒雨出巡至连山站以东部，路断被阻，折回至兴城西路亦断。是时兴城工程司邵福昨适被阻于绥中县，因即一面电饬各段赶筹救济，一面亲率工人，由兴城向西填筑兴城、白庙子间之缺口。六日晨，兴城车可达绥中县东缺口处。山海关工程司陆以燕，于修理本段各处被水地点之后，是晨已率同员工携带材料驰到，因即着手于搭筑一百八十七号桥便桥工作，十日晨六时工竣通车。绥中站各轨道已整理完竣，站东各缺口亦已修复，当日车通至陈家屯。

（丁）陈家屯女儿河间之第二百六十五号桥

四日晨四时四十五分，该桥之东桥台倾倒，其故由于水涨过急，女儿河改道，巨浸直袭该桥，将桥底刷空，遂致倾倒桥台东之路基，因联带冲开四十丈，时值锦县兴城两段自顾不遑，直至十日午间，山海关兴城两段员工始先后赶到，先于上游用木板筑一浮桥，以便旅客可以涉登彼岸，搭乘东去之车，旋即赶修便道一千六百尺，又抛石为基，堆木为墩，作一四百尺之便桥，计自十日开工，中间因雨，回救连山营盘间及营盘高桥间被水冲毁之处，延期两日，至十八日工峻通车。

（戊）女儿河锦县间之二百七十一号桥

该桥为十丈跨度之十二孔大桥，位于小凌河上，原有增高之计划，因故迁延，未获举办。四日上午，该河涨水，十一时水及桥梁之半，漫灭桥墩，上游冲倒之房架大树等类逐波而来，冲击桥梁，势极凶猛。梁之下肢向下游倾侧者，计有八架，墩座之混凝土随之毁伤，所幸墩身重大，卒未随流而去，且墩身亦未倾侧。五日水势略杀，即着手将桥梁扶归原位，于十五日恢复通车。

（己）卑家店、北戴河间之路基冲毁

该段于三日冲毁，计卑家店、雷庄间六处。雷庄坨子头间一处，长一百五十尺；坨子头、滦县间二处；朱各庄、石门间六处；张家庄、留守营间一处，长一千八百尺；留守营站一处，长一百八十尺（以上路基均未冲断，惟已冲及轨道中心影响行车）。留守营、北戴河间冲断十五处，其中一处深及二丈五，长及二十丈，情形最为严重。至十二日下午，上行轨道全部修竣通车，于十六日下午，下行轨道亦修竣通车。

（庚）锦朝支路义县邹家屯间之大凌河山岩

该处路基一面依山势蜿行，一面即大凌河，十三年该河涨水超过历年最高洪水面，以致冲断路基，事后将护堤加厚至六尺，复将路基加高，厥后河流改道，河东相安无事者数年。十八年河身折回河西，但因重修部分十分坚实，不能冲动，遂向四方台村方面侵袭。该村凭山面河，有地数百亩，沿河大树千章[3]，防水设备甚为完善。是年因路基略有冲动，四方台村沿河地亩亦冲去数亩，是以赶将片石护堤延长至四方台村相联处，并于堤根加筑混凝土大块之护堤二十余丈，路身与河身相距数十丈，其间有坟墓，有树木，又有田地，俨然一大陆也。然而本年洪水超越历年纪录，一片大陆忽成泽国，路基坍溃二千八百尺，轨道全部冲翻，其间有涵洞三座冲离原来地位十余丈，又一孔十丈跨度之桥，河底冲深八尺，

3. 章，量词，此处指“株”。

桩脚显露，幸未卷去，洪流汹涌，深及山根，其原筑有混凝土大块护堤之处，以赖有此设备，仅将填土部分冲去，否则更不堪设想矣。路线败坏至此，筹议修复原状自非叱咤间所能办，盖一面则壁立岩崖，绝少凭借，一面则巨浸滔滔，澎湃终日也。工程司陈振事急智生，比较各种方法，尚以劈山一法为最捷而又最廉，决计劈山，约长三十丈，弯度尚称适宜，蜿蜒与前面之便道衔接。二十日开工，夜以继日，二十一日傍晚大雨骤至，工人仓皇奔避，有杨苗二姓失足坠于冲坏涵洞之夹缝中，救援不及竟致溺毙，因公伤生，至足纪念。至二十六日正午工竣通车。

（辛）锦县许家屯间之第三号桥，及口北营子、北票间之第七十三号桥

第三号桥之第一第二两墩，因桩脚淘空，为水卷去，钢梁落下，不能行车，幸有旧筑便道，略加修理，尚可应用，于四日开工，于十一日通车。至于第七十三号桥北桥台之后，冲去路基二十五丈，因员工须由南推进，逐段修理，无法顾及，曾电请北票矿局设法援助，荷[4]该矿总工程司陈国士不分畛域，遣工拨料，协力施救，代将缺口垫起一百五十尺。二十八日本路同人赶到，即将所余之十余丈搭筑便桥，二十九日通车。

地点	**被水情形**	**临时救济办法**	**现时情形（恢复原状或改进之办法）**
皁家店雷庄间	里程碑三九・二五至三九・五〇间，上行道南部冲毁路基长五尺宽四尺深三尺，六处	用路旁剩余道碴及片石填起	已恢复原状
雷庄坨子头间	里程碑四一・五〇至四一・七五间，下行道北冲毁路基长一百五十尺宽四尺深四尺，一处	用片石填起	已恢复原状
坨子头滦县间	里程碑四三・七五至四四・〇〇间，上行道南冲毁路基长二十三尺，宽十尺深二尺，一处	用剩余道碴及片石填起	已恢复原状
仝前	里程碑四四・五〇至四四・七五间，上行道南冲毁路基长二十尺，宽四尺，深五尺，一处	用片石填起	已恢复原状

编者注：原文共有近三十张表格，在此仅摘录了少许。有兴趣者可去国家图书馆浏览全文。

（壬）大通支路

该支路被冲二十六处，论桥则第四号、第十六号、第十六甲号、第十七号、第二十八号、第二十九号、第三十六号、第四十九号、第五十九号，有桥墩冲倒者，有桥墩冲斜者，有桥台冲斜者，而十七号、十八号两桥间高大之路堤，冲溃半爿，致轨道向北面倾泻，幸有旧日便道故址，新便道尚能于水杀后赶工修筑。第二十九号桥计有五十一孔，跨度虽小，而五十一座钢梁完全折断，其墩亦完全冲倒。此处原正改造新大桥，因本年有改线之议，故暂缓进行。若新桥早见落成，则此次可免受祸。第四十九号桥之第十墩冲斜，以致六丈钢梁一架坠于水中。以上三桥损害最重，全路由大虎山工程司郝开田及通辽县工程司韩厚基率领员工兼程并进，于三十日二十时合龙通车。

以上九项为此次本路被水甚剧之处，谨撮具崖略如此。其他被灾各地或虽影响交通，而可于短期修复，或为路基及桥梁障护物略有损害，犹可勉强通车者，兹列表叙明，以觇灾情广大之一斑焉。

（七）结论

综前表所列被水者三百一十三处中，恢复原状者有二百一十三处，在正式修复中者七十余处，均指日可以竣工。此外，如柳河、绕阳河之改良预防工程，干线各桥之扩大及改进，锦朝支路之大凌河山岩改线，三号及七十三号桥之修复及增添桥孔，大通支路之加筑泄水明桥，营口支线之村人要求增添桥孔以资宣泄，各项皆属惩前毖后、必不可缓之举，业已专案呈请，先后奉准。各在案合计恢复交通临时费用二十八万六千余元，正式工程柳河十二万八千余元，绕阳河三十万元，励家窝铺六万元，干线上其他各处十八万元，大通支线九万八千余元，朝阳支线十一万三千余元。现正详审，计划督促开办，务于明年雨季以前竣工，庶未来隐患或可永免。

---

4. 意为感谢。

地点	被水情形	临时救济办法	现时情形（恢复原状或改进之办法）
朱各庄石门间	里程碑四七・五〇至四七・七五间，上行道南冲毁路基长六十尺，宽八尺，深二十八尺，一处	用片石填起	已恢复原状
仝前	里程碑仝前，地点仝前，冲毁路基长五十尺，宽八尺，深二十八尺，一处	用片石填起	已恢复原状
仝前	里程碑仝前，地点仝前，冲毁路基长二十尺，宽八尺，深二十五尺，二处	用片石填起	已恢复原状
仝前	里程碑仝前，地点仝前，冲毁路基长十尺，宽八尺，深二十尺，一处	用片石填起	已恢复原状
仝前	第七十一号桥第六孔处冲坏，河底长三十尺，宽十六尺，深六尺，一处，桥桩露出	用片石填起	已恢复原状
张家庄留守营间	里程碑六一・五〇至六一・七五间，上行道南冲毁路基长一千八百尺，宽四尺，深二尺，一处	用剩余道碴及土填起	已恢复原状
留守营车站	上行岔道之下路基冲开，长一百八十尺，宽八尺，深四尺，一处	用道碴及片石填起	已恢复原状
留守营北戴河间	里程碑六三・〇〇至六五・〇〇间，上下行道全部冲开者十五处，其里程碑六三・七五至六四・〇〇间之一处长二百尺，深二十五尺	里程碑六三・七五至六四・〇〇间之一处，上行道用片石填起，下行道用片石填底，上搭枕木支架，其余均用片石填起	里程碑六三・七五至六四・〇〇间之枕木支架现已抽出，换用土填，一切恢复原状矣
仝前	第一百〇八号桥之第二第三两墩基础为水淘空，各陷落半寸	两墩左右均用片石填出，水面上架枕木墩以承托桥梁，减轻该两墩所负重量	枕木墩现尚未拆除，拟俟明春将桥墩基础加固，墩面加高，再将枕木墩拆除，恢复原状

地点	被水情形	临时救济办法	现时情形（恢复原状或改进之办法）
山海关万家屯间	第一百四十一号桥东桥台之北燕翅冲毁	用片石填护未致出险	正在修复中
高领站前卫间	第一百六十二号桥西桥台之北燕翅冲毁	用片石填护未致出险	正在修复中
前卫荒地间	第一百六十九号桥四燕翅冲去，路基陷落长三十尺	用片石填护未致冲断	正在修复中
仝前	第一百七十号桥西桥台之北燕翅及东桥台之南燕翅冲毁	用片石填护未致出险	正在修复中
仝前	第一百七十一号桥东桥台之北燕翅冲毁	用片石填护未致出险	正在修复中
仝前	第一百七十二号桥东桥台之北燕翅冲毁	用片石及树枝填护未致出险	正在修复中
仝前	第一百七十三号桥东桥台之北燕翅冲毁	用片石填护未致出险	正在修复中
荒地绥中间	第一百八十四号桥桥北燕翅冲毁	用片石填护未致出险	正在修复中
仝前	第一百八十五号桥西桥台之南燕翅冲毁	用片石填护未致出险	正在修复中
仝前	第一百八十七号桥中间桥墩冲去，桥梁坠下，轨道冲至桥南四丈	河身两岸筑就便道，河中筑便桥维持通车	修复工作正在进行中，俟桥筑就，车归旧道，便桥即可拆除
绥中县车站	上下行站台各冲去三百余尺，所有货场干线蜷线等轨道冲离原位，栅栏冲倒，车辆倒翻十余辆	急将正道拨归原位，维持通车	已将各岔道拨归原位，上下行站台修复，栅栏重行埋设
绥中县东辛庄间	里程碑一〇〇・〇〇至一〇〇・二五间，路基冲断长六十尺一处	于决口处用片石垫出水面，铺设轨道，维持通车	已恢复原状

地点	被水情形	临时救济办法	现时情形（恢复原状或改进之办法）
甘旗卡附近	路基冲毁前后三次	用土及片石填补	已恢复原状
衙门营木里图间	里程碑七七・二七处路基冲毁约一百尺	用土填补	已恢复原状
营口支路沟帮子胡家窝铺间	里程碑一五九・五一处为土人挖掘路基二处，一长三十尺，一长二十尺，均二尺半深	用土填补	已恢复原状
仝前	里程碑一五九・七五处为土人挖掘路基一处，长十五尺，深二尺，一千六百尺轨道为水掩覆，六寸道碴冲去约十分之三	用土填补	已恢复原状
仝前	里程碑一六一・〇〇处挖掘长四尺、深三尺一处	用土填补	已恢复原状
仝前	里程碑一六一・七五处一处掘穿二十尺长隧，为水冲刷至六十尺长	搭筑便桥，维持通车	已恢复原状
仝前	里程碑一六二・〇〇处挖掘长四尺、深三尺一处	用土填补	已恢复原状
仝前	里程碑一六三・二五处掘穿四十尺长，遂为水冲刷至一百尺长	搭筑便桥，维持通车	已恢复原状
仝前	第三百〇三号桥下水南护堤冲毁		正修复中
仝前	第三百〇四号桥上水南护堤冲坏三十尺		正修复中
仝前	第三百〇五号桥护堤片石冲松		正修复中
仝前	第三百〇六号桥护堤冲松且坍下		正修复中
胡家窝铺盘山县间	第三百〇七号桥下水北护堤冲毁		正修复中
仝前	第三百〇八号桥护堤片石冲松		正修复中
仝前	里程碑一六七・〇〇处掘开长十八尺深八尺一处	搭筑便桥，维持通车	已恢复原状
仝前	里程碑一六七・八〇处挖掘一处长四尺深四尺	用土填补	已恢复原状

地点	被水情形	临时救济办法	现时情形（恢复原状或改进之办法）
仝前	里程碑一六五・〇〇至一六五・七五间路基为水久淹，融解损毁多处，近一六五・七五处，且深及道中	用土填补	已恢复原状
仝前	里程碑一六九・三〇盘山县站南坝路基被冲至道中	用土填补	已恢复原状

而我局长宵旰忧勤，奠本路于磐石之苦心得以昭示，来兹永垂不朽，此则南圭私衷所希冀者也。此外则许处长文国、王处长奉瑞等对于此届事变亲莅险工，督饬所属，遇事与以便利，俾得迅奏肤功。更有沿路各大企业，如开滦矿务局于留守营北戴河间修复时拨借沙土及工人，启新洋灰公司亦拨借麻袋以便装土，北票矿务局拨给矿碴及工人，奋勇施救，致七十三号桥得以早日通车，休戚与共，撄冠以赴，实本路惟一之良友。南圭当发水之初，在改进会主席任内，承局长之督促前往出险地段，统筹全局，统一事权，将三总段之员工与材料，镕于一炉而调剂之，各段工程师急公奉命，不分畛域，不因非其长官而有所芥蒂，足见本路技术人员只知以铁路为本位，毫无尔我彼此之小见。大凡一事之功过，非一人所能独居，一人有过，必由多数人助之成过；一人有功，亦必由多数人助之成功。此次抢护险工，恢复通车，功亦不独工务处也。兹于各事大定之日，痛定思痛，辄念此届事变虽属本路之大不幸，然苟于今日受灾之后，详细记载其致害之原因，异日而再有变迁，按图以索，须眉毕现，孰者应兴，孰者应革，既可依之审夺，而于路款之稽核员司之考成，均可有确实之根据，其益似非浅鲜。因不敢缄默，谨详志如上附图八十五幅，均于被水之始实地摄制者，借此可觇受灾之一斑焉。

19 北宁铁路单道电气号志[1]概要[2]

1934 年

号志分机力、电力两种；中国铁路，是否须用电力，是否一律须用电力，未可遽加断语。

用电矣，是否纯然用电，亦未可遽加武断之语；机力是否拙于电力，亦视行车情形之繁简。

大概中国铁路，用人力者居多；平汉铁路局，人力机力并用，一年营业，曾超三千万元；谓非全用机力不可，未必也；谓非机力电力并用不可，亦未必也；谓电力可不用乎，亦非也。

北宁铁路，参用电力，非纯用电力也，殆仅是机力、电力、人力兼用耳，且亦有全用人力之处。

---

1. 铁路运行的信号灯系统。
2. 原文连载于《北宁铁路管理局改进专刊》，1934 年第 1 期和第 2 期。

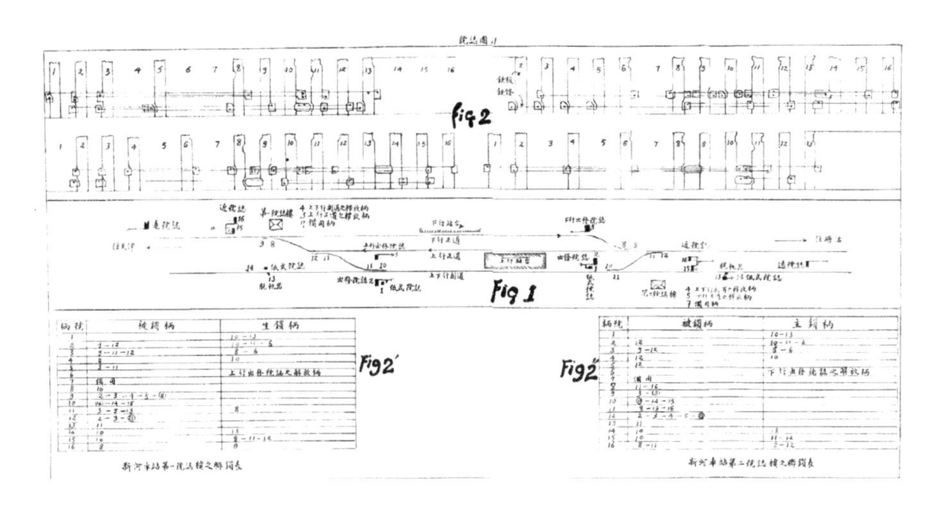

号志设备之完全者，有近号焉，有远号志焉，有预告号志焉，有出发号志焉，有其他种种号志焉，要视乎行车繁简及需要之如何耳。

兹就北宁铁路之设备，略述如下。并为便于解释起见，取新河车站为例。如 Fig.1 是轨道平面图，左右各有号志楼；其号志之种类有四：近号志、远号志、出发号志及低号志。

近号志之用法及远号志之用法，各路亦有不同之处，例如北宁铁路与平汉铁路，皆有近号志与远号志，然其远号志之作用有别；平汉之远号志关闭时，火车绝对不能驶过，北宁则准许驶过。兹就北宁制度以论用电之概要。Fig.1 是新河车站之轨道图样，今取此以资说明。

Fig.2 是号志楼内联锁机件之俯视象。

Fig.2' 是第一楼内联锁表。

Fig.2" 是第二楼内联锁表。

近号志之开闭，最为重要，欲明近号志之电力作用，应先明轨道电路之继电器及控制器，分别论之如下。

轨道电路继电器 Relay：Fig.4 及 Fig.5，4 是轨道上无车时之情形，5 是有车之情形也。轨道划为电路区；区内每道二轨，各凿小孔，联以铁线，则以便传电。区之二端之轨头缝，为隔电纸挤塞，以便截止其电流。为防漏电起见，鱼板亦为隔电纸挤塞；鱼板螺栓，亦套以隔电纸筒，如是

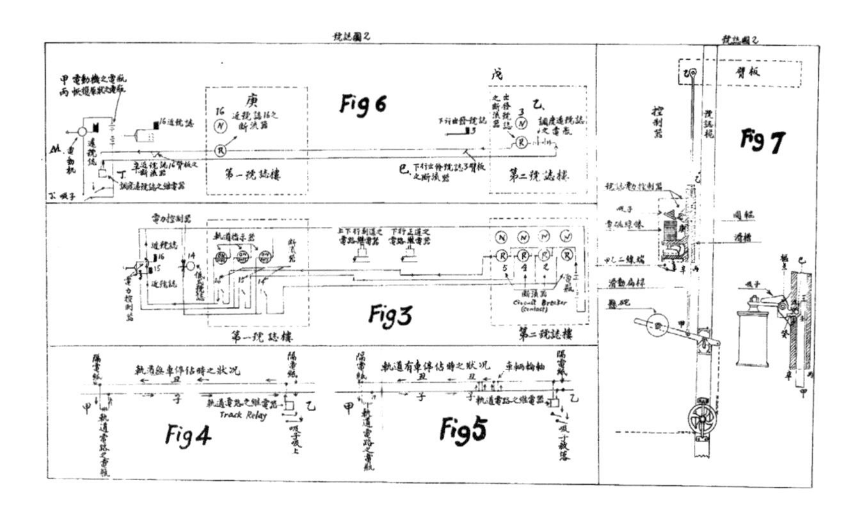

则电流不能走至区外；而欲其走至号志，则赖继电器；区之甲端，埋设电瓶，其二极联于二轨；区之乙端，设一电箱，储藏继电器，赖二线以联于子丑二轨。

轨道电流若未截断，则阳极之电，循子轨而入继电器；绕器内之线卷而入丑轨，再回至电瓶，如 Fig.4 是也；电流循环不息，线卷之吸子，为磁力所吸住。

若区内有车停留，则轮与轴收电能力，大于细线；故电流殆全由子轨走入子轮而达于丑轮，再由丑轮返于电瓶，不复经过继电器；线卷之磁性殆等于〇，逐不能吸住其吸子。

吸子二端，有螺钉与之接触，线由此分联于另一电路；吸子吸住之时，另一电路可通；吸子放落时，另一电路不通。此另一电路者，所以通至第一第二号志楼，而又通至近号志臂板下之控制器者也。

控制器 Electrical Slot（Signal Reverser）： Fig.7，号志竖杆甲乙，分成二节，悬砣俯仰之时，乙点有时随之俯仰，有时不能随之俯仰，则赖乎挫制器也。

甲乙分成二节，下节如甲丁，上节如乙’乙或丙乙。

乙丙辛成叉形，含有扁方之槽；甲丁可在槽内滑升或滑降，其壬点是凸形缺角，乙辛之间有一孔如庚戊，可受圆辊如己所示，癸是电力吸子之踵，吸子不能仰起之时，踵与己接触，而己又与壬接触；此时也，甲丁若升，则戊乙亦被推而上升，即乙’乙亦上升，则臂板成斜势；若吸子能仰起，则甲丁上升时，其壬将圆辊挤往向左边，癸亦被挤，甲丁即在槽内自由上升，不能推起乙丙辛，即不能推起乙’乙；是故上节下节能否联动，全视乎吸子之能否仰起，即视乎线卷之有无磁力；易言之，即视通电与否，即视乎区内有无车辆停留。电流由控制器出入如下：Fig.3 之 16，是下行轨道之近号志（如图则自左向右之车，谓之下行车），备有控制器，电流循环之方向，以箭势表示之；电瓶设于第二楼，电流经过（R）5，经过电路继电器；经过断流器 16，入挫制器，出控制器，再返于电瓶，如此出入，如斯循环，近号志 16 之开放，即为不能；因控制器之吸子，为磁力吸住也；至于走电之线路则用架空之电线。

断流器（英文名曰 Circuit breaker）：此物极简单，其原则无异电灯之电门结构，所不同者，一则赖人手之力，一则赖机件之力以扳之耳。Fig.8 及 Fig.8'，B 是硬本圆辊，镶以铜环而缺其三分一，易言之，此环非循环无端者，此环乃有缺口者。R 是铜质弹片，辊若旋转，则弹片有时贴于铜环而电路通，有时贴于木质而电路断；弹片共有三对如 Fig.8' 之子丑及寅卯及辰巳，若子片触铜，丑片触木，则电流不能由子至丑；惟于子丑二片皆与铜触之时，则电可由子至丑；然则子丑之通电与否，视乎圆辊之旋转若干度也；子丑各有螺钉为接连电线之用；圆辊之一端，联于拐轴，赖此以使圆辊旋转。

号志柄之断流器：如 Fig.9，拐轴联于号志柄下端，柄在经常部位时，电流不通，柄在反常部位时，电流乃通。

号志臂板之断流器：如 Fig.10，拐轴联于滑杆；滑杆之槽，套于臂板之栓，则臂板斜降时，滑槽随之而降，电路即通；臂板横平时，滑槽随之而升，电路即断。

近号志之动作：北宁之远号志，非绝对的险阻号志；臂板横平时可进；惟近号志之臂板，若亦横平，则火车须停。近号志若开放，则火车可进道岔。火车一进道岔，则近号志又闭。

火车若无须在站停留而可通过车站，则先开出发号志，再开近号志。

Fig.3 左端近号志之号志之号数为 6，有控制器 H 在其下，扳柄在第一楼内，而第二楼内有释放柄；第一楼能否扳动近号志，全视乎第二楼内释放柄在何种部位。

第二楼之号志夫，侦知站内清旷，右端亦无障碍，将释放柄 5，扳成反常部位而成 5R。此时，第二楼内电瓶之电流，可由释放柄下面之断流器，通至轨道电路之继电器，再达于第一楼扳柄下之断流器 16 所示。扳夫只须提起此断流器，电流即能通至臂板 16 下之控制器，并再回至第二楼之电瓶。电流如此循环，第一楼内之扳柄即成反常部位；号志臂板，随之斜降。若站内道上有车，则电流截断，第二楼之释放柄 5 止于 N 之部位，即经常部位，无法扳成反常部位 5R；第一楼内之扳柄，亦被锁住于经常部位，而不能扳成反常之部位；如是则臂板 16 止于横平，即阻火车不能入站。

远号志之动作： 北宁铁路之远号志，是警告号志，而非险阻号志，形为 ⊏▭，高度与近号志无异。左面开来之车，如欲通过本站而不停留，则须先开放出发号志，次乃开放近号志，末乃开放远号志。左面开来之火车，如欲在本站停留，则出发号志及远号志，皆不开放，只开放近号志。

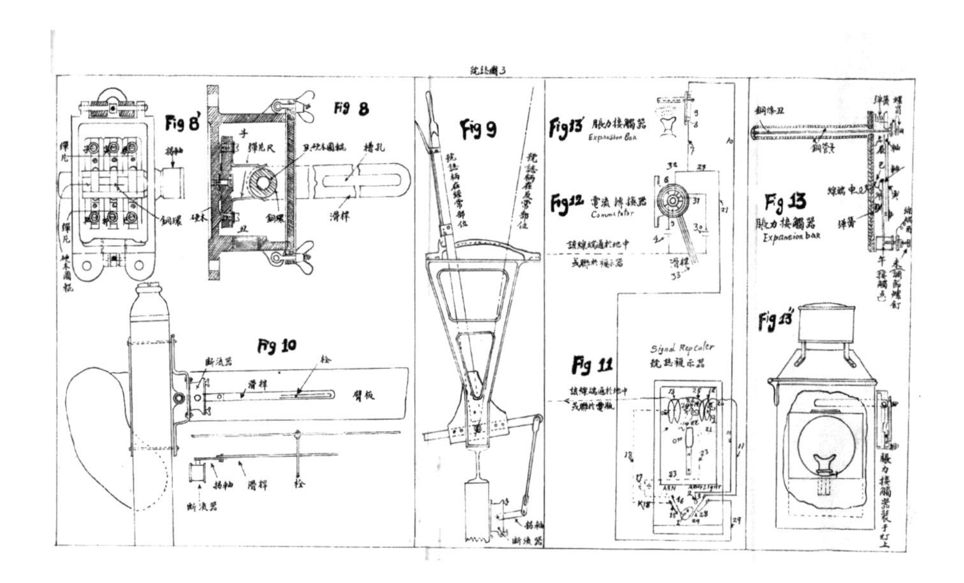

第一楼内（即在左楼），不设远号志之扳柄，因左端之远号志，归右楼管辖也。

Fig.6，M 是电动机，装于远号志之下，可借电力以推动此号志之臂板，而使此臂板斜降。远号志所用之电源有三，甲为电动机之电瓶，乙为调度远号志之电瓶，丙为恢复原状之电瓶。

甲丙电瓶，均设号志桅之下。

甲瓶二极，直接联于 M，惟于线之中途截断，分联于吸子丁’，该吸子系装于继电器丁，乙瓶储于右楼内，一极之线，直联丁，又一极则经过戊。再联于己及庚及辛而至丁。

己者，右端出发号志之断流器也。

庚者，左端近号志扳柄断流器也。

辛者，左端近号志臂板断流器也。

丁者，左端远号志臂板继电器也。

电流若循环可通，出乙瓶仍入乙瓶，则丁能发生磁力，吸起其吸子，M 之电流乃通，其齿轮乃旋转，并推动远号志之臂板而使其斜降。

丙瓶二极之线，分联于轨道电路之二轨，再由二轨分联于电动机 M 内之断流器。

出发号志之扳柄，若在经常部位 3N，则电路不通；若此柄扳成反常部位 3R，则电路可通，则左楼扳动近号志 16 时，能使 16 臂扳斜降，则远号志随之而斜降。

远号志臂板斜降之后，电动机 M 之断流器，乃即断流。而丙瓶之电流，继续周流于机内之线卷，其磁力吸子之掣拐，赖以吸实吸紧；因此则臂板之斜势，得以维持，迨火车走入轨道电流之区内，则丙瓶之电流大部分，由轮轴走回电瓶，殆不经过电动机 M，吸子一松，则号志臂板，因自身重量而恢复其横平之原状。

出发号志之动作：准火车出发之号志，名曰出发号志；如 Fig.6 火车向左离站，则 3 是出发号志，其扳柄在右楼，平时在经常部位，被路签机之电力锁住，无可扳动之也。如欲扳动，须请前站，释放本站路签，本站右楼，既取出路签，则本站右楼能由本站路签机，取出一钥，此钥可以开放本站之出发号志。

出发号志臂板既斜降，若站左之近号志已斜降，则远号志亦斜降，因此远号志，归右楼之出发号志所控制也。

号志之复示器：远号志之臂板及光灯，往往难由号志楼窥见；则其横势斜势是否无误，灯光明旺或微熄，均不得而知；故号志楼内，宜设小型复示器，使臂板及灯光皆显于号志员之眼前。

装设复示器于楼内之时，须联带装设胀力接触器于号志灯之上，又装设电流转换器于号志臂板之旁。

复示器如 Fig.11，器内有二个电磁线卷，如 12 及 13；线卷间，有一个吸子，联接于小臂板 14 之轴；吸子旋动时，小臂板亦动而成横平或倾斜之姿势。

轴间附有一个环形之均衡；吸子未被吸引时，小臂板因此均衡之重力，停止于箭头之部位；轴间又附一个歪轮 24 以便转动之也。不论小臂板横平或倾斜，此歪轮能使接触点 19 及 20，互相接触，以通电流于小灯 22。1 是电键，其形似爪子，系歪轮。2 及 3 又 15 及 16，又 28 及 29，是三对之接触点，各具弹片；电键向左或向右，即可推动三对接触点，使其接触或脱离。电键若拨指右方，则接触点 2 与 3，15 与 16，即能接触，而 28 及 29 则脱离，电键拨指左方时，28 及 29 即能接触，而 2 及 3 又 15 及 16 则脱离。

胀力接触器如 Fig13，子是铜管，丑是铁条，装于子内，其一端固定于管底；他端有螺纹，与寅杆相联；寅之一端，联于其轴座辰，并具弹簧，使他端常压卯杆。卯之一端，联于其轴座已，并具弹簧，俾可常与寅杆抵触。他端有接触点如午，与接触螺钉如未相对；该接触螺钉可进退以调整其距离，务使午点距离为半公厘。

此器装于灯房，铜管居于火焰之上；火旺则胀，火微或熄则缩；卯因自己弹簧之弹力，使午点接触；电线申端所接之电流即可传至酉。

电流转换器如 Fig.12，用阻电质料，将圆器分为三部，如图上粗黑线所示；此三部中之 5 及 6 及 31 联于电线；5 联于电瓶 4，31 联于电瓶 30，6 联于电瓶 7 及 27 等处，器之中央，有轴以联结接触杆 32 及滑杆 33；滑杆 33 倾斜时，32 亦倾斜，则 5 及 6 之电路通；滑杆横平时，32 亦横平，则 31 及 6 之电路通。

复示器之动作：夜间，此器须复示号志臂板，又须复示灯光。

应将器下之电键 1，拨向右方 Arm R Light 如 Fig.11，则号志臂板倾斜时，小臂板 14 亦倾斜，小灯之绿色玻璃 25 透出绿光；因电键拨向右时，已使接触点 2 及 3 接触；又臂板倾斜时，滑杆 33 亦倾斜，接触杆 32 已使 5 及 6 之电路通；如是则电瓶 4 之电流，经过电流转换器之接触点 5 及 6，循电线 7 而至胀力接触器，经过其接触点 8 及其 9，循电线 10 而至电键之旁；经过接触点 2 及 3，循电线 11 而至线卷 12 及 13。

电流如此流通，线卷发生磁力，吸子吸下，与吸子相联之小臂板 14，即倾斜于 OFF 之部位。

再者，电键拨指右方时，接触点 15 及 16，亦已接触，故电瓶 17 之电流，经过接触点 15 及 16，循电线 18 而至接触点 19 及 20，循电线 21 至小灯 22，循电线 23 而返于电瓶 17 之处，电流如此流通，电灯 22 即能发光，由绿玻璃 25 透光。

号志臂板恢复横平部位后，滑杆 33，随之横平；电流转换器之接触杆 32，即将 6 及 31 之电路贯通；如是则电瓶 30 之电流，即经电流转换器之接触点 6 及 31，循电线 7 而至胀力接触器之接触点 8 及 9，循电线 10 而至电键之旁，经过接触点 2 及 3，循电线 11 至线卷 12 及 13。电流如此流通，线卷发生磁力，吸起吸子，与吸子相联之小板 14，升至 ON 部位；同时，小灯 22，由红玻璃透出红光（因小板具红绿两玻璃，一如大臂板所具红绿两玻璃）。

昼时，只须复示号志臂板，将电键 1，拨指右方 Arm，28 及 29 即相接触，2 及 3 又 15 及 16 即相隔离；当号志臂板倾斜时，如图所示，电瓶 4 之电流，经过 5 及 6，循 27 及 28 及 29 及 11 而至 12 及 13；小板 14 即倾斜于 OFF 部位。

号志臂板恢复横平部位，则电瓶 30 之电流，经过 31 及 6 及 27 及 28 及 29 及 11 至 12 及 13，小板 14 即横平于 ON 之部位。

若小板不停于 ON，亦不停于 OFF，而停于箭头所示之部位，则因灯已熄灭或微弱，或号志臂板失效，以致电流隔断；小板 14 因其重力而停于箭势所示之部位；号志员应速视察并修理之。

尖轨之电动机：北宁铁路天津总站，第一号志楼所辖 57 号道岔，离楼颇远，传动杆失其轻便之功能，故设电动机；其动作如 Fig14，云槽轴赖电动机以得旋转；此云槽轴又带动曲拐，以扳动尖轨及其插锁 V；此外又有电气侦验器如 D Electric-detector。尖轨扳柄在经常部位为 N，半经常部位为 NB，在反常部位为 R，在半反常部位为 RD。

尖轨扳柄能由 N 扳至 RD 以扳动尖轨；但在 RD 处有电锁，须尖轨完全扳妥贴合，则侦验器之轨路乃通，方能通电于该电锁，以使号志柄扳至反常部位 R，以开放其号志之扳柄。是故，若非尖轨完全妥贴，则无由开放其相当之号志也。

若轨道上无车停留，则轨道电路上之继电器，能使电流由号志扳柄 NB 或 RD 通至分极继电器 Polarized Relay，因 NB 及 RD 来电之极向不同，遂使分极继电器之吸子，改变电动机所受电流之极向，因之以定尖轨扳动之方向。

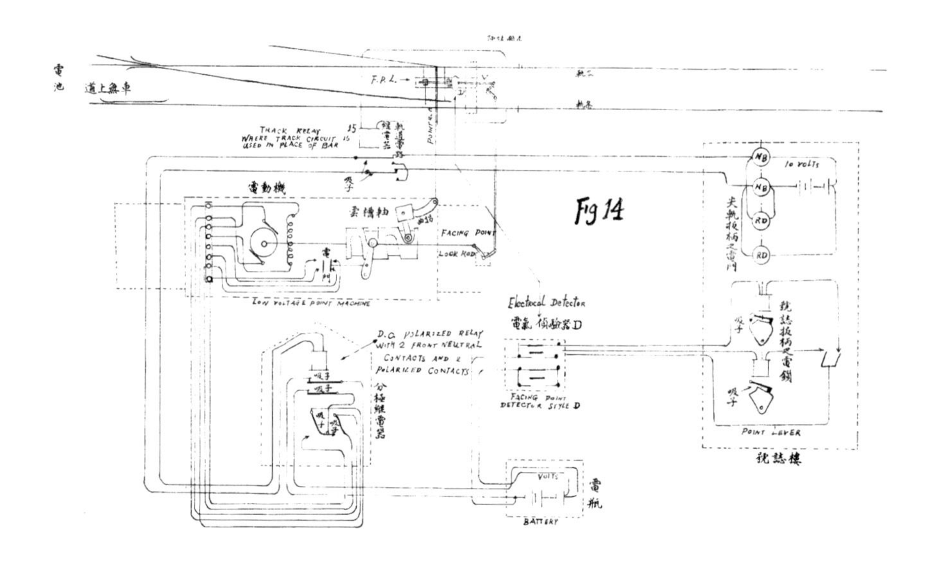

20 北宁铁路计划中之滦河桥[1]

1934 年

华南圭 1934 年设计的北宁铁路滦河新桥，1935 年建成后，于 1948 年在战争中被炸毁。1949 年修复，1976 年毁于地震。自《滦河铁路大桥的变迁》，载于《中国铁路》杂志，2017 年 8 月 31 日。照片摄于 20 世纪三四十年代

滦河起源于热河，为河北至热河唯一航路。北宁路线路跨过该河，筑有单线大桥，计长二千余呎[2]，即六百余公尺。该桥计 200 呎净空五座，100 呎净空十座，30 呎净空二座，于前清光绪十九年，即民国纪元前十九年告成，为北宁路最大工程之一。民国十三年，北宁路添筑唐榆双线，以该桥工程浩大，未克改造，致滦州至朱各庄约四公里一段，仍属单线；唐榆双线之功效，有功亏一篑之憾。民国十三年、十七年内战，及二十二年日祸，此桥迭经部分炸毁，随时修理，勉强通车。惟以去年

1. 原载于《工程》（中国工程师学会会刊）1934 年第 3 期。
2. 英尺旧称。

一役，在敌军压迫之下，修理更为匆促，未能恢复原状（参阅附录北宁路工务处技术室主任工程司罗英之检查报告书），因此危险程度，又见增加。此北宁路改造滦河桥之计划，所以成为紧急工程之一也。

另择新桥地点之缘由　计划改造滦河桥之初，本拟于旧桥旁，添一新桥，而将旧桥钢架或加固，或换新，以减少桥墩之费用。但旧桥建筑之时，为减少建筑经费计而迁就地势，致桥墩未能达满意之高度，盖桥东路轨以 1∶250（即 4‰）之坡度，桥西路轨以 1∶150（即 6.64‰）之坡度，各倾向该桥（第三图），而该桥又靠近车站，致东行或西行列车，经过此凹洼之站，速度不得不减，并常感坡度太峻，而须限制全段列车之重量，运输之能力因之减少，是以改善坡度之提议，与改造旧桥并重。惟改善坡度，必须将路线提高，而将桥墩加高 18 呎，庶东端之坡度可改为 1∶500（即 2‰），西端之坡度可改为 1∶400（即 2.5‰）。该桥靠近车站，若将线路抬高，则工作时，苟非另造便桥，势将无法通车。然另造便桥并加高旧墩，非徒费用较另造双线新桥为昂，且工作上之困难甚多，行车亦异常不便。故另择适宜地势，移向上游 150 呎处改筑新桥，俾土方不巨，运料便利，且于工作之时，仍能照常通车。

酌定新桥之跨度及孔数　滦河桥桥墩，高约五十余呎，桥基深度自十余呎至五六十呎不等。西端石层露出河底，向东逐渐较深。至东端地质，

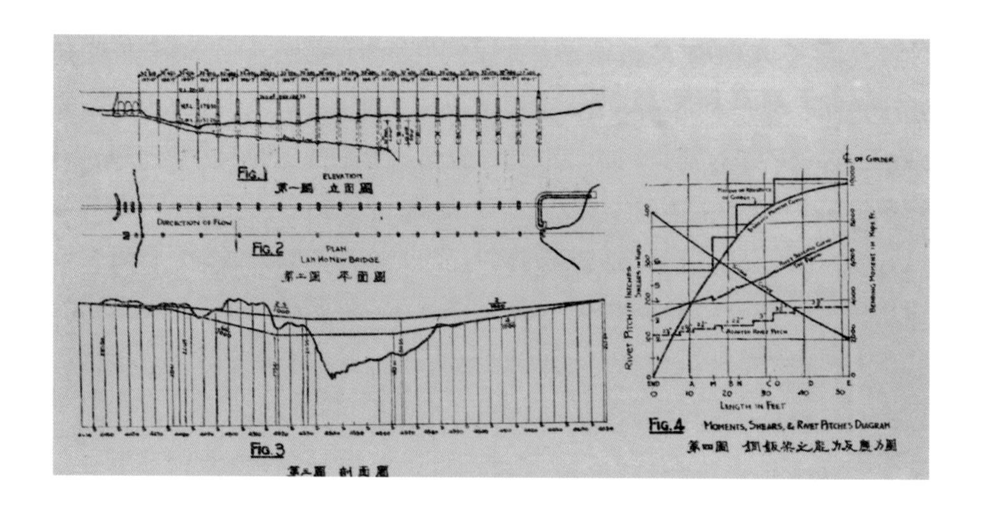

则属硬泥。除夏季洪水漫岸外，平时水面不过五六百呎。就浅水之需要，桥梁桥基工料之价值，及跨度 60 呎至 300 呎，与泄水面宽约 2000 呎，作数种计划，详细比较，认 100 呎上下之桥空，最为经济。是以全桥二十孔之跨度，均取 100 呎（第一图及第二图），因此铁工圬工设计施工方面，亦均较整齐简捷。

选择铁梁之形式　100 呎之跨度，在“高架提式栋梁”，为不经济之长度，而“开顶栋梁”又为最弱之格式。查轨面距河底五六十呎，则桥墩实具充分之高度，桥身自以“托式”为宜。托式桥身究用“栋梁”抑用“钣梁”，自宜再为斟酌。栋梁较钣梁约轻数吨，然制造较烦，修养较费，不如钣式之简便，且本路机车之逐渐加长，影响于栋梁各部之应力，及接笋之钉数，均较钣式为大，是以桥身决定采用托式钣梁。

新桥之载重能力　依照铁道部所颁之钢桥规范书，正线桥梁之载重，应为古柏氏载重量 E50 号。其机车之长度，不过 56 呎。近来机车随设备之改进，车身亦逐渐增长，国有各铁路现行之机车，均约有 70 呎之身长。本路拟定机车式样，其长度增至 86 呎，是以轴重虽与古柏氏 E50 号之轴重相等，而该新式机车，影响于桥之挠力剪力则有超过之处。以本路新式五十号机车，与古柏氏载重 E50 比较，在 80 呎以下之跨度，其挠度较小，在 80 呎以上之跨度，其挠度较大。是以本桥为将来计，须以古

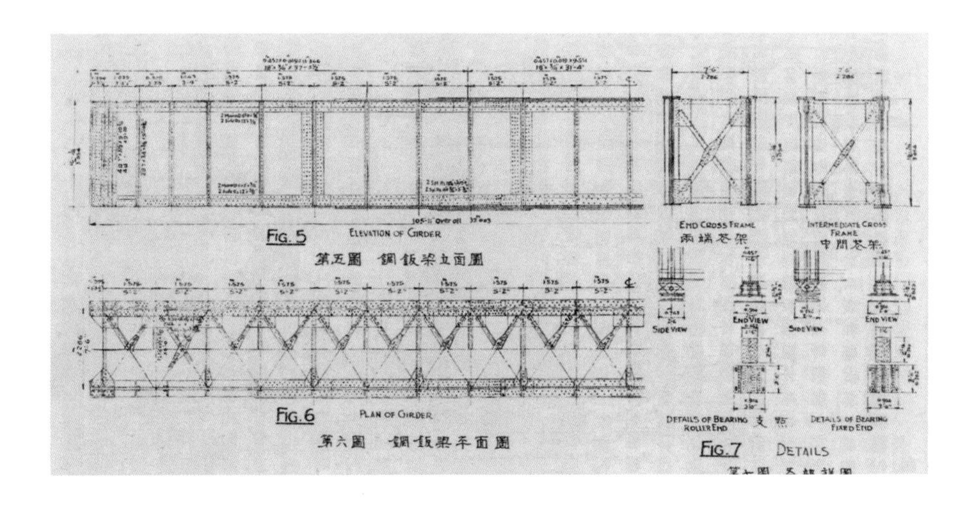

Fig. 5 Elevation of Girder
第五圖 鋼鈑梁立面圖
Fig. 6 Plan of Girder
第六圖 鋼鈑梁平面圖
Fig. 7 Details

柏氏载重 E50 为标准，非欲变更部颁规范书之载重量，实为本路运输能力上所必需也。

钣梁之设计　钣梁设计所依据之载重如下：轨道重量每呎 500 镑；列车载重量为古柏氏载重 E55 号；冲击力系按照部定公式 $I=S\frac{30000}{30000\ L^2}$ 计算。各项应力参阅第四图。钣梁最经济之高度为跨度 1/8 － 1/12，兹所选定者则为 1/10，计高 10 呎。腰钣不得薄于净高空之 1/200；今上肢与下肢如用 8 吋宽之角铁及 12 吋宽之夹钣，则其净高为 96 吋，故腰钣厚度不得小于 31/64 吋。又肢钣截面以不超过肢部全部截面之 60% 为度。各部分之截面乃按照挠力及剪力求得（参阅第五至第七图）。

桥基之设计　用气压法建筑桥基所需之设备，北宁路大体齐全，在路员工，亦有熟悉此项工作者，故桥基拟用气压法建筑，以求驾轻就熟之效。气压沉箱之顶钣，及座缘（Cutting Edge）与工作室（Working Chamber）之内墙，均用铁钣及角铁。其余部分则用铁筋混凝土。为求该箱易沉起见，每墩用两箱，俟其沉至坚硬地基，即行停止。两箱各自沉妥后，再用铁筋混凝土联络之，使成整个基座而受桥墩。其详细设计，参阅第八图。

全桥造价　桥梁用普通钢建筑，共计 3570 吨，沉箱 387 吨，混凝土计 6280 英方；除轨道土方及迁移车站等项工程不计外，工料费预估

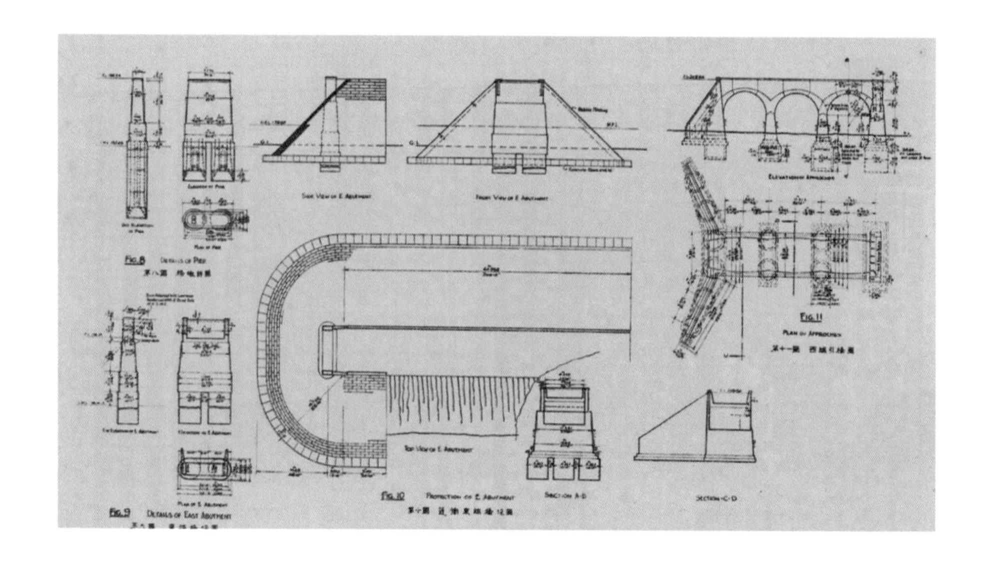

约共洋 2 236 000 元。

工作日期 本桥钢料现已呈请铁道部订购，一俟钢料运到，即可开工。所有建筑工程，均由北宁路员工自办，大约二年半，即可全部告成。

附录：检查现在滦河桥报告书[3]

附錄檢查現在灤河橋報告書

灤河橋經戰事炸毀，業已修復，其載重能力，究竟如何，自應詳加檢查，以明眞象。乃於二十二年八月十二日，同副工程司尤寅照，試用工程司黎錦熾，及工人等，前往灤州，並同該分管工程司黃恩果，先測量各「桁架節點之高度」(Elevation of Panel Point of Truss)，及「各部之長度」(Length of members)以察該桁架有無「變態」(Permennent deformation)，然後用開灤車頭333號，及四十噸裝滿煤車五輛壓橋，再分別測量各桁架節點之垂度(Deflection of panel points of truss)，並用膠皮水管核對，以免訛錯。測量工作完竣後，乃詳細檢查各損毀以及修理部份，其詳細狀況臚列如下：——

(一)被炸桁橋部份

此次被炸之橋乃200呎長兩孔，由西端200呎橋算起，被炸處乃第三，第四孔之間。(參觀第十二圖)。

第十二圖 現在灤河大橋

FIG 12 EXISTING LAN-HO BRIDGE

(甲) 第三孔之東南方斜柱(End Post.)被炸斷，業經唐山機廠修復，惟正在修理之際，敵軍強逼通車，致將南方第十七節點壓下5公分，修復時未能頂回原狀，所以南方第十七節點，較他處下沉，而斜柱亦較原來長度短2吋2吩，但細計此種變態增加之應力，尚不致十

3. 此附录为罗英工程师针对旧桥的检查报告书，原文共 4 页。

21 平津快车二点一刻钟[1]

1934年

北宁铁路当局，屡议缩短行车时间。工务处车务处屡经讨论，分别估计平榆间一律缩短时间，则需费若干；仅在平津段缩短时间，则需费若干。惟前项办法，需款太巨，一时财力不济；后项办法，需款较少，财力上尚能勉强筹措。故本年八月中旬，局令准就后项办法，积极进行，以利旅行。兹将技术上办理经过情形，撮要说明如下，一俟工事完成，平津间之快车，只须二点一刻钟，视往昔须三点钟之久者，便利殊不小也。期缩短行车时间，首在改良轨道，其原则如下：

一、各站轨道原状，多半为平行四边形，如图1，各车出站，须循弯道，因此则各车进站时即须缓行，以免出轨之祸。

期节省缓行之时间，首须将弯道改为直道。易言之，即须将平行四边形，改为斗形或梭形，如图2及2'。

二、因避车让车之关系，副道须延长，令其有六百六十八尺之净长，必要时更须添设五百五十公尺净长之第三副道，俾车站房屋如有障碍时，可令慢车循弯道以绕避之。

三、因前二项之关系，道岔地位须变更，号志设备及号志楼，亦有增加及改良及变更之处。

四、因前三项之关系，若干站两头之桥或涵洞，须酌量展宽或添造，俾可

1. 原载于《工商学志》（天津工商学院校刊）1934年第2期。

容纳展长或添设之轨道。

五、因前四项之关系，遂须有增筑土方及增购地亩之处。

初步计划，除汉沟镇、枣林庄两小站，系近年新设，无须改动外，其他应修改者，有下列甲乙丙之三种，及丁之一种。

甲、展长副道及移设副道之处，计有下列之十站。

东便门，永定门，黄土坡，黄村，魏善庄，廊坊，落垡，豆张庄，杨村，北仓。

乙、添设副道之处，计有下列之七站。

东便门，黄村，魏善庄，安定，万庄，落垡，豆张庄。

丙、添设待避轨道之处，计有下列之九站。

永定门，黄土坡，黄村，魏善庄，安定，万庄，落垡，张庄，北仓。

丁、以上各站又须改建号志，而黄村、落垡又须增筑桥梁，安定并须添造涵洞。

工事实施之时，因同时不能耽误行车，较未开车之新路，更为困难，其例如下。

一、轨道及道岔移设之前，应使移设时之临时轨道，弯度不致太陡。

二、副道展长或增设，须与新改正之号志，恰能联结。所用材料，须用递接方法，以资节省。

三、号志设备，应先改正妥善，方可进行道岔之移设。每一车站移设完竣，再行办理次站，逐站递进，好不影响于运转之业务。

四、道班工人与号志工人，须合组一队，充分联络，不如平时之可以分头各行其事。

五、材料数量有限，应尽量利用抽出之材料，递用之于次站。

六、在修改进程之中，号志原系太小者，应即加宽，路签台原系太高者，应即改低，副道上原无脱轨器者，应即添设。

工务处详细研究，以最省俭之办法为原则，应办之工事如下：

子、东便门、丰台、黄村三站轨道，原非平行四边形，改动略小，其黄村

民国时期的天津东站。左边照片源自京都大学人文科学研究所所藏华北交通写真资料，右边照片由张翔提供

之改变如图5。而安定庄、豆张庄、杨村三站，轨道均系平行四边形，均须改为斗形或梭形。而第三副道，目前暂不增设，但预留将来增设之地步，如图7及8及11及12，易言之，将来增设时，亦须绕过上行月台而已。

丑、黄土坡、廊坊、北仓三站原系平行四边形之三道，魏善庄原系平行四边形之两道，应皆改为斗形，并展长副道，如图4及6及9及13。

寅、永定门原有平行四边形之四道，应改为梭形，而将副道展长，如图3。

卯、落垡原系平行四边形三道，应改为斗形，并将死道引长成为副道，而去其最远之副道。如图10。

辰、杨村亦系平行四边形，应改为梭形，如图12。

以上修改，凡变成斗形或梭形，系迁就目前事实，务令变更不太多，将来快车通过各站，上行或下行，均走直道。

各站副道之净长，最长者定为六百六十公尺，号志楼均与副道之尖轨相近。

己、黄村、廊坊、杨村各站，应添设水鹤六座，移设水鹤两座，并添凿新井，加高水塔，更接水管。

午、此外再加号志设备。

以上各种原则内应办之工事，分析言之则如下：

一、各站改铺直道，以便快车直通。

二、延修各站副道，并添设铺避车、让车轨道。

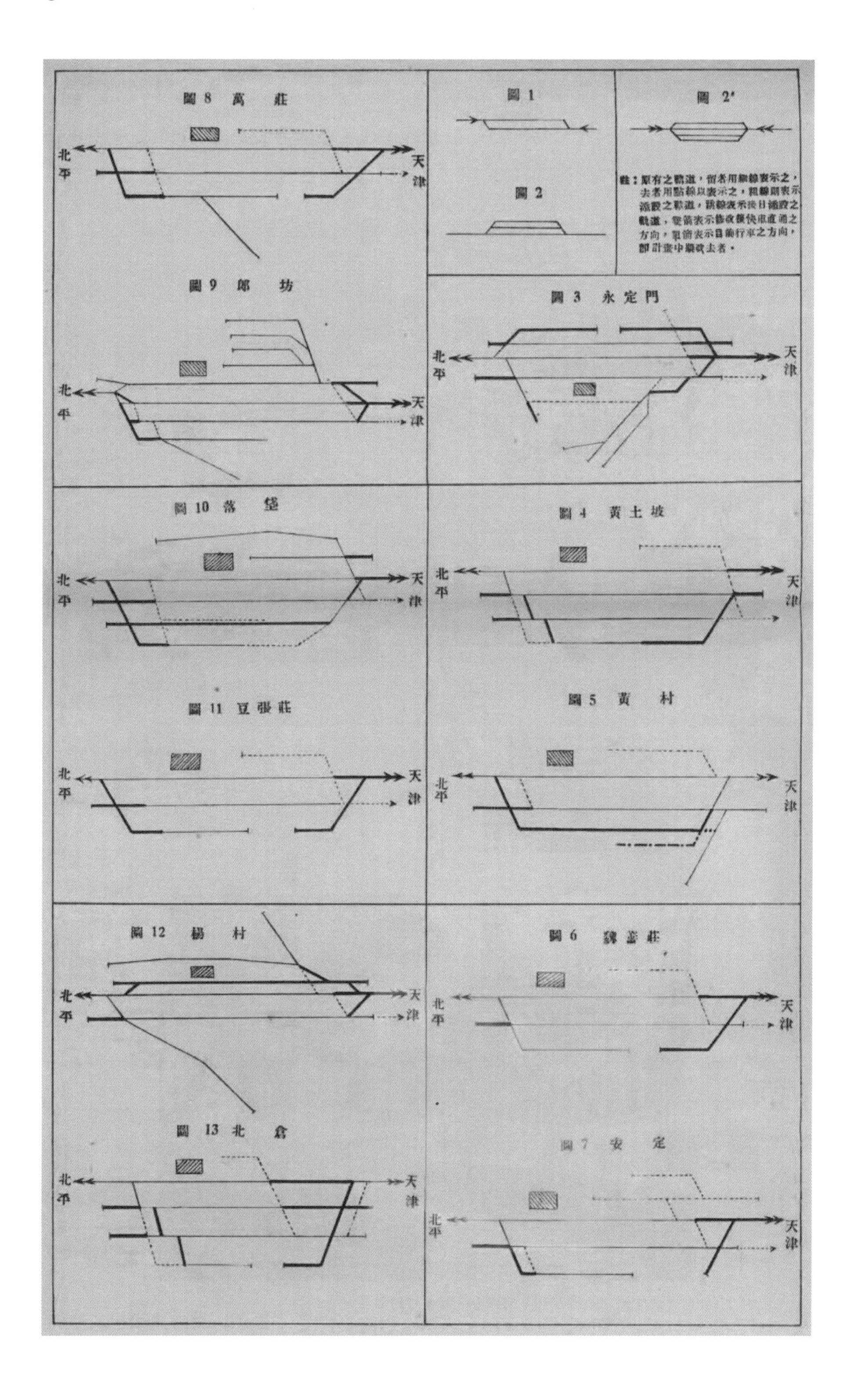
圖 8 萬 莊
北平
天津
圖 9 郎 坊
北平
天津
圖 10 落 垡
北平
天津
圖 11 豆張莊
北平
天津
圖 12 楊 村
北平
天津
圖 13 北 倉
北平
天津
圖 1
圖 2
圖 2'
註：原有之軌道，留者用細線表示之，去者用點線以表示之，粗線則表示添設之軌道，點線表示將日添設之軌道，雙箭表示修改後快車通過之方向，單箭表示目前行車之方向，即計畫中擬改去者。
圖 3 永定門
北平
天津
圖 4 黃土坡
北平
天津
圖 5 黃 村
北平
天津
圖 6 魏善莊
北平
天津
圖 7 安 定
北平
天津

三、各站尖轨，配置联锁。

四、改良号志设备，如安置轨道电流，移置远距号志，添置出发号志及圆牌号志，改设号志楼。

五、改良给水设备，如开凿新井，添移水鹤，加高水塔，更接水管。

六、择要修改月台。

七、添设天桥。

八、平交道之处，择要加设联锁栅门，及看守伕房。

九、添加桥洞。

十、加宽新基及添购地亩。

以上各种工事，号志项下一八一四〇〇元，其他四四八九〇〇元，合计为六三〇三〇〇元，言其大数，则为六十三万元。

原计划系在二十三年度列三十九万元，在二十四年度列二十四万三百元。

自《北宁铁路改进专刊》1935年第8号封面

22 养路新法[1]

1934 年

中国工程师，在铁路服务，多半犯一大病：对于造路有兴味，对于养路无兴味。凡服务在十年以内之人，大概皆犯此病；初出校之青年，尤犯此病。殊不知，养路更重要于造路！

养更重要于造，万事万物皆然，人身亦何独不然？人出母胎，未见其难；然养之乃至成年，则为母者所费之心力，真无限止；维护之辛苦，无一日一时之间断。凡事凡物，创立之初，往往草率，须再经长时期之增修，方能妥善；既臻妥善之后，苟有短时期之疏忽，则恶劣情形，忽又滋长；是故，“养”字为万事万物最重要之一字。

人之内部不养，不久即有病；人之外皮不养，秽污将更甚于禽兽。即如我人居住之房屋，苟非天天维持，则损坏甚速。铁路日日受火车之振撼，养之不善，非但直接间接之伤财，而出轨翻车之危险，更能使多数人命，断送于顷刻焉。

养路之事甚多，如半径大小及衔接适宜与否，坡度缓急及衔接适宜与否，桥梁高低及衔接适宜与否，鱼板之松紧适宜与否，轨头接缝之适宜与否……，兹就道碴一项论之。

轨道之修养，以行车平稳为第一目标。不平稳之轨道，车辆颠簸，旅客固感其苦，而危险更为可虑；且也，越不平稳，轨道越恶劣，维持费越大，车辆越易损，危险越易发生。

---

1. 原载于《工程》（中国工程师学会会刊）1934 年第 1 期

不平稳之原因甚多，如超高度、超宽度以及土床软弱，等等，而水平度之不适宜，尤为大病。

水平度之不适宜，或由一枕之二端失其水平度，或由若干枕各失其水平度。

失宜之水平度，有目力可见者，有目力不易见者。目力不易见，则惟于车轮滚过时，方能见之，盖因道碴松紧不匀所致者也。

补救之方，在1929年，英法二国有一新法，名曰定量撒碴法。

兹先论旧法，然后论新法。

旧法 维持轨道之水平度，旧法有三，如下：

A常用镐与铲以垫挤道碴。B翻修轨枕之底盘。C撒布细碴于轨枕之底盘。中国习用AB二法，C法尚未用；比C法更进一步之新法，更无论矣。

用A法，实有垫不胜垫之苦，实有挤不胜挤之苦。一处因垫挤而暂时平稳，同时他处又不平稳矣。轨枕下面，压紧之一部分，名曰底盘；每经一次翻动，须于数月之后，方能压紧；当其未压紧之时，轨道自不平稳；压紧而未匀，则轨道仍不平稳。凡轨道，于大翻修之后，一任车队缓行；一俟路床压紧，即宜用镐以垫挤其较松之处；凡见跳枕，必因其下有较松之处。凡用卵石作道碴，欲得坚固之底盘，须有相当之时间；此项卵石，宜含小块，以充塞罅隙；垫挤时，尤宜用硬且小之砾石，成绩始能善；平汉铁路、芦沟桥之卵石，择其大小尺寸适宜者，不可谓非良材也。

欧洲近年人工太贵，改用挤机以代镐；机之最通行者有二种，其一曰Fils d´ Albert式，其二曰Christiansen式；用法不同，成绩皆良，惟其价太昂；中国不宜用此机。一因铁路甚少，无采用机器之需要；二因穷民正苦无业，不宜再夺其业也。

翻修底盘之B法，只适用于碎石之道碴，若道床干洁，无水浸洇，则翻修底盘可也。若道碴是卵石，则底盘不宜翻修，盖翻松之后，须有极长之时期，方能坚实也。

普通撒碴如C法，距今十八九年以前，英国法国皆谓其成绩不劣；盖大碴上面，撒布细碴，则罅隙少而成为平面，轨枕得一平稳之坐垫也。1914及1915年，英国大西北铁路、法国大北铁路，皆曾作精确之试验，而法国大北铁路，于1917年推行此法于全路网；底盘永不翻修，易言之，非于万不得已之时，轨枕永不变更其原位也。

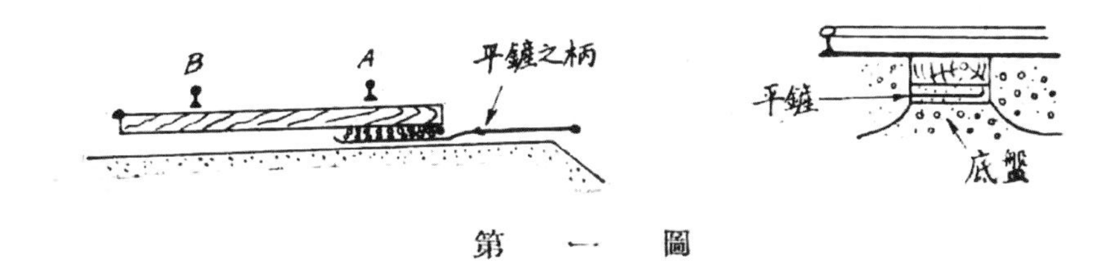

第　一　圖

底盘之意，阅第一图。底盘之道碴，宜具最善之渗性；易言之，不宜含少量之泥土，并宜使雨水常易流尽。于底盘已洁净而尚有微隙之时，撒布细碴以使其坚实；细碴之量，不于事前规定，此即普通撒碴法也。普通撒碴法，用碎石或卵石；轨枕升高度，不超过15公厘；其法将轨枕二端，一律抬高；再用平铲，平均分撒细碴一薄层。此项细碴，宜硬而有棱角；分撒在轨条下面，左右各40公分；若枕之宽度为23公分，则其面积为2×40×23=1840平方公分。每枕所需之工具，为起重机二具，碴箱一只，平铲一把。撒碴工作如图1及2二根轨枕，可同时垫妥，阅第一图，可知平铲之二边甚浅，平铲由枕之二端，纳于枕底；若在窄小之路坎内，则柄宜略短。枕之二端，宜同时抬高，又宜依适宜之水平度；在直线则同高，在曲线则应维持外轨之超高度。撒碴以前，在轨枕及其底盘之间，若有乱碴遗留，则宜撤去撒碴工作，宜小心妥慎；所撒细碴之多少，宜适可而止。此二条件，似易而实难，全赖工人之技能如何耳。撒碴既毕，乃撤去起重机而将轨枕放下；此时之水平度，宜较正确之水平度，稍高而甚微；一经车队滚过，自能成为恰好之水平度。

撒碴工作完毕后，宜视察行车时之情状，若察见水平度太低，则宜施第二次工作。

若底盘不甚坚，或太硬，或撒碴须多而厚于 15 公厘，则宜改用挤碴法，并应各枕一律改挤。

细碴由轨枕二头纳入，若在双线则不可能，只可由轨枕侧面纳入，如欲仍由二头纳入，则须改用特别形式之平铲。

新法 定量撒碴法，优于普通撒碴法，故名之曰新法。易言之，普通法所撒之碴，并非预先规定其数量，多少全恃工人之手技，所谓旧法者此也。新法则碴量之多少，试验而规定之；一次规定，则每次碴量皆如此，故曰定量撒碴法。新法于 1929 年以后，推行于法国铁路，距今不过四年耳。普通撒碴法，只用五种器具；一曰直尺及水平器，用以测验二条轨线之水平度；二曰小水平板，测验一条轨线之水平度；三曰球杆如第二图；四曰平铲如第三图；五曰起重机。

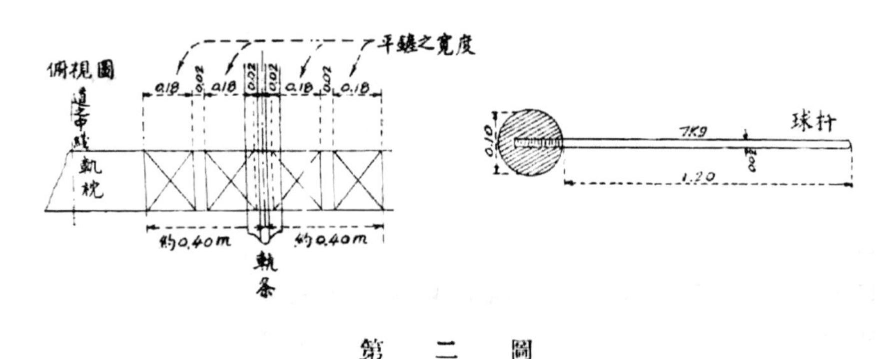

第　二　圖

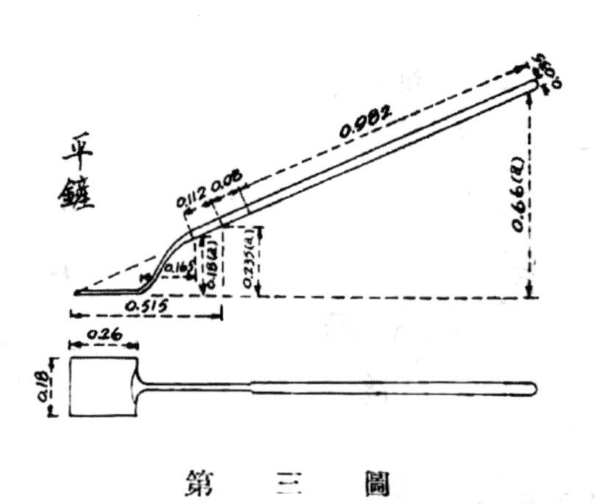

第　三　圖

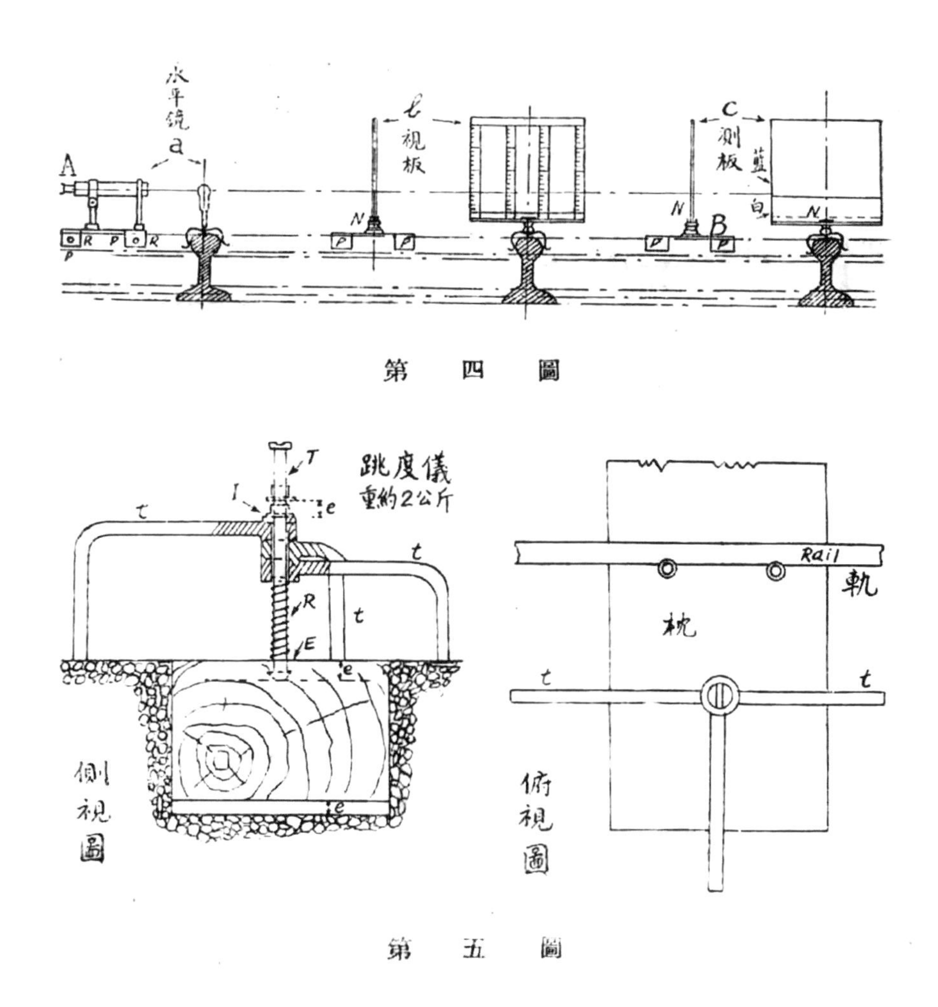

第　四　圖

第　五　圖

用直尺与水平器，所得结果不甚精确，但已适用于事实，惟须细心耳。小水平板太不精确，只能验知轨道一部分之毛病：盖此器只能指出目所易见之毛病，不能显出目所不易见之毛病也。

球杆只能测验三公厘之空隙。由前之理，故旧法在法国，已完全废弃，英国亦然。

定量撒碴法，系勒梅氏（Lemaire）所创行，应用六种器具如下：一曰球杆；二曰水平镜；三曰平铲；四曰跳度仪（dansomètre）；五曰碴筒；六曰碴车。

水平镜附带视板及测板，如第四图，A 是水平镜，亦可称为测镜；

b 是视板；c 是测板；此器用以验知一条轨线上各点之水平度，即目所易见之毛病；器件简单而容易运用，大约轨枕二十根之长度，只须三分钟耳。例如第四图，假定欲验 AB 间之目所易见之水平度，此 AB 二点，在一条轨线上。以测镜置于 A，以测板置于 B；助手持视板，由 B 点行向 A 点；每过一枕，即将视板置于轨上；窥镜人，将窥见之水平度，报知助手，使其用白垩写于枕面。跳度仪如第五图，重约二公斤余，T 是竖杆，t 是三叉脚，此三叉脚可折叠亦可展开。

三叉脚之横臂有孔，竖杆在孔活动而时升时降，竖杆缠以弹簧，簧头触三叉脚之横臂，簧脚触轨枕；I 是指数环；车轮压于钢轨之时，轨枕随之而降，T 杆随之而降，I 则滑动而升。e 是 I 之升降度，因此即知枕底空虚之厚度，亦名曰轨枕之跳度。据经验所得，不必将各枕之跳度，一一测验；只须测验五枕或六枕，即可知孰枕之跳度最大。如第六图之情形，用工人二名，若手技娴熟，则一点钟内，可测验一百公尺之一段。

所需细碴之数量，则用圆筒一个，名曰碴筒，直径 10 公分，高度 12 公分。

目所能见之毛病，加以目所不能见之毛病，即是总病，即是水平度之总差。

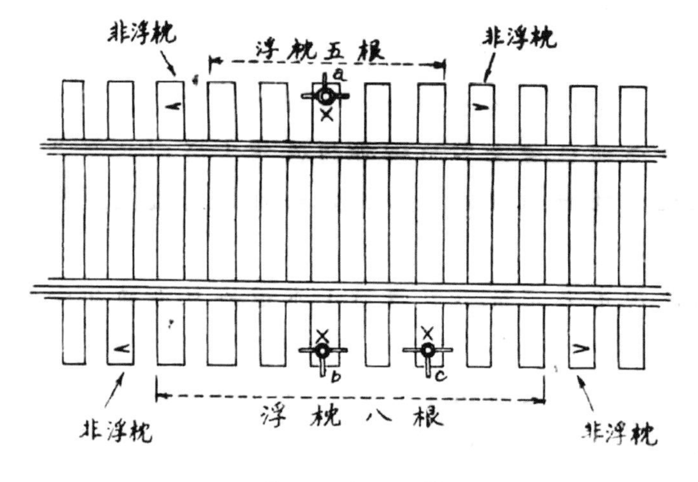

第　六　圖

撒碴工作之实施，须遵下列之五事：

第一事，路病之检验，路病二种如甲与乙。

甲是跳度，即是目所不易见之水平度；道班工目，用球杆在枕上击之，即可恍然于枕底之是否空虚；遇有空虚者，即在枕面作符号×；循此符号，即可施行跳度仪之测验。

八具跳度仪，置于八枕，如第六图；道班工目，将各枕之跳度写于各枕，次再将跳度仪，移于他段，仍依上法以测验之。

乙为凹度，即是目所能见之水平度；工人先用目力以视察轨面之高低，次用水平镜由最高处测验各枕之低度，亦须一一写明于各枕。

就甲乙两种毛病合并，即知各枕应抬之总高度。

第二事，撒碴之数量算法：应以100公尺长度之轨道为试验场，就路之总病而撒碴，假定其所需之碴量为A；在每根轨条下面，左右各40公分，撒碴四铲；四铲之细碴，宜散铺，不宜堆叠；八天后，再测验路病，以考验所撒者之是否恰好或太少太多；多则知须减之，少则知须增之，以成为标准的定量。所谓恰好，殆非绝对的恰好，不过所差极微而已。若太多而极微，即轨枕太高而甚微；若太少而极微，即轨枕太低而极微；如是即认为恰好，则所撒之量，即可视为标准定量。

如此规定之定量，不但适用于本道班，且亦适用于其他各道班。

第三事，工人之训练：据他国已往之经验，训谏并非难事；碴斗容量若干，一铲之容量若干，以及其他各事，经半点钟或一点钟之练习，手中即能自有分寸；所抄之细碴，自能不多不少。

第四事，填孔之手续；轨枕抬高之后，底盘之道碴未必是平面，不能无硗确，不能无小孔；此小孔或罅隙，须先填满；填孔所撒之细碴，并不变更原有之水平度；填孔之后，始照定量撒碴。

第五事，细碴之尺寸：此项细碴，宜极硬，嫩脆者皆不能用，因其易碎而又易成细粉也；此细粉一受雨水，即成泥浆也。尺寸不宜太大或太小，至小以15公厘为限，至大以30公厘为限，平均则以20公厘者为最善。

以上五事，皆得其道，则撒碴之成绩必良。

撒碴方法，适用于碎石道碴，亦适用于卵石道碴。所撒细碴之厚度，大概以 20 公厘为限；若路病更大而仍用撒碴方法，并欲其成绩仍良，则须分为二次，第二次须在二十天之后。

下表所列之数量，可以作为标准。

路病 m/m 跳度加明顯之低度	1	2	3	4	5	6	7	8	9	10	11	12	19	20	25
一鏟與碴箭相當之高度 cm	2	3	4	5	6	7	8	9.5	10.5	12	2 + 12	12 + 3	12 + 10.5	2 × 12	2×12 + 6

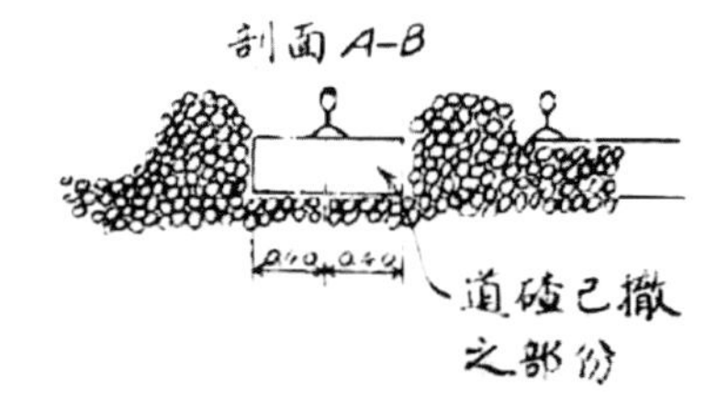

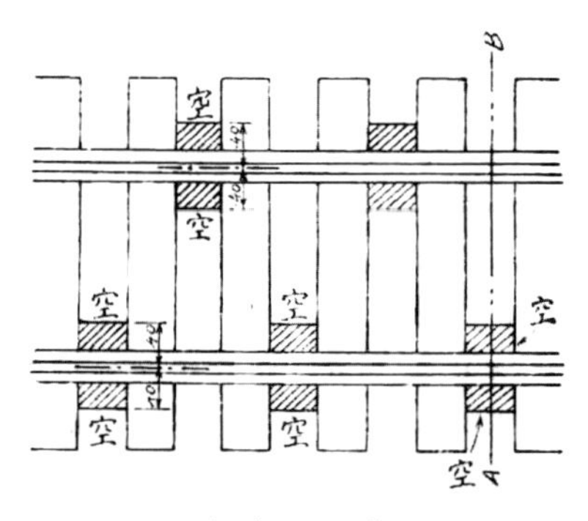

撤開道碴之情勢

第　七　圖

所谓相当之高度，例如路病为三公厘，即轨枕之总低为三公厘，即太低三公厘；欲弥补此三公厘，须在碴筒内取细碴，其高度为四公厘；筒之直径为十公分，筒面 $=\pi\times R^2=3.14\times5\times5=78.5\text{cm}^2$；$78.5^2\times4\text{cm}=314$ 立方公分。又例如路病为 6 公分，须在碴筒取细碴 7

公分之高度；碴之体积 =78.5cm^2 × 7cm=549.5 立方公分。

观上二例，路病 3 公厘，则碴量为 314 立方公分；路病 6 公厘，则碴量为 550 立方公分；可知路病加倍时，碴量非加倍。

撒碴之前，须将轨枕间之道碴撤开；同时撤开者，须成犄势，如第七图所示者是也；此种犄势，系为免同时挖松面积太广起见，所以防行车之危险也。照法国大北铁路之经验，轨枕若须抬高 5 公分，则宜仍用挤碴之旧法。

第八图是碴车，轻便而移动甚易；且在同一轨线上，能使工人二名同时抄碴。

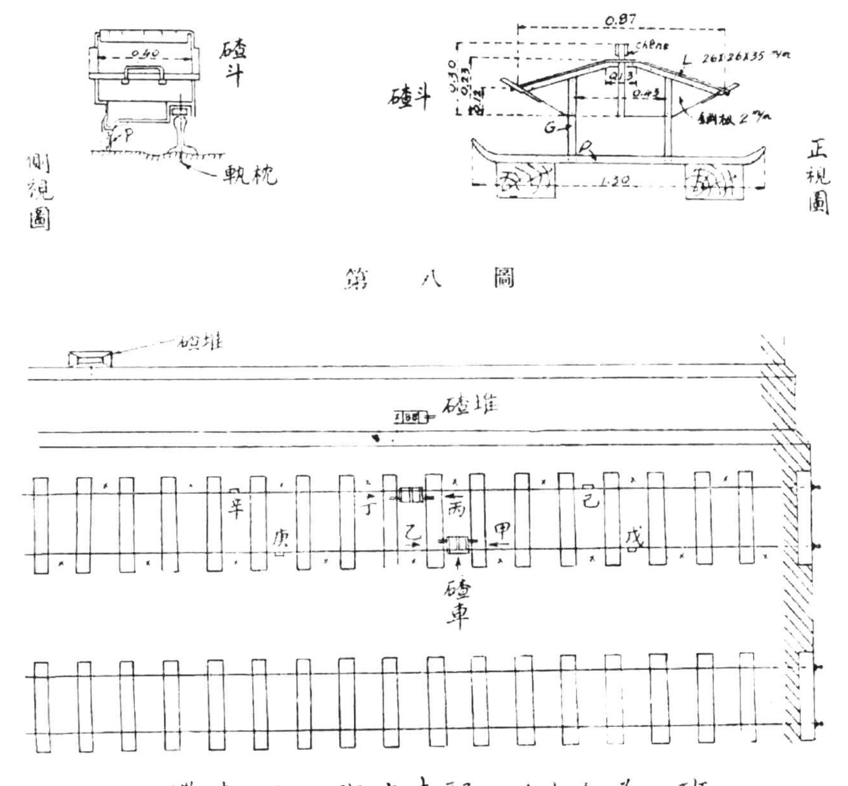

第　八　圖

撒碴工人一班之支配，以六人為一班.
甲乙丙丁是撒手四名 戊己庚辛是起重機四具.

第　九　圖

撒碴道班之组织如下：依大北铁路之经验，以六人一班为最善；其中有撒手四名，助手二名；撒手四名，分为二组，一组在左轨，一组在右轨；二组工作之速度应相同，如第九图之甲乙丙丁。

助手用起重机廿四具，预将轨枕抬高，如第九图之戊己庚辛，其戊庚相距四或五公尺，己辛亦然。

又助手应司细碴之供给。在欧洲，此六人在一点钟内，能整理轨道125根，中国工人之效率甚微，一点钟能整理若干根，不可究诘；虽曰中国工价极廉，然以效率相权衡，则更贵于他国焉。法国P.O.铁路以五人为一班，用起重机二具，撒手四名，兼司起重机，又一名专司细碴之供给。细碴预送于路旁，每距30公尺预备一堆。

中国工程师社团篇

01 拟组织工程学会启[1]

（发起人陈浦、周秉清、华南圭）

1908 年

人居水陆之上，无一不工程是赖，故工程之学术及事业，均极广大，而可以水陆二端括之。

默计中国之水道海口，殆尽为外人属地，长江珠江等之流域，亦几尽为外人之脉络。再默计陆道，其马路尚未修筑，与太古荆榛[2]之象同，其铁路，几尽在外人掌握。吁！清夜扪心，中国之衰弱，工程之不振兴，岂非原因中之一端欤？

以铁路论，以近日建议之铁路论，津浦合同所载股东是英德人也，操管理建筑之全权者，则英德之总工程师也，操稽查监督之大权者，则英德之银行也。然则自天津以达镇江之主人翁果何人乎（津浦合同尚是合同中之最有便宜于中国者）？江浙合同所载英人亦是铁路之大股东，总工程师恒是英国人，且建筑既毕之后，此英工程师仍操管理监督之全权。然则江浙二大富省之主人翁，岂纯然是中国人乎？

中国人与外国人同是人类，吾等固无所疾视。然彼若夺绝吾生命之源如铁路，则彼是盗也。吾今姑弗问此盗之来由，吾开门揖之者乎？抑否乎？而吾铁路之早晚为彼囊中物。斯故无待筮蔡[3]矣！呜呼！各国路权绝无尺寸在外人手者，吾国路权殆无尺寸不在外人手者（非过甚之言）。

1. 原连载于《时报》1908 年 6 月 24 日、25 日、26 日和《申报》6 月 20 日、23 日、24 日、25 日，三位留学生投稿自巴黎。
2. 荒芜。
3. 与“不待蓍蔡”同义。原意为不用占卜便能知凶吉，比喻事理极明显。

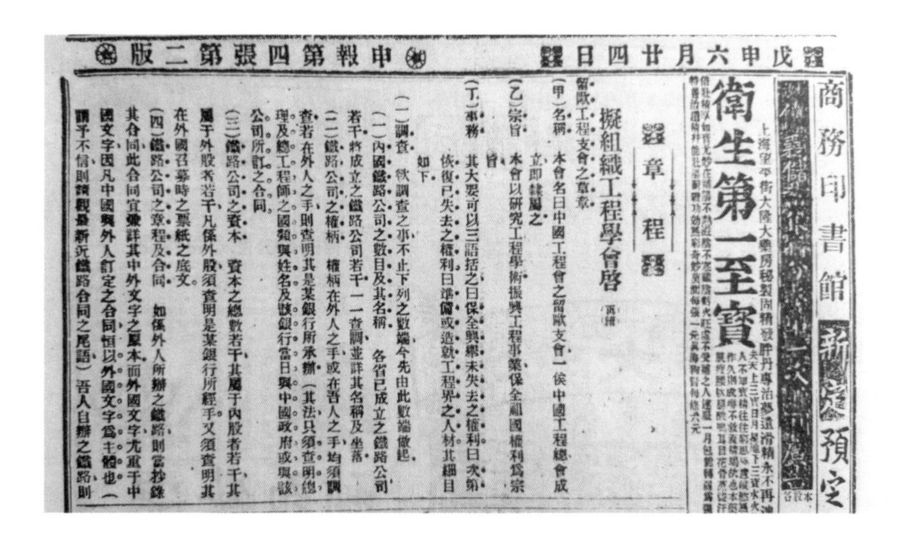

戊申六月廿四日 申報 第四張第二版

擬組織工程學會啓 （再續）

章程

留歐工程支會之章程

（甲）名稱 本會名曰中國工程會之留歐支會，俟中國工程總會成立，即隸屬之。

（乙）宗旨 本會以研究工程學術、振興工程事業、保全祖國權利爲宗旨。

（丁）事務 其大要可以三語括之，曰保全與挽未失去之權利，曰次第恢復已失去之權利，曰準備或造就工程界之人材。其細目如下。

（一）調查 欲調查之事，不止下列之數端，今先由此數端做起。

（一）內國鐵路公司之數目及其名稱 各省已成立之鐵路公司若干，將成立之鐵路公司若干，一一查酌，並詳其名稱及坐落。

（二）鐵路公司之權柄 權柄在外人之手，或在吾人之手，均須調查。若在外人之手，則查明其是某銀行所承辦（其法只須查明總理及總工程師之國類與姓名及該銀行當日與中國政府或與該公司所訂之合同）。

（三）鐵路公司之資本 資本之總數若干，其屬于內股者若干，其屬于外股者若干。凡係外股，須查明是某銀行所經手，又須查明其在外國召募時之票紙之底文。

（四）鐵路公司之章程及合同 如係外人所辦之鐵路，則當抄錄其合同。此合同宜兼詳其中外文字之原本，而外國文字尤重于中國文字，因凡中國與外人訂定之合同，恒以外國文字爲主體也（一讀手不信，則請觀最新近鐵路合同之尾語）。吾人自辦之鐵路，則

嗚呼！吾等在乡里间见甲姓之田宅，曾几何时易为乙姓，犹不胜兴败存亡之感，况以异族而蚕食于吾父母之邦乎！盖以铁路政策袭取人国，外交之利器也。曾读铁路侵略史者，莫不知之。故路亡即国亡之渐也。铁路之已被人夺去者，他日终思收回，其急待振兴，而尚未被人夺去者，亡羊补牢不嫌太晚。若仍旁皇瞻顾，退缩蹉跎，则视眈眈欲逐逐之外人，又将乘间矣！可不惧乎！可不惜乎！譬如京汉铁路，今日获利之大，人所共见，然当日若非外人议筑，则吾国人今日犹在梦中也。又譬如津镇铁路（即津浦之原名），五年后获利之大，可以预决。然因吾国民不自议建筑，故已落于英德两国之手。又譬江浙铁路，数年前吾国人皆在梦中，故曾有政府与英人之纠葛，故虽于目前收回自办，而其权仍落于英国总工程师之手。吾国民昔日之智识，于事前不知预筹，于事后亦不知悔悟。吾国民今日之智识，于事后方生悔悟，于事前仍不知预筹。呜呼！事后之悔悟，庸有益乎？道贵乎预筹而已。以中国物产之富，人数之多，素来交通之艰涩，他日工业之发达，则其急宜兴筑铁路之轨线，必不下百条，特未经外人布画，故吾国人视若无睹耳。一经外人布画，则利象骤显。呜呼！外人布画则权利在外人，吾国民即不为国家计，独不为一家之大利计乎？独不为子孙之大利计乎？

铁路是工程之一端，重要固不待言。如吾国工程之急待振兴者，奚止数十百端，如马车，如公车之路，如海埠，如船坞，如航运，如河渠，如井泉诸水之输运，如金石诸矿之开凿，如工厂之建设，如电机之安置，如路灯之竖立（用煤气为最宜，因中国多煤之故），如其他种种事业，无一非文明之枢纽，无一非富强之基础，无一不急须兴举。吾若不自兴举，无一不将落于外人之手。

欲兴举各事，必先有兴举各事之人员及其组织，及其预备。各政党有政党会，工党有工党会，各项各业莫不各有其会，盖集思广益、通力合作，则致力易、推行广、胜任专而收效速也。去岁留欧之习化学者，已设立化学会，其目的亦不外乎此。今鄙人等欲组织工程学会，其办法之大略如下：

（一）工程学总会；（二）工程学支会。

总会者，合中外工程界之中国人所合成者也。支会者，合一方之工程界之中国人所合成者也，或讲学之人员，或执业之人员，皆得为会员，各会员一律平等，无贵贱贫富之歧视。

目前先由各地设立支会，如留学欧洲者，设立留欧支会；留学美洲者，设立留美支会；留学日本者，设立留日支会。在邦内之讲学或执业之人员，则设立邦内支会，且各省各县可各立其支会，惟讲学执业者宜并为一会，以期学问与事业有相互之利益。

支会既成，即可联合各支会而并成总会，或先将若干支会并成一个较大之支会。

总会之组织之法，兹不复订，兹先留欧支会之组织拟其草章如下：

留欧工程支会之草章：

（甲）名称　本会名曰中国工程会之留欧支会，一俟中国工程总会成立，即隶属之。

（乙）宗旨　本会以研究工程学术、振兴工程事业、保全祖国权利为宗旨。

（丙）事务　其大要可以三语括之，曰保全兴举未失去之权利，曰次第恢复已失去之权利，曰准备或造就工程界之人材。其细目如下：

（壹）调查 欲调查之事不止下列之数端，今先由此数端做起。

（一）内国铁路公司之数目及其名称，各省已成立之铁路公司若干，将成立之铁路公司若干，一一调查并详其名称及坐落。

（二）铁路公司之权柄　权柄在外之手，或在吾人之手，均须调查。若在外人之手，则查明其是某银行所承办（其法只须查明总理及总工程师之国类与姓名，及该银行当日与中国政府或与该公司所订之合同）。

（三）铁路公司之资本　资本之总数若干，其属于内股者若干，其属于外股者若干。凡系外股，须查明是某银行所经手，又须查明其在外国召募时之票纸之底文。

（四）铁路公司之章程及合同　如系外人所办之铁路，则当抄录其合同。此合同宜兼详其中外文字之原本，而外国文字尤重于中国文字。因凡中国与外人订定之合同，恒以外国文字为主体也（谓予不信，则请观最新近铁路合同之尾语）。吾人自办之铁路，则抄录其章程及奏折及上谕。

（五）铁路上之人员　铁路上之人员甚多，兹先调查其大项如下几端:

（1）总理之国类及姓名

（2）总工程师之国类及姓名及其人数

（3）工程师之国类及姓名及其人数

（4）领工师之国类及其姓名及其人数

（5）监工师之国类及姓名及其人数

（6）包工师之国类及姓名及其人数

（7）车站上职员之国类

（8）各车站账房、栈房各职员之国类

（9）车头上机器师之国类

（所谓国类者犹云某国人也）

（六）铁路之轨线

（1）何处起，何处止，经越何地。

（2）全线之长若干尺（以法国之尺计算）

（3）双道或单道

（4）铁轨之模型（甲型或乙型）

甲型 乙型

（七）大项材料之来处

（1）铁轨

（2）车头

（3）车身

（4）石灰

（5）木

（6）沙

（7）铁路上之一切铁质之仪具

（八）铁路之已行者若干尺（均以法国之尺计算，俗所谓迈当[4]也）

（a）马路

（1）城市之马路

（2）乡野之马路

（b）公车

（1）城市之公车

（2）乡野之公车

（贰）调查兼计划

（一）劝导邦内绅商，从速兴立公司，以为抵拒或不承认外人揽办之基础。

（二）预先自定线路　线路为某国人所定，则此路已隐隐在某国人之手，则权利必尽归于该国人之掌握。杜渐防微之计，莫若吾先自定线路，

4. 法文 mètre 的音译，公制长度单位米的旧译。

以为数年后实力兴举之张本，外人见吾已先自谋画，其觊觎之心自不炽。

（三）调查户口及农工商之大概　构划线路之草稿，恒以人口及农工商业为核算之基础。目前固不能调查其详细情形，只须知其大概，已可据此以预定线路。他日购地兴工时，稍稍改道以臻完善。

（四）调取地图　划构线路，恒以详细地图为据，吾国无此项地图，则姑取其疏略者调取来欧，以备考核。

（叁）交通　无交通，则在欧之人焉能知邦内之诸事？邦内之人亦焉能探询欧洲之诸事？故交通是要紧之关键也。其法如下：

（一）与自办之铁路公司交通，或乞其总理派人为通信员，或自觅之。

（二）非自办之铁路，则于其公司内访获吾国人之热心者，以为通信员。

（三）与工程各支会相交通，以其书记员为通信员。

（四）与邦内铁路学校之学士相交通，惟须订定若干人以为通信员。

（五）与各省各府县之地方自治会、各商会、各学会相交通，交通愈广愈妙。

（六）无论何人，皆可与本会交通，是祷盼，盼吾同胞也。

（肆）介绍

（一）译述铁路公司之组织。

（二）译述工程学校之讲义（须知铁路仅是工程之一端）。

（三）译述一切关于工程之学术及其事业。

（四）工程界需用人员，可由本会举荐其学问优长确能胜任者。

（伍）组织

（一）会员　留欧之研究工程者，皆可充会员。

（二）赞助员　留欧之研究他项科学者，可充为赞助员。

（三）干事员　干事员皆由公举任事，以一事为期，其类别如下：

会长二名，会计二名，书记每国一名。

（四）编译员　各国文字及学校之课程，各有不同之处，故编译员由在各国之会员担任。

（五）名誉员　凡愿出其力以分任其事，或出其财物以赞成本会者，皆是名誉员。

（注意：凡在他国或内邦之中国人之留心工程者，若因所在地尚无成立之支会，则亦可充本会赞助员，本会以范围愈广为愈妙。）

卷内所拟留欧支会之草章，全是发起人之草见，一俟赞成者渐多，即当另订正式之章程，而举行本会正式之成立。目前暂以华君通斋为通信之所，凡有来函，照写下列之住址可也。

Mr. HOA

9 Rue Victor-Cousin

Paris　巴黎

France 法国

20世纪初巴黎街景，自*Atlas du Paris haussmannien*（《奥斯曼的巴黎地图》），Pierre Pinon，PARIGRAMME，2002

02 今之学者何以自处[1]

1926 年

孔子云："古之学者为己，今之学者为人。"所谓为己，非图一己之私利，图所以自立也；所谓为人者何义？奔走于军阀，牺牲一己之正义者也。孔子当春秋时代，与今日之时局相似，试观一部《春秋》，所载皆奸淫抢戮之事。孔子叮咛告诫其弟子，岂得已哉！

诸君不幸而生于今日，其将何以自处乎？自处之道，约有四端：请申言之。

（1）择业之道如何？毁家纾难，殉身救国，美名也，然岂能责之于人人？国以人为本，国必自伐，与后人伐之。今日立国之道，曰智与力；则今日为人之道，亦惟智与力耳。空言浮识，皆不足以增进智与力，惟科学及体育为能增进之。

古之职业为士、农、工、商，今日则士不能独成一业，农有学，工有学，商亦有学。农固士也，工亦士也，商亦士也，今之四业，当名之曰路、农、工、商。路居其首，商居其末，工先于商。因无制造品，即无由言贸易也，农又先于工，因我国本是农业国，兴农较易于兴工也。然而无路则农品工品皆无由输转。例如铁路相近二三百里之矿产，已无人开采，因旧式交通，运费太巨耳。即为已开采之煤矿，近日因铁路车辆，多被军队扣留而有煤荒之害，此外米麦豆棉等等，无不感此痛苦，故路当为各业之首。

民生、民智、民德、民权，谓之"四民主义"。民生当列于第一，路

1. 原载于《南中周刊》（南开中学校刊）1926 年第 12 期。

农工商为民之四业，此四业皆为民生之本。然则学子之择术，当以此四业为急务也。

弃难取易，好逸恶劳，人之常情。因此则择术恒有错误。易习之学科，畏难者视为终南捷径。但诸君须知取巧而能得意者，曾有几人？时移势易，取巧于一时，必致贻误于终身！

中国若日趋于贫弱，则人人皆曰归于尽；中国须富强，我人方能共享其利。虽富且强，非发展路农工不可，即非刻苦熟习科学不可。科学视经济学、政治学等为艰难，学者每视为畏途，然非此实不足谋富强。试观今日上所谓新文明者，何一非技术家精神气力之代价乎？寝赖技术，食赖于技术，行与坐亦莫非赖于技术，而世人反薄视之，矛盾孰甚？经济、政治，虽亦是有用之学，但习此者之比例当为极小。盖经济学为支配财政之方，无财则无支配之可言。生之者寡，配之者众，其乱不言可知。政治学为管理千百事业之方，无事业则无管理之可言，操之者寡，管之者众，其谬亦不言可知。各种科学，诸君目前似苦其难，然苦于前，乐于后，且所苦不过几年，乐则终其身焉。

算学为各种实学之基础，而人每苦其太难。余少年初学之时，亦甚苦之，然循序渐进，愈久而愈觉其易，且愈觉其有味。余之天资为中等，余能成则人人能成，诸君幸勿因噎废食也可。本校课程，颇注重于算学，深合于民生之大道。

诸君择术，既得其道，则个人生活之基已立；人人择术皆得其道，则人人生活之基已立；夫然后可以效力于国与社会。如其不然，以空言浮识，仰给于社会，社会必有不给之一日，易言之，即曰归于尽是耳。

诸君处过渡时代，年高之父母，未必能明世界之大势，为子女择术，每多错误。今日又为无政府时代，究竟何种学术为当务之急，政府亦毫无指示。政客又谋扶植其羽翼而广开其尚虚不尚实之门庭，然则择术之道，惟有求之于己而已。

（2）读书之道如何？国内所流行之教科书，善本甚少，我人生于今日之中国，可谓生不逢辰，然亦是无可如何之事。南谚有云“哑子吃黄连”，吃了苦而说不出，惟有耐之而已。

余平日素未注意于各种课本，近日儿女常有求解之时，因乃略一寓目。历史、国文、算学等之课本，实在不能满意。余忿怒时直称之为杀脑之具。以余所闻，各书局之课本，名曰教育部审定，或某某名人所鉴定，实则多半是金钱主义。诸君读书时，只可平心静气，自寻经纬，自别轻重。譬如布利氏混合算学教科书[2]，著者矜为杰作，佳处虽不少，而混合殊太勉强，盖形学为一物，数学、代数为又一物，其统系全然不同，其定义定理彼此截然不能贯串，则焉能混而为一。代数与数学，尚可混合，形学则绝对不能混合于数学或代数者也。至于教授之方，当然不能不分日并进，所谓混合者，止此而已。教授时可借形学以证代数，亦可借代数以证形学，所谓混合者，又止此而已。若欲混合而变为一种有统系之算书，其定义定理，皆前后贯串，则是绝对不可能之事。该书之杂乱无章，乃系当然之结果。余对此惟有付之一叹而已！名词之以误传误，更不待言，析题之法，往往太欠明畅。例如第一编第 151 页合全题之一，诸君试将原文一读，再取余之另纸一读（见后附注一），可以得其比较。又例如第 264 页，以死方法解二次方程，习题一之加二五，习题二之加（25/4），法固不错，然初学者究不易记忆其简易之手术。其实手术甚易记忆，只须先以(2/2)乘第二项耳。无论何题，欲用死方法，只须如此，即可不劳思索而得第三项应加之数。亦请阅另纸（见后附注二[3]）即可悟其简明之处。

国文之益有二：其一，知历代文家之体裁，其二，养成自己之文笔。第一事仅在普通智识范围以内，苟不欲成文学专家，则只须知其大概而已。第二事则为人人所必需，其重要不啻百千倍于第一事。

文体大概可分为两大类：其一，佶屈聱牙，不易懂，亦不易诵，此

---

2. 即《布利氏新式数学教科书》，商务印书馆 1920 年代出版。E.R.Breslich，20 世纪美国数学教育家。
3. 此段落里的几个附注从略。
4. 古董的旧称。

类之文，只可视为骨董[4]；其二，明白爽快，易懂亦易诵，此类之文，最有益于人生日用，最能使文笔明畅。然则国文读本之编辑，应轻于第一类而重于第二类。然而今之编辑者，只为自己着想，不为读者打算，只欲示自己之博学，不为读者谋实用之利益。

读书时，有二事须预知：其一，不必泥于字句，盖古今选字之习惯不同，且印版术在宋代犹见盛行，宋代以前之流传，全赖手抄，既手抄则错字漏字，皆不能免，甚或有错句漏句，古书传至今日，转抄不知数百千次，每抄一次，错漏必增一次。若泥于字句而勉强为之解释，殊无谓也。中无明达之士，所以有“不求甚解”之语也。其二，须预知作者所处之时代，例如老子所处之时代，生民涂炭，百方不足启军阀之省悟，故所谓“天地不仁，以万物为刍狗”，[5]所谓“不贵难得之货，使民不为盗。不见可欲，使民心不乱”。非古人好唱高调，实乃愤世疾俗之言。又曰“不尚贤，使民不争”，非真以贤为不可尚，惟其时所称贤能皆走狗，故作此灰心之言耳。

历史之编辑有二法：旧者以时代为经，以事迹为纬；新者以事迹为经，以时代为纬。二者各有其好处。偏重于第二种者，亦只为自己着想，未为读者打算也。亦只逞自己一时之文才，未为读者谋领悟之捷径也。大抵时代先后，为人心中天然之程序，时代之统系，苟不能明白透澈，则史事终格格不易记忆也。近著既以事迹为经矣，而重大之事如政制、兵制、税制、刑制等等，却又略而不详，岂非大缺点乎？

大抵近日号称名史，不可谓之史，只可谓之史论，视为考卷，固是一篇洋洋大文，以之作课本，则恼人甚矣。

今日学者，得书之难既如此，还盼施教者多费苦心，随时为学者提醒眉目，救出迷途。

食而不化为学人之通病，诸君任习何种学科，须求所以化之。

昔年，余有一弟子，赴天津供职。总工程师系洋人，询其能测量否，

5. 古代祭祀时用草扎成的狗。

彼答曰能。询其能用打盖仪否，彼亦答曰能。其实普通经纬仪、水平仪，彼能用之，打盖仪非英美人所习用，故彼亦向未见过。当夜驰书求救于余。余费一黄昏之功，用简而赅之方法，以书面告之。五六日之后，总工程师授以仪器，遣派出门，第一日欲觇其是否真能行此手术。翌日，彼以测量之成绩呈阅，总工师大喜，喜其毫无错误，自此常委以极重要之测量，始终认为满意。此即食而化者也。

工程上之事物，随时随地而变其方法。如医者诊病，贵在临机应变。路线之规划，书中常言，凡有溪流河流之处，往往沿溪河之边以定线。昔有一友，在中国可称为富有经验之人，在某处定一路线，此线之半沿河流，已动工矣。余实地覆勘，认为不良，费半日之功，决定改线。此线工程，嗣交与洋人办理，此洋人固老于工事者，其经验有三四十年之久。答称若照改定之线施工，则敢负责办理；若欲照第一次规划之线进行，则敢告不敏。余之才能，自问不如老洋人远甚，然此老洋人固与余之见解相同矣。无他，彼第一路线之规划，即系食而不化者，余则根据于雨水在此地必生之结果而不泥于书中之字句者也。

食而不化，于终身作事上有害。诸君所学之种类甚多，不化之物，愈积愈多，以后将愈受其累，故自幼即须免去不化之弊。

（3）修身之道如何？一国之道德，并非专寄于数种道学家之专书，一切文字、诗歌、小说、俗谚……无一非道德所寄。一人生长于一种社会，即浸润于此社会道德之中。

华人浸润于中华之道德，西人浸润于西国之道德。中西道德之异同为另一问题，彼此要皆各有其道德以维持社会于不敝。我等研究技术专门之人，多半精神，销磨于西文及科学，本国旧书，既比旧人少读；西国书籍，又因语言文字不能如彼本国人之娴然，故西书比西人少读，然则青年人于旧道德既少涵濡，于新道德亦无所吸收，其结果惟有人欲二字发荣滋长于不知不觉之中，其危险真不堪设想！欲免此危险，诸君仍须于课余之暇，多读旧书。

读书实有二憾：旧书如汗牛充栋，青年每苦于无从读起，读一书尚不知毕于何日，焉能再读第二书，此一憾也。中国古今人之思想，皆博而不纯，两人之学说既彼此不同，即同一人之学说，亦不免先后矛盾。然则须多读书方能取精去渣而熔化之，此又憾一也。吾国素多博学之士，却无人将诸子百家之书撮要而汇成简且赅之一书，以供现代青年之浏览，此又是憾中之憾，盼将来或有人弥此缺憾，[6] 目前则惟有勉自努力而已。

（4）应世之道如何？今日为新旧庞杂，意见纷歧时代，报章、印刷物以及演说等等，殆恒犯太过与不及之两病。善与恶毫无定评，万恶也，竟粉饰而扬为善；至善也，竟蔑侮而指为恶。青年鼓荡于此潮流之中，惟有恃其尚未尽泯之先天，遗传之良知，以区别其善恶。究竟何人为善人？何言为善言？何事为善事？一一凭良知以审判之。遇一事，勿因其虚象而遽信为善，或遽信为恶；闻一言，勿因其虚声而遽认为善或恶，见一人也亦然。

最近，余在报纸上读某氏之演说，余认之为出色人物。久之，细观其举动，细察其他种论调，乃觉其狐尾渐显，马脚渐露，然则最漂亮之演说，殆系他人捉笔者耳；否则其人脑中有清明之物，亦有龌龊之物，故清明龌龊夹杂流露耳。又不然，则其人乃一伪君子，真小人耳。

诸君在此混乱时代之中，当静心平气以细加审察，握定自己为善不为恶之主义，勿感于浮言，勿误用血气，向真正正道、真正大义以进行。须知今日为恶者之变幻曲折，在世故极深之人，尚易为其所愚，一片冰心，一团天真之青年，焉能不为所愚？

“爱国”二字诚美丽，然爱之之道究竟何在？“救国”二字诚豪爽，然救之之术究竟何在？立国有其大本，今则大本已见摧毁。名曰爱之，实则害之；名曰救之，适以亡之而已。春秋时代，只有六逆，今日则至

---

6. 多年后华南圭自己动笔为《二十四史》《清史稿》和《三国演义》等做了撮要，该手稿现存于国家图书馆。

少已有十逆。曰私蔑公，曰强欺弱，曰亲侮疏，曰新挤旧，曰愚凌智，曰卑戾长，曰惰疾勤，曰贪劫廉，曰邪害正，曰恶贼善，国之大害，在此十逆。爱之而欲救之，当先驱除此十逆。如何驱除之？其道有二：其一由自身做起，处己待人，绝不犯此一逆。余有一文名曰《平》者，平所不平，即是驱除十逆之善法。请诸君细心一阅此文。其二，内政外交，皆用消极方法，何谓消极？冷静是耳。恶风之增长，半由于社会之鼓励，譬如某甲已有为恶之明证，而仍在社会活动，社会亦不论善恶而仍欢迎之，捧拥之，则此甲之气焰固然益扬，他人亦羡其声势而效其所为，如此循环，恶人自日见为多。其气焰自日见为大；反之，若社会上无人睬之，无人道之，某甲到处不为人所接待，则本人自觉无颜见人，他人亦自不敢效之矣。所谓消极，如是而已。他人为恶，我人有何权力禁之，但此消极之方法，即是社会之裁判，其权操诸于我而却能于无形中将恶人宣告死刑，其效实不为小。

不平等条约我人固当争之，但外来之不平，实由于内部之先自不平，此省人待遇彼省人，此党人待遇彼党人，此家族之人待遇彼家族之人，视外人之待遇华人，其不平且数倍之。英人之于印人，日人之于韩人，平时待遇，尚知以才能资格为标准，今日华人待遇华人，果何如者？然则我人固当平外来之不平，而实更应平国内之不平。大概除内患更难于除外患，原因甚多，不暇详论，姑先提出此语，以供研究。

青岛收回之时，余即不抱乐观。他人长于建设，我国勇于破坏，仅三四年而余言已验，可悲孰甚？此外特别区何如者？京汉胶济铁路何如者？税厘何如者？法律何如者？书信权出版权皆何如者？试将其前因后果，一一推敲，事事皆令人不寒而栗，是故今日对外固当用功夫，而对内实更应用功夫，否则各项主权，不蹂躏于外人而蹂躏于本国者更深且毒矣！为目前计，最妙将应收回之主权，做到半悬地步，而留一随时可以完全收回之余地，青年学子，勿为气盛言宜之片面文章所激荡，一一皆处之以冷静，此上策也。

1931 年 8 月 26 日，中华工程师学会、中国工程学会两学会合并后在南京举办第一届年会时留影。光华照相馆摄。载于《工程》第 6 卷（1931 年）第 4 号

03 中国工程师学会年会（合并后第二届年会）致辞 [1]

1932 年

本会系于去年由中华工程师学会及中国工程学会合并而成。在未合并前，两会各有二十年之历史。合并后，此为第二届年会。本会注册会员，已逾二千人，现因时局关系，到会者甚少。第一届年会在南京举行，第二届原定在汉口，后又改在西安，以交通不便，始改在天津举行。会长韦以黻，服务于交通部，因国难当头，不克请假来津，电托鄙人代表。

今日欣聚，希望出席会员，各发宏见伟论，共同研讨。良以工程家就是劳动家，不怕吃苦，不怕艰难，惟当与各界联络合作，以期事半功倍，籍可消除工程家不问国事之积习。工程家应有猛虎一般的建设勇气，绵羊一般的服务精神，庶于国家有所裨益（略）。

---

1. 此标题由编者所拟定，原文节选自《工程师学会在津举行年会》，载于《申报》1932 年 8 月 26 日。相关年会于 1932 年 8 月 22 日至 24 日在天津南开大学举办，节选部分为华南圭先生作为会议临时主席的致词大意。

04 工程师之团结运动[1]

1935 年

（甲）欧洲各国工程师协会之联合

于 1934 年 3 月 1–2 日，筹备欧洲各国工程师协会之联合会议，曾两次由意大利工程协会召集，开会于罗马。出席者，有奥、比、法、匈、意、利多亚义、瑞典、瑞士、南斯拉夫等国。

法国工程师协会会长 Lauras 及秘书长 Leproust 为代表法国，参加该会议。

席上讨论问题为：

1. 如何能使各地工程师对于有利于国家或国际之技术及经济之问题之研究，并切实之合作；

2. 对于各国所颁发之工程师执照，设法规定其程度相当之标准；

3. 草拟关于工程师名义之保护，并职务之执行及其组织等之法律大纲；

4. 凡致力于上列工作之任何组织或团体，应设法得到或维持相当连络。

各国出席代表议决 M. Le Personne 之提议，致电上议员 M. Le Trocguer。其电文如下："十国工程师协会之代表，今集议于罗马，已将创设之欧洲工程师联合会筹备就绪，阁下素尽力于国际间技术家联合之运动，此举想亦乐为提倡，特谨电闻。"

---

1. 原文载于《工程周刊》第 4 卷（1935 年）第 15 期。

（乙）法国工程师协会 F. A. S. S. F. I.

（1）1934 年 2 月 23 日理事会议案件

创立欧洲工程师联合会之草案

意大利工程师已将 3 月 1 日在罗马会议之要旨，参加该会之代表国，正式公布，惟英德二国并不参加，故法国对于该次会议，应持态度，亦十分镇静，形式上则不妨参与该会，但对于入会尚应慎重考虑，而对于 M–Luc 之提议，即该会所能办理之一切，总不外继续法国创办委员会之工作，此点似应维护。

该委员会长 Le Trocquer 氏，对于 F.A.S.S.F.I. 之代表，能以上述宗旨参加会议，表示满意。

关于欧洲工程师联合会之会址，最妥办法，莫如在各国首都轮流开会，由常任一秘书长，负责筹备一切，现在罗马之世界法学会，即其一例，盖如此办法，同时有限制 F.E.D.I.L. 之行动之益，但意国之意见，似不在此，法国教育部则甚愿将欧洲工程师联合会设于巴黎，但此似又非外交部之所愿。

（2）1934 年 3 月 23 日理事会议案件

关于工程师学位之颁发及其使用法律之草案

主席报告，上议院已于三月九日会议中决定，接纳下议院所采用之关于工程师学位颁发及使用法律之草案，但已将其第八条删去，实因教育会与商会曾同意拒绝该条之表决，此正与协会之意见相符。

此次议院之争端，可显见 F.A.S.S.F.I. 在其中之地位，及所得之结果，又可见商会代表 M. Thoumyre 对于该问题之见解及争论，故主席曾表示感谢，更对于 M. Le Trocquer 之参加亦表示谢意。

现尚有一困难问题，即对于函授学校学生，及自习学生，经过第九条所指定之工艺院考试之后，其文凭与学位之问题。此项问题，应由保护工程师学位法律内所规定之委员会执行，比法律本身规定较为妥善。

理事会议决定，将上议院所采用之文件，发还于 F.A.S.S.F.I. 职业问题委员会，俾使与以研究，因为下议院需详知该项问题时，本会之意见将直达于议院之诸工程师也。

05 应否有技师工会[1]

1948 年

此文系本局华顾问通斋先生为工程师节而作，名言谠论，实足与夏局长之《所望于工矿技师者》一文相伯仲，用特介录于后：

工会一名，系由西文“辛弟格”Syndicat 译出；凡以同类职业人组成之协会，皆谓之工会；例如教员组成之协会，肉商组成之协会，皆名辛弟格。教员、肉商，皆非工人也；故所设工会，不能以其字面为工而认其为专属于工人之协会；此工会二字之解释也。

民主国内，皆有工会。我国向为专制国，普通法律，大半为有权阶级之保障；今幸半民主之宪法正式颁布，工会为宪法所容许；则无权阶级，亦有保障而非专供有权者之鱼肉；此不可谓非小民抬头之初步。

我所谓小民或非小民，以有权无权为界限；民有蚩蚩者，亦有佼佼者；凡人，今日是蚩蚩者而却高高在上，即非小民也；同一人也，今日是佼佼者，而却卑卑在下，即是小民也。

我对于工会二字，近日有五种感触：

其一、我个人以及与我同等之人，以旧学论，以新学论，以资历论，以技能论，不愧为小民中之头等；然而此次国大选举，非但无被选举之权，且不能有选举权，几等于褫夺公权之人，即是犯罪之人，即是不合人格之普通动物，以头等资能而视同犯人，其理何在？或曰，子非党员，子非工会会员，故无选举权。因此，我之第一感触，今后，我辈应以人

1. 原文连载于《平汉路刊》，1948 年 6 月 14 日、6 月 17 日。

格争人格。

其二、我国数千年重文轻艺；近数十年来，鉴于西方富国强兵由于艺，艺士渐受青眼之一盼；然仍有“中学为本西学为末”之区别，迨至日本以艺字压倒我汉人，全国沦亡，系于一线；于是抗战期内，有权者为自谋生存计，不得不乞灵于艺士，自此以后，窃谓艺士可与文士并峙矣，而孰知不然：于颁宪之前，有权阶级之文士，想尽方式以压迫艺士；于是职业选举，巧弄虚玄；未经登记之技师，成为褫夺公权之犯人；结果则被选举之人，无能者占大多数，有能者占极小数，然而我辈观察世界大势，无能决不足以生存。因此，我之第二感触，今后，我辈应以有能抗无能。

其三、世界先进民主国，工会甚多；路有工会，矿有工会，农工商皆有工会；甚至同在路界，各业各有其工会；例如火车上之司机有其工会，同在火车上之火伕，亦有其工会；服务于轨道者有其工会，执役于桥梁者有其工会。我国事业落后，不啻坐以待毙。因此，我之第三感触，今后我辈应以后进追随先进。

其四、各国各种工会，在同一职业中，智有高下，学有深浅。智高学深者，辄居于指导地位；是以工会举动，有正气，有规律。我国向以士为四民之首，今者，百艺并兴，路矿农工商，各有其士，即我辈技术家是也，我辈虽不愿作社会运动之领袖，而职业运动之领袖，则责无旁贷。因此，我之第四感触，今后，我辈应以少数指导多数。

其五、团体有时宜合，有时宜分，分合随时势而变。民国以前詹天佑老前辈，在汉粤创立工程师会，此为我辈艺士团体之嚆矢[2]，民国初年，由汉口迁至北平，委鄙人主持其事；其时，袁世凯对于团体之组织，异常嫉视，不得已而改名工程师学会，以研究学术为旗帜，因此而获得立案之准许。其实，研究学术为一事，争取技术人之身价为又一事也。在北平报子街购置一房产，作为会所，初时，夏光宇先生为总干事，效力

2. 开端，先行者。

最多；其后，夏公往美国，会务由鄙人支撑；夏公返国后，又任总干事，擘划甚多；又其后，夏公因任广三铁路局长而离北平，会务又落于鄙人身上，经常费用及编辑事务，异常艰困：定期出版物，文稿不易征得，多半由鄙人搜撰凑数，经常费亦须多方劝募。在此期间，国内外技术团体，逐渐产生，各不相谋，鲜有联系；迨政府南迁后之数年，多数工程师，以为技术家之智力，宜合不宜分，于是合并改组，成为今日我辈之核心，即中国工程师学会是也。北平总会，变成分会，各地亦次第成立分会，此为由分而合之一阶段。今者，政体已变，技术事业亦渐多；一个庞大之机构，不能与政局相配合，将欲由合而分，于我全体无利；惟于合字大原则之下，分立各种工会，庶几有利而无害，此乃是合中之分，分中之合也。

总之，我辈对于国家，对于个人，愿进乎？抑愿退乎？时不可失，事不宜迟，宜分工合作以迈进。进！进！进！不进即退，得进则进，技师工会诚不可缓也！

中华工程师学会旧址，原北京西单报子街76号，后为复兴门外大街48号，2004年为建某大厦而拆除。叶金中摄于2002年

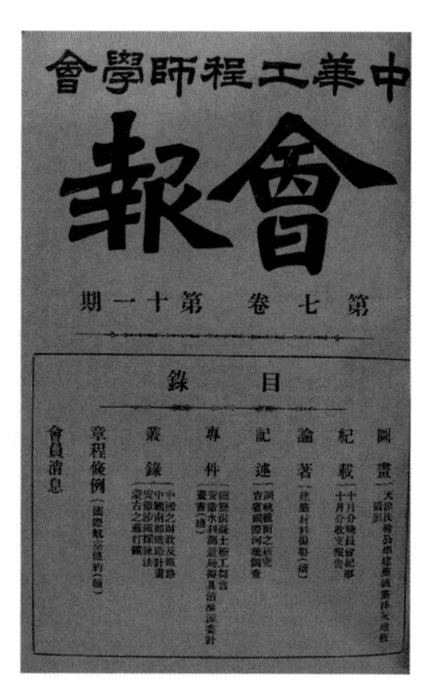

中華工程師學會

會報

第七卷　第十一期

目錄

圖畫

紀載

論著

記述

專件

叢錄

章程條例

會員消息

肆

房屋建筑篇

01 《房屋工程》(第七编支配、第八编美术)节选[1]

1920 年

第七编 支配 Distribution d'ensemble

第一章 概要及位置

第一节 概要

1. 凡一建筑物，开工以前，应先做详细研究及其图算。

2. 凡一研究，先注意于大纲，次注意于细节，其图则为俯视象、竖剖象、正视象。而俯视象之研究，尤为最先。

图既定，乃做估算。

3. 房屋工程之策划，分为三部，如下：

a. 位置及支配。

b. 建筑上之美术。

c. 建筑方法。

第三部为工作家之要事，盖材料之性质优劣，与夫当地之匠人及工价，皆与建筑物之成价有关系也。

4. 房屋上之主要者有三事：曰美观，曰便利，曰舒畅。

第一动人之事为美观，盖凡人初睹一屋，惟目为先受刺激也，故建筑家有偏重于外观而疏忽于屋内之便利及舒畅二事者。然须知便利及舒

1.《房屋工程》共八编，一至六编出版于 1919 年。一编庞材（即木质和铁质等的材料）；二编圬工；三编底面工程；四编中部各项工程；五编净水及秽水；六编暖务凉务及通风。

畅为实利所在，实更重于外观。

法国建筑名家 Rondelet 氏之言曰：“若干建筑家往往轻其所重而重其所轻，专注重于美观，而于支配及工作反置为缓图，实大误也。”

然而外观亦不可不注意。近世人之眼光，较古人为精致。简陋之气象，不足以惬目矣。

第二节 位置 emplacement

5. 地形有难易之别，即位置不易预定。大凡须先将全屋之各部，屡次支配，乃能决取最优之位置。

房屋有仅含一座者，亦有由数座合成者。总须将各座各室之支配，屡做草图，互相比较，方能有最优之解决。

6. 各屋各有其用途，位置即因之而殊，若欲立一呆板之规则，以资遵循，殊非容易。故惟有由工程家事先审慎，依科学及经验，以参合于实用而已。

地之面积，及屋之形成，与夫便利、卫生、省俭各项条件，均应同时注意。

7. 屋外屋内之交通，均关重要，或为私屋或为公屋，或为工厂，各有其交通上之重问题。

屋外之交通，若系工厂，则尤重要。平时匠人之路程，关系于作工之效率者甚大。

凡有害卫生之工厂，距人烟宜远，但通路应仍便利。

8. 房屋若能与街路相近，则不宜故意退避，因添造之私路，维持费颇不小也，但车辆应便于转折（就工厂而言）。

若房屋应有广场，则宜多设通路。

9. 水亦是重要问题，而工厂为尤甚。若地方上已有自来水可用，则应研究其能否引导，需费若干，流量是否充足。若该水应用于机器，则更须研究其性质若何。

若地方上尚无自来水之设备，则将作井乎？则将擒取河水乎？引取泉水乎？抑更作水窖以利用雨水乎？何法为便，何事为廉，均当研究比较，且当预计将来消费量之扩增。

10. 位置未定以前，又应考察所择之地，是否易将秽水排泄，地方上是否已有泄沟，若其有之，高低是否适可，容量是否充足。若于房屋内采用大扫制[2]，则此泄沟能否容受。

11. 卫生上之条件甚多，位置未定以前，应详细考察地方自身，应先宜于卫生，卑湿者不宜取用，低洼而积水者亦不宜，且不宜逼近低洼之地（因恶气能由风传递）。冢及宰场及有害卫生之厂，均应远避。

太低之山谷，常有浓雾，亦宜避之。

12. 地质与卫生亦有关系。渗性高者干燥，自是佳地，但仍应考验是否为古冢、古宰场或有害卫生之古时厂地，盖地质既具渗性，则害生之物入土甚深，年久仍有毒性也。

13. 方向之关系亦不小。各地各有其风势，其方向，其势度，其温度，若者于全年内居多，若者于全年内居少。

冷暴之风宜避，和暖之风宜受之。慎选方向，可避冷暴之风。而植树成屏，亦能阻风。有时地势倾度甚峻，亦能成为阻风之后屏。

14. 方向之孰优孰劣，又随地方之气候而变。

气候颇寒之地之房屋，其主要之二面，易能互受太阳，即一面向西，一面向东是也，但同时须顾及风势。

海风暴而湿，宜设法避之。例如法国大西洋之滩地，西风居多，则其地之房屋，宜以东南为正向。

热地之条件反是，风及荫为适人之物，其房屋取东西向，以免正午受日太烈（图1）。

15. 省费之第一事，在繁盛之城市，则为地价之廉，但仍应

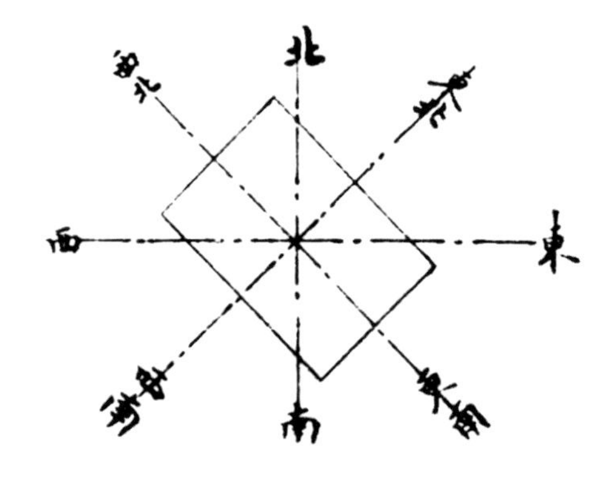

图1

研究其他工程是否不难。若因地廉而须造路、造沟或填土、挖土，则名曰省费，或则所费反巨矣。

16. 建设费之省俭，未必真是省俭，盖工厂经常费用积祘亦甚巨也。例如汽马[3]极大之水力工厂，苟有瀑布，则虽距铁路颇远，而仍以逼近瀑布为宜。但若所用之原料及所出之工品极多，则运往运返，所费太巨，则厂与瀑近，或反失策矣。

（略）

第三章　支配上之分析研究

第一节 尺寸及对势

24. 大宅各室之尺寸如下：

名称	面积 m^2
穿堂 vestibules	25~45
楼梯厢 cage d'escalier	30~45
停顿室 antichambres	20~30
客厅 salons	40~80
膳室 salles à manger	40~70
卧室 chambres à coucher	25~35
事务室 bureau	20~30
厨室 cuisines	20~40
便室 water-closets	3~4

各室之面积之大小，固应适宜，但其长度宽度，尤须称配，否则面积虽大，效用仍小也。

门孔窗孔之地位，亦非细故，既宜便利，又须有合度适用之光线（课堂之光线，其方向及能达室内之若干远，后文另论之，工厂亦另论）。

---

2. 大扫制即污水、雨水合流制。
3. 即（水力发电机）功率。

医院之窗，宜如何布置，兹亦不叙，后文另有卫生建筑一篇，再论可也。各室之窗孔及门孔，固不宜太拘泥于对势问题（symétrie），但绝无对势，有时亦不雅。

25. 小宅、中宅各室之尺寸如下：

名称	面积 m^2
穿堂或停顿室	6~15
客厅	20~35
膳室	15~30
卧室	12~15
妆室	3~8
膳务室 office	3~8
事务室或小厅	10~20
厨室	8~15
马房 écurie	5m，5m×1m，45
车房 remise	5m×3m，6m×3m

穿堂或停顿室，以能直客厅及膳室为宜。

膳室之宽，自 3.60m 乃至 4.50m，而其长度则以每人占 0.60m 为标准。

26. 对势 symétrie

各室合理之尺寸为直角形，但若地形不整齐，则不易得直角形矣，且有时为求巧俏而故意化去直角。

主要各室总宜不失其整齐。

fig.1 地形系锐角形，S 是客厅，其形为圆，颇整齐，且极雅致。

卧室不宜圆形，因不能与方形之床及家具相配也。若不得不采用圆形，则令其一部分为方形可耳。

fig.2 所示，一室为全圆，一室半圆半方。

fig.3 所示者为圆形卧室，床位仍方。

27. 斗形是常见之地形，如 fig.4，只须加隔墙 AB，即见整齐。三角形之小室，或作为妆室，或作壁橱，皆能利用。此种五边形之室，壁炉宜居于正墙隔墙之角内。

另立三例如 fig.5 及 fig.6 及 fig.7。V 是穿堂，S 是客厅，SM 是膳厅，

C 是衖堂[4]。fig.5 是膳室，fig.6 是卧室，fig.7 是客厅。观此各图，可悟裁补之法。

第二节 接待各室

28. 穿堂 vestibule

一入正门，即是穿堂，故穿堂宜近接待室。穿堂者，由之以入主要各室及楼梯厢者也，但有时穿堂与楼梯厢混合不分。穿堂宜面积宽敞，光线充足，空气通畅。繁盛之城，地面太贵，穿堂往往不甚宽敞，空气不甚通畅，光线亦不充足，乃出于不得已也。

29. 停顿室 antichambre

凡系重要之房屋，每于穿堂之旁，设有停顿室，或为来宾等候之用，或为暂存衣帽之用，或为职役暂立之用。凡系公署，恒有停顿室，至少二室，一室较优，作为等候室，一室为传达吏之用。

30. 客厅 salons

客厅之华美，应胜于他室。客厅尺寸，随房主之职业及习惯而殊。若接客不多，或所接之客，多非客气，则客厅可小。反之则膳厅、卧室宜大。盖膳室卧室为毕生生活于其间者，断不可牺牲此有益之面积，以误用于无益之客厅也（客多则客厅仍宜大）。客厅虽可小，而交通仍须便利，光线仍宜充足，华美自仍宜注意。

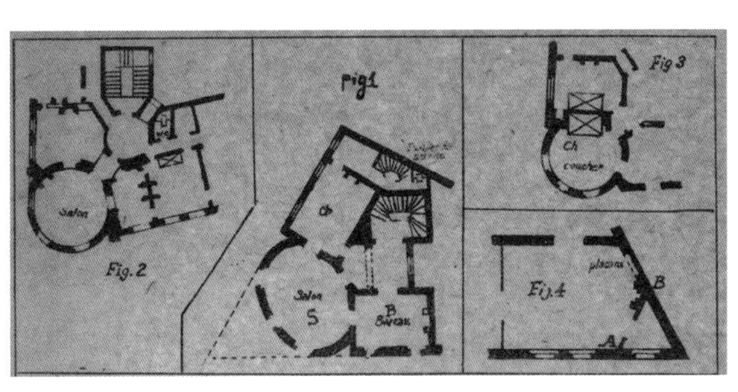

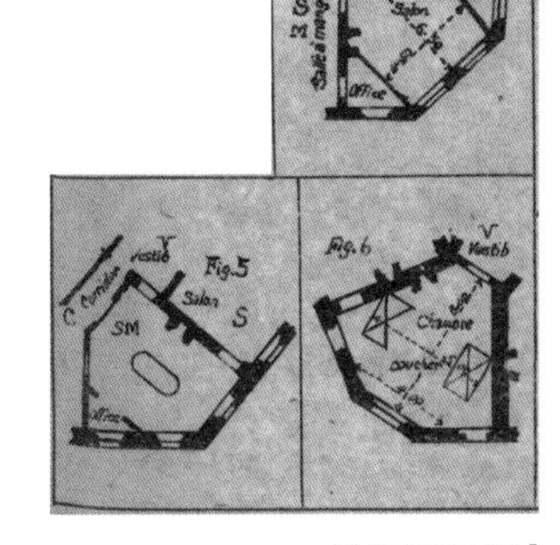

见本书末大图[5]

---

4. 即过道。

5. 法文注释 :s= 客厅，sm= 膳室，ch= 卧室 ,b= 事务室。placard: 壁柜 ;corridor: 过道。

31. 普通客厅之门恒宽，且系双扇，其总宽度为 1.20m。

客厅若与膳室直通，则此门应颇宽，务使二人可以并肩而过。若此宽度达于 2 公尺，则可分为四扇，其二扇可常关闭，其又二扇则惟宴客时始开之，大开时则此二门可摺叠于彼二门。

或用辘门，其一可常关闭，又一则否。此门往往用小格玻璃，或正方或奇巧形。

32. 客厅内之窗，或在一面或在二面，其宽度亦可任意，但宜有颇宽之满壁，以便布置家具。

壁炉宜设于一墙之中央，宴客之日，围炉而谈，较有雅兴也（设于墙者，别例也）。

33. 门之位置宜慎择，务令后入之客，不惊动先入之客（西礼，先入之女客，对于后入之男客或女客，均不起立。后客向女主握手时，宜不惊扰已在座之女客）。

门宜与壁炉相对，如 fig.8 及 fig.9，但其距宜充足，故 fig.8 为佳，而 fig.9 则为劣。

门与炉之距，宜大于 3.5m，fig.9 之形式，若有此距，则尚可采用也。

门与炉之距，若不能得 3.5m，则宜将门置于旁面，为 fig.11 是也。或设于与旁面相近之前面，如 fig.10 是也。

客厅极小，设壁炉于墙角，占地较少。若墙后有余地，则可令壁炉之炉腿，与墙之内面齐平，而墙之外面则稍凸，如 fig.12 是也。

34. 稍属重大之宅，往往须有二厅，大小不同，而以宽大之门介于其间。宴客之日，大门敞开，则二厅联作一厅。来客先入小厅，次入大厅，如是则小厅应直通穿堂。

女主坐在炉旁椅内，应能望见走入小厅之后到客人。

天寒之地，若暖炉之设备不善，则窗孔太多，颇多不便。因寒气迫窗，宾客感寒故也，用窗二层，则此弊稍可补救。若窗孔太多，而其间又无颇宽之满壁，则画屏无处张挂，点缀上颇觉不便。

客厅太长者不佳，宜略近平方形。若有花房，则客厅宜距不远，或可遥望。

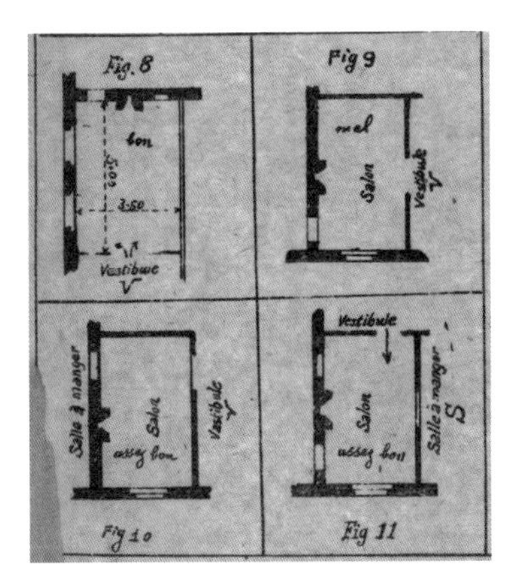

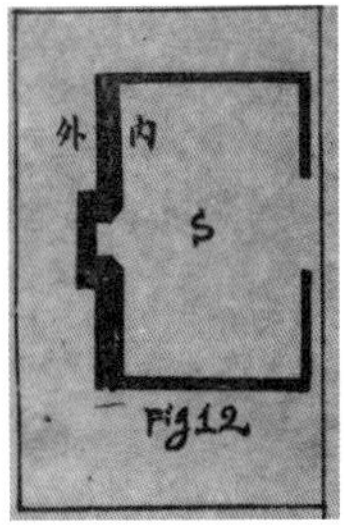

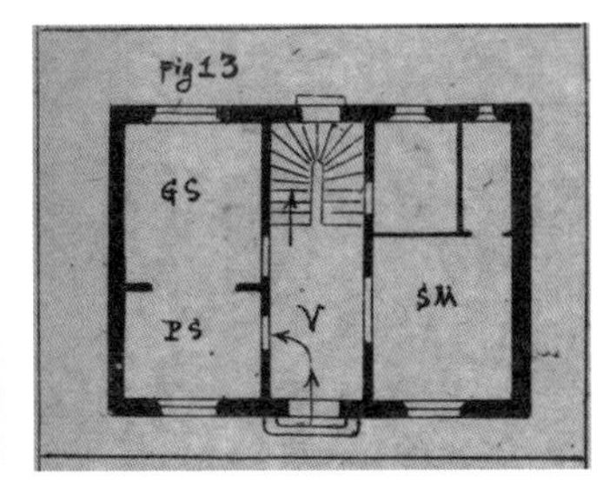

图 8 至图 11 见书后大图

35. 膳室 salle à manger

膳室与客厅宜近，膳室能由客厅直达为最佳，否则亦宜相对，如 fig.13，V 是穿堂，SM 是膳厅，PS 是小客厅，GS 是大客厅。

36. 膳室以长方形为最宜，宽度至少为 3.6m。膳桌二面坐人之后，仆人尚能周行，盖桌宽往往为 1m 乃至 1.3m，椅位往往为 0.60m，即桌椅应占 2.2m 或 2.5m，所剩之走道为 2 × 0.7m 或 2 × 0.55m。俭约之膳室，宽度固有小于 3.6m 者，但宴客时实嫌不便矣。

37. 膳室宽度，不必大于 4.50m，盖若桌宽 1.30m，座占 0.60m，则走道已为 2 × 1m 也。若桌宽 1.30m，座占 0.60m，则走道乃为 2 × 1.1m 也。

桌之长度，随客数而变，每客须占 0.60m，若二旁各坐五人，二端各坐一人，则桌长应 3 公尺，室长应为 4.50m（二端亦可共坐四人，惟主人应在二旁中央）fig.14。桌长、室长及人数立表如下：

人数 长度（m）	12 或 14	16 或 18	22 或 24
桌之长度	3.00	4.20	6
室之长度	5.00	6.20	9~10

若膳室一端有门，且向膳室展开，则室长宜加 0.50m。

38. 中国食式，最不卫生，多人之箸，多人之勺，同纳于一盆一碗，后纳勺之人，乃饮洗勺之汤耳。用中肴而仿效食式，有何不可？即用圆桌以存虚式，亦何不可？

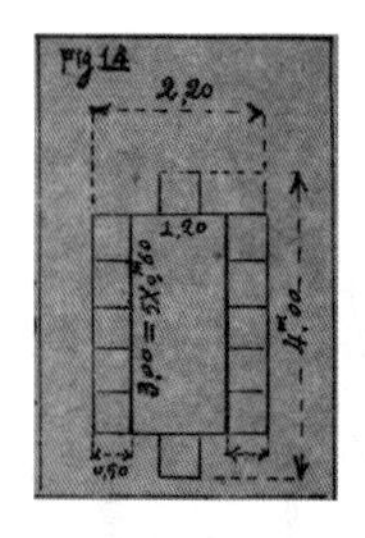

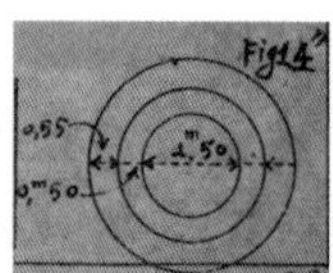

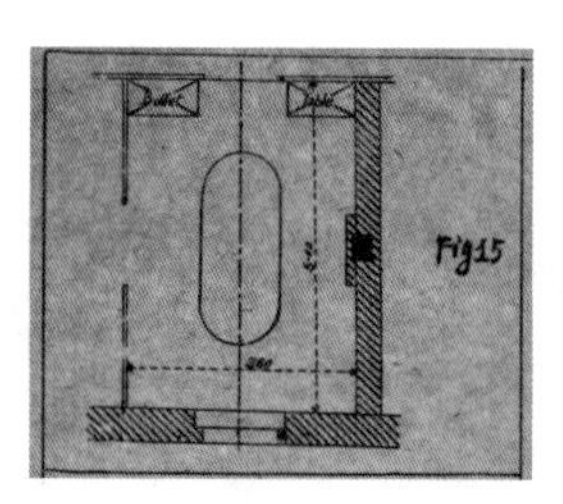

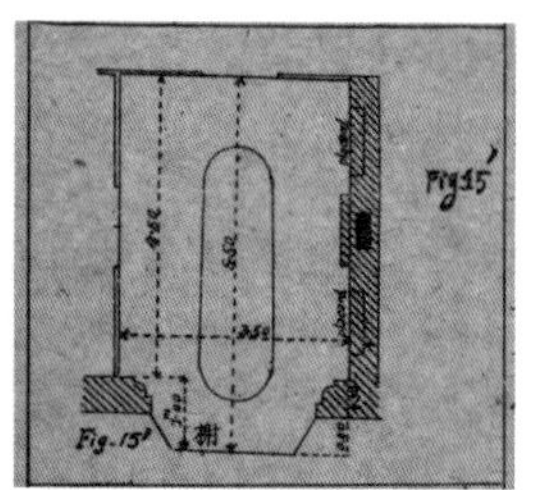

图 14 及图 14'的大图见本书末

用圆桌则其直径约 1.50m，可坐 10 人，则桌椅合计之直径为 2.50m，走道至少 0.55m，则室宽须 3.60m 为最小限。见 fig.14'。

39. 碗橱及果点桌，往往分设于室之二角，如 fig.15 是也，且与递肴之门相近。此项家具，宜不碍交通。若膳室极宽，则亦可不设于角而设于室端。

40. 暖务之射热器，亦应不碍交通，故射热器往往嵌在墙内，否则应留地位。

41. 欲增加膳室适用之长度，则可令其一端成虚搁之翅式 porte à faux，以成小榭 born-window，如 fig.15' 是也。

用小榭，欲扩张 1 公尺，殊非难事。

42. 膳室厨室之交通，后文另论之，务令其绝无连累之弊。

43. 事务室及书室 cabinet du travail et bureau

书室、事务室，亦系来宾可到之地，故宜与穿堂相近，但仍不宜迫近，以免喧闹之患。若常有外人出入于事务室，则宜另设一门，令其成为独立之势，但仍宜能与内部各室通连。

凡室宜二面有窗或门，则扫刷时二面畅开，空气全换，但事务室或书室，须有适宜之满壁，以位置书橱，故窗孔太多亦不宜。

44. 花室亦称冬园 serre ou jardin d'hiver

花室者，排设或贮存花草之室也，宜与膳室及客厅相近，以便膳前膳后，来宾得憩谈赏玩，以解寂寞。

花室宜多设玻窗，并宜多受日光，惟亦不宜受晒太烈，致夏季热不可耐。

花室之点缀变化无穷，喷水及假山，均可随意布置，夜景也可用电灯作奇巧之布置，花房前或左或右可设凉台 terrasse。

45. 游廊及露台 veranda et balcon

长直游廊，能减少房屋之华美，但房屋全部内一二处之短廊，却多增华美。

廊可阻日，故热地多用廊，气候和平之地则往往无廊。

廊可减热，是其利也，然冬令减少太阳光线，是其弊也（光线是卫生要物，西谚有言：日光常到之处，即医师少到之处）。人有爱廊者，有不爱者，余即不爱者也。惟客厅膳室外设小廊，亦殊不劣。

客厅、膳室均不必有露台，但有之亦足使外观增其雅致耳。

卧室之露台，颇有益，若干起居物件，可在露台受日受风，且卧室若系沿街，则可便利眺望。

（略）

第四章　支配上之合并研究

（略）

第二节 局署

96. 凡系办理事之房屋，均名局署。

例如交通部、审计院、铁路局是也。

我国旧式局署，颇不便利。凡系局署，须贯通便捷，须照料灵便，须灯务暖务省费省功，宜有地窖，凡烧炉及厨及仓，均可设于地窖。

就办事上言之，以径射式 Rayonnement 为最善，各长者居于中央，管辖者在其四周，各楼层皆如是布置。

fig.49 是京奉铁路总局，fig.50 是北京参谋部，fig.51[5] 是北京大理院，fig.53 是北京外交部迎宾馆，当时为接待外宾而设，虽非局署，亦有公之

5. 图 49、50、51 见本书末。

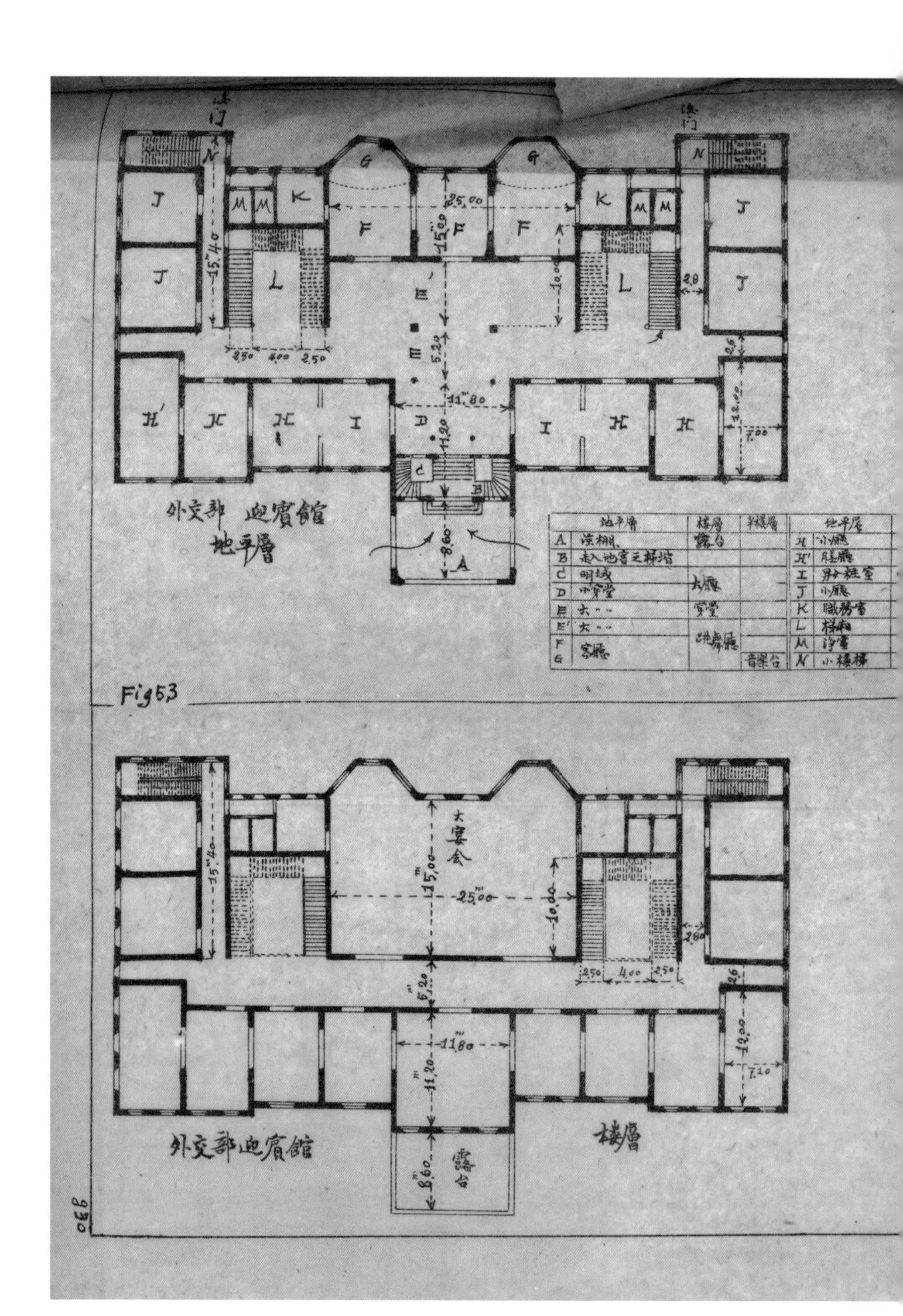
外交部 迎賓館
地平層
地平層
樓層
半樓層
A 涼棚、
露台
B 走入地窖之樓梯
C 明域
D 小穿堂
大廳
E 大
E' 大
穿堂
F 客廳
G
跳舞廳
音樂台
H 小廳
H' 膳廳
I 男女粧室
J 小廳
K 職務室
L 樓梯
M 淨室
N 小樓梯
Fig53
大宴会
外交部迎賓館
樓層
露台

性质。但其作用既殊，布置自亦不同，前面须宽敞，使来宾车马，不致拥挤，且宜使车马能左来右去，或右来左去，庶几先后车马，无逆面之弊。

穿堂矣须宽敞，因多客往往同时莅临也。

宜有大厅为聚会之所，宜有小厅为来宾中分团谈话之所。

宜有极大之厅为跳舞或演戏之用。其他设备，一言难尽。北京大宴之房，目前只此一所。

就地平层言之，A 是凉棚，车马入此棚下，人乃下车而入门，庶几雨雪不足以沾人。B 是阶梯，能入地窨。C 是明域[6]。D 是小穿堂，宴会时，在此脱帽卸衣。EE' 是大穿堂，F 及 FG 均是客厅。

FG 是一厅，图上之点线，乃系楼房之音乐台之边。H 是小客厅，H' 亦是小厅，但宴会时作为膳厅，I 于宴会时作为整妆室，其用于男宾者，有衣镜、衣刷、发篦等之设备；其用于女宾者，设备更完全。J 亦是小厅，宴会时可作为事务室，K 是杂品室及电话室。L 是明堂，由平地直达玻璃顶棚。L 之三面是楼梯，前面则是穿堂，光均由顶棚射下。M 是大便室及小便室。N 是职务楼梯，可以入地窨，可以登于楼层。

就楼层言之，A 是凉台，BCD 合成一大厅，E 是穿堂，E'FG 合成跳舞厅，惟 G 之高处是音乐台，乐人由 K 走入。跳舞厅之电灯，隐藏于梁上，人只见光而不见灯，如 fig.54' 是也。

第三节 旅馆

95[7]. 只容十客左右之小旅馆，则 fig.44 及 fig.46，即属适用，惟数千客乃至数百客之旅馆，则应另有布置焉。

96[8]. 大旅馆之卧室，恒在楼层。地平层之主要作用如下：

---

6. 楼梯旁的空间。
7. 原文因翻页所致重复了序号，此处保留了原文序号。
8. 同上。

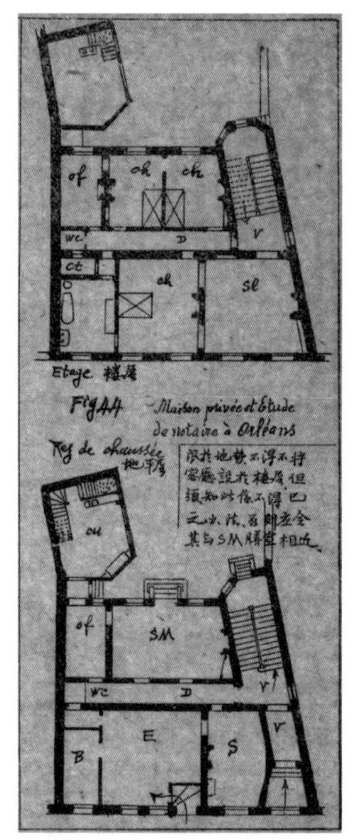

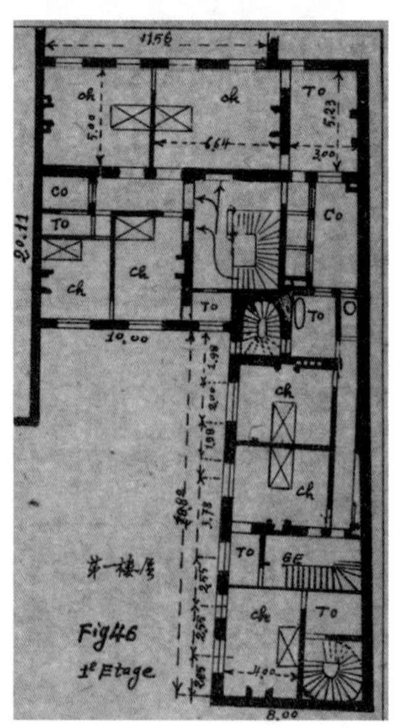

图 44 图 46 见本书末大图及功能注释

正门以内，应有大穿堂，以便来客去客之周转。凡有铁路、轮船之城市，去客或来客往往拥挤于一时，穿堂太小，则不敷周转矣。

大穿堂之旁，宜有客厅，名曰外厅，以便来客或谒访之人，得以暂时停顿（大穿堂设有桌椅，即可作为此用，但仍有外厅）。衣帽（室）应与穿堂或外厅相近。

大穿堂之内，或左或右，应有极大之憩坐室，住馆及不住馆之客，膳前膳后，得以在此处憩坐，或饮茶酒以消遣，午后晚间，有时演乐唱歌，以增兴采。

憩坐室之外，应有公共大膳室，至少能容全馆之客数（尚有膳而不宿之客）。

此外又应有特别膳室大小各数处，以备旅客设宴之用。

饮品室应与憩坐室相近，亦应与球房相近。

书报室可设于地平层，亦可设于楼层。与特别膳室相近之处，宜有客厅，名曰内厅，一以备旅客会客之用，一以便设宴时之用。每一楼层，若能各设客厅，则会客尤便。

便室可设于地平层，或设于地窨，或设于楼梯之腰部，以供外客及居客日间之用，惟宜隐不宜显。

每一楼层，宜有便室及浴室，以供公用。又宜有若干卧室，兼备其独用之浴室。

地平层若有大园，固为最善，若限于地势而不能有大园，则宜设房顶花园，以便旅客于早晨薄暮得以散步换气。

97. 厨可设于地窖，惟热度及臭味，应使其不能升入地平层之厅室。厨设于顶棚为最善，惟应有职务楼梯及职务升轿，并应有抛弃秽物之设备（家庭抛弃秽物之设备，后文第九章内论之）。

98. 穿堂之旁，宜有升轿，以便旅客及行李之升降（惟仍须有大楼梯），如能设二具则尤佳，其一为旅客之用，又一为行旅之用，惟需电甚多耳（升轿宜在楼梯旁）。升轿有用自动电机者，轿内设有电钮，钮数等于楼层之数，编定号次，人入轿后，欲登第二楼层，则捺第二电钮，轿自动至第二楼层即停。

每一楼层，亦有电钮，轿若不在，则只须捺此电钮，轿即自来。

轿门亦为电力钳制，当其升降未停之时，即欲强开此门，亦不可得。此种机关，系为保安而设，盖轿门若能误开，则人首极易误伸于轿外，而斩首之祸成矣。但大旅馆之升轿，必有司轿者常居轿内，则自动电力殊非必要。

99. 旅馆卧室之交通，以用衖堂制为善，衖堂左右均是卧室，此项衖堂之宽度，总须2公尺。

100. 旅馆经理人之事务室，宜与正门相近，俾可遥盼一切。

101. 膳室与音乐台之支配宜注意，务令全室膳客，均能望见音乐台。音乐设在楼层，用镂栏以使视线可透，此法亦适用，总不宜闻声不见形。

102. 我国旧式旅馆，固不足为则，兹将北京北京饭店之平面图采录，如fig.51及fig.52[9]，以资参考。

（略）

---

9. 见本书末。

第九章 工人房屋

第一节 概要

175. 有一事最足恼工师者，即工人房屋是也。何则？此类之建筑，应以最微之费，得最适用之屋，无毫末华美足以悦人而博称誉者也。

176. 文明日进，平等之程度日高，工人生活之状态，因以日优，我等工师所当辛苦经营以谋之。

177. 既欲省俭，又不能绝无美术气象，则只就材料及形式之支配，以令建筑物稍呈雅致耳。

地面越小，则布置愈难，盖既应使居住者得最便利最舒服之生活，又应节省地面及材料也。

是故此种建筑，在城市繁盛之地，如欧洲之巴黎、伦敦，美国之纽约、金山[10]，中国之上海、汉口，则工师实煞费苦心。

178. 个人卫生，与公众有极大关系，虽工人房屋之卫生条件，不必如富家房屋之完善，而一地内若有一区不适于卫生，则公众实大受其害，故工人房屋之卫生，工师不能不大加注意。

179. 善举隘而不能广，可暂不可久。若恃善举之集款，以为工人营优美之房屋，殊非根本办法。

180. 房屋之优美，最有益于道德及风俗。盖房屋优美，则男子常居于家，出外荒嬉之习可减，亲朋宾客，可在家中款待，出外游荡之机会可少。

181. 租住之房屋，恒逊于己产，盖己产则室内之布置及庭园之经营，皆可自由而钱非虚掷，家人父子，共事操作，既可习勤习俭，而人伦上体质上之愉快亦增，故就社会问题着想，宜设法使工人各能以其节俭储蓄，购造房屋，成为己产。欲达此目的，须先使房屋之价低廉，否则彼等所得何几，将何以使其成为业主乎？

苟房屋之价低廉，人人可成为业主，则工人节俭储蓄之心，自油然

10. 即三藩市。

以生，此事之有益于社会道德风俗，不綦大乎？

182. 然则工师之责任，不但在工作，不但在美术，而对于社会经济，又在重大之责任焉。

质言之，穷人房屋，一须建筑费低廉，二须租价低廉。

183. 就社会问题言之，欲令建筑费低廉，租价低廉，又欲令贫人能成业主，则断非私人所能为力，必须政府协助，方能渐有成效。夫所谓协助，非必给予金钱也，只须予以法律上之协助耳。

所谓法律上之协助，有直接间接之二法。何谓直接？政府以公家之财，营造房屋，给予工人居住，并责令分年拨还建筑费及极薄利息是也。何谓间接？政府借财于经营社会事业之私人，并责令分年拨还本金及极薄之利息是也。

德国 Strasbourg 之地方政府，于 1882 年用第一法以造工人房屋，成绩极佳，嗣后陆续推广，风行益盛。

法国于 1886 年，慈善事业家 Morgin 氏及 Agnard 氏并 Gillet 氏，在 Lyon 城创办廉房建筑社，政府于邮便[11]储金内，提借了 300 000 佛朗，以资周转。该社得此协助，资金竟达于两兆之巨，其事业之发达，有不可思议者，至 1891 年，距开创仅五年，所建房屋多至八百宅。法国 Marseille 城，邮便储金局[12]，直接间接，二法并用，于 1886 年，用于建筑之款为十六万佛朗，该房之租价，以三厘半为标准（3.5%），而其间有用分年付款之法以售与租居人者，同时以七万佛朗分借于工人，以助其建筑。凡勤俭之工人，每人可借六千或七千佛朗，惟此项建筑，须由邮金局监造之。

此项事业，发生于巴黎者较晚，直至一千八百九十年，始由 Jules Siegfried 氏及 Georges-Picot 氏发动此议，因此而 Belfort 及 Roubaix 及 Bourges 及 Beauvais……各地之建筑社，亦相继成立，同时有一极小建筑

11. 邮政旧称。
12. 即邮政储金局。

社，资金仅三万佛朗，赖北方铁路公司，许以三厘轻利之借款，竟得发展其事业。

1891 年，比国邮金局，以二厘半之轻利，借款于工人，以三厘之轻利，借款与建筑社。借款与工人之抵押品，除房屋外，复加以人寿保险之款，盖恐工人不到期而去世也。

关于此类之借款，个人或建筑社得免纳印花税，得免纳第一年之地税及房税。在法国则载于 1894 年 3 月 30 日之律章及 1906 年 4 月 2 日之修正律及 1908 年 4 月 10 日之修正律。

184. 高房颇有害于卫生（多层之楼）

英国，于一区内若死人之数，超过百分之二，则卫生检查员，应赴各家考察卫生状况及致死之原因。据考察之结果，高屋容穷人太多，死数恒高于他处。

据德国医师 Strassmann 转述柏林统计，所载之比例如下：

居住之处所 死人之千分率‰	
店铺	25.3
地平层	22.6
第一楼层	21.6
第二楼层	22.5
第六楼层	28.4

观此表，可知居于第一楼层者，死数仅万中之 216，居于第六楼层者，乃为万中之 284。虽死数之多，不尽由于高楼，但同一工人也，居于高楼之人丛中，与居于宽旷之平地，死数自不同也。在普通境地，高处之空气净于低处，则高居当然较优，但多人丛集于多层楼房，则高居自无益耳。

上海、汉口，有所谓某某衖某某里者，大概一层或二层，窄小，鲜受日光，其恶劣更甚于西洋城市之高楼层矣。

质言之，以地面之准个面积为计算之标准，则叠层楼居之人数多于平房散居之人数，此必然之势也。由此理也，与其循竖势而叠居，不如循横势而散居也。

循横式散居，则建筑费更巨，欲抵消此较巨之费，惟有在工程上求其低廉耳，惟有一方面赖工师之技能，一方面赖政府公家之协助，斯能达此目的耳。（略）

186. 凡造一屋，幽谷愈少愈妙。前文第 48 条所论之奥 alcoves[13]，表面上似颇整洁，顾整洁而仅表面，则其实际为污秽，我人绝对不许做此假事也。

187. 工人房屋分合之道，则视其地方情形以定之。大凡工业繁盛之区，工人有结合之必要，利于合而不利于分，则一座房屋中之各层各宅，均住工人可也，一区域内之各座房屋，均住工人亦可也。（略）

188. 中国人民程度，与西洋不同，卫生观念更薄弱，凡营工房，宜将沟道及洗晒场位区划布置，平时又宜有人专司清道，而又加之以监督，所有不净之水，应有去路。

尿粪之去路，为贫人最不注意之事，恭桶尿盆，随时随地倾弃，上海、汉口，余尚见之，何况内地，衡以西国卫生之道，殊堪浩款，我人营造廉房时，千万不可忽略。

第二节 群宅 maison à appartement ou maisons collectives

189. 欲盖新屋，并欲其廉而又适宜于卫生，应先审别其在城内地贵之处，抑在城外地廉之处（北京城内之地，每亩四千元者，不可谓之贵，只可谓之廉）。

地贵则势不能不同楼层。策划之时，应使屋内之废地极少，又使庭院十分充畅。地平层留作店铺之用，同一楼层之各宅，应在同一横平面上。同一宅之各室，应在同一楼层内。一宅只应有一门为正门。

190. 厨为全宅中最重要之一室，因居人自理其厨务故也。策划时，应格外审慎，应能使全家之人，可在一室同膳。以免为母者之劳苦，又应能使为母者膳时仍能照顾其炉灶。

---

13. 放置床的不通风也无光线的凹室。

巴黎此种新式之厨，非但宽敞，并颇华美焉（比较的华美，读者勿以富人之屋相比拟）。

厨内宜不存膳臭及湿蒸气，又宜使储糈不碍于工作。

旧时恒以秽湿衣巾，张悬于厨内，因无别地可资张悬也，此弊宜除去。欲达此目的，一应于墙内作龛以代橱；二应于窗槛下作穴以为储膳之用，又加铁布以护之；三应另有一所为租户洗涤毛巾及散张毛巾之地。

191. 西国某项低微之职业，夫与妇有终日在外供职，只早晚二时在家者。若所造房屋，系备此项人物之用，则可以墙炉为厨室（墙炉之意，见第六编）。此种墙炉，与普通墙炉同而较高，有铁幕可升降开闭，炉身极低，升幕则俨一小厨，降幕则不见有厨。此炉既可制饭，又可生暖以代暖炉。龛顶有蝶式铁门，夏令畅开此门，则蒸气上升甚速，由烟囱走出，冷空气入室之速度之大，而室内乃不苦热。巴黎有街名 Belleville 者，第 116 号房屋，营造法即根据此理。

192. 卧室不宜太深，因光线不能达于深处，最不利于卫生也。门及墙炉之地位，宜令室内之床及家具，得以舒展布置。

193. 旧时廉价之群宅，每一楼层，只设便室一所，为二宅或三宅所公用。此便室既属公共之用，自只可设于楼梯厢中。俾其恰在各宅之外，此种公用便室，无一宅负责，逐致维持无人，恶臭遍散（虽有自来水，仍应有人维持，方能洁净）。

便室为人生切要之所，宜各宅各有一具，隐于不取厌之墙角，有一门一窗，窗直通于天院[14]。此院之横平面积，至少须 $4m^2$，其最短之尺寸[15]，应以 1m60 为至小之数。

街下如有公沟，则秽体可通入此沟，否则惟有用无毒粪坑之一法。

194. 墙墁宜加油，以便洗拭，糊纸之法，宜绝对免去。厨地宜用缸砖或沥青，至少亦应用西门土，墙角应浑圆。（略）

---

14. 天井。
15. 指边长。

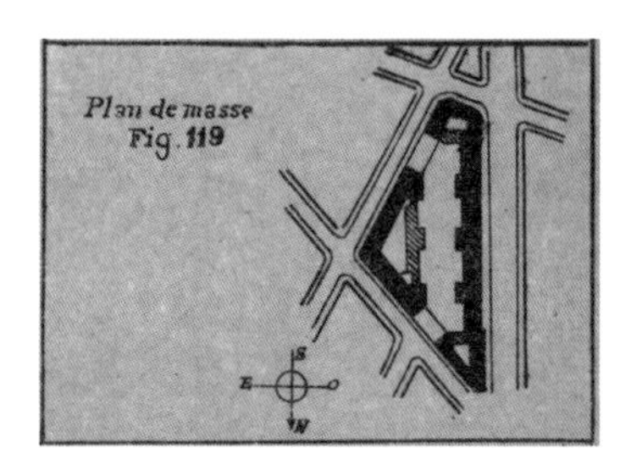

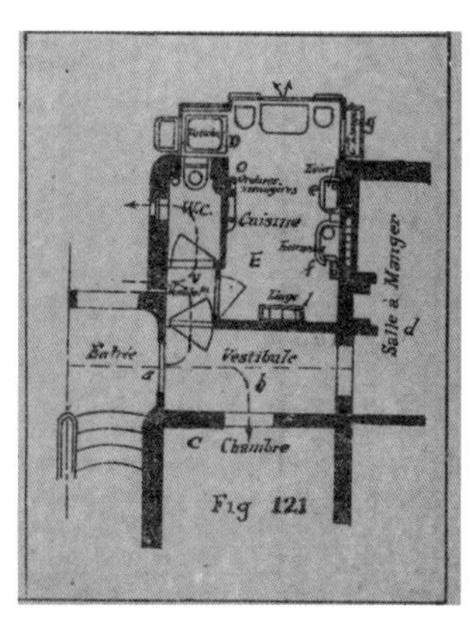

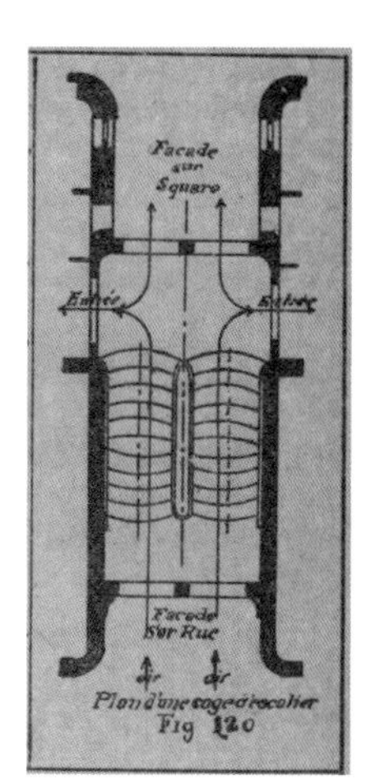

202. 法国富人Rothschild于1905年在巴黎左近，购地5600平方公尺（约合华亩九亩），建造新式工房，代设热水、暖炉，而以廉价租与工人。

地势极劣，如 fig.119，长尖三角形，三面临街。投标招致工师，得标者为 Augustin Rey，其优点有足述者。其一，房屋与花园相间，三大花园，皆外面向街；其二，光线无宅不充；其三，各宅皆能避去西北风。于有限之地形，求惬合于此条件三端，已属难能。此外各事，无一不力臻完善，如 fig.120 是公用楼梯，一面向街，一面向花园，其阶级中央宽而二端窄，因此种房屋之住客，孩儿必多，其小腿不能作大步，故缩窄二端，以便小孩之上下也，且设极低之栏及扶手，亦所以便小孩也。

各室之高，一律3公尺，窗楣达于天板，窗槛距地板0.10m，而加铁栏。玻窗面积，等于地板面积之 1/3。

公共楼梯之左右，即为左右二宅。fig.121 是右宅，a 是此宅之总门，l 是穿堂，c 是卧室，d 是膳室。

厨房之布置，亦有足述者，如 E 是也。其 f 是灶，e 是洗涤器，o 是倾弃庖厨废物之竖管，l 是暂置垢秽衣巾之箱，g 是储膳之凉橱，D 是喷水浴盆，以便小孩日常之用，浴后之水，从铁管流出。

WC 是便室，V 是空气极通畅之副室，左面有通气之孔，右面入厨，前面入穿堂，后面入便室，此种布置，为工人计，实无美不备。

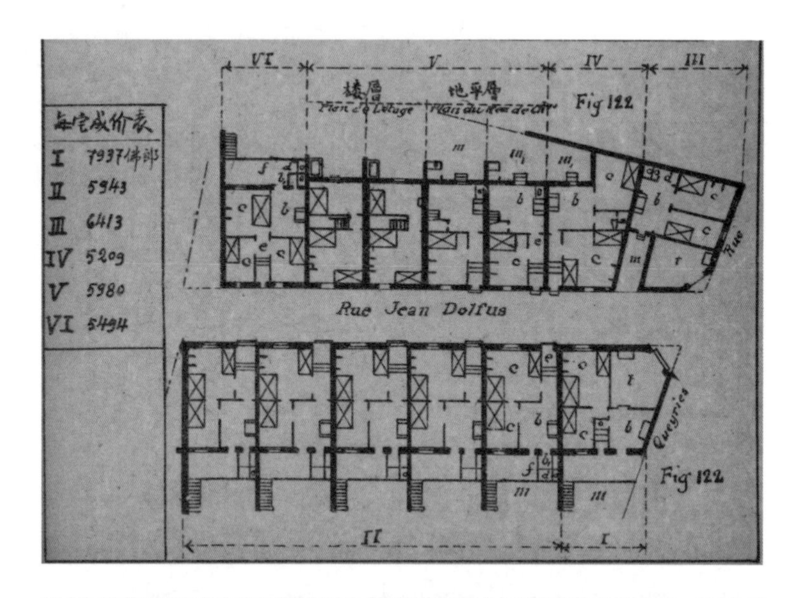
每宅成价表
I 7937佛郎
II 5943
III 6413
IV 5209
V 5980
VI 5494
楼层
地平层
Fig 122
Rue Jean Dolfus
Fig 122

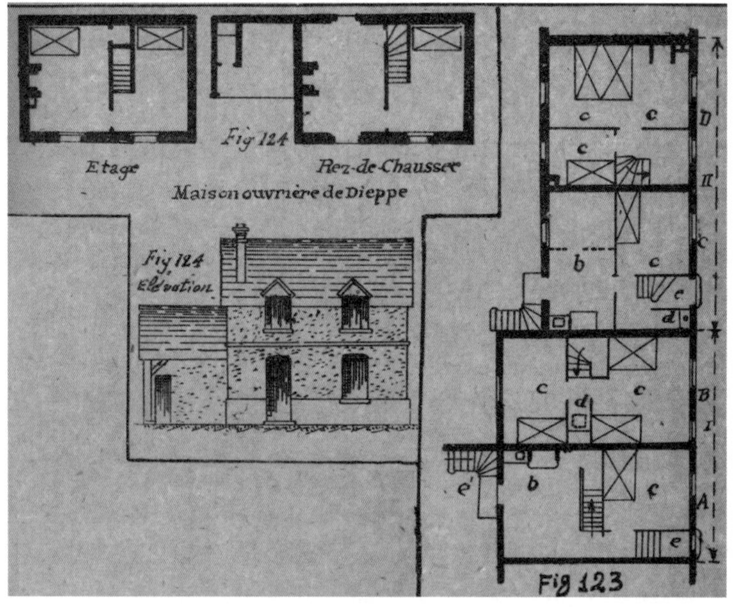
Fig 124
Etage
Rez-de-Chaussee
Maison ouvrière de Dieppe
Fig 124
Elévation
Fig 123

洗衣场另设一处，以免在宅内洗衣。顶棚为扬衣之所，每家能各占一地。

地平层之房屋，则适用于店铺，盖巴黎此区中之家庭工厂甚多，各家自制之工业品，即可在此店铺陈列出售。为便于工作起见，又设发力之总机器，此力分输于各家。

此种完善之工房，就建筑成价核算，不计利息，又若各宅一律租出，则每室每年应取租金 100 佛朗，合华币 40 元。

第三节 独宅 maisons individuelles

203. 房屋全座，自底层至顶层，为一家所居住，则名独宅。此种房屋之层数有限，社会事业建筑社，多造此种房屋，俾工人或微小职业之人，得以分期付款，渐成己产。

若地价不甚贵，则以平房为宜，略高于平地，而地窖则不可无，且后面必有园。

地价稍贵，则用楼层，且令二宅毗连，以省一墙。若地价更贵，则令多宅毗连，以节省地面，惟若多宅毗连，则应改变正面之式样，否则复沓厌目。

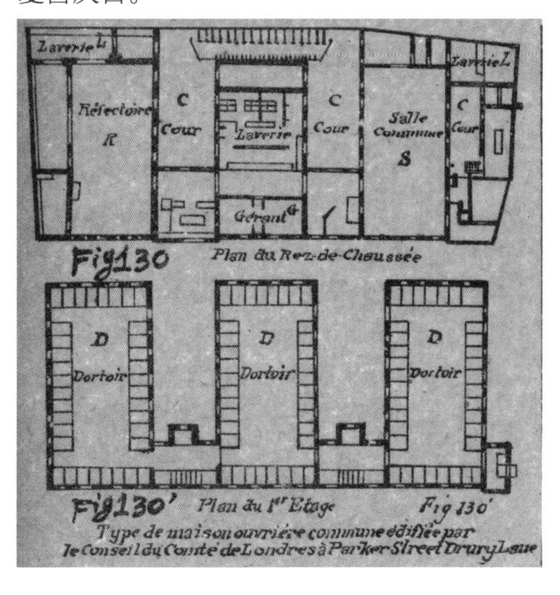

Fig130 Plan du Rez-de-Chaussée
Fig130' Plan du 1er Etage Fig 130'
Type de maison ouvrière commune édifiée par le Conseil du Comté de Londres à Parker Street Drury Lane

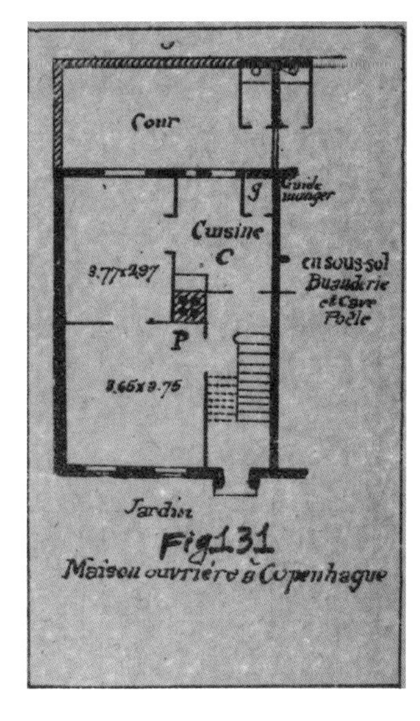

Fig.131
Maison ouvrière à Copenhague

fig.122 是法国建筑社 Société Bordelais 之独宅，一团分为六式，中间是街，后面有园，各宅只有楼层 1。b 是厨房，f 是退步[16]，b1 是洗涤所，m 是园，c 是卧室，m1 是天院，d 是便室，t 是店铺。此六式中，每式之成价如附表[17]。

204. fig.123 是该社所造之又二式。如 I 及 II，A B 二宅相似，C D 相似。图上所显者，A 是地平层，B 是楼层，C 是地平层，D 是楼层，e 是入门之梯阶，c 是卧室，b 是厨，d 是便室，e' 是后园之梯阶。I 式之便室在楼层，无直接之光气。II 式有之，又 I 式楼梯无直接光气，II 式亦有之。

fig.124 是法国 Dieppe 地之工房。（略）

206. fig.131 是丹麦国京城 Copenhague 之工房。c 是厨室，g 是储膳之凉橱，p 是暖炉，此炉用陶品砌成，温度持久，凡极寒之地，多用此种暖炉，北京道胜银行[18]有此暖炉，可参观也。洗衣则在地窖。

fig.130 是伦敦之工房，既非群宅，又非独宅，乃可谓之工人旅舍耳，盖为时来时往之工人所居也。地平层之 R 是膳室，S 是公厅，L 是洗浴室，C 是天院，G 是经理室。楼层如 fig.130' 是公共寝室，又另有洗衣场。每人每宵，合当时华币 0 元 14 乃至 0 元 30，每星期为 0 元 85 乃至 2 元 80。每人得有热水，得炀其自携之饮食品。

（略）

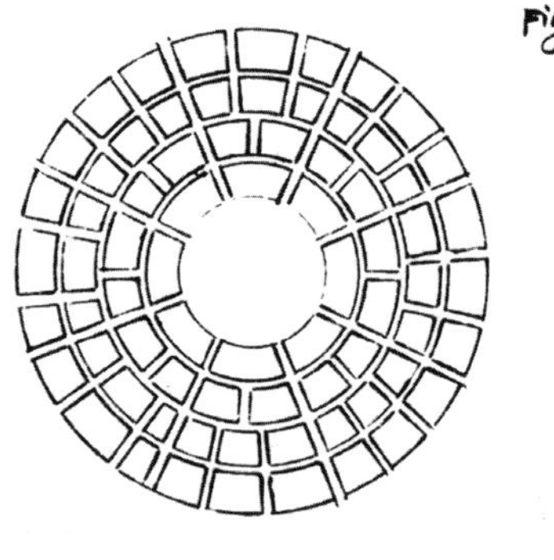

16. 堆零物的小储藏室。
17. 见图 122。
18. 1886 年由清廷与俄、法合股组建的银行。

第四节 新城镇

208. 新式城镇，有二法可行，其一为余所拟之俭约办法，其二为园城，所谓园城，法文为 villes-jardins，英文为 Garden-cities。英人 Ebenezer Howard 氏，著《园城》一书，*Garden-cities of Tomorrow*，论之甚详，长篇累牍，非本编所能译录，留心社会问题者，请阅原书可也（有法文译本）。

209. 欲经营新城镇，应抛弃旧城镇，决勿妄思就旧城镇改良，试观欧洲各国之办法，可资借镜，例如瑞士国之京城，是其例也。

若为开辟之新城镇，而又不能采用高尚之园城，则似可采用余所拟之俭约办法，如 fig.136：经纬街道，成为圆周式及径射式，公家建筑，皆居中央，如市政公所，如大小学校，如公园，如裁判院，如图书馆，如博物馆，如剧场，如菜市，如邮电局，如警察署，如急治之医院，如银行，如……，居于适中之地，使各方面之住民，无远近偏陂之弊。凡经道纬道交接之处，均设花草场，并再酌设较小之花园及书报亭，以备行人憩息浏览之用。

地内当然遍设经纬公沟、大小便所，亦设于经纬道交接之处，且一律设于地内（阅第五编）。

道分三条，马车汽车为一道，东洋车为一道，脚踏车为一道，来往分别左右，以免对面冲撞之患……

（略）

《房屋工程》第八编 美术

第一章 概要

第一节 体制 style

1. 建造根据于科学，人人皆能学之，美术则出于意匠，不尽以学理为限制，称配惬目，随地方而变，随时代而变，随气候而变，随建筑物之用途而变。其意匠亦随人而殊，大美术家，具其天赋之才能，固非寻常人所能同造者也。

2. 美术又随人种而殊，各种人之所好不同，此种人所谓美者，彼种人或谓不美焉，建筑家只能迁就人之所爱，以发展其取爱之术也。

3. 青天白日之下，建筑物只须有其凸凹参差之处，已能使明昧惬目。而在气候昏昧地方，则凹凸参差，尚难使光影惬目，则更需采用有彩色之材料以助之。

4. 一时代之人民，有此时代此人民之需要，此需要乃系此时代此人民所公有者。美术，随此需要而发生，此美术成为一种体制，凡建筑上所称为体制者，即此是也。

5. 然则体制之原质有三，曰气候，曰需要，曰习俗。人民之习俗变迁，美术亦随之变迁。当夫习俗变迁之时，名曰过渡时代，因此则美术亦有其过渡时代。此过渡时代中之美术，不成为体制，盖于旧制尚未放弃，而于新制正欲迎合，直待新旧融洽而不复，再变之时，乃又可称为体制耳。

6. 美术体制者，一时代之人民公共思想所蕴含而又发挥之美术也。故一时代一地方之美术体制，即为该时代该人民之意志之代表。

例如埃及旧建筑，十分笨固，代表其时人民不生不灭之意志，盖其时建筑家，迎合此意志而营造者也。

欧洲第十五十六世纪，名曰再生时代[19]，此时代之习俗，重在舒适及华美，故其建筑物变成轻雅而又富丽。

7. 时式（mode）与体制不同，盖时式乃一时技巧之式样也。

8. 采用一种体制，宜适合于此制度，若就笨重体制而格外笨重，或就轻雅体制而格外轻雅，则又不佳矣。故每采用一种体制，宜勿破裂其特性。此特性有六，曰纯净，曰特别，曰确切，曰显明，曰自然，曰适当（pureté, propriété, précision, clarté, naturel, convenance）。

9. 纯净者，一时代、一地方之体制，不杂以他时代、他地方之体制是也。例如以轻雅之门楣，加于笨重之圆柱，即可厌目，因其不纯净也。

10. 特别者，一物所有之性质，不能施之于他物也。

11. 确切者，游移之反面也。建筑家之意匠，如此则如此，如彼则如彼，即是确切，即非游移。例如欲用再生时代之横平线，以令建筑物具一性质，即不宜杂用中古时代之竖直线，以令建筑物又具一性质（再生时代：Renaissance，15、16 世纪；中古时代：Gothique，自 12 至 16 世纪）。

11[20]. 显明者 clarté，建筑物之寓意，显然明白，能令观者一目了然。

12. 自然者 naturel，称配之谓也，免去矫揉造作之谓也。

13. 适当者 convenance，某种体制，适合于某种建筑物之谓也。例如兵房而用细致之雕刻，即大不适当矣。

14. 古物学者 Archéologie，古时美术物之研究也。本书固非为此种科学而做，但建筑家须富具历代建筑物之智识，方能有推陈出新之妙用。

15. 西洋历代建筑之体制，可大别如下：

希腊体制 style grec（纪元前之 8 世纪）

罗马体制 romain

东帝 byzantin

亚拉伯 arabe

罗茫 roman （第 5 至 12 世纪）

中古体制 style gothique（第 12 至 15 世纪）

再生体制 renaissance（第 15 至 16 世纪）

近世体制 moderne

历代建筑之体制，各举一例，如 fig.1 乃至 fig.25。

fig.1–2 是希腊体制，fig.3–10 是罗马体制，fig.11–13 是东帝体制，fig.14–17 是亚拉伯体制，fig.18–22 是罗茫体制，fig.23–24 是中古体制，fig.25 是再生体制。

历代体制中，以希腊、罗马为重要，盖近世美术之源也。

希腊美术，当以纪元前第 8 世纪为可记述之始，其时建筑已分三序 ordre：曰笨重序 dorique，曰半笨序 ionique，曰轻雅序 corinthien，此三序之不同，于后文另论之。

---

19. 即文艺复兴时代。

20. 原文因翻页所致重复了序号，此处保留了原文序号。

图 1 意大利罗马万神殿；
图 3 法国尤里乌斯陵墓（普罗旺斯省圣雷米镇）；
图 4 意大利罗马朱庇特神殿的柱头，

图 5 法国维埃纳市奥古斯特列维神殿；
图 6 意大利罗马灶神庙；
图 7 阿尔及利亚提姆加德古城遗址的罗马凯旋门遗迹；
图 9 法国纳巴达市古罗马城门遗迹的局部

图 11、12、13，东帝（拜占廷）体制
图 14、15、16、17, 亚拉伯（阿拉伯）体制

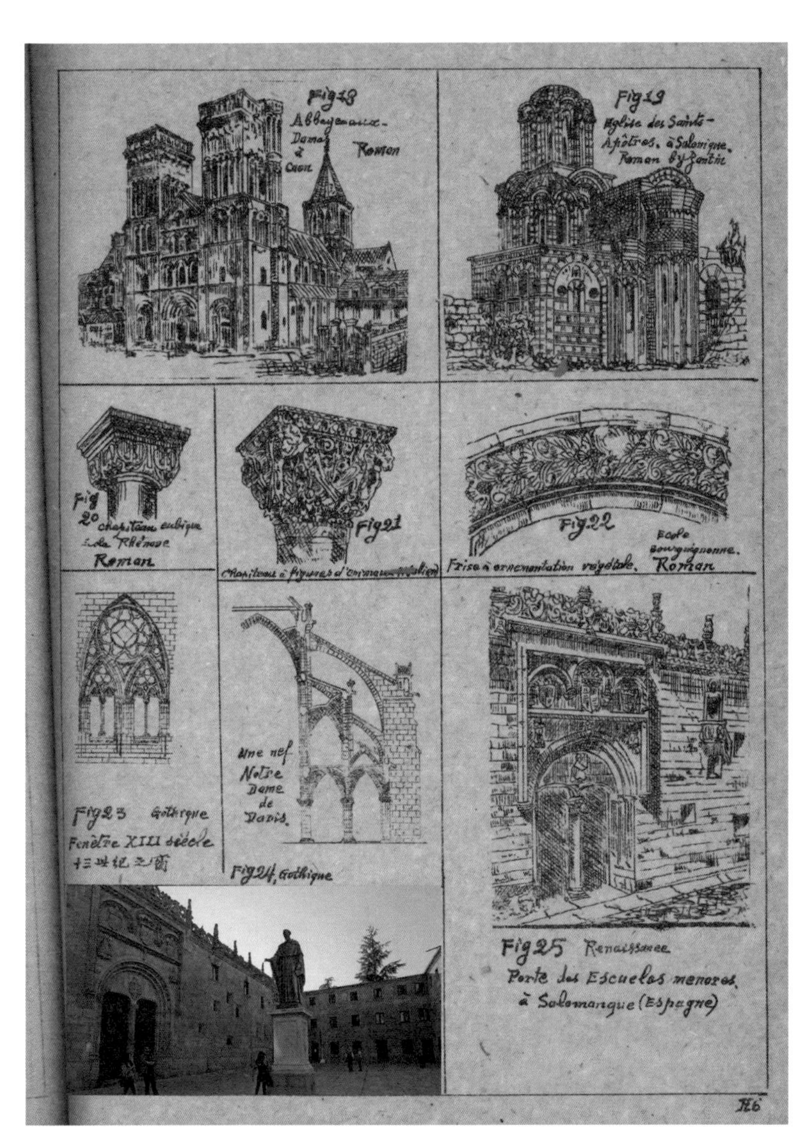

图 18 法国卡昂市圣三一女子修道院；
图 19 希腊塞萨洛尼卡的圣使徒教堂；
图 24 法国巴黎圣母院局部；
图 25 西班牙萨拉曼卡（大学）的一扇门。（现状照片源自：西班牙萨拉曼卡城萨拉曼卡大学[EB/OL].[2020-08-12]. http://img.pconline.com.cn/images/upload/upc/tx/photoblog/1411/01/c3/40447760_40447760_1414853891321.jpg）

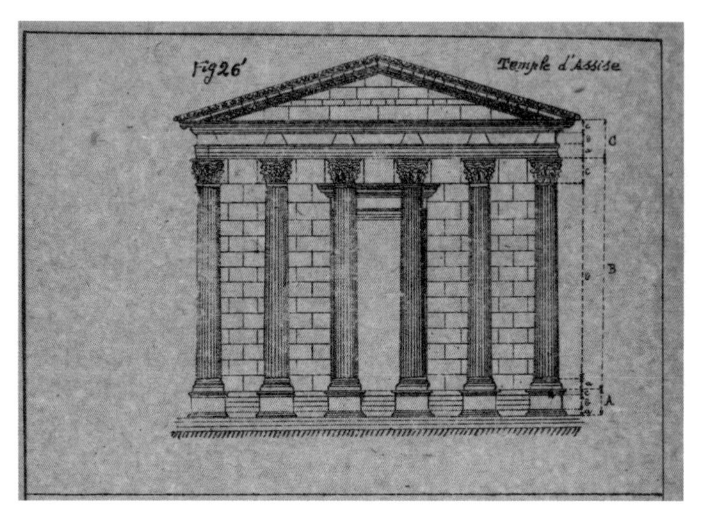

意大利翁布里亚城的米诺瓦神庙

希腊体制，于柱上设平拱如fig.26，罗马时乃用圆拱，此是大异之处。

东帝体制，系希腊、罗马术，参以东方习俗而化成（欧洲东方）。此种体制之形式极干洁，极严重，其规律严饬而又细密。

亚拉伯体制，由罗马体制及东帝体制脱化而成，种种拱形，无所不有，点缀富丽，西班牙留迹最多。

罗茫体制，直由罗马胎化，最初之庪材为木质，10世纪始用拱体。

罗茫体制中含有东方分子及东帝体制之分子，初时之支座极轻，拱之推力，传于边墙，其后则柱及拱均渐粗强，并采借东帝体制之胄拱coupole，墙厚而窗少，且有垛墙、门孔、窗孔，常用满拱（即半圆）。

罗茫美术，虽始于第5世纪，而其盛期，实始于第11世纪。

中古体制，亦名卵形体制，折拱arc-brisé及斜拱arc-boutant，均此时代中之新法，盖教堂扩大，推力张大，赖此法以减推力也。

再生体制，系中世纪末时盛行之体制，而尤以意大利为最著。法国之再生体制，亦由意大利传入，欧洲北方传入最迟（再生体制最富丽）。

第二节　部分

15. 凡一房屋，分为三大部分，而每一大部分，又恒分为三小部分。

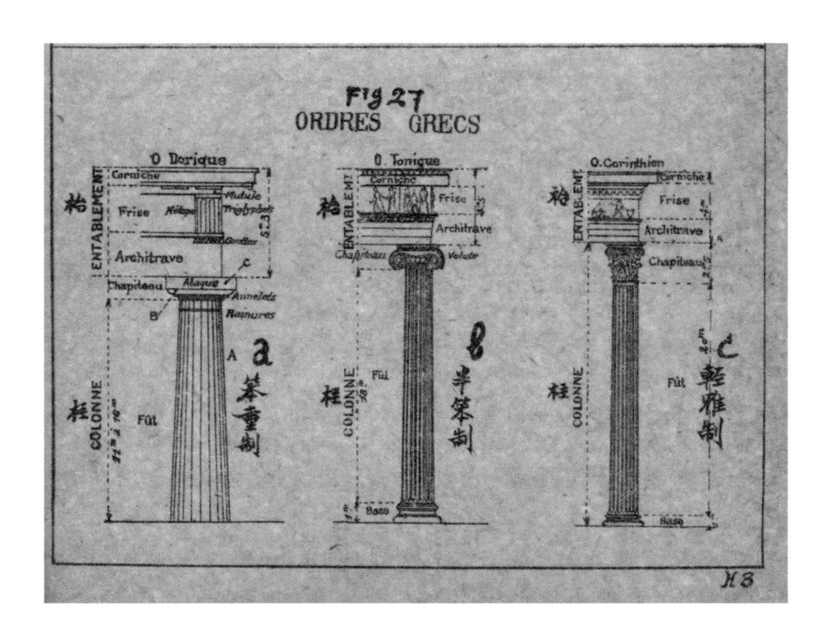
Fig 27
ORDRES GRECS
O Dorique
O. Ionique
O. Corinthien
ENTABLEMENT
Corniche
Frise
Architrave
Chapiteau
Abaque
Annelets
Rainures
Mutule
Triglyphes
Gouttes
COLONNE
Fût
Volute
Base
a
b
c
HS

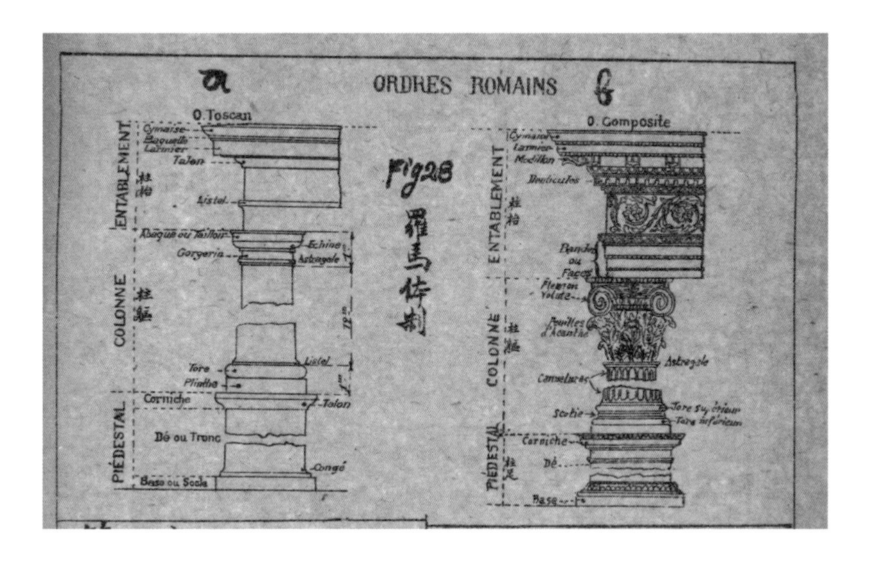
ORDRES ROMAINS
Fig28
羅馬体制
O. Toscan
O. Composite
ENTABLEMENT
COLONNE
PIÉDESTAL
Cymaise
Baguette
Larmier
Talon
Listel
Abaque ou Tailloir
Echine
Gorgerin
Astragale
Tore
Plinthe
Corniche
Dé ou Tronc
Congé
Base ou Socle
Modillon
Denticules
Volute
Astragale
Cannelures
Scotie
Tore inférieur
Dé
Base

三部分可名曰足、曰躯、曰首。

一大部分之三小部分，仍可名足、躯、首，盖大部分之足，固有其足躯首，大部分之躯，又有其足躯首，大部分之首，又有其足躯首也，如 fig.26'。（列表略）

16. 就柱及上下部言之，则下部为足，上部为首，柱则为躯。

今为便于称呼起见，名此下部为跟，此上部为台，此柱为柱。

跟分为足、躯、首，柱亦然，台亦然，如 fig. 27–28 是也。作表如下：（略）

第五节　建筑物之性质

35. 前文所论者，为古时美术，为吾人不可不熟悉之事，因新建筑上分子，仍不外乎柱、台及台足、台躯、台首等物也。

36. 今进论新建筑

建筑物之外表，为人所注目之处，建筑家应随其用途而十分注意。美术学非但纸上文章，兼须养成目光及意趣，此事断非纸笔所能濡染，而纸笔所能指示者，乃就旧有建筑物，以摘示其主要之条件耳。

闻见不富之建筑家，审慎之首，惟有支配适当，不求奇巧，只求简谨无误耳。

37. 稳固为建筑物应有之性

此稳固性宜真确，又宜显明，真确是营造上之事，显明乃系美术上之事。

欲令建筑物显其稳固之气概，则宜常令强者支托弱者，易言之强者恒居下部，弱者恒居上部。

38. 由此主义，则将各序叠用之时，第一序宜居下部，第三序宜居上部，第二序则居中部。

39. 房屋愈重愈高，则其础宜具坚强之气概，欲得此气概，手法甚多，或用倾势，或用粗糙材料，或用粗糙之凸面，或用粗强之凹缝。

40. 墙上多孔，未必减少坚强之气概。例如联拱，谓为多孔，则诚多孔矣，然仍有法使其显示坚强之气概也，盖只须拱体及支柱具坚强之气概也。

41. 若将平拱弧拱参用，则弧拱宜用于较低之楼层，平拱宜用于较高之楼层，即能有上轻下重之气概，因弧拱较平拱坚强也。

42. 支柱宜在支柱上面，门窗宜在门窗上面，实面宜在实面上面。

（略）

46. 对势为公家房屋所不可不有者，但对势太严，则矣厌目，要在相地行之耳。巴黎大理院之钟楼，失其严确之对势，而见为庄雅，陆军学校之钟楼，保其严确之对势，而亦见为庄雅，观此则吾人亦悟其作用矣。

47. 守严确之对势，则同一房屋之窗孔，距离宜同。此呆笨之距离，足以厌目，欲免此弊，可添用墙柱或墙墩，以令全面分为若干部分，而于每一部分中，保存其对势，如是则此部分中之窗孔，不必同于彼部分中之窗孔，此乃对势变化运用法也。

（略）

50. 简单并非是丑陋之同等名词，尽有极简单而极庄雅者，亦有极点缀而极丑陋者。

窗孔、门孔、横线、竖线、凸部、凹部，如能配合匀称，则建筑物简单而极庄雅。

须知细密之点缀，在远眺者之目中，等于无物，而简单匀配之横竖凹凸，则反入目而惬意也。模镂亦不必妄求细密。

（略）

70. 建筑法应与建筑物之性质成比例。剧院与庙宇，气象万不能同，由此类推，可知每一建筑物，应各有其相应之态度。

81. 法院应有镇静伟大之态度，略加公道及荣誉之点缀。

82. 市政厅无须有严厉态度。

（略）

第七章　顶棚　combles

395. 顶棚者，房屋全体之顶也，其优劣极有关于全体，惟在远近均难望见之地位，则可忽之。

396. 屋面之倾度，既随材料而不同，又随地方气候而不同，故各地顶棚，其布置不能相同也。

397. 气候干燥之地，倾势可缓，而多雨之地，则倾势应峻。

热地之屋面，往往延引而透过墙，俾高处之墙，庇于荫下，如意大利是也。而气候和平之地则不然，故法国鲜极峻极耸之屋面。

398. 若欲令顶棚内可以居人，则以高扬顶棚为宜（阅第一编）。高扬顶棚分为三式：第一式尤为适用，第三种名茫撒式，似逊于第一式，盖第三式较热较冷也。

399. 前曾言厨可设于顶棚，盖厨在低处，则庖臭恒散于屋内，若在高处，则屋内永无庖臭也，惟厨若设在顶棚，则其他地板宜绝不渗水（可用沥青，否则地板下之木梁，二三年已腐烂矣）。又宜有自来水，又宜令秽水容易流净，又宜有升轿，以便人物之升降。大凡旅馆之厨，宜设于顶棚，有一升轿达于膳室，另有一升轿为厨仆升降之用，并为膳料升降之用，此升轿更应直达地窖，俾可随时取用饮料。

400. 气候多雪多雨之地，顶棚之倾势宜峻，其气象颇能惬目，惟房屋全体若不高，则颇不雅，盖犹矮人戴高大之帽也。（略）

第九章　杂项

409. 镂栏 balustrade

栏为围护而设，但其用度极广，有时专用以为装饰品焉，如 fig.143 及 fig.281、fig.287 是也。

罗马时代已有镂栏。

中国亦久用镂栏，但系木质耳。而欧式建筑则用砖用石为多，惟楼梯则尚有用木者。

---

21. 砖石及混凝土。
22. 法尔内塞宫，为罗马一座杰出的文艺复兴建筑。

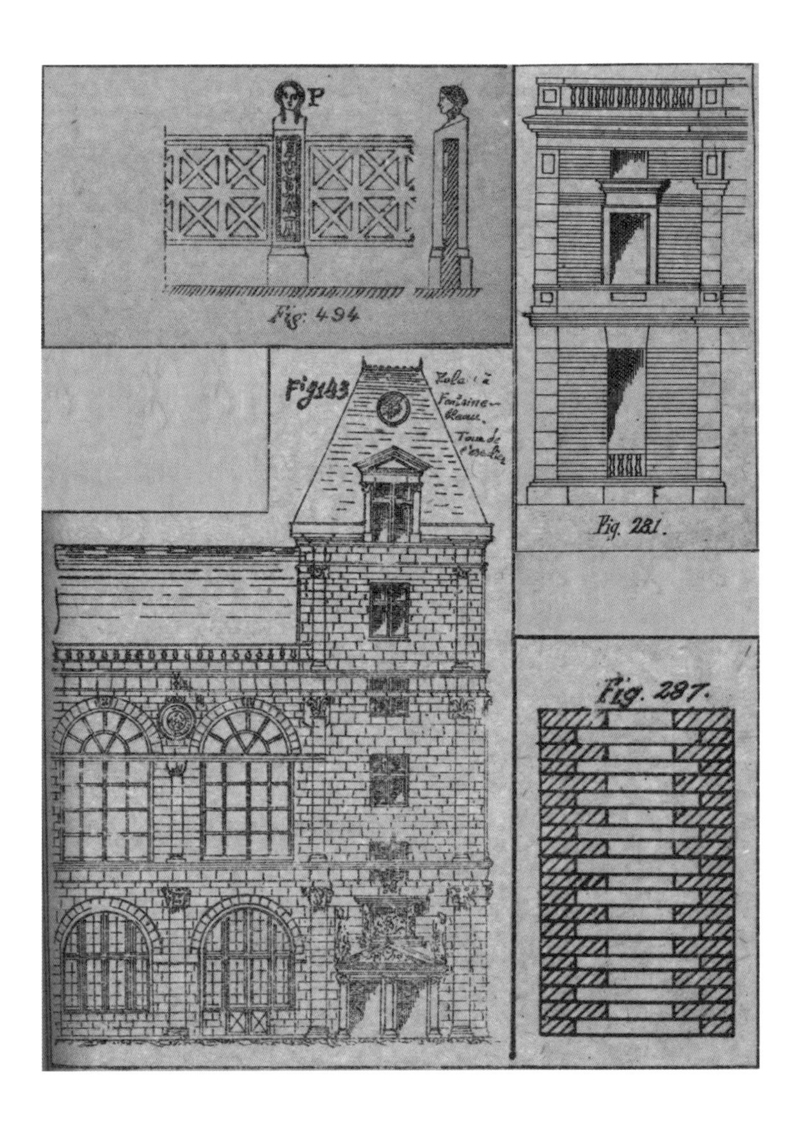
P
Fig. 494
Fig 143
Fig. 281
Fig. 287

栏以透空者为多，盖透空者既轻而由雅也。透空之方法甚多，如 fig.494 乃至 fig.503 皆是也。此外式样变化无穷，不胜枚举。fig.494 原系木栏之式样，但亦可用圬工[21]。

圬工、木工、铁工之镂栏，每距若干，必有粗柱，fig.494 及其他各图之 P 是也，盖犹墙之有垛也。

410. 再生世纪之镂栏甚富，式样既多而又巧妙（此时代建筑最盛）。fig.495 系 Farnese 宫[22]之镂栏，式样巧妙，惟稍易脆折，因其中央最细也（北京城西清华学校之图书室，于中华民国八年，即 1919 年完工，其镂栏即此式样，惟兼有花瓣，其料为大理石）。fig.497–498 之横剖面，可方可圆，皆颇雅。

fig.500–501，未必透空，乃系浅纹之镂饰也。fig.499 及 fig.502 则可透空，亦可不透空，随需要以定之可耳。fig.503 之左部用瓦，右部用砖。

（略）

413. 镂栏之用途甚多，概举之，则为露台，为额墙，为台阶，为桥，为楼梯，为篱墙，为凉台……

镂杆上面有扶手，下面有础，如 fig.504 之 M 及 B 是也。

414. 凉台 balcons：

凉台之盛行，自再生世纪至于今日，当时原为需要而设，今日则虽非需要而亦设以为装饰焉。

既有凉台，则窗改为玻门焉，所以便出入也。

（略）

第三节 例样 exemples

415. 关于房屋之美术，已论毕矣，其例样亦已散见于各图，兹再提数例以补论之。

416. 第七编 fig.102，是德国 Mantziem 城之市政厅之俯视象，其正视象则如 fig.511，系脱胎于中世纪，故其中中央之塔，犹存古式，其材为木，地平层有穹墙之长廊，屋面之倾势极峻，塔之前部成翅势。（略）

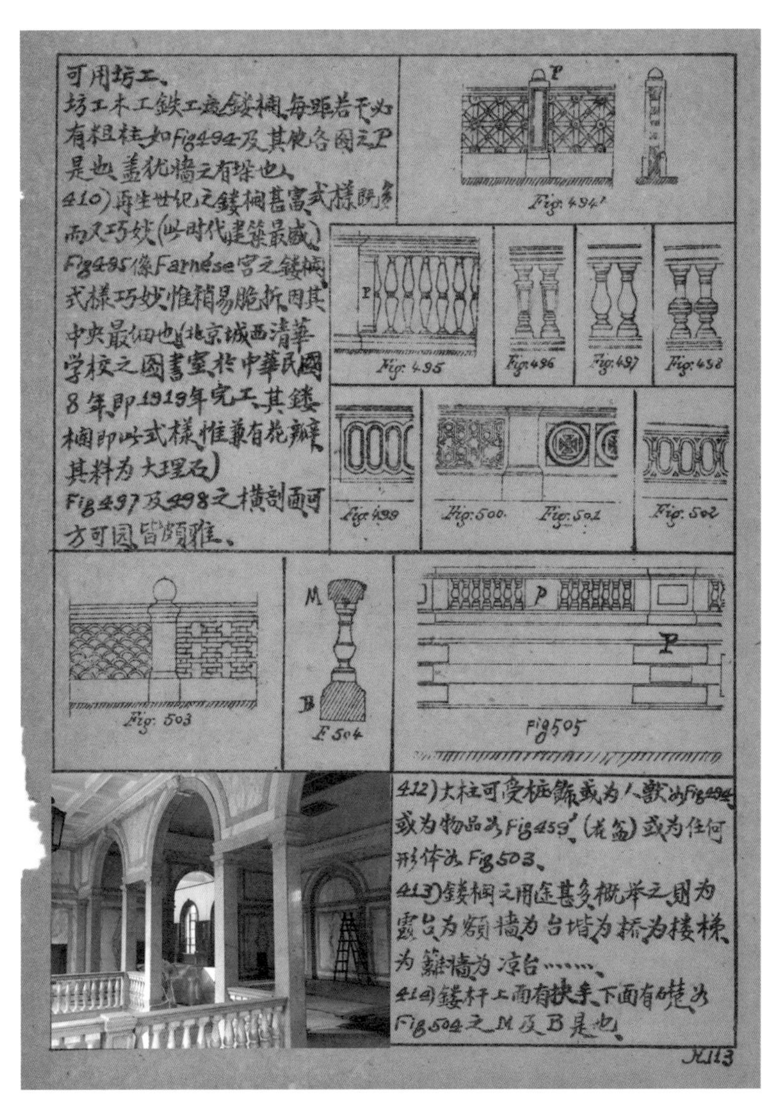

可用圬工。

圬工木工鐵工亦鏤欄，每距若干必有粗柱，如Fig494及其他各图之P是也，盖犹墙之有垛也。

410）再生世纪之鏤欄甚富式樣，既多而又巧妙（此时代建築最盛）。

Fig495像Farnése宫之鏤欄，式樣巧妙，惟稍易脆折，因其中央最细也（北京城西清華学校之图書室於中華民國8年即1919年完工，其鏤欄即此式樣，惟兼有花瓣，其料为大理石）。

Fig497及498之横剖面可方可园，皆頗雅。

412）大柱可受雕飾，或为人獸如Fig494，或为物品如Fig459（花篮），或为任何形体如Fig503。

413）鏤欄之用途甚多，概举之則为露台、为额墙、为台堦、为桥、为楼梯、为籬墙、为凉台……。

414）鏤杆上面有扶手，下面有礎，如Fig504之M及B是也。

图 495 为清华大学图书馆的镂栏，现状如照片，刘亦师摄

Fig. 511
Hôtel de Ville
de Mantziem.

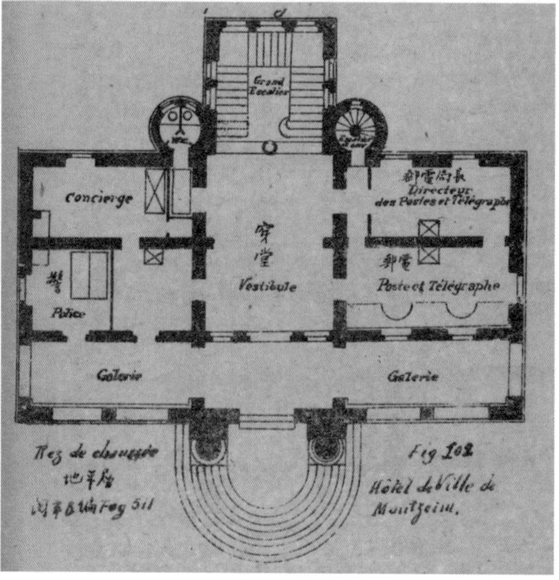
Grand
Escalier
Concierge
邮电局长
Directeur
des Postes et Télégraphe
穿
堂
Vestibule
邮电
Poste et Télégraphe
警
Police
Galerie
Galerie
Rez de chaussée
地平层
Hôtel de Ville de
Mantzeim.

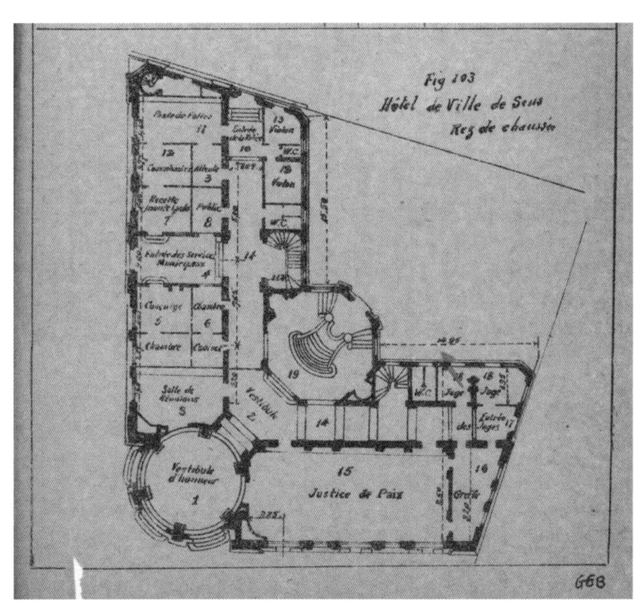

法国 Sens（桑斯）市政厅首层

地平层（首层）各室：

1. 大穿堂
2. 小穿堂
3. 集会室
4. 市务之入门
5. 看守人
6. 事务员室
7. 市乡税
8. 公室
9. 等候室
10. 警察入门
11. 警局
12. 警局
13. 拘禁室（原文为violon（小提琴），为拘禁室俗称，以琴弦比喻铁栅）
14. 游衖
15. 治安裁判
16. 书记室 (greffe)
17. 裁判官
18. 裁判官
19. 大楼梯

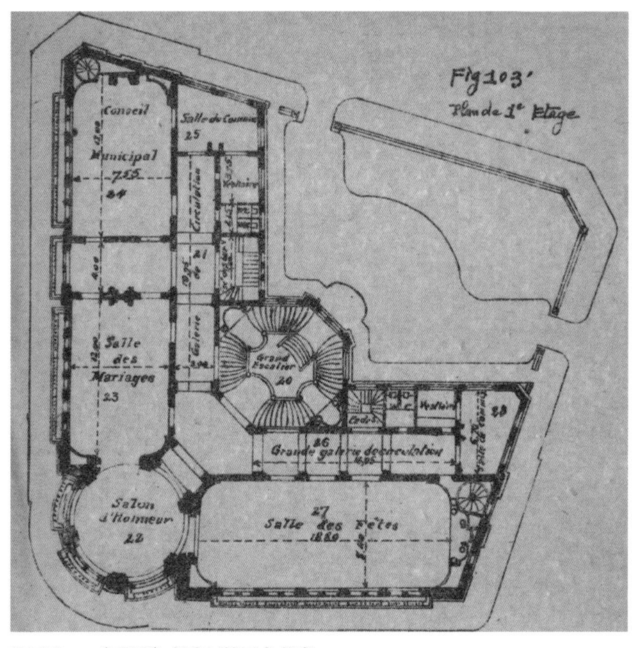

法国 Sens（桑斯）市政厅楼层之各室

楼层之各室：

20. 大楼梯
21. 游衖
22. 大厅
23. 结婚室
24. 议会
25. 委员会 (salle de commission)
26. 游衖
27. 宴会室
28. 委员会

有一室，作為公眾之等候室，楼層一室則為看守人之室、平面尺寸由牆外計算等于5m×6m
材料為磚而以西门土之灰膏為墁、但竖链横链之磚仍顯露，且磚与石有搀用之處
欄杆用鉄、粗杆為方鉄50m/m×50m/m
横杆竖杆之鉄、扁者30m/m圓者為22m/m
欄柱亦磚石合用，柱顶有盖盆
正门用鉄、
成價為5490佛郎即2099元、分價如下表

419) Fig 512 是法国Sens城之市政公署，其俯視象見于第7編之Fig103
此房正面气象与事相称，正门在左角、適當二街折角之處、正面三大窗均用满弧拱，而另有小窗嵌於満壁、
楼層全用此窗、
錢架為鴨嘴所支托，其上面有额牆及天窗、
左角之塔作尖顶，以免与相近之屋脊同態，且此塔顶特别高大，则一望而知其是正面之主体、

H116

现状照片源自：HOTEL DE VILLE[EB/OL]. [2020-08-12]. https://www.ville-sens.fr/annuaire/hotel-de-ville-mairie/hotel-de-ville-2/

上图为 20 世纪初德国 Haguenau（阿格诺城）警署，Haguenau 城位于今天法国阿尔萨斯省。该省 1871 年之前曾属法国。1871 年至 1920 年属德国，然后通过凡尔塞条约又归还给法国。下图为某公园守门房

Fig. 515
Villa américaine.
Fig 516
Fig 517
Maison à loyer Rue Danton.
H118

420) Fig517 是巴里市房（租住之房名曰市房、往々是集宅）

正面極窄、再加竖鏈、以顯其更高、正面之高度、分为不等之三段、則第二段有跟座之气象、第三段有主軀之气象、第三段有首部之气象。

就横势观之、共有並列之四窗、中央二窗則凸矗於空间、賴三个鸦嘴以支托之、

421) Fig515 及 516 是巧丽之莊宅、Fig519 是頗小之莊宅、而屋頂參差不齊、得免孤子之惨状。

Fig518 本太整齊、但窗孔之尺寸既殊、式樣又不同、烟囱及天窗各殊其地位及形状、則呆笨之气象減少矣。

Fig. 519

Fig 518

第四節 注意

422) 本書所論、係建築師必不可不知之事、但此外有三事、为建築師应注意者、其一、須廣覧建築物以博眼界、其二、須多備樣本以馳意匠、其三、須實地生活於優美房屋中、俾深知生活上需要之各事、

423) 中國美術、無冊籍可資研究、余嘗見有一書、名曰宋李明中營造法式、有暇者閱之、未始無益也

417. fig.513 是德国 Haguenau 城之武装警察署，建筑极简约，盖物与事之性质相称也。其材料为淡红砂石，盖本地产也。地平层之窗孔为矮弧形，镂巢赖鸦嘴以支托，此鸦嘴皆在窗腿及竖链之线上。

（略）

418. fig.514 是公园门口之阍房。阍房者，守房也，看门人之房也。守房之种类甚多，例如森林之守房，河闸之守房……是也。守房各有性，公园守房与森林守房较，自不相同，盖森林守房隐于林中，公园守房则众目所见也。

此房之正面有一窗，侧面有一门。地平层有一室，作为公众之等候室，楼层一室则作为看守人之室。

（略）

419. fig.512 是法国 Sens 城之市政公署，其俯视象见于第七编之 fig.103。此房正面气象与事相称，正门在左脚，适居二街折角之处。正面三大窗均用满弧拱，而另有小窗嵌于满壁。楼层全用毗窗。镂巢[23]为鸦嘴所支托，其上面有颊墙及天窗。左脚之塔几尖顶，以免与相近之屋脊同态，且此塔顶特别高大，则一望而知其是正面之主体。

420. fig.517 是巴黎市房（租住之房，名曰市房，往往是集宅）。

正面极窄，再加竖链，以显其更高。正面之高度，分为不等之三段，则第二段有跟座之气象，第三段有主躯之气象，第三段有首部之气象。

就横势观之，共有并列之四窗，中央二窗则凸耸于空间，赖三个鸦嘴以支托之。

421. fig.515–516 是巧丽之庄宅。fig.519 是颇小之庄宅，而屋顶参差不齐，得免孤子之惨状。fig.518 本太整齐，但窗孔之尺寸既殊，式样又不同，烟囱及天窗各殊，其地位及形状则呆笨之气象减少矣。

23. 挑檐、突饰。

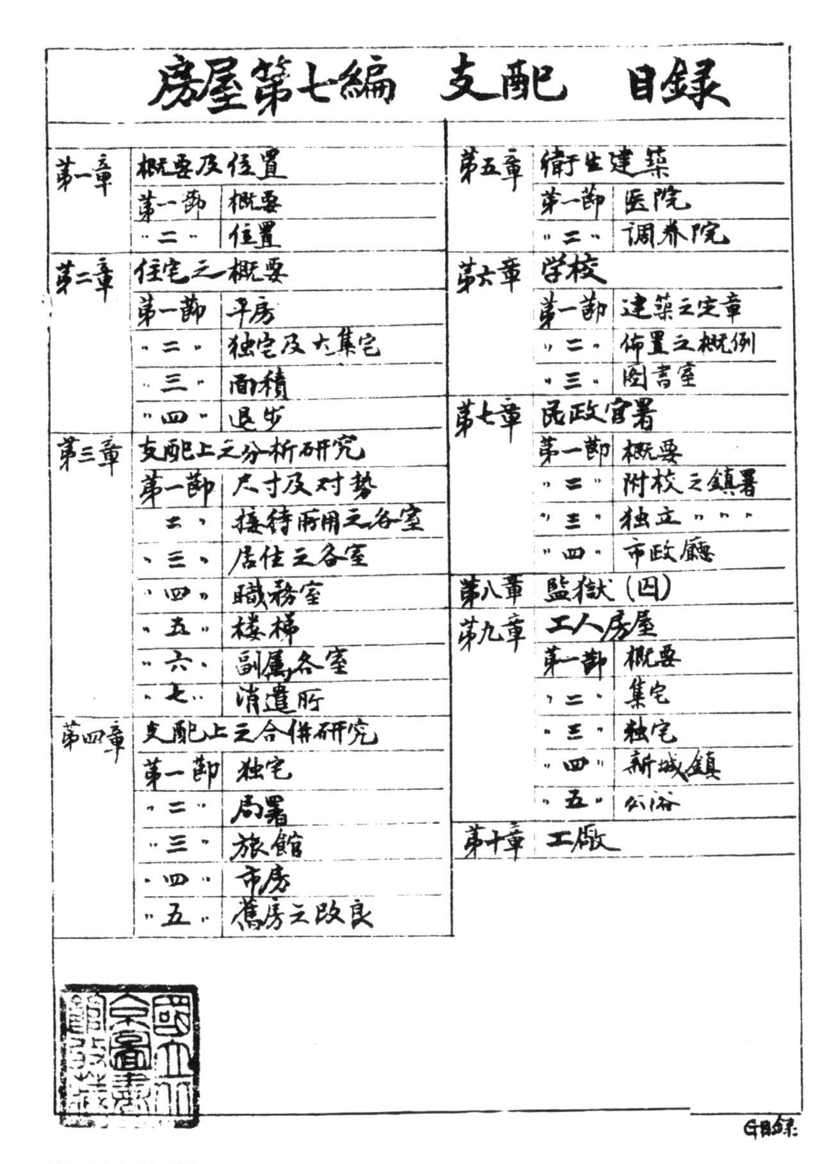

房屋第七編 支配 目録

第三节 注意

422. 本书所论，系建筑师必不可不知之事，但此外有三事为建筑师应注意者：其一，须广览建筑物以博眼界；其二，须多备样本以融意匠；其三，须实地生活于优美房屋中，俾深知生活上需要之各事。

423. 中国美术，无册籍可资研究，余只见有一书，名曰宋李明仲《营造法式》，有暇者阅之，未始无益也。

房屋第八編美術目録

完目録

02 建筑住屋须知[1]

1920 年

我国旧法建筑住屋，或专务巩固，墙高万仞[2]，或竭尽奢华，画栋雕梁，或因陋就简，窗户不全，以致阳光不足，尘埃易积，均不合乎卫生。欲合卫生之道，则建筑时，不可不备下列各种之装置。至于精粗华朴，各随房主之境遇可也。

（甲）通气装置

空气之清浊，与人生关系至巨，故必令室内空气流通，以裨益我人之呼吸。例如屋顶设气窗，或于普通窗之上缘，开活落气孔，又在围廊设窗户、地板下开风口（惟须张铁丝网）等皆属之，惟不可使风直接吹着人体，最宜留意。

（乙）透光装置

室中光线明暗，与作事便否，颇多影响，且多得光线，则人之精神，亦较活泼，故室中及墙壁，须多开设窗户为要，如能开设南北两面玻璃窗，则尤为冬夏咸宜。

（丙）防暑装置

夏季烈日照耀，温度太高，易使人郁闷而致疾。故屋顶宜高厚，房

1. 原文载于《中华工程师学会会报》第 7 卷（1920 年）第 10 期。
2. 古时七尺或八尺叫作一仞。

屋西面穴旷之地，宜多种树木或设凉棚以遮阴，自可以免暑气。且树木花卉，又能涤除空气中之碳酸素，尤为有益于人。

（丁）排湿装置

阴湿为疾病之媒介，最足以助微菌之发生，故室内务须有排湿之装置，以驱除空中之湿气。例如填高地基，掘通阴沟，地板下覆以洗净之蚌壳，室内多开窗户，以便随时启闭等皆属之。

（戊）防寒装置

寒气袭人，必致畏缩不能办事，故室内地盘幔板，周围窗户板壁等，均须周密建造，以御寒气。如能于墙中嵌设大炉，则更妙矣。

（己）环境装置

房屋环境如何，实与房屋之卫生与否，有相联关系。例如室之东南宜开旷，须筑矮墙，以便受朝日之映射，及和风之吹入；室之西北，宜种树或筑高墙，庶能夏免烈日，冬御朔风。至于矮墙如嫌不慎，则可用碎玻璃片插墙上，以保障之。

（庚）天井装置

天井宽大，则于甲乙丁三项裨益不少。天井除中间走路外，均宜草地，不宜石板，欲其夏日易于散热，且与丙项亦有关系。凡此种种，建筑上均不可不注意焉。

03 房屋天然通气法[1]

1917 年

居人甚多之室，空气易坏，此恶空极易害人。欲免此弊，宜令清鲜空气入室极易，恶空气离室亦极易，历举四法如下。

1）Renard 氏之法

如图 1，A 是锌匣，上下左右皆闭，而前后二面则敞开，且前面设有绸帘。此匣装于墙内，居暖炉之烟管之上部，如图 2。室内人多，则空气暖而上升，能将绸帘推开。此帘之外面，有铁网或铜网以保护之。

2）Castaing 氏之法

窗之上面，彼彼有棂盖，即固定或活动之玻璃格也。于棂木外面内面，

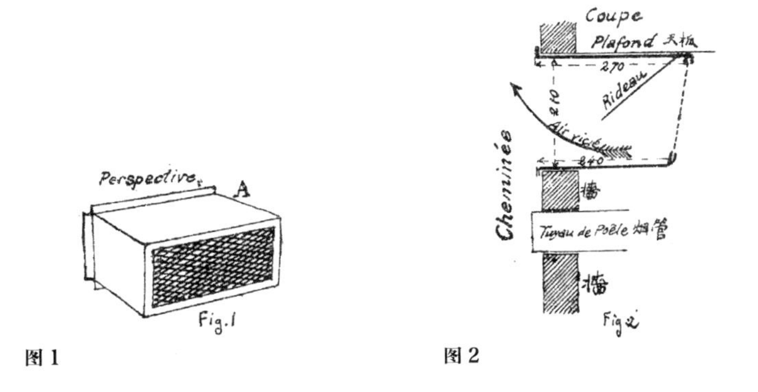

图 1　图 2

1. 原文载于《中华工程师学会会报》第 4 卷（1917 年）第 7、8 期。

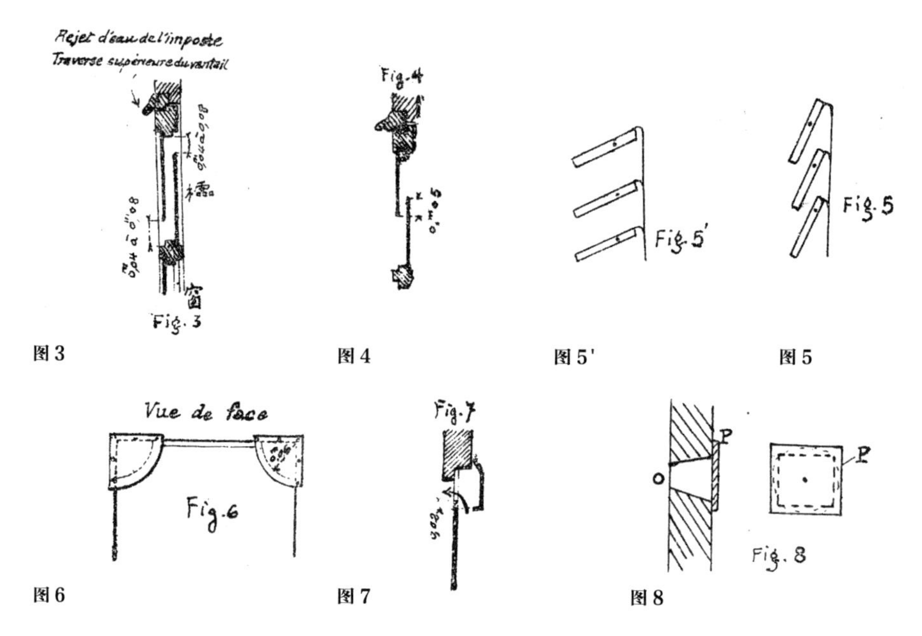

图 3　图 4　图 5'　图 5

图 6　图 7　图 8

各设玻璃，外层之玻璃，与棂底横木，约距 0.04m，内层之玻璃，与棂顶横木，约距 0.04m，如图 3。

欲令空气流通极易，亦可令内外层玻璃，仅掩盖 0.05m，如图 4 是也。

3）Guzzy 氏之法

此系鳞形之帘，其质为玻璃。西国市上，可购其制成者。

如图 5，玻璃各有其枢点，另有杆与各枢点联结，拉此杆，而令其降，则孔即渐大，如图 5' 是也。

4）Bonnette 氏之法

此法与第二法相似，如图 6，于窗之上端之二角，各作小孔，其形为全图之四分之一，其半径为 0.04m，另用铜板二块，其形与孔相似，其半径则为 0.10m。此板钉结于棂木外面，以令其不与玻璃贴着，如图 7 是也。

以上所论之孔，是暖空气之出路，即恶空气之出路，而清鲜空气，则另由低处之孔走入。

低孔恒设于墙脚，略与地板贴近，如图 8 之 O 是也。孔上盖一铁板或铜板，并具一钮，以便推移。

孔开则冷空气可入，孔闭则冷空气不入。

此孔宜是锥体形，外小而内大，以使空气虽入，而无速力，盖空气入室若极速，则居近该孔之人，腿足将受风力激刺也。质言之，孔形如图 9，则气入缓，孔形如图 9，则气入捷，宜采用图 9 而宜避图 9' 之形。

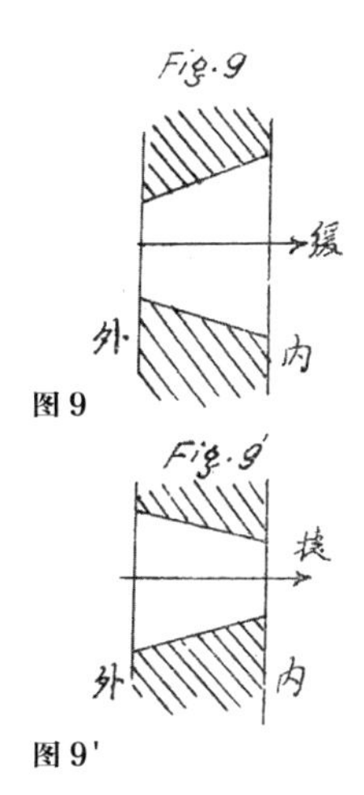

图 9

图 9'

04 戏园通气法 [1]

1917 年

天然通气法之外，可用唤导以通气，导力须赖火炉以发生，此法最适用于戏园及学校之大圜堂。墙内若本有暖炉，如图 10，则此暖炉之烟囱，即是吸管。但此法有大弊，盖清鲜空气由低处入室，即被吸入烟囱，而恶劣之暖空气，则仍积贮于高处，此是一大弊也。又地板面上之凉气流甚强，人足感之，此是又一大弊也。故此种导管，应为特设之专管。

此专管与天板迫近为最宜，然有时却不得不设于低处，如剧园及学校之大圜堂是也（剧园及学校大圜堂宜保留声浪，故高处宜无孔）。

如图 11 是导管之布置之一种，恶空气有循竖势上升者。又有循横势

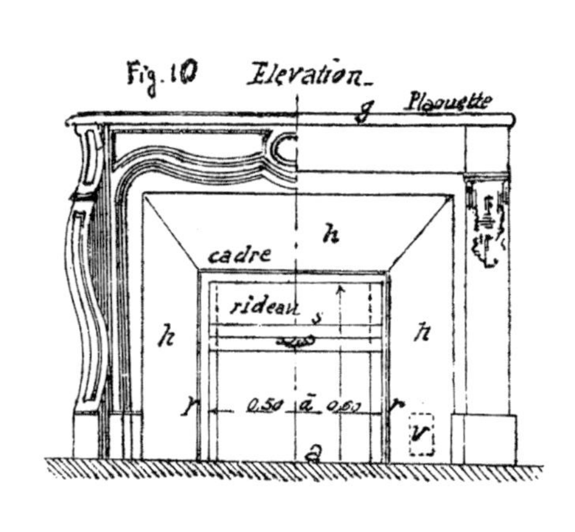

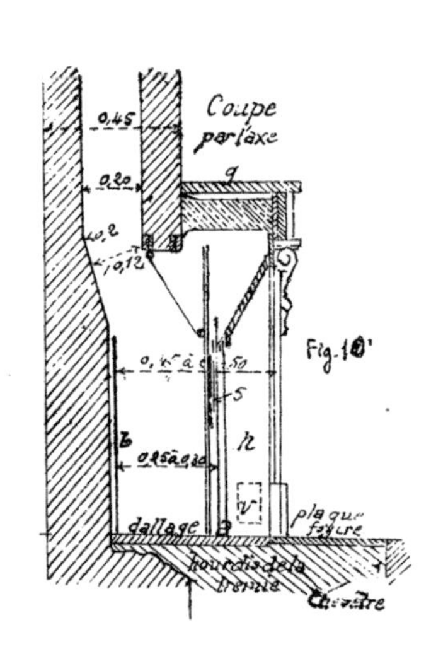

1. 原文载于《中华工程师学会会报》第 4 卷（1917 年）第 7、8 期。

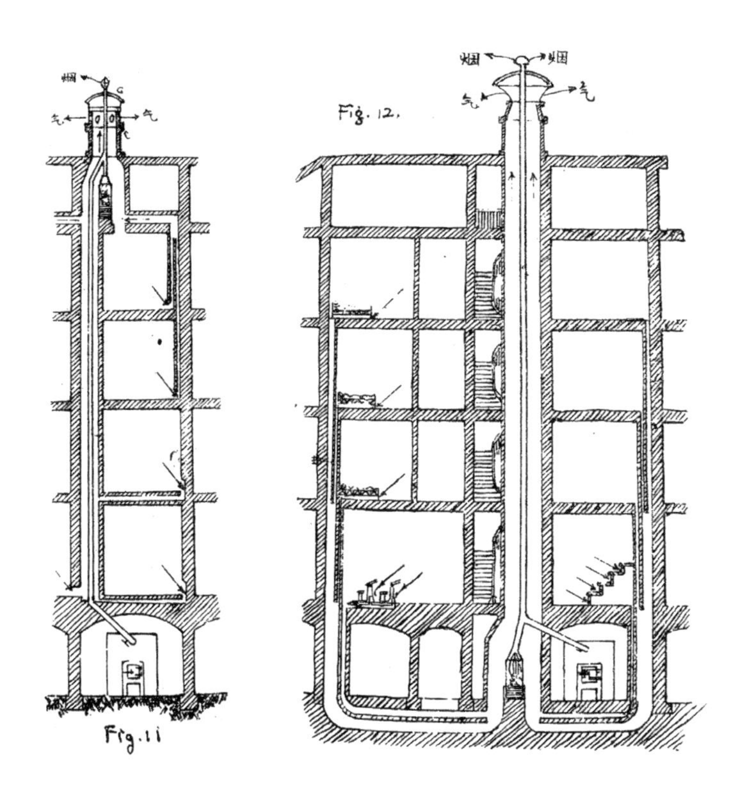

横行者，而绝无向下倒行者，其横势之路程，愈短愈妙。

地窨内有一火炉，其烟管直达于顶棚。

恶空气之气孔，或设于踢板，或设于桌下（若是学校），或设于舞台低处（若是剧园），烟管所在之地之空柱极热，则此处之空气上升极速，因此而各室之恶空气均被唤引。

又如图 12，是导管之布置之又一种，恶空气先循横路而行，次再向下竖行，而达于暖室，再由暖室向上竖行，而出外。

若房屋颇高，地窨火炉所生之热气，达于高处已渐凉，则可于顶棚内加设一炉以助之，如图 11 是也。

气管之顶有冠，其孔宜宽大，以令空气容易流通，如图 11 及 12 之 C 是也。

唤导法之外，更可用机械以通气。

机械之作用有二，其一将污浊空气驱逐于室外，其一将清鲜空气吸收至室内。

气之流通，若宜极速，则上文所述之吸力，尚嫌太弱，则惟机械通气法为最适宜焉，例如宴会室及演说室是也。

用机械则进气之孔，及出气之孔，可任择何点。

用机械则可利用二力，或系吹力，或系吸力。

用吹力，则其机名吹射机。

用吸力，则其机名曰吸引机，或即名曰吸风机。

吹射机不甚通行。唤召空气，往往用蒸汽。

吸引机颇通行，且以利用离心力者为最通行。此机系圆筒及螺翼所组成，螺翼旋，则室内之空气引达于外，筒旁有孔，即清鲜空气入室之路（螺翼略似电气风扇，且此机亦可赖电力以旋动，且往往设于墙内）。

上海兰心大戏院，摄于1874至1929年之间。自《都市建筑控制：近代上海公共租界建筑法规研究》，作者唐方，东南大学出版社，2009年

05 家庭卫生小工程[1]

1927 年

卫生工程应先由大者做起，然后可言小者，何则？自来水为扫洗之主源，大公沟为排泄之总路，无此两大工程，则各家卫生事业未由发展也。

虽然，以中国政治之混乱，军事之延长，国家与地方，原有财力，已搜括净尽，公共卫生事业，更何从说起。

然则市民将自生自灭于万秽之中而不谋所以补救否，不可也，无已，舍其大而图其小者，可耳。

家庭中最污秽者有二物，其一由人身排泄而来，即大小便是也，其二由人生饮食而来，即一切饮食品之残余以及厨室内洗涤后之秽水是也。此二物如无消灭之方，则人实埋没于毒菌之中而已。

谚云，各人自扫门前雪，我人处我国政治制度之下，除自扫外则别无他法。欲自扫，至少须有三事，其一为恭桶之设备，其二为厨水之设备，其三为卫生粪坑之设备。

此三种设备，普通须四五百元。此四五百元之数目，在生产能力强大之国民，直等于毫毛之微，而在生产能力薄弱之我国，则已是一宗巨款，平均十家无不家能担负此数目者。吁！大中华民国之小百姓，洵可怜矣！

然则将用何法以推广卫生之道？曰须缩小设备费。最小限度，须有恭桶一具，或系坐式，或系蹬式，连带水斗一具，虹池一具；又须有洗濯池一具，连带虹池一具；又须有无毒粪坑一具。

1. 原文载于《中华工程师学会会报》第 14 卷（1927 年），第 11、12 期。

欲论节俭之设备，应先述虹池及粪坑所用之粪缸。

所以阻止臭气，普通所用者为铸铁虹管，以予之经验，则可改用虹池，只须用一瓦盆耳。所谓瓦盆，即是普通花盆，其价仅洋元数分。在其边上，琢成三阙[2]或四阙，反盖于池内之竖管，务令盆底不与管口贴着，又令阙口低于管口，如Fig2。如是则池内常有水存留，臭气不能外泄。至于池之质料，则可用砖，而加墁一层，宽长各约四公寸[3]，深约二或三公寸，则工与料皆省也。

普通所用之卫生粪坑，用砖砌成，内面用西门土作墁，小者须一百数十元，大者须数百元。予以为可用中国旧式之水缸而改良其形式，如Fig.3及Fig.4，原系上粗下细者改为上细下粗。所以将上口减小者，便于掩盖也。上口若不减小，则须砌拱形，或用大石板，或用铁筋混凝土，方能掩盖。上口若减小，则只须用小石板耳。上口又留二个缺口，以便安置陶管之后，不能为小石板压碎。至于缸之容积，可拟定二人式及五人式之二种，如Fig.3及Fig.4。此二式之拟定，系根据下列之理由。

粪在坑内，至多须积留十天，方能溶化为水。假定每天每人用恭桶一次，又假定每次冲水12公升，则十天之容积为120公升，即0.12立方公尺。坑之面积，每人约10平方公寸。

虹池及粪缸既备，则卫生设备之费甚少，今假定甲乙两种布置：

甲，净室内有恭桶一具，附带水斗，脸盆一具，浴室一具，厨房内有虹池一具。

乙，净室内只有恭桶一具，附带水斗，无脸盆亦无浴盆，厨房内有虹池一具。

甲之布置如Fig.1，假定华式房屋一座，正房五间，厢房六间，以其一耳房作净室，以其一厢房作厨室，剖视象如Fig.1。净室内之浴盆脸盆恭桶，可用唐山启新公司之涂瓷陶品，价尚不巨；欲再廉则用铁筋混凝土；欲更廉则浴盆脸盆皆用洋铁[4]可也。脸盆下面设虹池，脸水可用细管直流于虹池，浴盆放于浅池之内，此浅池之四边仅高一公寸，浴水由此浅池

2. 豁口。
3. 公寸是旧时的长度计量单位，1公寸=1分米。

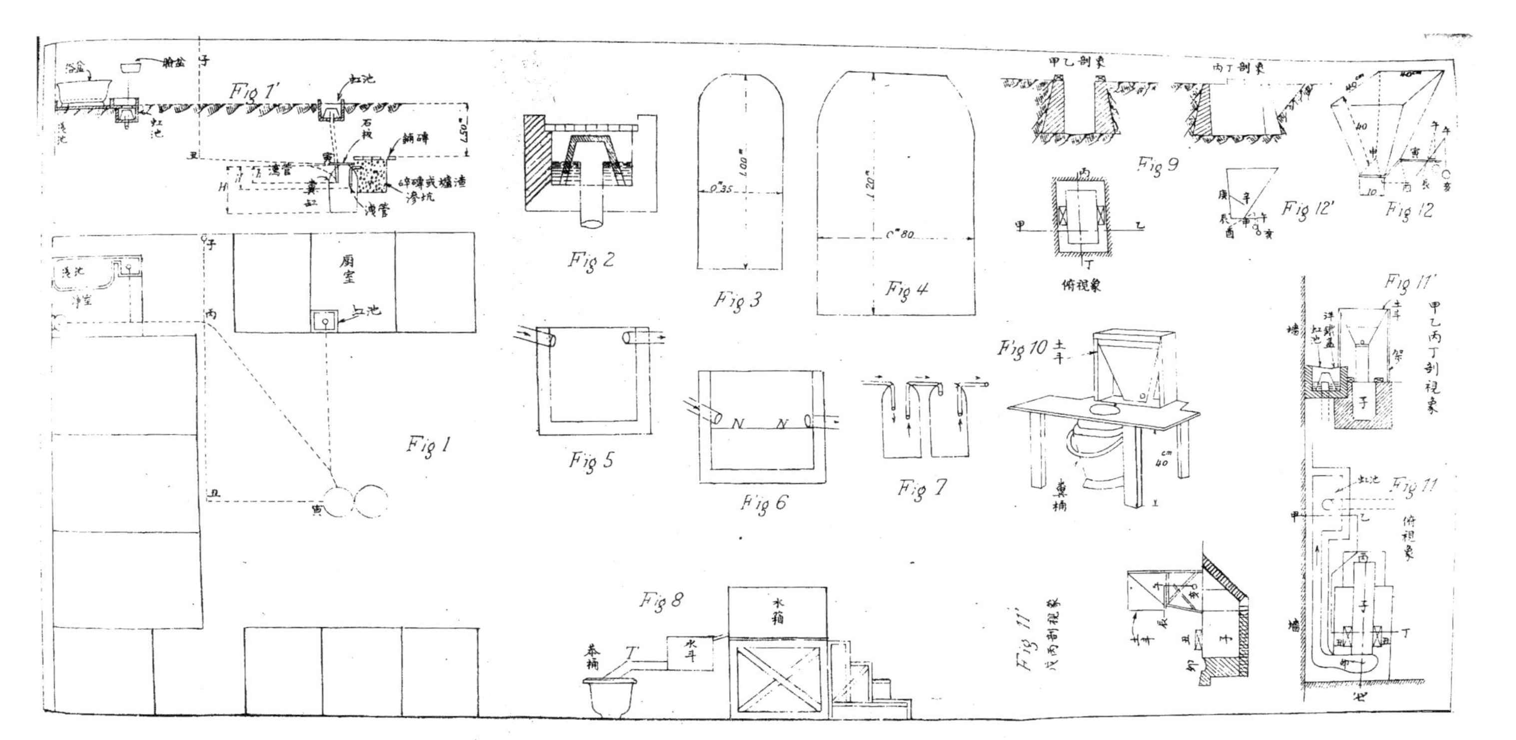
Fig 1'
Fig 1
Fig 2
Fig 3
Fig 4
Fig 5
Fig 6
Fig 7
Fig 8
Fig 9
Fig 10
Fig 11
Fig 11'
Fig 12
Fig 12'
甲乙剖象
丙丁剖象
俯视象
厕室
水箱
水斗

图1-图12

流入虹池。恭桶下面埋陶管，为总管，经过软湾以达于粪缸，虹池之水，亦赖陶管以接于总管。

厨内之虹池，亦赖陶管以达于粪缸，但先达三叉形之陶管，如俯视图上所示者是也。

乙之布置，只须删去浴盆脸盆并其浅池、虹池与陶管耳。此种布置，工料皆廉，惟有须注意者五事如下：

（1）由恭桶至粪缸，须有充分之斜度，丙点之软管须和顺，不可省去软管而用两直管斜接，盖此处苟稍有锐利之角，则粪及纸行至此处，积留少许，愈积愈多，数日后竟堵塞矣。

（2）粪缸上之泻管，即是粪所泻入于缸之管，宜用弯管，其下端须在缸口以下略深之处，即 h 约等于 H 之 1/3。泄管即是清水流入渗坑之管，亦宜用弯管，其下端宜在全缸之腰部，即 h' 约等于 H 之半。至于该二管之弯节，则宜与缸口齐平。予尝见寻常工人往往误令泻管泄管之下口，与粪坑上口相近，如 Fig.5，或误将泻管泄管放低而达于粪坑之腰部，如 Fig.6，此皆大病。而 Fig.6 之弊更大，盖水仅能达于 N 面，则一坑只收半坑之效也。欲明上述之弊，应先明卫生粪坑之作用，述其大概如下：

卫生粪缸之作用，系令粪及纸张腐烂而化成水，腐化之后，极微之矿质，沉于坑底，较清之水在中段，其粘腻之物则成腻壳而浮于面。粪初入坑，常浸于水，嗣渐腐化，是故缸中之物，可分为三层，顶层为腻体，中层为清体，底层为固体。是故，泄管之下口须浸在中层，而所泄之水却须转折由最高处走入渗坑，如不如此转折，则所泄者非清体而为腻体矣。

（3）泄管之弯节，其外与缸贴着，此贴着处须用西门土慎密涂塞，否则水不由管走入渗坑，而由细缝走入渗坑矣。

（4）人数若多，则可用两缸以成两坑，渗坑则为第三坑，两缸之交通，可赖弯管，如 Fig.7 是也。

（5）粪坑上面堆土，以一公尺有半为宜，并须压紧，庶几臭气绝对不能透

4. 镀锡铁或镀锌铁的旧称。

入空气，如不达一公尺半，则宜用细铁管（直径半英寸），埋于粪坑之最高点，再由地内通至稍远之处，然后向上升至空间，上口比檐为高，如 Fig.1' 之子丑寅是也，寅口不可没于水，若没于水，则缸之气反不能泄矣。

若无自来水则可用木或洋铁为水箱，置于恭桶之旁，水斗则放在低处，如 Fig.8，惟泻管如 T，宜粗，因水斗低则压力小，流不急也，流不急则恭桶之物，往往不能乘势冲尽也。

中等之家，仆人厕所，是亦卫生之重要问题。设一恭桶及水斗，似无不可，然据予之经验，则有两弊，一由于人，一由于天。何谓由于人？仆人对于新式事物，智识太低，当其利用恭桶之时，往往将粗大纸张留于桶内，以致水力不能冲动，粪管因而堵塞，此由于人者也。何谓由于天？恭桶内及水斗内之水，冬季皆冻，且致破裂，此由于天者也。若添火炉以免冻，则费用太巨，决非中等人家所能担负。

然则仆厕问题，将用何法以解决之乎？予以为仍就北京旧法以改良之而已。查北京旧法，系于地上挖一坑，如 Fig.9，坑底之粪，每日用炉灰掩盖，又每天由粪夫撤除一次。然则一日之内，粪常暴露，蛆蝇丛生，此宜改良一也。尿与粪同落于坑内，以致坑常潮湿，蛆蝇易生，此宜改良者二也。改良之法：一、宜随时撒布炉灰或干土；二、宜将尿与粪分离，务使落于坑者只有粪，尿则另往于尿池，此尿池仍是缸池。

Fig.10 是英国僻乡习用之坐式恭桶，附有土斗，以手拉其铁圈，则干土之粉，可以泻于坑内，而将新粪掩盖，每次约须一公升[5]（与一华升相等）。若斗之容量为三十公升，即立方公尺之 3%，则可供三十次之用。然而坐式恭桶，究不宜于卫生，因一人之疾，可传染于他人也，为仆人而设，可如 Fig. 11 所示者，视旧时蹬式为良，而加土斗，Fig. 11 是俯视象，子是坑，人足伫于丑，人面向戊，尿由卯处流入缸池，人之背后设土斗，便毕即捺土斗之臂杆，合干土落于粪面，如是则粪与尿分。一公升之干土，足可掩盖一人之粪而仍干。Fig.11' 是循甲乙丙丁之竖势剖视象，Fig.11" 是

5. 公升即升，1 升 = 1 立方分米。

循戊丙之竖势剖视象，土斗尺寸大概如 Fig.12 及 Fig.12'，辰午是臂杆，申酉是土斗之底门，此底门之枢为申寅，亥是悬衡，或用铁，或用石，人以手捺于辰点，则悬衡上升，而申酉底乃开，释手则悬衡下降，而申酉底门自闭，庚辛是斗内之斜板，所以留土，庶几申酉方开之时，只有小量之土流出也，虹池可使大恭之尿流入，同时又作为男仆小解之用。其上面即用漏斗形之洋铁为盖，即今日通俗尿桶上所用者是也，漏斗之孔甚小，故尿臭之泄出者甚少，至于池内之尿，一并流入卫生粪坑。

06 中西建筑式之贯通[1]

1928 年

（1）中国建筑古式，大抵可以画栋雕梁四字括之。古籍简缺，成法无稽，工程家视为大憾。自民国十四年，朱启钤先生刊行李明仲《营造法式》一书，图说兼具，大有益于我人之参考。书分八册三十四卷，纲目如下：

第一册　总释　总例　壕寨制度　大木作制度

第二册　小木作制度　雕作制度　旋作制度　九作诸度

第三册　瓦作制度　泥作制度　彩画作制度　砖作制度　窑作制度
　　　　壕寨功限　石作功限　大木作功限

第四册　小木作功限　诸作功限　诸作料例　用钉料例　用胶料例
　　　　诸作等第

第五册　总例图样　壕寨制度图样　石作制度图样　大木作制度图样上

第六册　大木作制度图样下　小木作制度图样上　雕木作制度图样
　　　　小木作制度图样下

第七册　彩画作制度图样上

第八册　彩画作制度图样下　刷饰制度图样

1. 原文刊载于《中华工程师学会会报》第 15 卷（1928 年），第 1、2 期。本文对《营造法式》中抬梁屋顶构造与西式构造进行了分析，而后在 1928 年再版的《房屋工程》第一编“中国旧式”与“中华古式之改良”章节，也做了相关的探讨。

（2）我国建筑制度，古今殆无大异，故本文标题，不曰古新贯通，而曰中西贯通。

（3）读此古书，不苦于技术问题，而苦于文字之支离，及名目之前后歧异。今不孜孜于文字之微，盖文字有古今习惯之不同，又有文俗习惯之不同，孜孜于此末节，殊无益也。例如文中有看详二字，细绎其意，乃犹云注释或提要耳。又如云今来，犹云近来耳，又如屋舍，犹云房屋耳，又如诸称广厚，犹云凡称广厚耳，古之“诸”字，即今日“凡”字之义耳。

原文亦曾自道其弊，第一册（法式看详）有言如下：

“书传所载，各有异同，或一物多名，或方俗语滞，其间亦有讹谬相传，音同字近者。”

《营造法式》一书，系巨官李诫奉旨编修，成于元祐六年，其文自必出于文人之手，而其所用各词，想由于匠人所传述，无统系无规则，自是当然之弊，予故曰“不必孜孜于文字之微”也。

（4）予今不欲论细节，而仅欲论其大体。建筑上之大体，中西能否贯通，本文所注重者此耳。

（5）社会生活情形，古今不同，若欲事事采仿旧式而又适合于今日生活之需要，则万无可能之理。是故，中西贯通问题，在大体不在细节也。例如旧式地面用砖石，今日生活需要须用木，于此而仍采仿砖石制度，岂非大愚乎？又例如旧式恒用南北房及东西厢，今日生活需要，则须联贯便利，于此而仍采仿厢房制度，亦岂非大愚？又例如旧式地面分高低，并有门槛，今日生活需要，须一律齐平，于此而仍采仿阶槛制度，亦岂非大愚？

是故，中西贯通问题，始终在大体，实不在细节也。

（6）有人用西法造屋，却又用假柱假梁以为合于古式，既非保古，又非仿古，并非化古，画蛇添足之道而已。

（7）大体之大体，殆有三物，曰柱，曰梁，曰屋面。中式柱多梁多，西式柱少梁少，此大异者一也。中式屋面成凹形，西式屋面成直形或凸形，如图 X2，此大异者又一也（中式今日多是直形，乃是近日祛繁就简之法。北京最普通之小房，尚略有凹形，盖习惯尚未化尽也。西式庄居之房屋，亦有略成凹形者，德人在中国造屋，更喜用凹形，非纯然的西式也）。

（8）欲贯柱、梁、屋面三事，须先贯通屋架。今名西式屋架曰架，名中式屋架曰梁架。图 E1 乃至图 E9 皆是西式各种梁架，其 E1 至 E5 名曰简单柁架，E6 名曰高扬柁架，E7 名曰摺叠式柁架，E8 名曰博龙索式，E9 名曰杂形柁架。

图 S1 乃至 S22，皆是中式各种梁架，柱数三至六，梁有统长者，又有断续者。

近日用铁，西式之变化更多，兹姑从略，仅就前列之中西两大类比较参观，我人可悟其异同如下：

（甲）西式屋面之荷重，分于二点，中式则分于数点，故中式之柱多，西式只须二柱或二墙。

（乙）西式有横竖斜之三料，中式只有横竖二料。凡横料，本身之死重增大，荷负之能力减小，故中式于不得已之时，将统长之梁，改为断而复续之梁，但仍

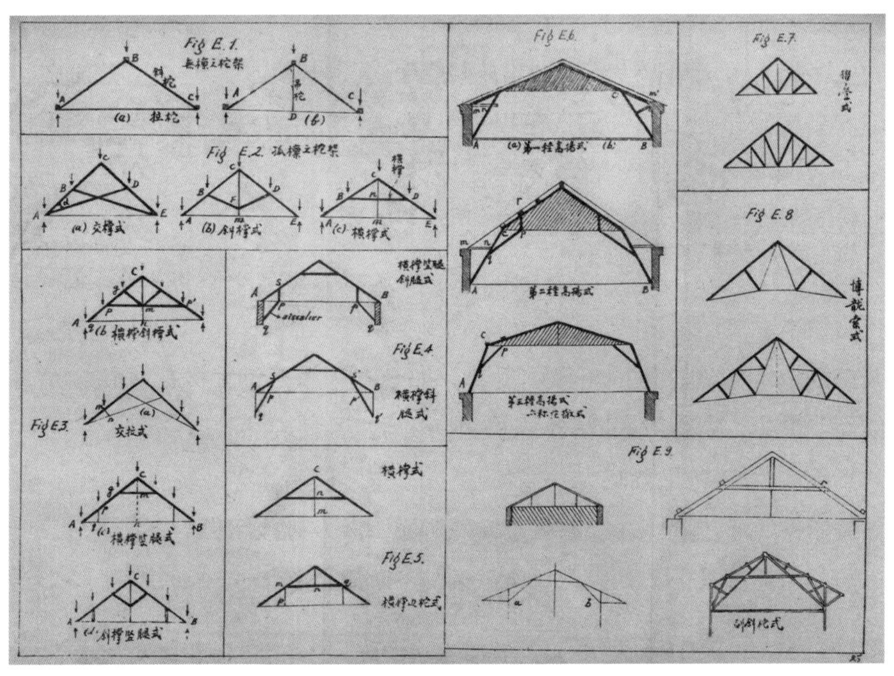

图 E1 至图 E9

是上下叠置而相距甚近，自图 S1 乃至 S20，虽曰二十种，实只可称为一种，曰叠梁式而已。

（丙）西式各料受拉力或压力，中式则受挠力及压力。拉力最利于木料，故西式常利用之，而中式却绝不利用，挠力最不利，故西式常避去，而中式却常利用之。

（9）且也，西式每遇挠力，必用长方截面以增木料能力，中式不敢多用长方截面，因此则梁恒粗大，虚靡甚多，太不经济。例如三十公分见方之方木，其截面为九百立方公分，又高四十五公分宽二十公分之长方木，其截面亦是九百立方公分，而平方形之惰性动率 = 高之四方积 ÷12=30×30×30×30÷12=67 500，长方形之惰性动率 = 宽 × 高之三方积 ÷12=20×45×45×45÷12=151 875，相差在二倍以上。至于惰性耐力，一则为宽之三方积 ÷6=4 500，一则为宽 × 高之二方积 ÷6=6 750，相差为二与三之比，易言之，耐力相等而长方形可省料三分一也，以钱计算，则二百元与三百元之比也。少用长方木，由于不知惰性耐力之理，由于不明科学。

（10）有一事为中式之特长，即屋面之凹形是也。今命名曰篷帐式，阅 S 各图及子丑亥之各图，可以见其概状。或谓古时游牧之民，习用篷帐，故屋面仍沿其形，此说不为无理，但似近于穿凿附会。要之，无论此式之源流如何，决不能谓其不雅，故实有保存之价值。

（11）一方面应保存古式之篷帐形，一方面又应采仿西式之柁架，将由何术以贯通之乎？

欲成篷帐式，只须将椽木折断，如 S 各图。然而西式之斜柁，是直线而非折线，椽若改为折线，则斜柁亦须改为折线而后可。

椽成折线如图 S21，古书名曰举折，古匠不明算学，其法似稍烦，然而篷帐折线形，比例却极惬目，亦殊可佩，我人应改用科学以贯通之。

《营造法式・五》第九页所载条文不明确，略加修改则如下：

“举之峻慢，折之圆和。”

殿阁楼台，先量前后橹相去远近，分为三份，从橹至脊，举起一份。

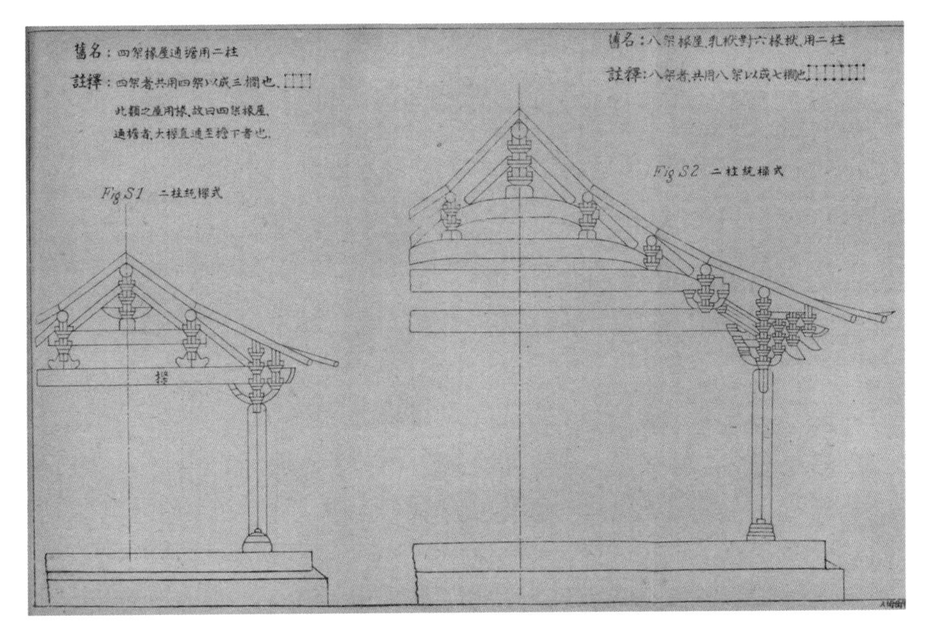
舊名：四架椽屋通檐用二柱
註釋：四架者共用四架以成三間也.
此類之屋用椽，故曰四架椽屋.
通檐者，大椽直通至檐下者也.
Fig S1 二柱統樑式
舊名：八架椽屋，乳栿對六椽栿，用二柱
註釋：八架者，共用八架以成七間也.
Fig S2 二柱統樑式

图 S1、S2

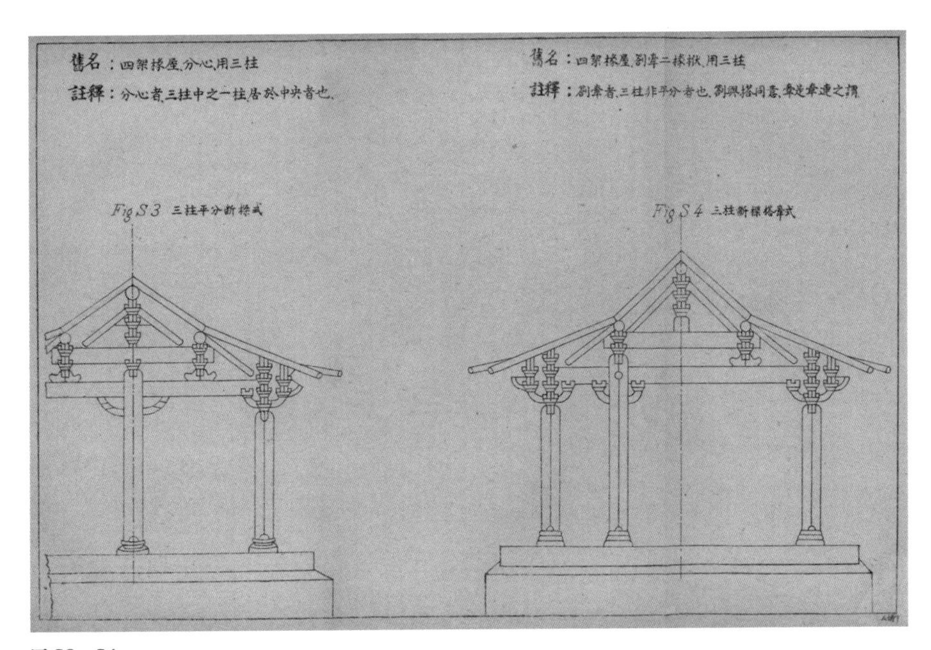
舊名：四架椽屋，分心，用三柱
註釋：分心者，三柱中之一柱居於中央者也.
舊名：四架椽屋，劄牽二椽栿，用三柱
註釋：劄牽者，三柱非平分者也，劄與搭同意，牽是牽連之謂
Fig S3 三柱平分斷樑式
Fig S4 三柱斷樑搭牽式

图 S3、S4

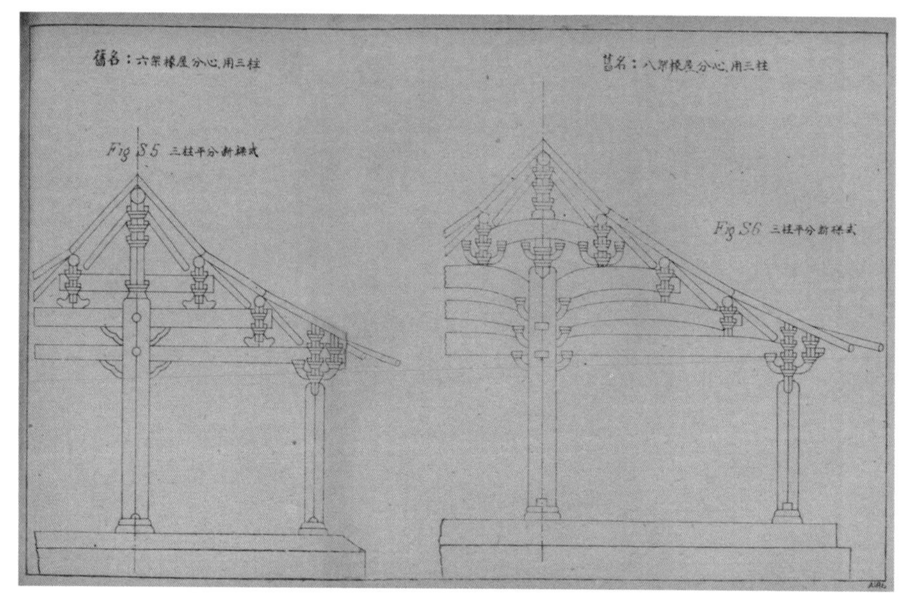
舊名：六架椽屋分心,用三柱
Fig S5 三柱平分斷樑式
舊名：八架椽屋分心,用三柱
Fig S6 三柱平分斷樑式

图 S5、S6

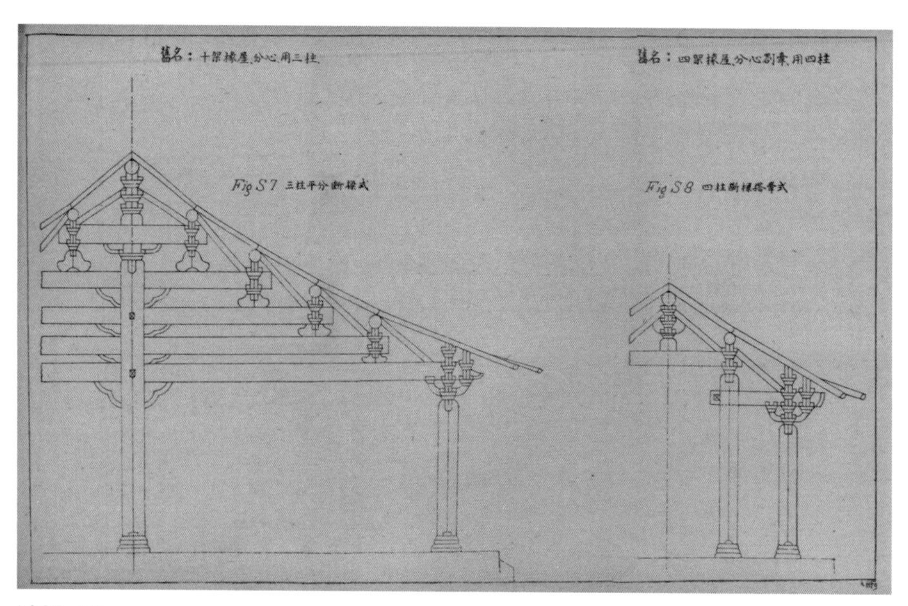
舊名：十架椽屋分心,用三柱
Fig S7 三柱平分斷樑式
舊名：四架椽屋分心劄牽,用四柱
Fig S8 四柱斷樑搭牽式

图 S7、S8

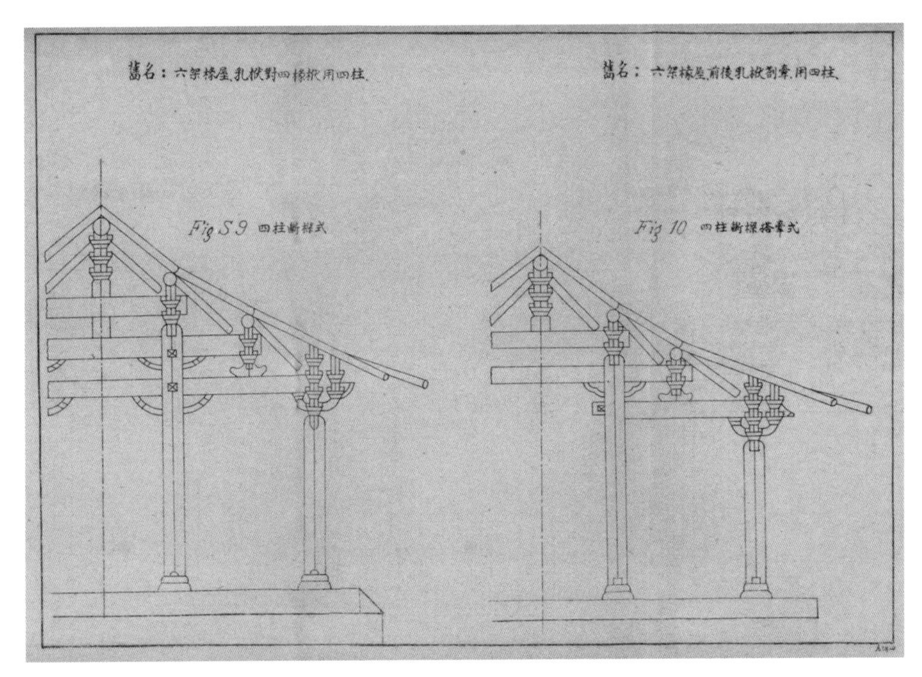

图 S9、S10

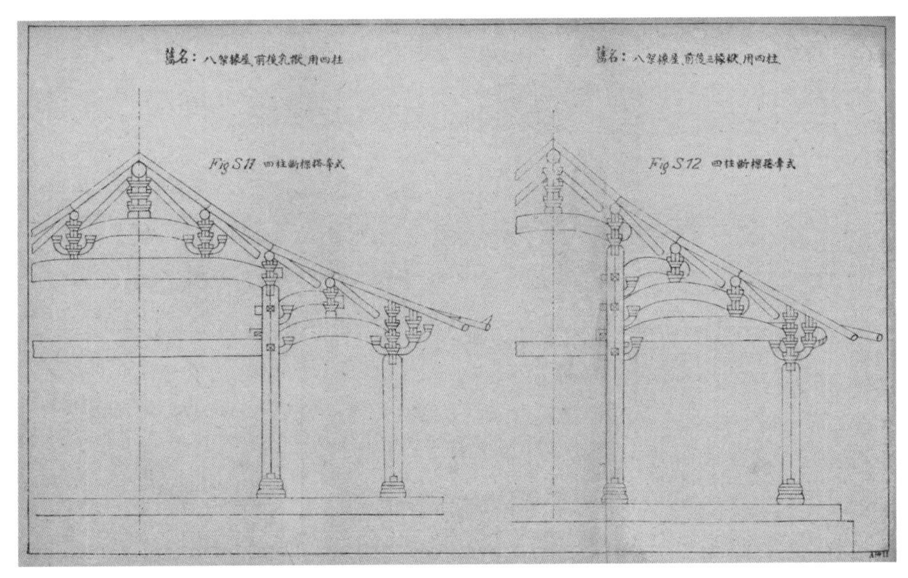

图 S11、S12

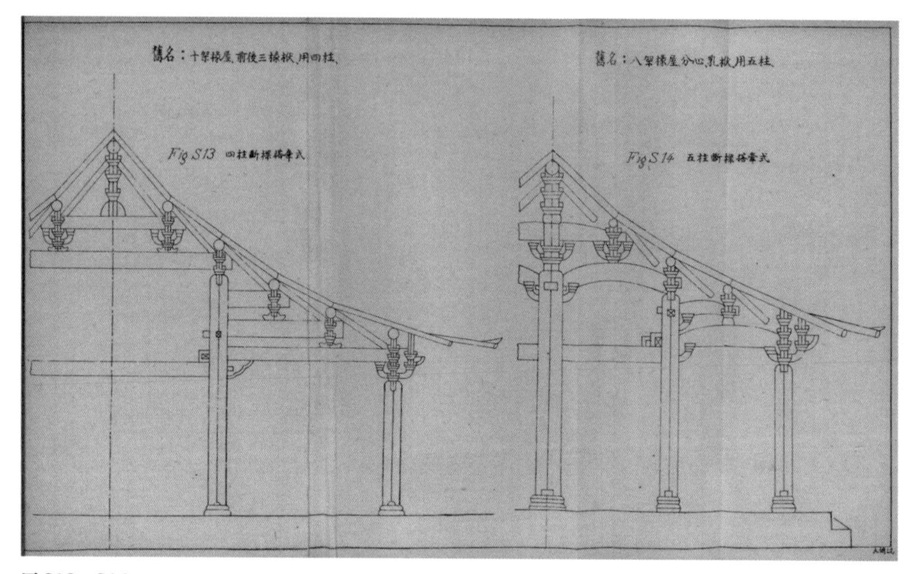

图 S13、S14

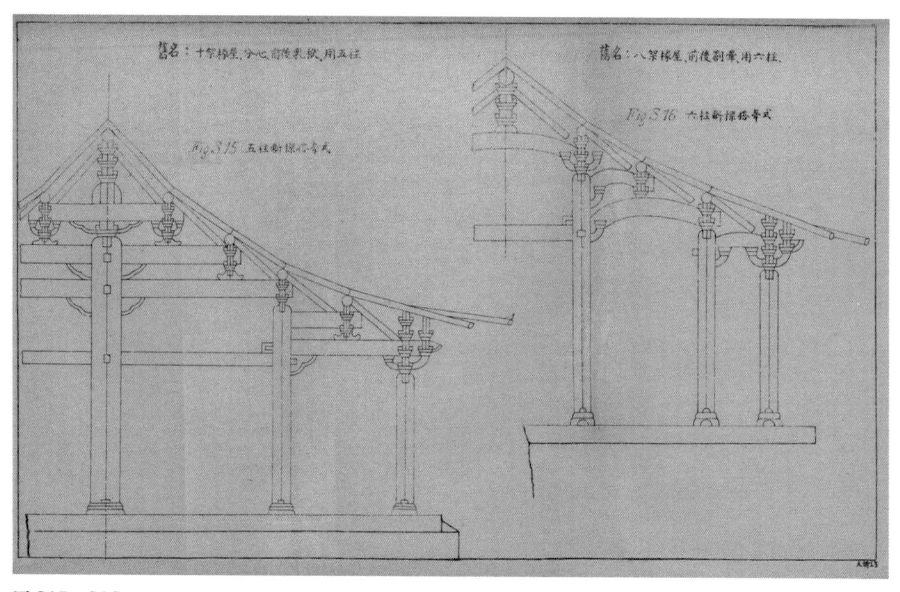

图 S15、S16

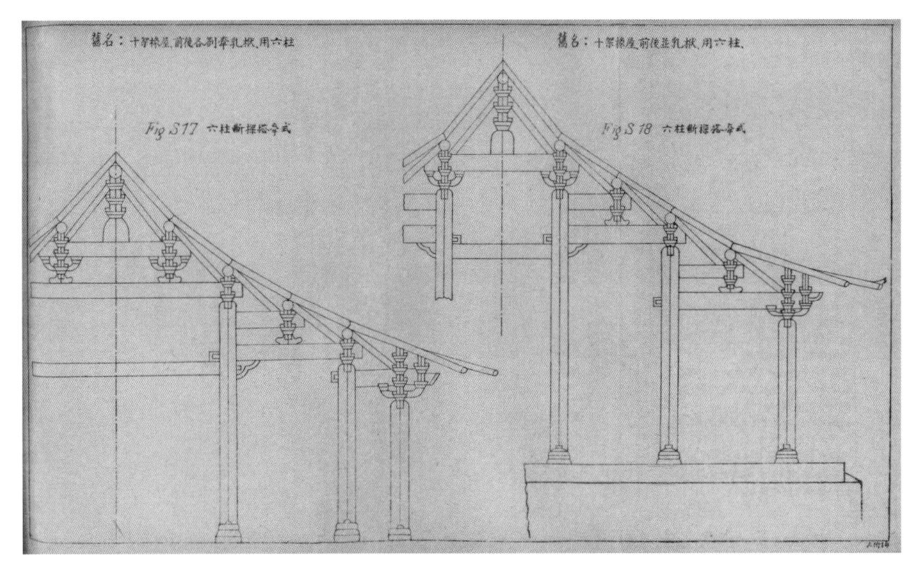

图 S17、S18

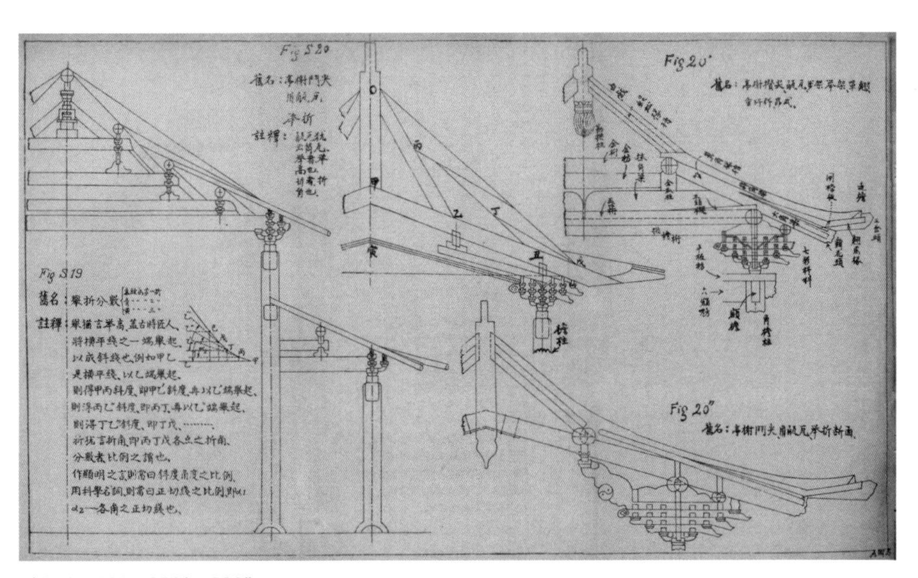

图 S19、S20、S20'、S20"

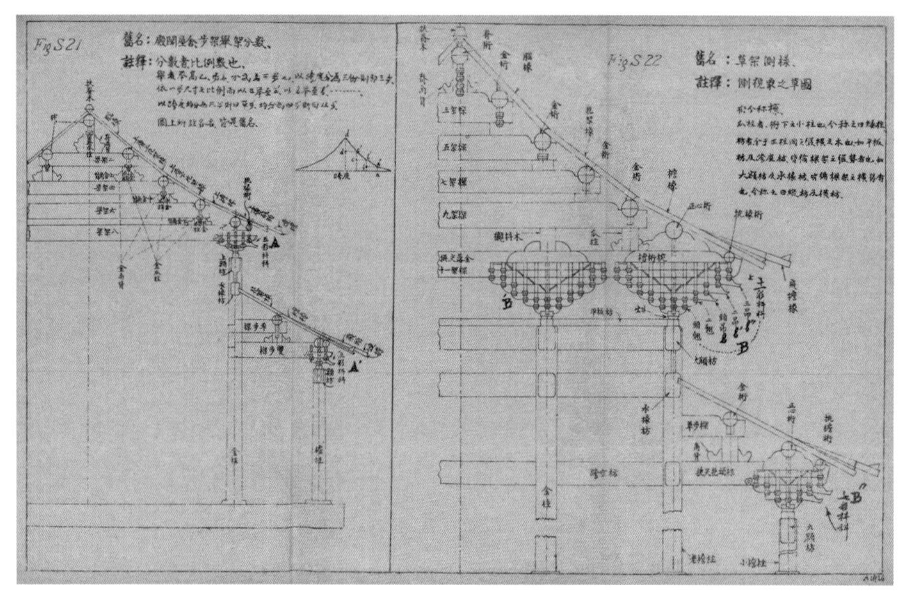

图 S21、S22

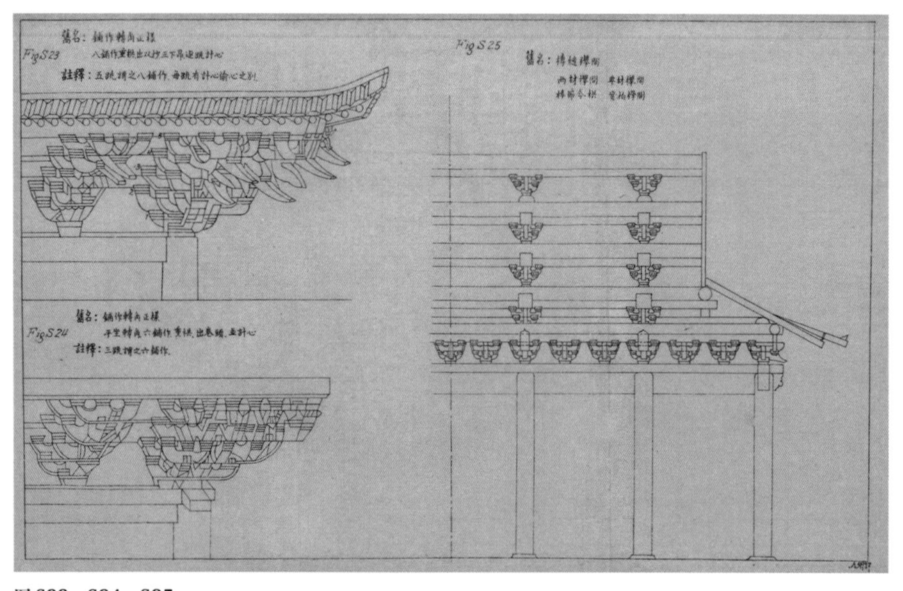

图 S23、S24、S25

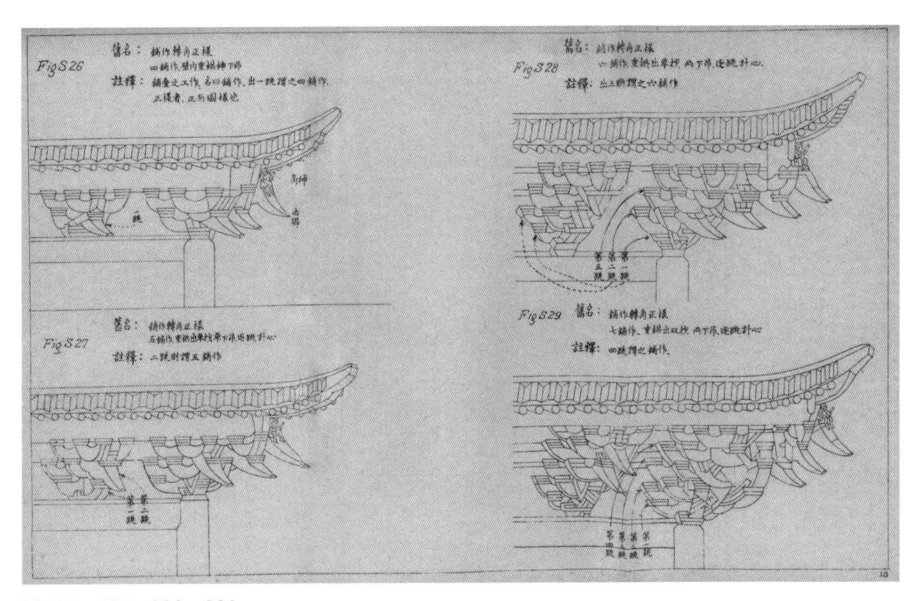

图 S26、S27、S28、S29

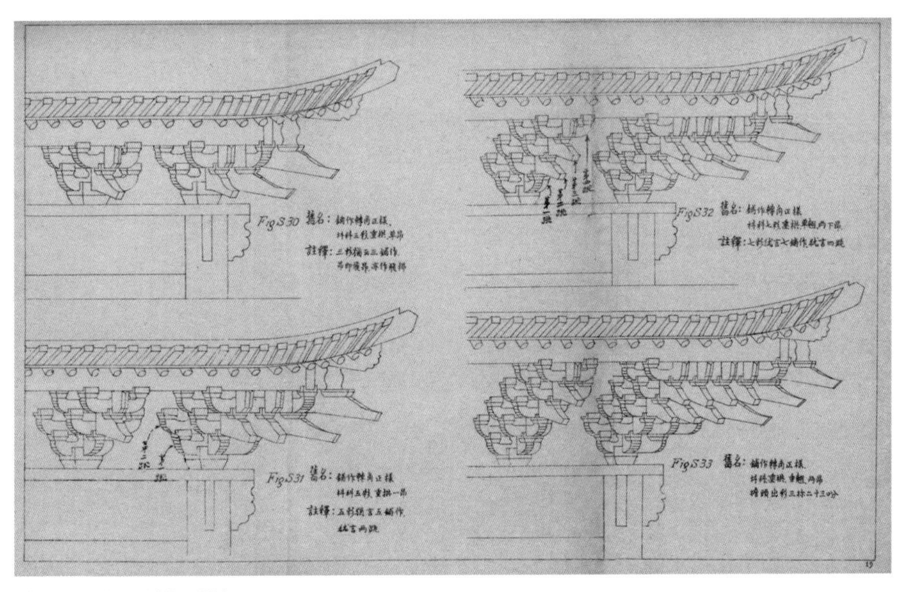

图 S30、S31、S32、S33

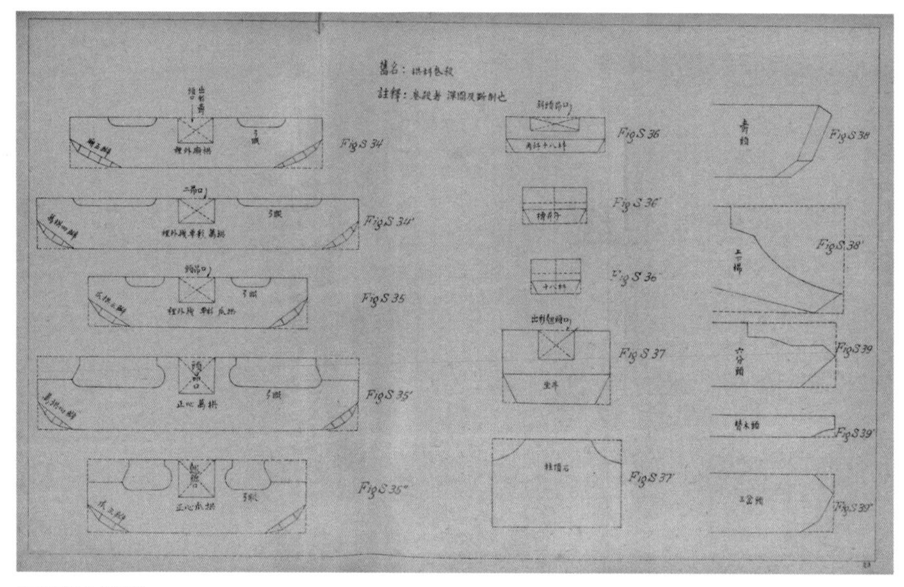

图 S34 至 S39"

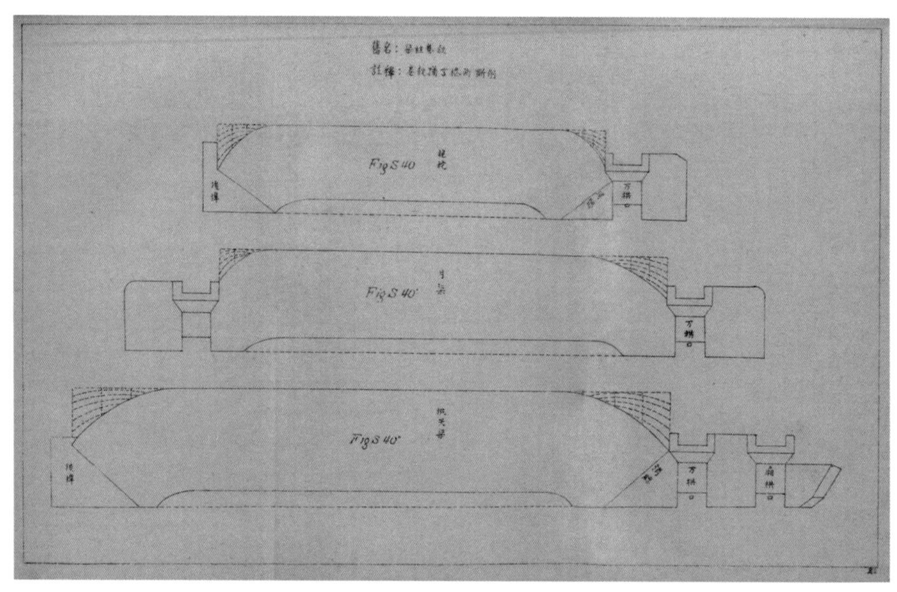

图 S40 至 S40"

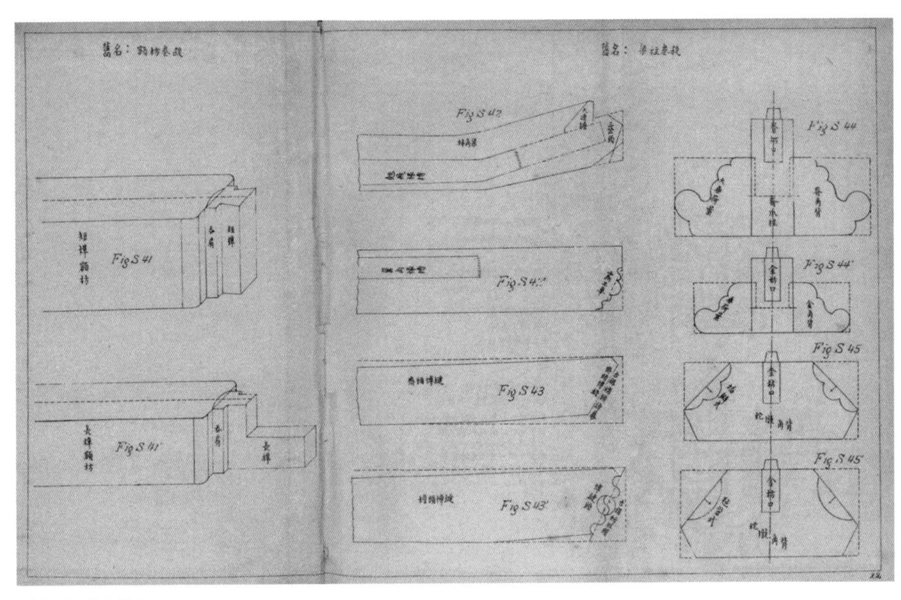

图 S41 至 S45'

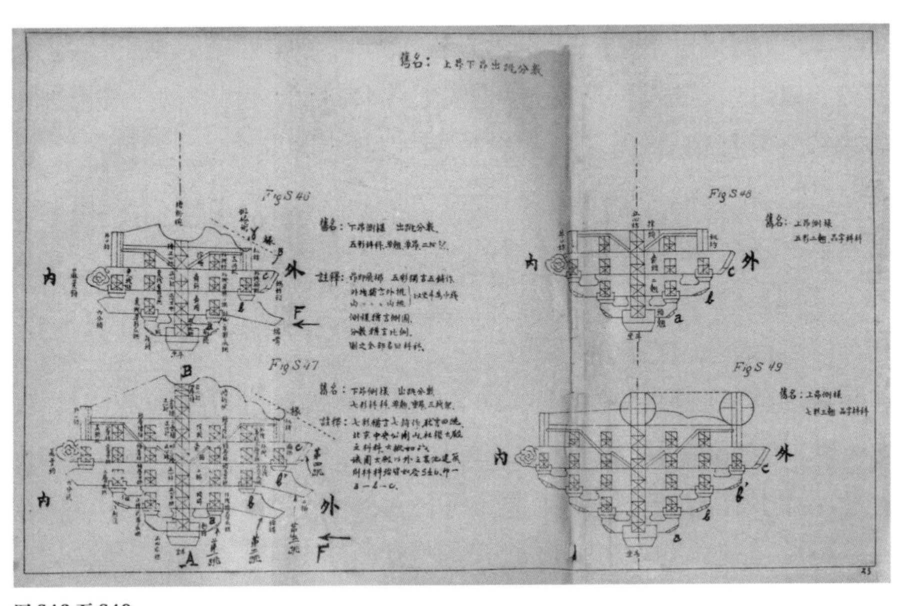

图 S46 至 S49

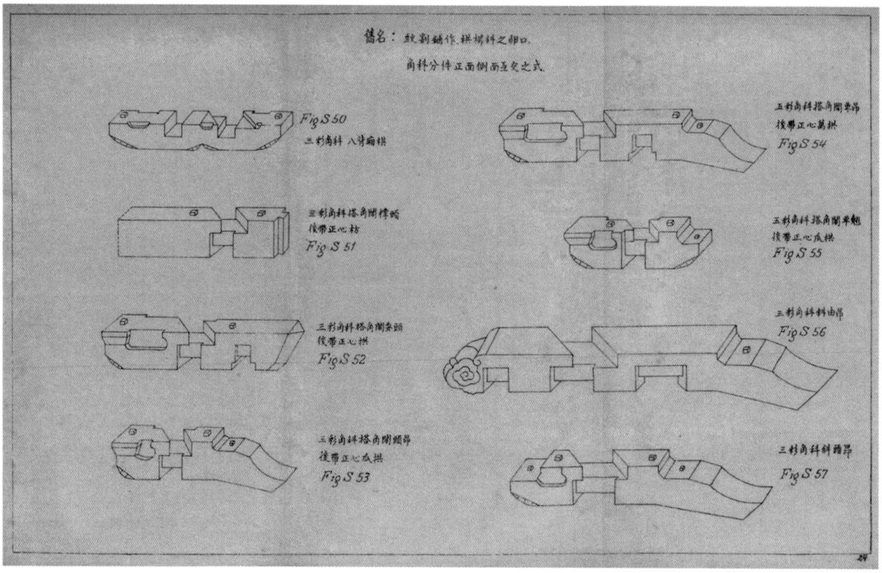

图 S50 至 S57

如图 X4。原文所谓檐，乃是檐下之柱之顶点，非谓自檐沿算起也，如横平线子丑是也，将子丑均分为三份，取其一份作寅寅'，则所谓举者，犹言将寅点举至寅'点，则子丑是檐点，寅'是脊点也，此殿阁楼台之脊点求得之法也。易言之，即寅寅'与寅丑之比，等于二与三之比。若作斜线寅'丑，则寅'丑之斜度为 2/3 也，亦即 4/6 也，丑角等于 33°40'，此斜度名之曰平均斜度。

（12）法式五第十页又云：

“瓻瓦厅堂，四分举起一分。”

此言也，即寅寅'÷ 寅丑 =1÷4 也，即寅寅'÷ 寅丑 =1/2 也，亦即 2/4 也，亦即 3/6 也，即丑角之正切是 3/6 也。

（13）前页又云：

折屋之法，以举高丈尺，每尺折一寸，每架自上递减半为法。如举高二丈，即先从脊背取平，下至檐背，第一缝折二尺，又从第一缝取平，

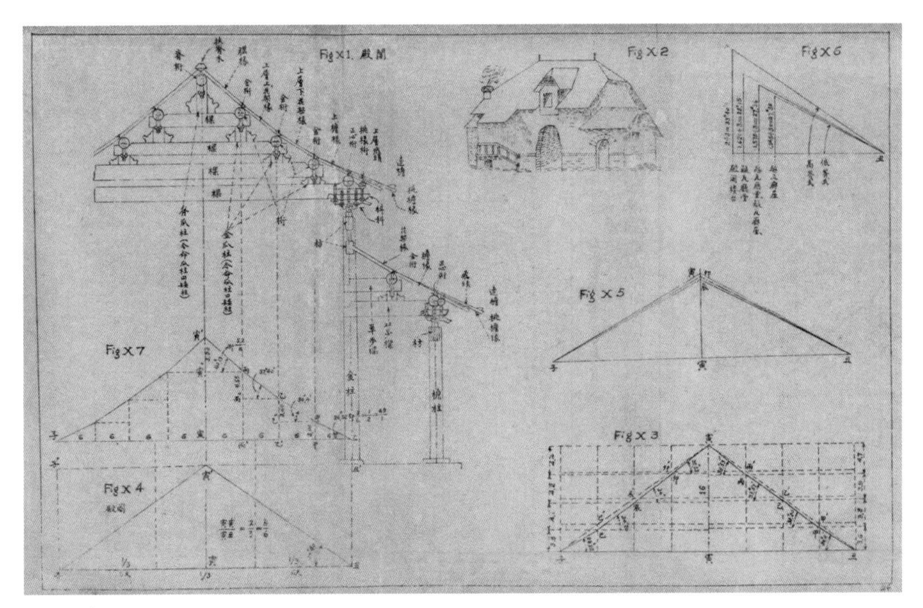

图 X1 至 X7

下至檐背，第二缝折一尺。

若椽数多，即逐缝取平，每缝递减上缝之半。

（14）此文有二种解释，如图 X3，一则以甲’为第一缝，一则以丙’为第一缝，盖原文未说明何者为第一缝也。

寅’丑直线是平均斜度，即寅寅’÷ 寅丑 =2/3，寅子亦然，寅寅 = 寅丑 × $\frac{2}{3}$，若寅丑 =24 尺，则寅寅’=24 × 2/3=16，均分寅寅’为四，则甲’乙’丙’或卯’辰’己’三点是椽缝。

（15）以甲’为第一缝，则：

第一竖段取 4 而折去$\frac{1}{10}$，即 $4-\frac{4\times 1}{10}=4-0.4=3.6$；

第二竖段取 4 而折去 $\frac{0.5}{10}$，即 $4-\frac{4\times 0.5}{10}=4-0.2=3.8$；

第三竖段取 4 而折去 $\frac{0.25}{10}$，即 $4-\frac{4\times 0.25}{10}=4-0.1=3.9$；

第末级 = 寅寅’− 丑’丙 =16−（3.6+3.8+3.9）=16−11.3=4.7；

如是则折线是寅’丙乙甲丑，折点之正切及角度如下：

丑角之正切 =3.6 ÷ 6=0.600 即丑角 =30°4' 最小；

甲角之正切 =3.8 ÷ 6=0.633 即甲角 =32°20'；

乙角之正切 =3.9 ÷ 6=0.650 即乙角 =33°57'；

丙角之正切 =4.7 ÷ 6=0.783 即丙角 =38°53' 最大；

如是则丑甲线最缓，甲乙较峻，乙丙更峻，丙寅最峻。

（16）以丙’为第一缝，或即卯’为第一缝，则：

第一竖段系于 4 加 $\frac{1}{10}\times 4$，即 4+0.4=4.4，即得卯点， 最大；

第二竖段系于 4 加 $\frac{0.5}{10}\times 4$，即 4+0.2=4.2，即得辰点；

第三竖段系于 4 加 $\frac{0.25}{10}\times 4$，即 4+0.1=4.1，即得己点；

第末竖段 =16-（4.4+4.2+4.1）=16-12.7=3.3 最小；

如是则折线是寅’卯辰己子，折点之正切及角度如下：

子角之正切 =3.3 ÷ 6=0.550，即子角 =28°23' 最小；

己角之正切 =4.1 ÷ 6=0.683，即己角 =34°20'；

辰角之正切 =4.2 ÷ 6=0.700，即辰角 =34°1'；

卯角之正切 =4.4 ÷ 6=0.733，即卯角 =36°31' 最大；

（17）以上两释，未知孰是，因原文不明确也，今姑两存其义：

由前之释，则高步如 4.7 为特长；

由后之释，则低步如 3.3 为特短；

由泻水方面观察之，X3 之右半之折线为优，而左半之折线，则其折度较敏锐。

（18）法式五之第一页又云：

瓶瓦[2] 厅堂，四分举起一分，又通以四分所得丈尺，每一尺加八分；

瓶瓦廊屋及瓪瓦[3] 厅堂，每一尺加五分；

2. 见下文（20），即今筒瓦。

3. 见下文（20），即今板瓦。

瓪瓦廊屋每一尺加三分；

此段之意如图 X5 之寅寅’及寅卯及寅辰，

寅 寅’$=\frac{子丑}{4}+\frac{子丑}{4}\times\frac{8}{100}=\frac{子丑}{4}(1+\frac{8}{100})=\frac{寅丑}{2}\times1.08$ 即

$\frac{寅寅'}{寅丑}=\frac{1.08}{2}=\frac{3.24}{6}=\frac{1.62}{3}$

寅 卯$=\frac{子丑}{4}+\frac{子丑}{4}\times\frac{5}{100}=\frac{子丑}{4}(1+\frac{5}{100})=\frac{寅丑}{2}\times1.05$ 即

$\frac{寅卯}{寅丑}=\frac{1.05}{2}=\frac{3.15}{6}=\frac{1.575}{6}$

寅 辰$=\frac{子丑}{4}+\frac{子丑}{4}\times\frac{5}{100}=\frac{子丑}{4}(1+\frac{5}{100})=\frac{寅丑}{2}\times1.05$ 即

$\frac{寅辰}{寅丑}=\frac{1.03}{2}=\frac{3.09}{6}=\frac{1.544}{3}$

（19）然则斜度可以一图总括之，如 X6，其比例如下：

甋瓦厅堂：

高 ÷ 低 =1.620÷3 即 3.24÷6=0.540

角 =28°15'

甋瓦屋廊：

高 ÷ 低 =1.575÷3 即 3.15÷6=0.525

角 =27°36'

瓪瓦厅堂及殿阁楼台：高 ÷ 低 =1.545÷3 即 3.09÷6=0.515

角 =27°30'

我人可名 33°40' 者为高脊式，其他皆名为低脊式。

（20）所谓甋瓦，谅即今日所称筒形瓦，瓪字谅即板字，即今日普通所用之瓦。

（21）观图 X6，低脊式三种相差极微，我人可视为一种。

（22）《营造法式》第五册之法式三十附图第八，标题曰“殿阁步架举架分数”，又附解如下：

由前柱至后柱，共分若干分为若干步架；

由正心桁至脊桁为举架，以若干桁为若干举架；

如每步六尺，初举按五举（即五六三尺），举架即高三尺；

二举按六举（即六六三尺六寸），即举架高三尺六寸；

三举应加半数，以六七四尺二寸再加半数（五七三寸五分），即举高四尺五寸五分。

四举按八举加半数（六八四尺八寸），再加半举（五八四寸），即举高五尺二寸。

以上云云，初阅殊不易解，今以算式释之，如图 X4 及 X7，假定自脊至檐柱，其横平之距为二十四尺，段定其间有三檩（原书称檩为桁），每檩之横距为六尺。

殿阁分子丑为三步，此其一步为高，即寅寅’= 一步 = $\frac{\text{子丑}}{3}$，即寅寅’= $\frac{2\text{寅丑}}{3}$即寅寅’÷ 寅丑 =2÷3，即寅寅’÷24 尺 =2÷3 即寅寅’= $\frac{2\times24}{3}$ =16。

原文中步架之步字，每步六尺之步字，殆非同义。前之步字，殆犹言以子丑一分为三段也，步字即段字也；后之步字，殆犹言二檩间之一段也，云每步六尺，犹言每段六尺也。

所谓举架，殆以二檩间之一段为一举，自檐檩算起，则可解释如下：

第一举，6×0.5=3.00，即甲’甲 =3.00，即丑甲为第一折线；

第二举，6×0.6=3.60，即乙”乙 =3.60，即甲乙为第二折线；

第三举，6×0.7+ $\frac{0.7}{2}$ =4.20+0.35=4.55，即丙”丙 =4.55，即乙丙为第三折线；

第四举，6×0.8+ $\frac{0.8}{2}$ =4.80+0.40=5.20，即寅”寅 =5.20，即丙寅为第四折线；

则共举高为 3.00+3.60+4.55+5.20=16.35= 寅寅’；

一则寅寅’=16 尺，一则寅寅’=16.35，似相矛盾。意者，16 为略数，16.35 为事实乎，盖 16.35÷24=8.175÷12=4.0875÷6=2.04375÷3，为 2÷3 相差颇小也。

然则易言之，16 为高与底之大概比例，16.35 为事实高度也。

所谓第一举者，甲’举至甲也；

第二举者，乙” 举至乙也；

第三举者，丙” 举至丙也；

第四举者，寅” 举至寅’也。

（23）再以三角术之正切释明如下：

第一角即丑角之正切 =3.00 ÷ 6=0.500，即丑角 =26°52'，　最小；

第二角即甲角之正切 =3.60 ÷ 6=0.600，即甲角 =30°4'

第三角即乙角之正切 =4.55 ÷ 6=0.758，即乙角 =37°40'

第四角即丙角之正切 =5.20 ÷ 6=0.866，即丙角 =40°13'，　最大；

甲’甲 =3.00

相差 0.60

乙” 乙 =3.60

相差 0.95

丙” 丙 =4.53

相差 0.67

寅” 寅’=5.20

观图 X3 之右半，知甲点之折角最敏锐；

观图 X3 之左半，知己点之折角最敏锐；

观图 X7 则知乙点之折角最敏锐；

然则此象似属矛盾，我人将何所适从乎？

美观以外，最小角不能无限制，大凡最小角可以$\frac{1}{2}$即$\frac{2}{4}$即$\frac{3}{6}$为标准。

（24）前第 22 条所论之举高方法，假定脊槫檐槫之间，再有三槫，若其间槫数变更，则方法亦变更，则此古法殊嫌其枝枝节节。兹另拟一图如 X8，只须作成抛物线，则无论槫数多少，皆可以此抛物线驭之矣。

抛物线又简称之曰抛线。

以$\frac{1}{2}$为檐椽之最小斜度，任作 YM ⊥ WA，又 YW=WB，

即 YW ÷ WA=1 ÷ 2；

作 YZ ⩽ WA，ZC=ZA；

作 YC 及 OC，又作 OD // AC；

则 OC 是抛线之弦；

且 DO 是抛线 O 点之正切

且 DC 是抛线 C 点之正切

D 点是正切之交点

由 D 作直线∥ OZ，此直线与 OC 弦相遇而取其半，则得 E 点，即是抛线之一点；

自 E 作直线∥ OC 弦，则得 F 点及 G 点，

又作新弦 EO 及 EC，

则 FO 是 O 点之新正切，FE 是 E 点之新正切，F 是交点，

且 GE 是 E 点之新正切，GC 是 C 点之新正切，G 是交点，

如是则又可得 K 点及 I 点，

循此以往，又得 L 点 M 点 R 点 S 点，

则 OLMERISC 即是抛线，将此各点引至 OZ 之下面，成对势形，即得抛线 olhm αrisA；

由 α 作 αβ⊥BA，则 αβ÷βA=2÷3，则 α 是脊，A 是檐（此处所谓檐，是檐柱之顶，非檐沿也），

则抛线 αrisA 即是屋面之曲线，βA 即是房屋深度之半，称曰跨度之半。

（25）βA 是半跨度，可均分为任何段数，例如均分为四段，则 abc 即是三檩之地位，作直线 αc 及 cb 及 ba 及 aA，即是屋面之折线也。

（26）抛线之作法甚多，图 X8' 之法，较图 X8 为更易。

（27）低脊式亦可以抛线驭之，如图 X9，以 1.25÷3 即 2.5÷6，为檐檩最低之斜度，仍如前法任作 YW⊥WA，YW=WB=BA 即 YW÷WA=2.5÷6，

仍如前法得抛线 olhm αrisA，

则抛线 αrisA 即是屋面之曲线。

（28）高脊低脊外，又有尖脊，法式五第十页有文二条云：

“门尖亭榭，八角或四角，自檐背至角梁，五分中举起一分，至上簇角梁，两分中举一分。

簇角梁之法用三折，先从大角背，自橑檐方心，量向上，至枨杆卯心，取大角梁背一半，立上折簇梁，斜向枨杆举分尽处（其簇角梁上下并出卯中，下折簇梁同），次从上折簇梁尽处，量至橑檐方心，取大角梁背一半，立中折簇梁，斜向上折簇梁当心之下，又次从橑檐方心，立下折簇梁，

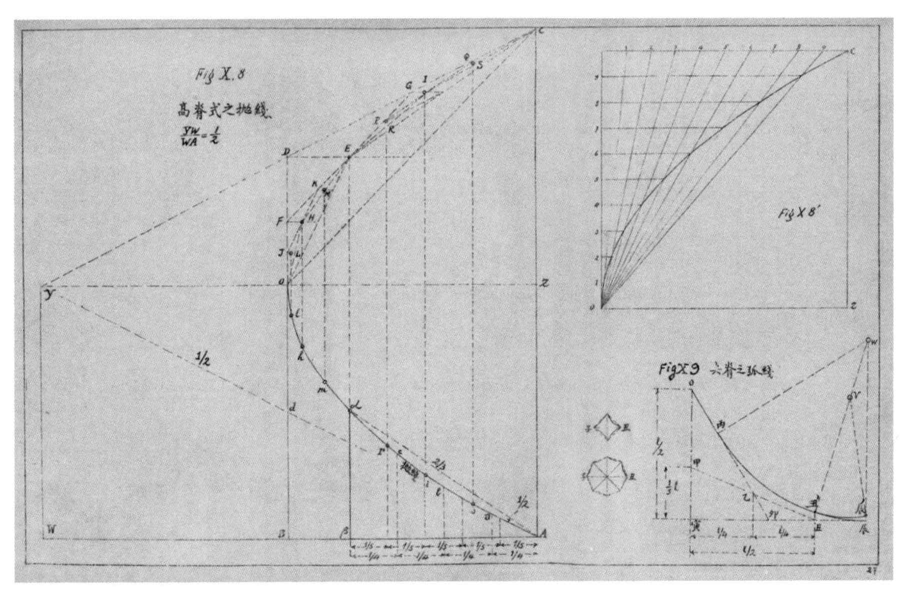

图 X8 至 X9

斜向中折簇梁当心近下。

（令中折簇角梁上一半，与上折簇梁一半之长同。）

第一条文义尚可解，第二条文义则颇支离，且名目先后歧异。簇梁及簇角梁，同物乎抑异物乎？以私意度之，似为同物。角梁及大角梁，同物乎抑异物乎？以私意度之，或是同物。

图 S20 及 S20' 及 S20" 皆是门尖亭榭。

参阅文及图，文不足以解图，图不足以解文，文及图各不能互解，此诚读古书者之遗憾也。

文中所谓枨杆，图上无此字，或即图 S20 之 O 甲乎？

图上有勒柱拱之名，而文中又不见，以意度之，谅如图 X11 及 X12，大角梁引长而与吊柁遇于甲，则此吊柁图曰枨杆，大角梁不与吊梁相遇，则此吊柁名勒拱柱。

据文义，簇梁有三种，即上折、中折、下折是也。因此而有所谓上折簇梁，有所谓中折簇梁，有所谓下折簇梁，然而图上皆未注明也。意者即是图 S20 之 O 乙及丙丁及丁戊乎？洵如是也，则屋面之折线乃如 O 丙丁戊是也，另如图 X12 是也。

（29）我人仿古，不在拘其迹，而在会其意，以算学上之形学驭之，其法甚简，如图 X9，取寅 O=1÷2，

又取寅甲 =1÷5，作甲丑线，又甲乙 = 乙丑，

作 O 乙线又引长至卯，取乙丙 = 乙丑，

取卯辰 = 卯丙，作丙 W⊥丙 O 又辰 W⊥辰卯，

则 W 是丙辰弧之心，弧与丙 O 切于丙，与卯辰切于辰，

则 O 丙辰是屋面之曲线，此法易于古法多矣。

（30）丑丑’若干，可用算表以求知，盖即正切上之垂线也，无论四角或八角，子丑线者，平面上之对角线也，故 O 丙丑’辰是屋棱之曲线。

（31）事实上今日有用者，只高脊、尖脊二种，低脊无用，惟乡间或可用低脊，盖城市中房屋稠密，无论在远处或近处，皆不能望见低脊也。

（32）欲得檐杪之翘势，可在丑’W 线上取 V 点，令丑’V 等于丑’W 之 $\frac{2}{3}$，以 V 为心，以丑’V 为半径，作弧丑’辰’。

原书于檐杪之翘势及杪之长度，言之甚长而甚繁，大概以枓科尺寸为标准，而枓科之尺寸，又以材及契之尺寸为标准。材是何物，契是何物？则文图皆不能互解。

枓之为物，我人无采用之必要，兹不深究。至于檐杪之长度，我人亦无须拘泥古法，盖工程师之眼力及其画图之器具，即是雅劣之标准也。如图 X8" 之丑辰 = 丑卯，认为檐杪之尺寸可也，以 V 为心之丑’辰’弧，认为适宜之翘势可也（翘势之利与弊，另论于后）。

（33）古名虽支离，不妨略知一二，以博古董家之虚名。如图 S21，正柱谓之金柱，檐下之柱谓之檐柱，桁即檩之谓，脊檩谓之脊桁，金柱上之檩谓之正心桁，其他各檩谓之金桁，檩下之矮柱谓之瓜柱，脊下之矮柱谓之脊瓜柱，其他各檩下之矮柱谓之金瓜柱，且又有上中下之区别，即所谓上金瓜柱、中金瓜柱、下金瓜柱是也。

梁之受二檩之力者，谓之二架梁。受六檩之力者，谓之六架梁。受

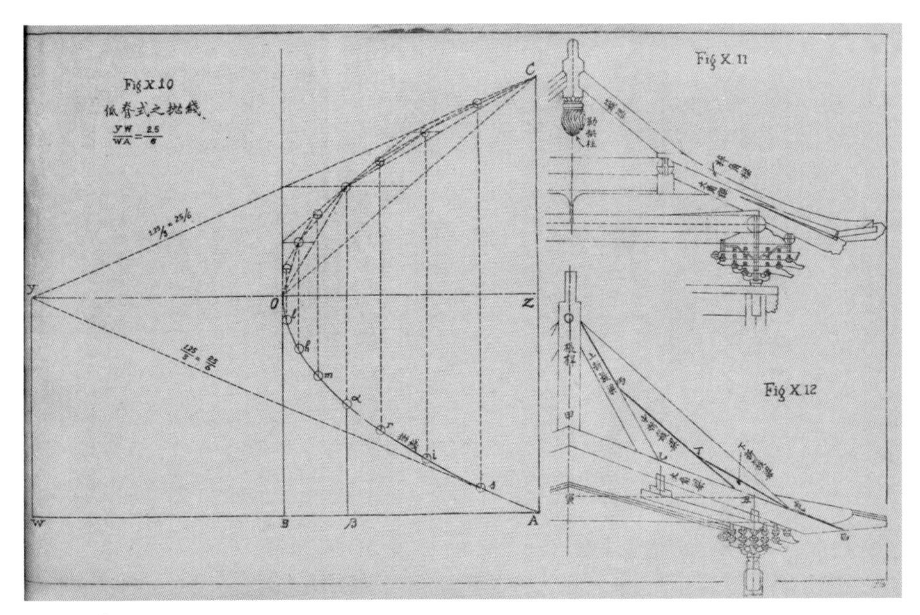

图 X10 至 X12

八檩之力者，谓之八架梁。

长木之介于金柱之间者谓之枋，而又别之为上额枋及承椽枋。一则承受廊椽，故名承椽枋；一则居于较高之地位，故名上额枋。廊内之梁，又有单步梁、双步梁之称（有时，作用不相似者，却亦称为梁）。

铺作者，以枓拱层数相叠出跳多寡次序之谓也（原书法式第一卷第九页），如图 S21 及 S22 之 AA' 及 BB'B" 是也。枓科包含之物甚多，曰坐斗，曰翘头，曰飞棉，曰爵头，曰撑头[4]，如图 S23 乃至 S57。

所谓三彩枓科、五彩枓科各图 S21，犹云三铺作、五铺作。所谓十一彩枓科，犹云十一铺作，原书注云“昔称几铺今称几彩”，法式卷四第九页又解释铺作之意如下文：

“出一跳谓之四铺作（或用华头子，上出一棉），

4. 原文为“樘”，图上也多有此字，是“撑”的异体字。

出二跳谓之五铺作（下出一卷头，上施一槫），

出三跳谓之六铺作（下出一卷头，上施一槫），

出四跳谓之七铺作（下出二卷头，上施二槫），

出五跳谓之八铺作（下出二卷头，上施三槫），

自四铺作至八铺作，皆于上跳之上，横施令拱，与爵头相方，以承橑檐方，至角，各于角槫之上，别施一槫，谓之由槫，以坐角神。”

文中所谓槫，即飞槫之简称，法式卷一第八页有云：

“斜角谓之飞槫。”

予用槫而不用昂，表明其是一物也，用昂则成动词矣。古式柱梁之尺寸，皆以枓科之口为标准，名曰口分。易言之，即柱应等于此口分之若干倍，梁宽另等于此口分之若干倍，梁高又等于此口分之若干倍。

椽有脑椽、檐椽之区别。此二椽外，则名花架椽，而椽杪之椽则名飞椽，如图 S21 及 S22。

至于亭榭四棱或八棱之梁架，则有所谓大角梁焉，簇角梁焉，梓角梁焉，枨杆焉，勒柱焉，如图 X11 及 X12。

（34）今试进论西式柁架与中式梁架贯通之道。

西式柁架之摺叠式及博龙索式，皆能成为抛线，即能成为篷帐形，如图 E7 及 F8，只须将斜柁直线，变成折线，如图 X13 耳，或如图 X14 耳。

我人计算摺叠博龙时，原假定结点皆是骱，今令其真成为骱，图 X15 是摺叠式之算法，X14 是博龙式之算法，此二式皆可驭以精确之算法，故某杆受压力若干，某杆受拉力若干，莫不精确，而挠力则皆避去矣。

（35）图 X15 之法，可详言之，V 是半个柁架之总荷重，即 V=（$P_1+P_2+P_3+P_4+P_5$），各力如 P 皆由檩以传至柁架，取 aM=V，即 A 点之敌力，视 ABCDEFGM 为结点，用结点以求各杆中之隐力（或称应力）。

用结点法宜勿乱次序，如图上之圆弧之有箭势者，所以表示次序也，例如 A 结则自 V 线起，遇 P_1，遇 AB 线，止于 AC 线，V 及 P_1 是已知之物，1 及 2 是未知之物。

结点法只能求二个未知数，若每结有三个未知数，则其法穷矣，明

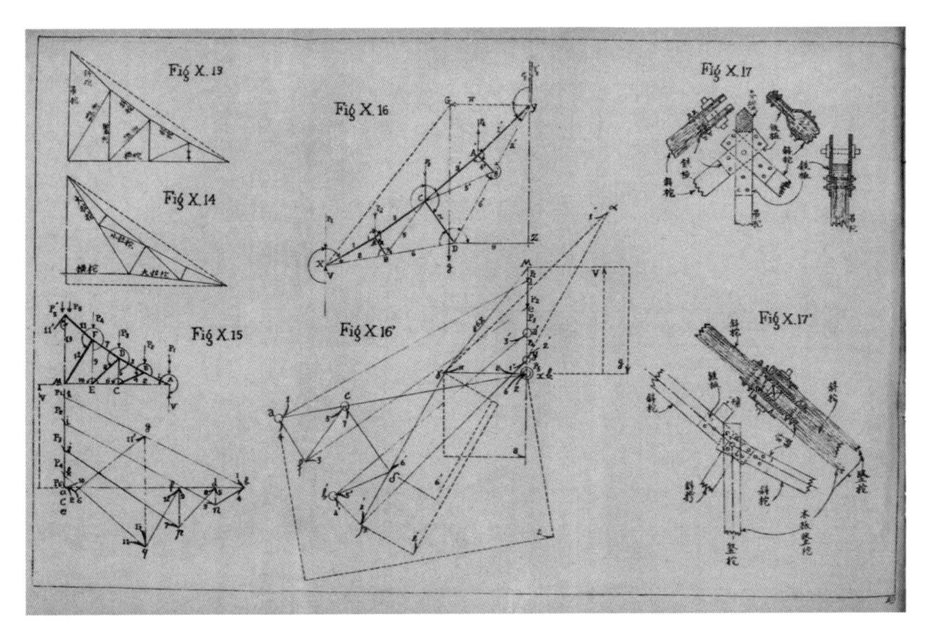

图 X13 至 X17'

此概理，手术即易悟。

结点A

- 已知者，敌力V，竖力P_1
- 未知者，1及2
- 算线amhba
  - am //÷ V
  - mh //÷ P_1
  - hb // 1
  - ab // 2
  - hb = 1 其方向趋集结点
  - ba = 2 其方向离弃结点
  - 故1是压力，即AB被压
  - 故2是拉力，即AC被拉

注：//÷ 表示平行且成比例，如今已不使用该符号。

结点B
- 已知者，-1及P_2
- 未知者，3及4
- 算线bhinb
  - bh //÷ -1
  - hi //÷ P_2
  - in // 3
  - nb // 4

  in = 3，其方向趋集结点
  nb = 4，其方向趋集结点
  故3是压力，即BD被压
  故4是压力，即BC被压

结点C
- 已知者，2及-4
- 未知者，5及6
- 算线cbndc
  - cb //÷ -2
  - bn //÷ -4
  - nd // 5
  - dc // 6

  nd = 5，其方向离弃结点
  dc = 6，其方向离弃结点
  故5是拉力，即DC被拉
  故6是拉力，即CE被拉

结点D
- 已知者，-5及-3及P_3
- 未知者，7及8
- 算线dnijpd
  - dn //÷ -5
  - ni //÷ -3
  - ij //÷ P_3
  - jp // 7
  - dp // 8

  jp = 7，其方向趋集结点
  pd = 8，其方向趋集结点
  故7是压力，即DF被压
  故8是压力，即DE被压

结点E
- 已知者，-6及-8
- 未知者，9及10
- 算线edpfe
  - ed //÷ -6
  - dp //÷ -8
  - pf // 9
  - ef // 10

  pf = 9，其方向离弃结点
  fe = 10，其方向离弃结点
  故9是拉力，即EF被拉
  故10是拉力，即EM被拉

结点F
- 已知者，-9及-7及P_4
- 未知者，11及12
- 算线fpjkqf
  - fp //÷ -9
  - pj //÷ -7
  - jk //÷ P_4
  - kg // 12
  - gf // 12
  - kq＝11，其方向趋向结点
  - qf＝12，其方向趋向结点
  - 故11是压力，即FG被压
  - 故12是压力，即FM被压

脊点
- 已知者，-11及P_5及P_5'及11'
- 未知者，13
- 算线ℊkk'gℊ
  - ℊk //÷ -11
  - ka //÷ P_5'
  - ak' //÷ P_5'
  - k'g // 11'
  - gℊ // 13
  - k'g＝11'，其方向与11成对势之象
  - gℊ＝13，其方向离弃结点
  - 故11'是压力
  - 故13是拉力，即GM被拉

图X15之粗线表示被压，细线表示被拉，则：

1.3.7.11 / 4.8.12 皆被压：且1最大，3次之，7及11又次，又4最小，8较大，12更大，

2.6.10 / 5.9.13 皆被拉：且2最大，6较小，10更小，又5最小，9较大，

（36）图X16是博龙索式，其算线则如图X16'，结点X及AB皆可用结点法，追至C点则无法进行，乃须另筹一法以渡此难关。

以g代表半个柁架之总力，以V代表X之敌力，

即V=-g，

假定柁架之左半存立，而其右半已撤去，

若右半已无而左半仍能存立，则必有推力π留于Y，

此横平推力如π，不难求知，其法作横平线YG，与g之竖线交于G，自G作直线至X，

于图 X16'，作 xM=V，作横平线 xδ，Mδ ∥ GX，则 xδ＝π，既知 π 则可由 Y 起手用结点法进行，其次序为 YAB，又另由 X 用结点法进行，次序为 XAB，最后乃用结点 C 及 D 以求知 7 及 8，详述如下：

结点Y
- 已知者，P_5及π
- 未知者，1'及2'
- 算线yxδβy
  - yx ∥÷ P_5
  - xδ ∥÷ π
  - δα ∥ A'Y　或yβ ∥ δα ∥ A'y
  - αy ∥ YB' 或δβ ∥ yα ∥ B'y
  - 则δβ＝2'，其方向离弃结点，则B'y被拉
  - βy＝1'，其方向趋集结点，则A'Y被压

结点A'
- 已知者，-1'及P_4
- 未知者，3'及4'
- a'y ∥÷ P_4；yβ＝ -1'；βb' ∥ 4'；a'b' ∥ 3'
  - βb'＝4'，其方向趋集结点
  - b'a＝3'，其方向趋集结点
  - 故4'被压，即A'B'被压
  - 故3'被压，即A'C 被压

结点B'
- 已知者，4'及2'，即-4'及-2'
- 未知者，5'及6'
- 算线b'βδαb'
  - B'β＝-4'；βδ＝-2'；δδ ∥ B'D；αb' ∥ B'C
  - δα＝6'，其趋向离弃结点
  - αb'＝5'，其趋向离弃结点
  - 故6'被拉，即B'D被拉
  - 故5'被拉，即B'C被拉

结点X
- 已知者，V及P_1
- 未知者，1 及 2
- 算线xMdax
  - xM ∥÷ V；Md ∥÷ P_1；da ∥ AX；ax ∥ XB
  - da＝1，其方向趋集结点
  - dx＝2，其方向离弃结点
  - 故1被压，即XA被压
  - 故2被拉，即XB被拉

结点A
- 已知者，-1及P_2
- 未知者，3及4
- 算线adefa
  - ad＝-1；de ∥÷ P_2；ef ∥ AC；fa ∥ AB
  - ef＝3，其方向趋集结点
  - fa＝4，其方向趋集结点
  - 故3被压，即AC被压
  - 故4被压，即AB被压

结点B
- 算线bafcb
  - bc // BC　　fc = 5，其方向离弃结点，被拉
  - cb // BD　　cb = 6，其方向离弃结点，被拉

结点C
- 已知者，-5及-3及P_3及-3′及-5′
- 未知者，7
- 算线cfea′b′αc
  - cf = -5
  - fe = -3
  - ea′ = P_3
  - a′b′ = −3′
  - b′α = -5′
  - αc // DC
  - αC = 7，其方向趋集结点，则7被压，即CD被压

结点D
- 已知者，-6及-7及-6′
- 未知者，8
- 算线bcαδb
  - bc = -6
  - cα = -7
  - αδ = -6′
  - δb // 8
  - δb = 8，其方向离弃结点，故8被拉

图X16之粗线表示被压，细线表示被拉。

（37）各杆内之隐力既知，即可算各杆之尺寸，被压者宜用方木，被拉者可用木板或铁条。

被压之各杆，亦可用铸铁，凡用铸铁，可得华美形式，因模铸时可随意模成任何形式也。被压之各杆，亦可用铁板及角铁或T铁或工铁拼合。

（38）摺叠式，可用方木、扁木二种，博龙索式宜参用铁条。

（39）接筍[5]之法，古时多用舌筍，阳部名曰榫，阴部名曰卯口。今日接筍之法恒参用螺栓，用螺栓则省事甚多。我人今日已有此利器，若仍沿用古式之木筍，殊太愚矣。

（40）假定摺叠桁架各杆之隐力如下表，参观图X15。

5. 即榫，古字也作笋。

号次	压力 kg	学理的截面	事实的截面		号次	拉力 kg	学理的截面	事实的截面	
1	7800	130cm²	12cm × 12cm	斜柁	2	7000	117cm²	12cm × 12cm	横柁
3	6600	110	12 × 12		6	5900	99	12 × 12	
7	5400	90	10 × 10		10	4500	75	12 × 12	
11	4000	67	10 × 10		5	700	12	9 × 9	竖柁
4	1400	24	7 × 7	斜撑	9	1500	25	9 × 9	
8	2000	34	7 × 7		13	4000	67	9 × 9	
12	2500	42	7 × 7						

表内所称事实的截面，尚非完全事实，因于支配接笥时，更须就接笥方便而改动之也。

（41）接笥之法，变化无穷，兹举一隅，以示其凡。图 X17 系摺叠柁架之脊点接笥，柁架各杆皆用木料，用铁板及螺钉及螺栓以资联结，各骱皆能活动。易言之，一律皆用活骱。图 X17' 是斜柁斜撑竖柁之联结法，他处接笥，可以类推，视木料之厚薄以变化之可耳。

斜柁之足与横柁联结，若用铁屐，又若横柁是圆铁，则图 X18 及 X18' 是接笥法之一种，18 是屐之立视象，18' 是俯视象。斜柁系木料，直达于屐，横柁则赖铁叉以与屐联结，则螺栓如 B 是总枢，EF 即是铁叉，T 即横柁。

（42）若斜柁是木料，横柁是圆铁，且斜柁挑出于檐樯，则图 X19 是跟屐之一种。檐檩假定用工形之铁，如 P，此屐用铁板骈成如 X19' 之 E。

（43）脊点亦可用铁屐以资联结，如图 X20，屐具颊板 j，在摺式则吊柁联结于此颊板，在博龙索式则吊柁及大拉柁皆联结于此颊板。

（44）图 X18' 之铁叉，其料为捣焊之铁。凡捣焊之物，不能无暗病，故不如竟用铁板为可恃，如图 X21 是也。E 是铁板二块，m 是撑块，介于二 E 之间，E 之二端各有孔如 t 及 t'，撑块二端具螺纹如 f 以受螺冒如 b，

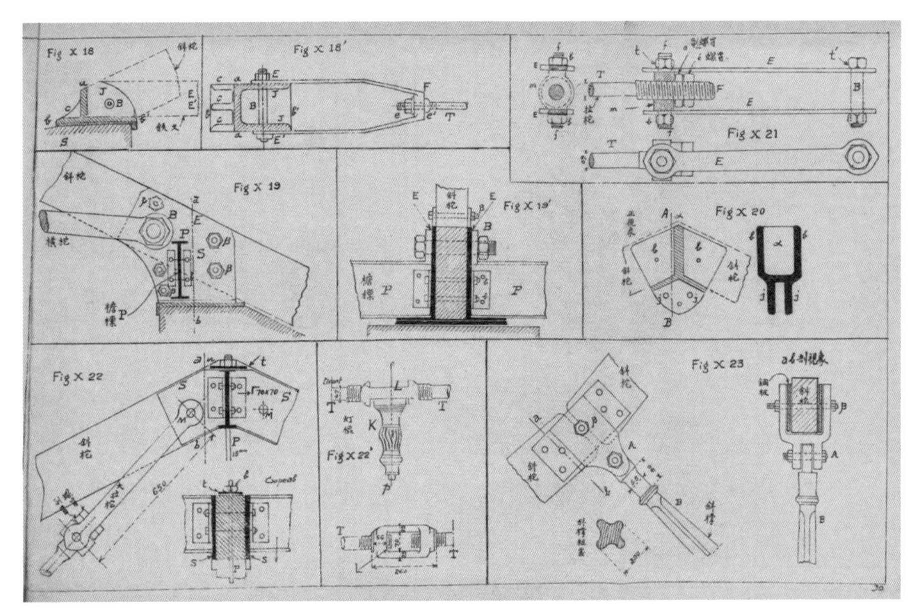

图 X18 至 X23

撑块又具一孔以受拉桁之螺焊如 F，大螺栓如 B，用以与斜桁之跟屐联结。

（45）脊屐若用铁板骈结而成，则如图 X22，S 是夹板，斜桁纳于其间而被夹持。屐与斜桁既并结，复被拉桁之铁夹所夹持，其螺栓为 M，此屐可用于博龙索式之桁架。

P 是吊桁，介于斜桁之脊之间，赖螺冒 b 及盖板 t 以得悬于脊点，博龙索式之吊桁无隐力，仅用以提携横桁自身之死重而已，图 X22' 是吊桁下端与横桁联结之状。吊桁系用细铁条，横桁系用粗铁条，另以一物 L 介于其间，名曰灯棍，二头具螺纹以便与横桁联结。吊桁贯穿灯棍，以至于 p，乃赖螺冒以旋紧之，k 是装饰物，名曰灯尾，此物无关大体，删去亦可。

（46）斜撑与斜桁联结又如图 X23，斜桁是木料，斜撑如 B 是铸铁，铁叉赖螺栓 A 以联结于斜撑，又赖螺栓 β 以联结于斜桁。此铁叉固可用铸钢，亦可用钢板骈成。

（47）博龙索桁架如图 X24 及图 X25，一则斜桁用木，斜撑用铸铁，横桁、拉桁、吊桁皆用铁条（本书所谓铁条铁板，皆指钢条钢板而言）。

图 X25 则一律用木，惟吊杧用铁条，此图用木太多，不如图 24 为优。盖铁条在今日，未必贵于木料，既不较贵则用木不如用铁也。究竟用木料用铁，应临时比较工料之成价，不可妄断于事前也。

图 X24 又可改变，例如斜撑改用木料是也。

总之，无论用何材料，各杆之轴线，宜汇集于骱心，以令其与算理吻合，且木头宜用盖板以免被裂之患，又宜区其被压或被拉，被压者或可省盖板，被拉者不可省。

（48）亦可用摺叠式或博龙索式之变相，以得篷帐形。如图 X26 系摺叠式之变相，ABCD 是应有之折线，将 AB 引长至 F，将 ED 亦引长至 F，则直线 AF 及 EF 视为斜杧之两段，则 AEFG 是半个杧架，于 F 处用垫木以令 BCD 成为折线。

斜杧受压力，用方木；斜撑受压力，亦用方木。

竖杧受拉力，用铁条赖铁叉如 X18' 以资联结，吊杧则仿 X22 之法以资联结，横杧受拉力，用骈木如 T，以夹持斜撑，铁叉则又夹持骈木。

此法较 X24 及 X25 为简省，跨度在 10 公尺以内则可用，图 X27 与图 X26 之法同，惟一律用木料，且更省工。

（49）以上各图，皆不过示其大概，施工时应另有细图。

以上各法，皆铁木杂用，每二三年宜检视一次。是故，顶棚内宜能便人走入，以便检视。

铁叉可随意变化，略备各式如图 X28，以资参考。

（50）西式之檐杪，有短者亦有长者，中式之檐杪则恒长，大概等于高度之$\frac{3}{10}$。

太阳是人生之宝，西谚有云“太阳所到之处，即医师不到之处”。此言也，犹言太阳光线充足，则人可无病也。是故，就卫生方面言之，檐杪有害，因其阻止光线也，如图 X29。假定室之高度如 H 等于 3 公尺半，室深如 L 等于 4 公尺，屋面平均斜度等于$\frac{2}{3}$，I= 檐杪之长度 = $\frac{3}{10}$ H = $\frac{3\times3.5}{10}$ =1.05

太阳光线之方向，我人恒假定为 45 度，若无檐杪，则光线可到 A 点，

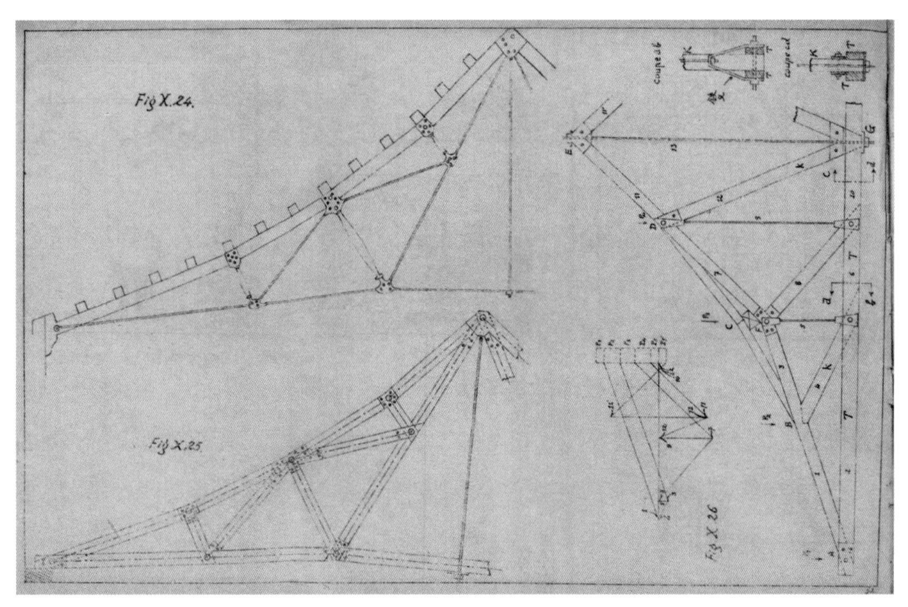

图 X24 至 X26

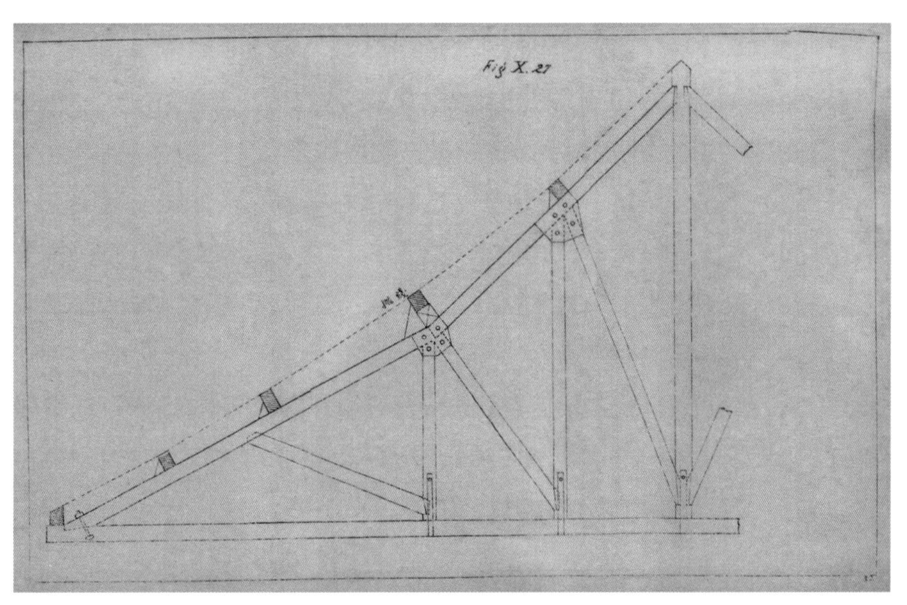

图 X27

若有檐杪，则光线只能到 B 点。

若欲光线仍能到 A 点，则须将檐杪抬高，即须将屋面 CD 抬高而成 EF；易言之，须将檐墙增高；如是建筑费随之增大矣。且也，如必欲采仿檐杪之古式，檐墙不得不增高，否则气概不雅。例如北京协和医学校，屋面采仿篷帐式，而檐墙都不高；因此则窗楣与檐相距极近；檐譬人冒[6]，窗譬人目，目为冒掩，殊失古雅之气概矣。是故，欲采仿长杪，则窗楣以上之 gh，须有充分之高度也。

（51）中式常有游廊，此亦予所怀疑者；主要理由即卫生两字；即太阳光线不易射入正屋故也；如图 X29，若再有廊，其深度假定 1 公尺半，则须 gh 增高至 gh'，方能令太阳光线仍至 A 点；因檐杪及游廊而墙须增高甚多，太不经济矣。

然而北面之廊，若用玻窗，则利益却甚大。盖北面本鲜太阳光线，冬日既无害于卫生，且正屋可免与太空直接接触，则严寒之程度可较弱也。此明廊之作用无异于串堂[7]，可令各室隔离而又联络，固甚便利耳，图 X30 表示北面明廊之概状，大园庭在其南面，即光线来自南窗。

至于天板（上海称天花板，北京称顶篷），中式往往划成方块，或仅用彩画，或用木作框，西式亦然。近日只用石灰作平面，乃欲省费耳。五彩描金之法，《营造法式》原书论之甚详，不欲省费，则摹仿可也；西式普通用水彩，视全白者固稍费，而视釉彩则所省多矣。

（52）门窗之格式，《营造法式》所志之样本甚多，惟不适用于今日之生活；一因木料太多，光线不充足；二因尘灰太易积留，极有害于卫生也。如欲摹仿，一须将木料改少又改细，二须使玻璃另备活框以便驱尘。

（53）前言高脊式之平均斜度为 2÷3，此亦非严确之古律；试参观存留之古建筑，非无 4÷5 者；视高脊式更高矣，若采用 4÷5 之平均斜度，

6. 即帽。
7. 即穿堂。

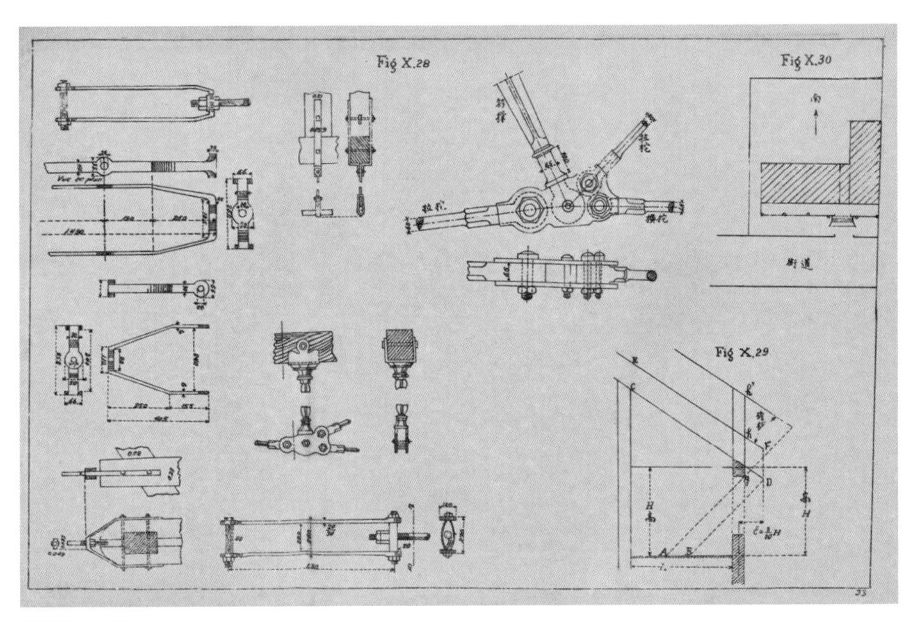

图 X28 至 X30

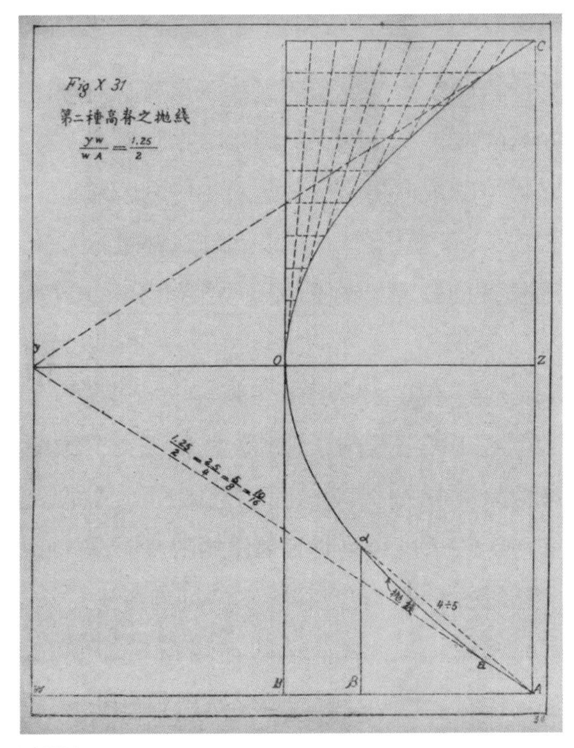

图 X31

则檐椽之斜度，可峻于 1÷2；可令其为 6÷10 即 1.2÷2 是也；或令其为 5÷8 即 1.25÷2 亦可也，今以 4÷5 及 1.25÷2 作抛线如图 X30；则 aA 是屋面之抛线。

（54）北京古迹甚多，因其历元明清三朝之久也。中央公园为今日人人天天游览之所；社稷大殿，足示古建筑之一斑；图 S47 之枓科，其 AB 轴线以右之半部，殆即该大殿之枓科。有志考察者，流连半时，即可悟其构造也。该殿之梁架，略如图 X32；自东至西共计五间，中央一间之宽度为 9.55 公尺；其他四间之宽度，各为 6.35，则东西共长 35.75 公尺，南北共深 19.50 公尺，由二大柱均分为三；即北大柱北檐柱之距为 6.5 公尺；南大柱南檐柱之距亦 6.5，南大柱北大柱之距亦 6.5；3×6.5=19.50 公尺。

大柱之直径 =0.7 公尺 =7 公寸。

（55）枓科之作用，半为耐力，半为装饰，如图 X33，XY 是檐柱之轴线；αβ 乃是极长之檐杪。长则椽木无力，故其下面须有物挑之。不讲美观，则可用 ABC 之三木以挑之；A 挑 B，B 又挑 C，C 挑机枋，而挑椽桁则以机枋为支座，如是椽杪只是 αβ 一段，短于 αβ 者多矣。古匠知 ABC 诸木太不雅，乃将 A 之下角琢圆；又将 B 琢成爵头式，名之曰枊，又将 C 琢成仰昂之式，此即枓科之原理也，如图 X34 是也。古匠尚嫌此式不美，乃运用其匠心以施其雕镂之术，于是成为图 S46 之象，若檐杪更长，则 b 木之数增加，如图 S47 之 b 及 b'，又如图 S22 之 b 及 b' 及 b'' 至于 a 及 c，则数各为一而永不增减。中央公园大殿外之其他建筑，则其枓科殆皆如图 S46，即 -a-b-c 是也。

（56）古匠刻意求工，雕镂无穷。如图 S47，循 F 之方向观之，即在檐前直视之，其为 a 形者甚多。

（57）枓科有时无枊；如图 S48 之 abc 及 S49 之 abb'c 皆是也。此类之枓科，名曰品字枓科。

（58）枓科之浑视象，请阅图 S23 至 S33。枓科之分件请阅图 S34 乃至 S45，及图 S50 乃至 S57，欲知之更详，则请阅李明仲《营造法式》原书。

（59）该书之外，尚有一书可资参考，名曰《工程做法》，系雍正

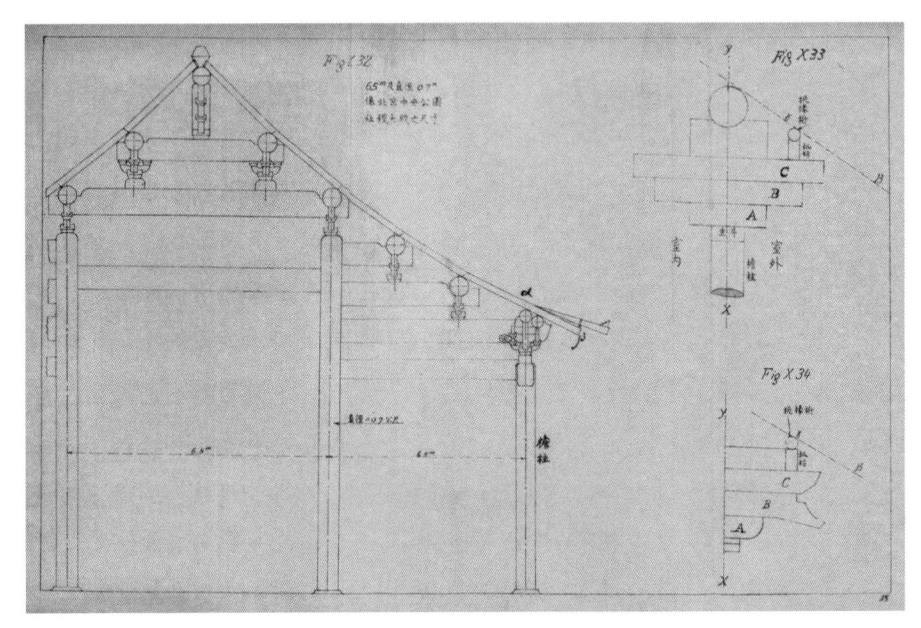

图 X32 至图 X34

九年三月十五日和硕果亲王允礼所奏定，书存于北京京师图书馆，书凡七十二卷，其目录如下：

卷一　九檩庑殿大木
卷二　九檩歇山转角大木
卷三　七檩歇山转角大木
卷四　九檩楼房大木
卷五　七檩转角大木
卷六　六檩前出廊转角大木
卷七　九檩大木
卷八　八檩大木
卷九　七檩大木
卷十　六檩大木
卷十一　五檩大木
卷十二　四檩大木
卷十三　五檩川堂大木
卷十四　七檩三滴水歇山正楼大木
卷十五　七檩重檐歇山角楼大木
卷十六　七檩歇山箭楼大木
卷十七　五檩歇山转角闸楼大木
卷十八　五檩硬山闸楼大木
卷十九　十一檩挑山仓房大木
卷二十　七檩硬山库房大木
卷二一　三檩垂花门大木
卷二二　方亭大木

卷二三 圆亭大木
卷二四 七檩小式大木
卷二五 六檩小式大木
卷二六 五檩小式大木
卷二七 四檩小式大木
卷二八 斗科做法
卷二九 斗科安装
卷三十 斗科斗口一寸尺寸
卷三一 斗科斗口一寸五分尺寸
卷三二 斗科斗口二寸尺寸
卷三三 斗科斗口二寸五分尺寸
卷三四 斗科斗口三寸尺寸
卷三五 斗科斗口三寸五分尺寸
卷三六 斗科斗口四寸尺寸
卷三七 斗科斗口四寸五分尺寸
卷三八 斗科斗口五寸尺寸
卷三九 斗科斗口五寸五分尺寸
卷四十 斗科斗口六寸尺寸
卷四一 各项装修
卷四二 石作大式
卷四三 瓦作大式
卷四四 发券做法
卷四五 石作小式
卷四六 瓦作小式
卷四七 土作做法
卷四八 木作用料
卷四九 斗科用料
卷五十 铜作做法
卷五一 铁作用料
卷五二 石作用料
卷五三 瓦作做法
卷五四 搭材用料
卷五五 土作用料
卷五六 油作做法
卷五七 斗科油作用料
卷五八 画作用料
卷五九 斗科画作用料
卷六十 裱作用料
卷六一 大木作用工附锯作
卷六二 斗料木作用工附锯作
卷六三 装修木作用工附菱花作锯作
卷六四 雕銮作用工附旋作
卷六五 锭铰作用工
卷六六 石作用工
卷六七 瓦作用工附砍凿
卷六八 搭材用工
卷六九 土作用工
卷七十 油作用工
卷七一 斗科油作用工
卷七二 画作用工
卷七三 斗科画作用工
卷七四 裱作用工

此书之图甚少，而叙论工与料则甚详，叙论尺寸亦详，兹将卷二十八第一页之文撮叙于下：

“凡算斗科上升斗拱翘等件，长短高厚尺寸，俱以平升科迎面安翘昂斗口宽尺寸为法核算，按斗口有头等才、二等才以至十一等才之分，头等才迎面安翘昂斗口宽六寸，二等才斗口宽五寸五分，自三等才以至十一等才各递减五分，即得斗口尺寸……”

又卷二十八第三页之文如下：

“平身科

大斗一个每斗口宽一寸，大斗应长三寸，宽三寸，高二寸，斗口高八分，斗底宽二寸二分，长二寸二分，底高八分，腰高四分……”

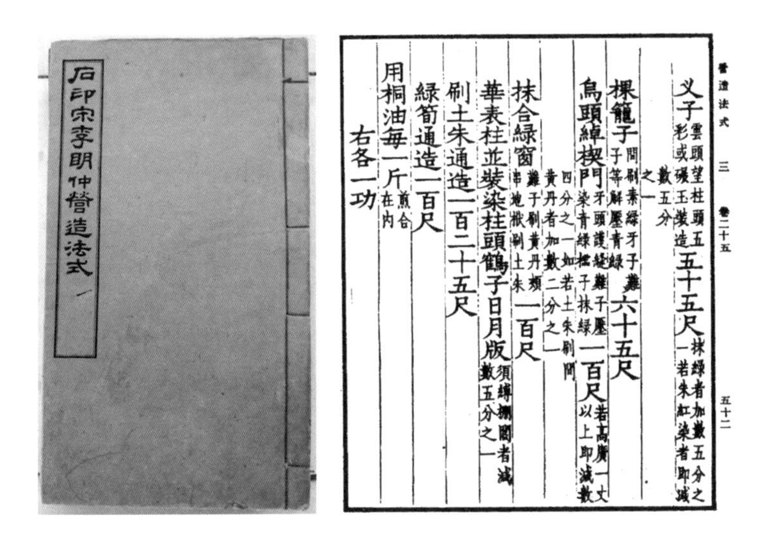

營造法式 三 卷二十五

义子雲頭望柱頭五彩或碾玉裝造五十五尺抹緑者加數五分之一若朱紅染者即減數五分之一

棵籠子間刷素緑牙子抹子等解壓青緑六十五尺

烏頭綽楔門牙頭護縫難子壓染青緑棂子抹緑一百尺若高廣一丈以上即減數四分之一如若土朱刷間黄丹者加數二分之一

抹合緑窗難子刷黄丹頰串地栿刷土朱一百尺

華表柱並裝染柱頭鶴子日月版須縛棚閣者減數五分之一

刷土朱通造一百二十五尺

緑笥通造一百尺

用桐油每一斤煎合在内

右各一功

五十二

注：微信扫描书后附图首页二维码后，可通过链接，上电脑高清放大浏览本篇附图。

07 美国之旅馆工业[1]

1928 年

旅馆工业四家，闻者疑为不伦，然而美国旅馆事业之发达，实已成为一种极大之工业，并已与他种大工业立于同等之地位。

工业之要素为资本集中，为减少总务费用，为生产量之宏大，为出产品标准之统一，为组织及分配之有法。美国旅馆，皆具此要素。

大工业之领袖，恒属于大银行家，美国旅馆亦然。旅馆之经理，与大工厂之厂长，立于同等之地位。

旅馆经理之曾充市长或公安局长或司法官或议员者，不计其数，如忘诺忙氏 Von Norman，是其例也。

美国各大城之旅馆，日益扩大。同一旅馆内，连带浴室之房间，竟至四千之多，局面愈大，总务费愈省，因此则住居之价亦愈廉。

美国钢铁事业之业务员为四十三万八千人（438 000），汽车事业为四十三万人（430 000），电报电话三十八万一千人（381 000），电气二十三万一千人（231 000），而旅馆业务员之人数，乃有五十七万六千之多（576 000）。

据红皮书 Red book 本年所发表者如下：

最近统计，美国今日，旅馆数目为二万五千九百五十（25 950），其房间总数为一百五十二万一千（1 521 000），其资本在五十万万（5000 000 000）以上，旅馆分为九等，房间数目在五十以内者列为第九等，在一千以上者列为第一等。

1. 原文刊载于《中华工程师学会会报》第 15 卷（1928 年），第 7、8 期。

各等旅馆之数如下表：

房间数	旅馆数
50 以下	19 000
50 至 100	4 400
101 至 200	1 650
201 至 300	470
301 至 400	200
401 至 500	93
501 至 750	80
751 至 1 000	32
1 001 至 4 000	25

纽约旅馆，每一房间之价值，自二千五百金元乃至四千金元，即自五千华元乃至八千华元，地皮及建筑并家具与设备一并在内。

华美之旅馆，若其房间数目为三百五十，则其资本须一百四十万金元，$4000\times350=1\ 400\ 000$，即二百八十万华元。

以房间为准个，则中等旅馆须一人，上等旅馆须二人乃至二人半。

上等旅馆之有三百五十房间者，须有业务员七百乃至八百人。

饮食品随旅馆之等级而殊，中等大旅馆如纽约之 Pennsylvania 旅馆，计有二千八百房间，每日所需之饮食品为四千四百金元，即八千八百华元，每年三百二十余万华元。

三百五十房间之上等旅馆，饮食品之价值，往往大于二千房间之中等旅馆。

厨房及职务室之设备费，新式大旅馆需四万乃至二十五万金元，即八万乃至五十万华元。

旅馆愈大，费用愈省，便利愈多，二千乃至四千房间之新式大旅馆，有邮局焉，有银行焉，有保险行焉，有旅行社焉，有医师焉，有药房焉，有烟室焉，体操堂焉，有学店焉，有理发店焉，有衣帽店焉，有缝纫师焉……

一百旅馆中之九十，恒有浴盆之设备，其十则有喷浴之设备，今日之趋势，每一房间，附一浴室。

美国旅馆，便利为美国式，华美为法国式。

建筑师者，建筑房屋之工程师也，而美国于便利一事上，又另成一种专门建筑师，电灯电话家具以及升梯与夫行李之搬运，改良又改良，无一不经精密之研究。

客厅膳厅厨房，皆采用法国之艺术，银器家具床被以及各种美术品，大都来自巴黎。

上品罐头品，都自法国输入。

大旅馆及大俱乐部，庖人多是法人，菜单上亦多是法国名称。

美国旅馆，有种种便利之处，故市民租宅以居，转不如寓于旅馆之便利而又省费，因此则旅馆又有分组之设备，一组自二间乃至十间，有无家具，随旅客之便，亦可特备一厨，价以月计或以年计，食物及洗衣，由旅馆供给与否，随旅客之便。

四十二层之大旅馆，有分为三百组者，愈高者愈贵，例如 Ritz Tower 十间之一组，不备家具，每年租价为三万八千金元，即七万六千华元。

08 美术化从何说起[1]

1931年

美术之为物，足以淑性陶情，故社会若不美术化，则人性不淑，人性不陶，人类将有禽兽化之患。

然而美术化三字，谈何容易。余夏前因公入京，乘便驰赴新省都镇江，旧省都苏州，并县治无锡三处，以觇各地方近日进步之状况。周游之后，满腹牢骚，今略吐一二，以证美术化三字之难。

甘露寺及金山焦山，为历史著名之胜地。余初意以为登山临水，胜入天堂；谁知空气恶劣，触鼻尽是浊气；天然风景，十之九为破属颓垣所杀尽，更勿论人工之点缀；初时以为可以爽目清心者，其结果，乃污我目而又污我鼻焉。

天然木石，焦山胜于金山，然而东一小衖，西亦一小巷，此是什么庵，彼又是什么庵。衖小而深，庵杂而多，仰首不见天日，举足须防倾滑，非但苦我目苦我鼻，且又苦我足苦我腿焉。

目鼻足腿，饱受奇苦之后，始于沿江得于一隅，一面为江，一面为峭石，石上有葱葱之大小草木，惟此当能慰我之浊望，然而所得之乐，不足偿所受之苦。

门耶窗耶，墙耶屋面耶，蹊径耶，栏杆耶，家具耶，无一不献其丑，无一配得上一个美字。

西国名胜之地，游过一次，以后常思重游。我国名胜，游过一次之后，以后视为畏途。吁，何其相差之甚耶！

---

1. 原载于《美术丛刊》1931年10月，创刊号。

姑苏城外寒山寺，我人在灯下诵诗，谁不想慕其风雅，实地一观，殊不胜诗赋欺人之感。

范坟在苏州城外天平山，经十余里之跋涉，始达其地。树虽不密而尚差强人意；山不高而顽石参差，尚能悦目，时人称之曰万笏朝天。破祠已不成格局，左有一小板门，越此门乃能拾级而升；最著名者为“一线天”，土人谓其有仙气，能容瘦人之一身，亦能容胖人之一身。其实乃一石坳，左右壁立两石，约高四公尺，一隙介字其间，筑成石级，瘦人攀登，可并腿而立，胖人攀登，则须侧身，所谓仙气者，如此而已。

怡园、留园、狮子林，皆是苏城之各园。怡园不甚大，假山虽亦不甚多，但有一石冠于他园，高可五六公尺。留园大于怡园，假山亦较多。狮子林之假山最富，曲折亦最多。

中国园景，以“山穷水尽，别有天地”八字为美术之结晶。山穷水尽之布置，实为中国园艺之特长，而别有天地之布置，则于美字尚有缺憾。

别有天地，大概乞灵于走廊；廊之此面有岩沼亭桥，廊之彼面为顽墙，欲减少顽之程度，则于墙之高处设疏孔，于其腰部嵌以碑帖；于孔内窥见园，每生“可望不可即”之感想。必至经许多曲折之后，身入他园，而不知其即是顷间所叹为“可望不可即”之地也，所谓别有天地之布置，大率如此。余谓其于美字尚有缺憾，即指此顽墙而言。我人以美术家之思想行之，岂无他法可得此别有天地之境地耶？

园内之房屋建筑，无一处可称为美，或者房屋本身不美，或其大小高低不与全园相称配。

无锡城外有惠山，山之彼面为太湖，太湖跨三府地面，而最好之风景，则在无锡方面。

梅园已著名于世，地居山坡，距湖尚有一二里。园门优于他园，因他园之进口，必有死板板的数间房屋，梅园之进口则不然，门内有一石，镌梅园两字，其环境则有石及草木，此不可谓非园林美术上之一进步。但其间不美之处甚多，一，园内大小广场，每为高楼围绕，致成为囹圄式之广场；二，旅馆形式材料之恶陋；三，塔之恶陋；四，围墙之恶陋；

惟由高处遥望太湖及一片树林，则风景极佳。

由梅园行数里，至太湖边之万顷堂，原名北独山，乘船往鼋头渚。右见小鸡山、大鸡山，正在经营之中；左见中独山、南独山，其名曰山，实则皆是太湖中之小岛，天然生长之树甚葱蔚，所谓风景之美赖于此。

鼋头渚亦是一岛，锡地绅商各辟一园，乃成游览胜地；天然风景固不劣，惟其取厌于我者有二物，其一为不美之房屋，其二为不美之顽墙。此处余所称为顽墙者，与苏园之顽墙不同。盖此处之墙，乃是路旁之墙也；于山坡筑路，不得不劈去山石；而山质含土，不得不作墙以维持高地；此墙用石砌成，即北方所谓虎皮石者是也；凡用乱石，若使其凸凹不齐，顽者即变为不顽；更于其坳栽花草，则非但不顽，且能极美；余甚惜经营此渚者，何以美之观念如是其薄弱也。

太湖边上之另一地，有一新园曰蠡园，于假山之坳，栽植花草；美之观念，较他处进一步矣；又假山之粘结，居然用西门土，视他处用盐铁旧法者，亦进一步矣。然而不美之处甚多，例如铁筋混凝土之亭柱，尺寸多不合乎比例，外皮用人造豆渣石，尤见为土气；反之，若用杂石垒高，或将混凝土作成无规则之形状，则气象自能较雅。至于房屋，一律华式，亦太拘泥；园林中参用西式何尝不可，再参用日本式，亦何尝不可；盖点缀风景，只求悦目，华园固不必以华房为限也。

美之外又有一字曰便，旧人恒忽视此字；例如蹊径之窄隘，阶级之高峻，一则令游人不能并肩数步，一则令游人喘息不能宽舒，殊悖于设园之原则。盖设园原所以使人乐，非所以使人苦也。

以上所述各园，皆是私家花园，然皆是公开者。私园其名而公园其实，此是社会上一种极良之习惯，公与私不过是字面之不同。私园而公开于民众，则字面何足计较。留园曾一度收归公有，今仍为盛氏私有；余窃幸其仍归私有，盖在公字机能未健全之今日，破坏之力甚强，保存之力甚弱也。

时髦名词曰美术化，言之匪艰，行之惟艰；山及湖及园，皆建设于美字之上，其不美尚且如此，更有何法以推之于事事物物哉，余故喟然曰，美术化从何说起。

09 碱地之房屋 [1]

1936 年

碱性最为房屋之害，在华北如营口、塘沽等处，凡西洋式之砖房，墙根极易损坏；且其损坏不但在墙面，又在墙之中心。例如墙上之墁，其料为西门土；数年之后，内部之砖，酥碎成粉，墁乃成为硬壳，毫无耐力焉。不但此也，酥碎在内部，由低处渐达于高处；久而久之，全墙无耐力，房架殆成为空中楼阁矣；全座房屋，危险甚巨。

本年盐务稽核所，在汉沽盐坨所在之处造一房屋，另筹妥善之营造法，以免坍塌而延长其寿命，平时修理亦不致困难而縻款太多。

质言之，西式砖墙，由底至顶，柁架置于墙顶；此种方式，不适用于碱地。

碱地房屋，宜仿用旧式之木柱而改良旧式之柁架及基础。易言之，柁架仍用西式，用旧式木柱以支持之，又用西门土之混凝土以为木柱之基座；柱立于基座之顶，高于地平面，不受土气。砖非不可用，惟不用之以支持柁架；将来砖虽酥碎，无害于全房之安全。汉沽之新房，即根据于此原则而设计者也。用砖愈少愈妙，故只外墙用砖，内墙则用灰板；不但为安全计，亦阻于预算也。砖墙内外面，一律不用西门土作墁，即因其能成硬壳也，此硬壳阻止内部砖墙之通风也。不通风则碱性之湿气未由发散，砖之酥碎极速也。碱地之铁路，鱼板夹紧之一段，消损极速，亦因其闭闷而不通风也。钢且酥碎，砖其能不酥碎乎？

---

1. 原载于《工商学志》（天津工商学院校刊）1936 年第 2 期。文章所涉建筑为华南圭设计。

墙之内面之墁用沙灰为之，以使干空气可以透入，庶几砖不常湿。

外面勾缝，可免则免，必要时，用沙灰，不用纯灰，亦不用西门土。

该座房屋，计分三部；一曰宾馆，为招待购盐商人之所，如图第 1 集之北房；二曰招待事务所及检定所，如图第 1 集之西房；三曰工务所，如图第 1 集之南房；此为主要房屋，当然附带门房及号房[2]。

所谓检定所，乃是检验盐性之化学分析室。

主要房屋之外，不能无厨房及伕役之房，名之曰仆房，在西房之西；所以令其在西，盖求其较为隐藏，而又不与正房相距太远也。

乡僻之地与都市异性，只求房屋之可以经久，绝不求其华美。

节省是经济原则，既不需华美，则营造方法，愈节省愈妙。

以上皆是该座房屋之特性及原则，据此乃拟定图样及工料规范。

原则根据于特性，图样及规范又根据于原则，此种特性有值得记录者，故其原则及图样与规范，皆值得记录焉，兹将规范录于下，图样附于后，并附其草估之各表[3]。

工料规范

（甲）北房

（1）概要：正房四间，其二间各四公尺见方；又二间各宽三公尺半，各长五公尺四公寸；敞廊及串堂，各宽一公尺半，游衖宽一公尺廿五公分；后面附带盥沐室一间，另有规定。自脚地（地板）至天板，高以三公尺为原则；自脚地至地平面，高度为一公尺，以使全房干燥。

敞廊为仰檐式，以便光线及空气，皆能通畅。

柁架联于木柱，木柱立于基座，地板铺于搁榆[4]，搁榆坐于横梁，横梁搁于基座之肩。基座用 1+3+6 之混凝土，每一基座有四桩。

---

2. 即安排客房的工作室。
3. 见文末配图。原为本文所附小图册，由河北大学档案馆提供。
4. 龙骨。

正房及串堂游衖，皆用美松作地板，敞廊用碎砖混凝土作地面，其下有砖拱。屋内隔墙，皆用灰板；窗槛下用砖墙，高仅九公寸，厚仅十二公分，即所谓一进。天板用灰板；敞廊用松木作望板，厚度二公分。

东西北三大墙皆用砖，厚为二十五公分，即二进。

（2）柁架：柁架式样及尺寸，见图第2集；横柁、斜柁、吊柁及檩与椽，皆用美松；椽之中线相距，不得大于二公寸半。各处所用螺栓如图第2集所示，甲种二根之直径为二公分半，即一吋[4]，其他皆十二公厘，即半吋。酌用铁条，联于横柁及柱，成为三角形，名曰柁柱之系铁，如图第8集所示。

北房柁架，共计六个。中央二架间之檩子可较细，或用筒材[5]亦可。

（3）瓦：瓦用俯仰式，俗称阴阳瓦；掩盖三分二，显露三分一，俗称压二露一或压七露三。瓦下有秸泥，有席箔，又有极厚之苇箔，皆须双层，铺于椽面。脊瓦及檐瓦，照例铺设，檐瓦只在北檐。缺角及有碎纹之瓦，均不许用。各瓦皆用青灰密涂。敞廊不用瓦而用青灰，揉以碎麻，俗称麻捣灰。若用残废石棉以代碎麻，则加给相差之料价。敞廊用望板，故不再用椽子及苇箔与席箔，秸泥直铺于板面；若加油毡，则加给毡价。

（4）天板：天板俗称天花板，亦称顶篷，应用灰板；每一板条，须用四钉，钉须成相反之斜势。破裂及缺角之板条，皆不许用。

（5）柱：柱分二种，如图所示之K_1及K_2皆用美松，K_1二十公分见方，K_2为十五公分见方，皆应刨去锐棱。K_1用以支持正房之柁架，K_2用以支持敞廊之柁，亦作为正房之副柱（副柱即是门围之靠柱）。

柱头联于柁，柱根联于基座或横梁。K_1之根，用粗铅线以捆之，如图第4集所示。副柱K_2之根，赖三公厘之夹钣以联于横梁。敞廊K_2之根，赖铁片以联于基座；其法，于柱根锯成扁缝，将铁片之一头纳于此缝，又

4. 旧时“英寸”的写法。本文各种长度单位的注释，见书尾555页。
5. 旧时指成材杉木的原木。

一头则埋于基座；K_2 竖立妥善后，再加螺栓。

（6）隔墙：正房内之隔墙，皆用灰板，其骨架须强壮。每一板条须四钉，与天板同例。

（7）踢板：隔墙及砖墙，皆有踢板，用美松为之，厚二公分，宽十四公分。每距一公尺，用粗钉以联于骨架，或联于墙内之木砖，又用角铁以撑之。此角铁可用扁铁折成直角，厚四公厘，用二个螺钉以联于地板及踢板。

（8）门：门身之宽度九公寸，高度廿一公寸；惟通至盥沐室之门，宽只须七公寸，高仍廿一公寸，其料皆用美松，厚皆五公分，照图第8集所示者办理。门围皆留纱门地位，厚十二公分，宽七公分，亦如图第8集所示。共计七门，六是板门，一是玻门。七门中，三门有额窗，俗称亮子，即串堂前之一门及游衖二头各一门是也。每门用铰链三副，又用角铁，如图第8集所示。内门一律是扫地式，不可有槛；外门有槛，高限二公分，加钉铁皮。

凡通至屋外之门，皆有纱门，如串堂之门及西室之西门；纱门之框，厚仍五公分，与板门同例，惟宽度却可减小。板门皆有锁把，其式样临时核定，以中等质料为原则，纱门只须用瓷珠或小铜把。板门锁把，妨碍纱门时，可在纱门，与此锁把相对之处，装一四方小活门；或作一凸式小方框而仍以纱张于其上，如是则纱门可有容纳锁把之地位矣。

（9）窗：窗在南面者，窗身宽度二公尺，高度分二节；下半节是死窗，高八公寸，厚五公分；上半节之高度亦八公寸，分为四扇，左右二扇是死的，中央二扇是日本式之滑窗，厚五公分，附带纱窗。纱窗厚亦五公分，以免歪扭，略如图第8集所示。北面有窗一扇，是摇式而非滑式，宽半公尺，高一公尺，亦附纱窗。上方设一小窗，即窗内之窗，以便放入新鲜空气或放出恶浊空气（凡无北窗者，于南窗内设法作此小窗）。窗之插闩用普通短铁材。

（10）脚地：屋内一律用美松作地板，须具舌缝，宽为十公分即四寸，十五公寸即六吋者不可用；接头须成犄势，又须整齐。搁榆须有横撑，又须有底板，填以木屑，以阻冷气。敞廊以碎砖混凝土作脚地，分剂 1+3+6，厚十五公分；湿时轻轻夯之，使西门土之肥浆，升于表面，压紧抹平；又划成正方格或斜方格，五公寸乃至八公寸见方；嵌以细木条，俾有胀缩之余地；此脚地应有百分一之倾度，以利泻水。

（11）砖墙：东西北三面有砖墙，厚为二进，即约廿四或廿五公分；灰浆用炭石灰及西河沙，分剂为 1+4；各砖之横缝竖缝须填满灰浆；灰浆刮边之劣法及稀浆灌缝之劣法，皆不许用，以免罅隙，而致冬季透风。任何时，派员抽验，如见一处有罅隙，则所作之墙，须一律拆毁，绝对不能通融；砌砖之方式，照图第 8 集之甲式办理，不可误用乙式。

窗槛下之砖墙，高九公寸，厚仅一进，即十三或十二公分。敞廊下之砖拱，系为便利铺设混凝土起见，又为节省填土起见；拱分二层，每层厚度为一进，二层合计为廿五或廿四公分，注明于图第 3 集。拱之南边自廊边起，拱之北边，乃是 K_1 柱北边之延长线，如是则窗槛下之小砖墙，坐于拱面也。拱下有竖墙，介于 K_2 各柱之间，以免空洞之弊，厚仅一进，姑名之曰南墙。

南北墙之下部，各用硬砖，俗名陋钢砖，地位如图第 3 集所示；上部则用四丁式青砖，其质以砖样为凭，长约廿五公分，宽十二公分，厚等于宽之半。

南北东西墙之各部，各酌设空砖，以便通气，如图第 3 集之寅寅象；冬季用泥涂塞，以阻冷气。各墙距地面一公尺处，若加油毡，则加给毡价；若用西门土之肥浆，则厚须二公分，亦另给料价。只有南面可见之墙，用灰沙勾缝，即窗槛下之矮墙及廊下之拱面及矮墙；此外各墙，概不勾缝。东墙西墙之下部，向南引长，成为廊下之东西支墙。

（12）基座：基座分为二种，其一是正柱之基座，用西门土混凝土，其分剂为 1+3+6，尺寸照图样办理；其高度如图第 4 集之 H，应随横梁之高度而变更；基座之底面，在地面以下半公尺；基座之颈与地而齐平；其肩有斜者亦有平者；凡有砖墙经过之处，肩皆宜平。第二种是廊柱之基座，亦用混凝土如图所示，二公寸见方，高约半公尺，一部分嵌于砖墙，其顶高于廊之脚地，约高五乃至十公分。第一种基座，酌加简单铁筋，用半寸直径之圆钢，横者二根，竖者四根，只计料价，不计工价，因其太简单也。

（13）灰土：基座下无灰土。东西南北砖墙之下，当然有灰土，皆照一三常例办理，夯实后之高度为半公尺。

（14）桩：正柱 K_1 基座之下，皆插木桩四根，取一呎二呎之筒材，直径约十公分，截为二半段；其较粗之半段，长约二公尺，作为正柱基座下之桩；其较细之半段，长约十六公寸，留作仆房之桩；不足之数，添用小筒材可也。

插桩时，连桩带土以夯之；桩端不宜击破，上端须齐平，又需嵌入混凝土基座少许；桩之下端斫尖，不加铁屐。若土质甚劣，则用整根之九呎筒材。

（15）灰墁：砖墙外面皆无墁，内面有墁，用沙灰为之，厚约二公分，分剂为 2+5，不用秸泥作底。灰板墙及天板之墁，皆用麻灰为之，皆刷硫石灰即大白之白浆；又须稍劚蓝色，令其干后，显出极浅淡之蓝色，较纯白更能惬目。墙墁应用龙须草之汁，不用水胶。

（16）望板：敞廊不用椽子而用二公分厚度之松板，铺于檩上，名之曰望板。此望板同时作为天板，故其一面须刨光，接缝成斜面，如图第 5 集之 5.5 象；檩之二面亦须刨光，用棕色铅油以修饰之。望板之南头有掩板，宽约五公分，厚约二公分。

（17）玻璃：窗所用之玻璃，皆是普通玻璃，商语[6]所谓窗玻璃者是也。惟须免去气泡及皱纹；高处若有小气泡及小皱纹，尚可通融；而在人目直注之处，则须绝对免去。油灰须在玻璃外面，须用易干不脆之质料。

（18）修饰：柱及门窗，在房屋内者为灰色，外面为棕色；惟南面上半截之窗为绿色。地板用深灰色，略似西门土之色。踢板与门色同。

---

6. 即街头商业用语。

油须用极易干之质料，若三天后尚未干透，则应铲除。考验性质，以湿天为凭，不以燥天为凭。在湿天气中，用极薄之纸，贴于修饰物之面，再以热体紧压之；若见其有黏性，则应铲除净尽，改用新油。

（19）烟囱：所谓烟囱，乃指砖料砌成者而言，厚为一进，其中须加平方形之钢管，截面约须四百平方公分，即 20×20，不可小于二百二十五，即 15×15；此种钢管之衔接处，须用硫石灰或火泥，又须抹光，以免阻碍气流。烟囱高于屋脊半公尺乃至一公尺，顶须缩尖。竖孔自墙根起，钢管之起点，则在地板以上二公尺之处。本房将来拟用闷炉，即闷火之普通筒形铁炉也；为节省消费计，洋铁管只用于屋内，不用于屋外；故无论砖墙或灰板墙，皆须预留横势圆孔，直径为十五公分；烟囱本身，亦预留横势圆孔；此二种圆孔，非但须成同一直线，且须微有高低；即第一种横孔，微高于第二种横孔，以免后日漏油之弊；易言之，洋铁烟管，应有千分一乃至五百分一之倾度，低头在屋外，高头在屋内。钢管上琢成圆孔，应与烟管之横孔相符，再用火泥或硫石灰抹光，须成横平之筒形；此横平之筒形，地位须正，以便将来能受横势之洋铁烟管；此事于砌砖作孔之时，格外细心，以免后日地位尴尬之弊。烟囱须用白灰勾缝，以免漏气。

（20）天沟：天沟介于正房南檐及敞廊北檐之间，即是敞廊屋面之最低部分，用青灰作成，即是廊顶灰面延展而成者；其底须铺油毡一层；此油毡之北边，须纳入于瓦之下面，约四公寸，青灰亦然；易言之，瓦须压于青灰也。天沟东西二头须较低，俾雨水可向东西二头泻去。正房北檐无天沟，廊顶南檐亦无天沟。东西二头，各设钢管，以利竖流；用铁钳锚于墙，其锚法临时酌定；此竖管之直径为十五公分，上口有铅线编成之网形漏斗，以截留树叶及一切杂质。北檐无天沟而有檐瓦。

（21）盥沐室及粪坑：北房后面，有小房一间，宽十六公寸，长三公尺余，以青灰作屋面；脚地与正房齐平，以碎砖混凝土为之。其中拟设瓷质盥盆、沐盆及尿盆、恭盆。恭盆用蹲式者，连带虹管；沐盆先用砖砌，再用瓷砖作墁；内面长约一公尺六寸，宽约七公寸，深约六公寸。

用生铁水斗，以便冲刷大小便具。另作卫生粪坑，大概如图第 8 集所示，其地点在大院内；一切污水，皆能流入此坑；房下之管须预埋，以免临时困难。

（乙）西房

（22）两房规范，大致与北房同。

柁架不用美松，改用一呎二呎之筒材，如图第 5 集所示。正柱亦改用筒材，廊柱仍用美松。

八门尺寸材料，皆与北房同，惟皆有纱门，板门向内开展，纱门则向外开展，皆无额窗，即俗称亮子。

东面之窗，与北房之南窗同；其西窗八堂，与北房之北窗同。

门皆直通敞廊，故须有槛，加钉铁皮如第八条所言。

横梁尺寸不同，如图第 5 集所示。

西檐无天沟，但有滴水之檐瓦。

东檐之天沟，照第 20 条办理。

（丙）南房

（23）南房规范，大致与西房同；惟有一间，宽度为四公尺半者，其正檩须 20×20 或 18×15；边檩则为 17×17。

南窗与西房之东窗同，惟宽度有改为一公尺半者，如图第 6 集所示；又须加铁栅，横条用扁铁四根，厚五公厘[7]；竖条用圆铁，直径半吋，相距勿小于十五公分。

天沟与西房同例，南檐无天沟。

隔墙全用灰板。

（丁）仆房

（24）仆房无廊，隔墙用一进砖墙。

此房无柁架，只有二檩，其一在东檐，名曰前檩，踞于前柱之顶；

7. 即毫米。

又一在西檐，名曰后檩，踞于后柱之顶。前柱之数，倍于后柱之数，如图第 7 集所示。前檩用 2×12 之美松，后檩用九呎之筒材。

无地板，故亦无横梁及搁楡。

柱之基座，仍用一三六之混凝土，惟尺寸较小，且不用铅线捆住柱根。桩照第十四条办理，即用筒材较细之半段也；不足之数，添取小筒材，截为二段而用之。

隔墙用砖，厚只一进，窗槛下之砖墙亦然。

脚地用碎砖混凝土，与敞廊脚地同，高于地面三公寸。

屋面用苇箔、席箔、秸泥、青灰，向西面泻水，不作天沟。

门宽仅七公寸，高仍二公尺一寸。

门楣窗楣，在同一横平线上，如图第 7 集所示。

玻窗二扇，作成一堂；一扇可滑，一扇不可滑，总宽约一公尺，滑者附带纱窗。西墙内有一小窗，窗身宽高各半公尺，但皆附带纱窗。

十门皆是板门，无额窗，但皆附带纱门。

南北西三墙，内面皆有墁；隔墙皆无墁，只刷白浆，以成白色。

天板用灰板条，以免火患。椽用小筒材，如图第 7 集所示。

砖墙之根，当然有灰土，深半公尺。

（戊）车房 门洞 号房

（25）车房之南檐甚高，以令其与正房之姿态相同；故南墙除门孔外，厚须三进，内有垛。北墙甚低，以使节省材料，故厚度只二进，西墙甚长，去故加一垛，皆如图第 6 集所示。

屋面用苇箔、席箔、秸泥、青灰，向北面泻水。无天板。

北墙有小玻窗二堂，皆仅半公尺见方，不附纱窗。

不用柁架，用一吋二呎小筒材为檩子，直搁于墙顶，不再用椽，惟北檐须用短椽以支托板顶。

门以二扇为一对，每扇宽一公尺二寸，高视汽车，料须强，铁件须齐全。

（26）门洞乃是敞房一间，南墙除门孔外，厚须三进，内有二垛。

大门二扇，宽各九公寸，高各二十一公寸；右门应可常开，左门于必要时亦可开。不用柁，与平房同例。檩搁于墙顶，美松、筒材皆可用。

墙之内面有灰墁。屋面用瓦。用网形板条作天板。脚地用碎砖混凝土，高于平地十五公分。一切铁件，当然照例齐全，门围须格外强壮。

（27）号房亦用瓦，檩与门洞同式。南窗与南房同式，惟宽度只须一公尺，其半公尺之一扇是滑窗，兼有纱窗。北窗与南房之北窗同式，即高为一公尺，宽为半公尺，摇式而非滑式，兼有纱窗。

门只一扇，高仍二十一公寸，宽仍九公寸，用玻璃而无额窗。

脚地与门洞同。用灰板条作天板，愈低愈妙，只须不碍门窗。

墙之内面有灰墁。

（己）围墙及砖路

（28）围墙高于地平二公尺，厚二进，每距二公尺有垛墙，尺寸如图第 1 集所示；墙根在地平以下，至少四公寸，应有灰土半公尺。

无灰墁，亦不勾缝，墙顶须不能渗水。

（29）大院小院，用砖铺成路面，一律平铺，惟路边用竖立之砖；路底铺灰沙一层，压紧后之厚度为半公寸。

砌砖时所浪藉[8]之沙灰，可搜罗之以作此项用途。

（庚）其他

（30）台阶用砖铺成，以西门土之灰浆作墁，厚二公分，须微倾以利泻水灰浆分剂 1+3。

（31）檐下滴水之处，用砖铺地，一律平铺，其边用横立之砖。

（32）大院小院，皆须有倾度，以利泻水。

（33）挑出之檐，须加望板，以免苇箔之显露。

（34）条石若能由邓沽运至汉沽，则可用之以作台阶，及墙根，自应减去相当之砖灰料价。

（35）角铁为门窗所必需，惟固定之玻窗纱窗则非必需。

---

8. 即散乱。

（36）纱窗凡固定者，或用纱纳于窗围而加压条，或另制纱窗以纳于窗围之中。在第一种办法，宜用螺钉。在第二种办法，宜用中国旧式之插榫及插闩；所谓插榫，即如图第11集之癸甲是也，在窗框上方；所谓插闩，即如图第11集之癸乙是也，在窗框之下方。此种插榫插闩，不费钱而颇方便，故可采用。纱窗原则，固如图第8集所示；惟固定之纱窗，木料自可较细。

（36）纱门决无固定者，故其木料较粗；其框之厚度须五公分，以免日后挠扭之弊；惟框之宽度，不妨小于五公分，但决不应小于四公分。

纱门须能自闭，不赖弹簧而赖铰链之欹势；欹势适宜，则门能缓缓自闭，不似弹力之猛。

（37）纱边须先摺叠于压条，钉距勿大于一公寸；钉妥后，再加压条，如图第8集之K。

（辛）盥沐室及卫生设备

（38）盥沐室在北房之后，有三墙，曰东墙、西墙、北墙；南墙即是北房之北墙，阅图第4集之俯视象可明。此室之脚地，高于地平一公尺；则须堆填新土，又须十分夯紧，且灌水以令其低陷。四面之墙，在脚地以下者，须加厚至三进，即约38公分。为使东北南三墙协力负荷沐盆之死重及浮重[9]，故东墙含一梁，以铁筋混凝土为之，如2.2之象所示者，且东墙借作沐盆之东墙；沐盆之西墙下面，亦有一梁，亦插入房之南北墙。沐盆之南墙、西墙，则专属于沐盆，厚二进，即25公分，以砖为之；内面以瓷砖作墁，外面以西门土之灰浆作墁。盥盆、尿盆、恭盆，皆用启新瓷品。恭盆之虹管，经过正房北墙之处，墙所留之孔，须大于管身，以免后口将管压破。沐盆、盥盆、尿盆之液体，一律由恭盆流入卫生粪坑；故沿墙作一小沟，宽与深各7或8公分，自盥盆之下方起，至恭盆之上方止。此沟平时用松木盖之，此盖一边贴墙，又一边则为铁橛阻挡。木盖长短共五块，只须铁橛六个，如俯视所示。尿盆设于西北角，尿管半吋，绕贴西墙，折沿南墙，再向下，尿乃流入恭盆。小沟之倾度约50%，沟头之底，约与脚地齐平；沟尾之底，稍低于瓷质恭盆之上边。

沐盆须有卸水管及溢管如图所示；盆地须略倾度，务须使水可以卸尽。室内脚地上，如有浮水，应亦能卸入恭盆；故脚地之平面，应有适宜之倾度。恭盆之东北二面，应有板墙及矮门如图所示，沐盆西头有板墙亦如图，以便一人浴身时，他人仍可洗面或洗手或小解或大解。

（39）原则上，粪管宜直通粪坑；不得已而拐弯，则须用软弯之缸管。禁用硬弯，即禁用直角及锐角；粪管应有充分之倾度，直径 20 公分。

（40）小水沟之深度仅 7 或 8 公分，则其墙之高度，只须二砖之厚度，故须用西门土之灰浆以砌之；内面须用西门土作墁，如 4.4 之象。

（41）沐盆卸水之管须一吋，溢管亦一吋。

（42）冲粪之水斗用铁箱，须低于水柜。脚墩之地位，应临时实验其适宜与否，勿以图上尺寸为标准。

（43）沐房之小门及茶房之矮门，应皆能自闭；其法只须令上下铰链成欹势，第 36 条已说明。盥盆用铁架或木架，如何布置，临时酌定，勿以图为标准。

（44）粪坑已见图第 8 集，圆形而以砖为墙，厚系二进，横立以砌之；墁须极良，用 1+3 之西门土灰浆；工作须慎，宜绝对不能渗水；其盖用铁筋混凝土，如图第 11 集之子；留四公寸之孔，以便人能出入。

铁筋用最简单之法以分布之；因矮胄[10]不大殊于平面形也；以圆环形之横筋为纬，向心之横筋为经，以最大环为第一圈，最小环为第五圈，共有五圈如下：

第 1 环用 3/4" 圆钢 2 根

第 2 环用 3/4 圆钢 1 根 +1/2 圆钢 1 根

第 3 环用 3/4" 圆钢 1 根 +1/2 圆钢 1 根

第 4 环用 1/2 圆钢 2 根。

第 5 环用 1/2 圆钢 2 根。

---

9. 死重即自重，浮重即荷载。
10. 即头盔形，指文中所说的顶盖，见相关图。

经筋如下：

第 1 圈内用 1/2 圆钢 24 根
第 2 圈内用 1/2 圆钢 24 根
第 3 圈内用 1/2 圆钢 16 根
第 4 圈内用 1/2 圆钢 16 根
第 5 圈内是圆孔，不用筋。

（以上接头处应各搭过 10 公分；或设法连续之以免接头。）

中央有孔，人可出入，直径约四公寸，用石板为盖。气管应在高处，因酵气在坑之高处也。此气管依粪管方向，至西方之墙外，乃向天竖升至檐，如图第 10 集之甲图所示。

粪坑须具绝对的滗性，故墁须极良，厚 2 公分，用西门土为灰浆，其分剂为 1+3；钢管穿过之处，亦用西门土密涂，以保其不渗。钢管下口，用陋钢砖做成疏孔之墩以支托之；所以用陋钢砖，因其坚硬也。

坑用新砖砌成，墙及底各厚 25 公分，灰土照成规办理，二坑之做法相同。第三坑不用圬工，只用碎砖填满，如图第 8 集所示。

（壬）给水设备

（45）给水设备，包括深井及唧机与水柜并一切连带事物，泄阱、虹池及厨水小沟亦在内。以木桶作水柜，以常用之厨房为水柜之房，以免冰冻，如图第 10 集之各图。为期达此目的，故取仆房之南部一幢之最北一间为水柜房，兼作厨房；后檐抬高一公尺，前檐抬高一尺二寸；水柜之底，距脚地二公尺半，较原定之天板低一公寸。如是则后柱可用一吋二呎之筒材，前柱可用一吋四呎之筒材。门窗与原定者无异，惟地位稍改耳。水柜下之空间，高二公尺半；炉灶一切，皆设于其中，后文分别论之。柜东有二小窗，开之则可进人以扫拭积垢。

（46）深井：据当地情形，井之深度约四百呎，可得淡水；井水升高，距地面约一呎；井管直径二吋半，可得充足之流量；再细则工作不便，故无须小于二吋半。井管上口，吐水于池，名曰井池，其地位及尺寸，如图第 10 集之甲，深度则临时裁夺，其材料为一三六之石碴混凝土。池顶达于地平面，用松板以作双盖；顶盖须甚厚，以免危险，腰盖可较薄，如图第 12 集之乙；两盖之间，填塞柴草以防冻。

井管最低之一段，五至十公尺，周围有孔，孔径九公厘即 3/8；孔与孔相距约 25 公厘，即一吋；用铜纱围之，用高锡焊之，外用铁箍。

（47）唧机：手力唧机，设于厨内，靠近北墙，如图第 11 集戊己庚之 P。吸水之管为 π，直径吋半或 1+1/4，上口联于唧筒，下口达于井池，有铜莲蓬以阻杂物。机为双力式，每钟可取水二乃至三公吨；向下吸取池内之水，向上则将水送入水柜，亦可兼作消防之用。装置须十分坚固，以免后日摇动。

图上 p 是吸管，p' 是升管。

（48）水柜：以木桶为水柜，净深一公尺；长宽各二公尺，所以迁就房屋之平方形也。以四柱为支座，如各图所示，用 1+2+4 之铁筋混凝土，粗度为二公寸见方，用半吋圆钢八根为竖筋，横筋亦用半吋圆钢，相距十五公分，折成旋环形。柱之基座为混凝土，其底为八公寸见方，厚为半公尺；正方形立体，以便墙角经过。柜之高处低处，各有铁箍，以扁钢为之，厚为 3/8，宽约四公分，用螺栓以旋紧之。为免冻计，灶之烟管，贯穿水柜，以生铁为之，直径 15 公分，厚 1 公分，高约 22 公寸；上口约高于屋面半公尺，下口则赖螺栓以与柜底联结，如图第 10 集之己庚所示。为便联结，故下口有折沿，厚约三公分，宽宜能受一吋螺栓，螺栓至少四个；螺帽柜底之间，介以石棉圆环，厚须二公分，以免漏水。为扶持其竖势起见，应于柜之上边，设一铁箍，箍形与烟管相配，箍之二头能插入窠臼，此窠臼可锚于木柜；箍勿太厚，俾其略有弹性。此烟管上半段，贯穿屋面，其周围宜用石棉或橡胶挤紧，以免漏雨。此外，柜底另有三孔，其一为升管 p 贯穿，其二为喂管 D 贯穿，其三为溢管 p' 贯穿，借用螺栓、石棉与油丝挤紧。柜外设一标尺，用简单木板为之；或即于房柱做标志，如图第 10 集之丁之中柱，于高处用铅油作标志；柜内装一浮瓢，随水升降，赖绳以联系于指针，此绳经过小辘轮。升管上口，高于柜底约二公寸；喂管上口，高于柜底约半公寸；溢管上口，低于柜之顶边约二公分。溢管者，所以排除溢量之水者也，故直径至少等于升管之直径，即一吋半；其地位如戊及辛所示，靠近北墙，亦靠近圬柱，其下口则吐水于小沟，连同厨内污水，流至污池，再流至虹池。

（49）净管：喂管 D，由柜底走出时，距柜之南边约三公寸，循竖势入于地中，至地平以下约十三公寸，以免冰冻；再循横势而往泄阱，又往宾馆，其路线如甲图所示。泄阱者，泄水之小井也；冬季若宾馆无人无火炉，则管内积留之水，应能完全反流而至泄阱；因管之各点，需在地平下一公尺以外，故泄阱须更低，方能反流。然则喂水总管如 D，在厨下则入地约十三公寸；在宾馆则入地约十一公寸；而在泄阱则低于地平十五公寸，如是则 D 在泄阱乃为最低。为便泄放起见，阱内设龙头；泄放时，不许柜水同流，故 D 管上游有阀，如庚之 V_1 是也。若冬季厨亦不用，则先关阀 V_1，次乃开放厨内一切龙头；待大量之水流完，再开放 V_1，再开放泄阱内之龙头。为免冻计，升管 P' 中之水，亦应泄放，故有龙头如庚之 R_1。至于唧机，则用柴草以包裹之。

（50）为送温水至宾馆，于厨内设热水桶，如戊己图之 W，其底应高于脚地十六公寸，即高于地平十九公寸，因宾馆之盥盆高于地平十七公寸半也。热水管 t，入地与 D 同，且亦经过泄阱，亦有龙头以便泄水，如丙图所示。热水桶是圆形木桶，坐于砖墩；桶口高度，以能将热水倾入为度；在桶底之近处，有一阀如己图之 V_3；宾馆要水，以电铃为符号；开放此阀则热水能自流往。

此种简而且小之设备，可免仆人提壶送水之麻烦。热水管 t，在地中穿过时，皆应用柴草包紧，又用泥灰密涂，一以防冻，一以保暖。

（51）第二盥沐室，与水柜房为邻，如图戊所示；由 D 分一枝管，如 D"，如戊己图所示；D 又分开二枝，其一至盥盆，其二至沐盆；而沐盆之枝管，又分至尿盆，如戊图所示。此项枝管，受一阀之节制，如己图之 V_2，此阀应在水柜房而不应在盥沐室。

（52）冲粪之水斗设于厨房，即水柜房，而不设于盥沐室，因此盥沐室未必有火炉也；然而拉链却在盥沐室，只须引长横杠而穿过灰板墙耳。厨房所需之水，则由 D' 管供给之；此 D' 管亦由 D 管分出，且又分枝以送水于水斗，如戊图所示，并有一阀 V_4 以资节制；修理水斗时，只须关此 V_4。招待厨房，设在仆房北部一幢之最北一间，所需之水，由 d 管引去，如甲图所示；此 d 管应自泄阱分出，以便在阱内另设一个龙头，以便泄水；是故，泄阱内共有三个龙头，即 D、t、d 之三个龙头。

（53）装设厨房及盥沐室之水管，须审其曲折高低；务使任何处之积水，皆由阱井完全泄尽，以免冻裂之弊。泄阱有墙而无底，俾其所泄之水可以渗入地中；深度须距地平一公尺半，前已论明；其材料可用砖，厚度二进，竖立以砌之。

（54）以上所论，属于净管，即净水流通之各管也，后文再论污管。

（55）污管：污水流通之各管，名曰污管。

第一盥沐室在宾馆内，盥盆、沐盆、尿盆之污水，皆由恭盆流入粪坑；第二盥沐室之此种污水，亦由其恭盆流入粪坑。钢管直径二公寸，内面须有光滑之釉；转折须用软弯，勿用硬弯，三通亦不可是直角。

（56）厨房内之污水，亦一律流入粪坑，而皆经过虹池；其地位如图第 10 集之甲图所示，其细节如壬图所示，以砖或混凝土造成，且用双盖以免冻；污水由污沟以流入虹池，再由虹池以流入粪坑；二盖间之高度 h，视污沟之长短以裁夺之。

（57）每隔数旬，须将虹池掏拭一次；只须掀起木盖及覆碗，即可掏拭；腻浆及杂质皆应取出，不可推入管内。

（58）厨中设洗涤盆，用砖砌成，净宽三公寸或四公寸见方，净深约十五公分；一切物品，皆在此盆洗涤；盆底有孔，赖洋铁管以通至脚地之小沟，如辛图所示；此小沟之宽与深，各约八公分；用木作盖，与脚地齐平。此小沟通至污池，如甲图所示。

（59）污池用砖作成，用疏孔生铁作盖；凡混含固体之物质，可倾入于此污池，其液体自能流入池内，其固体则截留于盖之上面，每天撤除之。

此池之底，当然稍低于地平；此池之墙，可高于地平；墙顶应用坚强之木盖，以阻止苍蝇；是故，墙之深度，约须四公寸；如其太浅，则不能容纳混合固体之物质也。木盖可采用摇摆式，铰链之一翼可锚于圬工，又一翼可赖螺钉以联于木盖。此污池，一方面容纳厨房之污水，又一方面则送此污水至虹池。联络污池与虹池者，名曰污沟，用砖为之，亦可用钢管作成，约须有1%之倾度；因有倾度，故虹池之h，随污沟之长短而裁夺也。平时，宜常用清水倾入污池，以冲洗污沟，能用热水则尤妙。

（60）粪管应有倾度；若用10%之倾度，则坑顶大约须低于平地一公尺半；但粪管之地，愈深愈妙，则坑亦愈低愈妙，以不遇地中之水为度。

（61）粪管在大气中经过，则用柴草围之，与水管同例，所以免冻也。

（癸）未尽事宜

（62）一切未尽事宜，临时商酌办理。所谓未尽事宜，不胜枚举；凡在技术条件常例以内者，不待赘言；例如砖须浸湿，沙石须洁净，木须干透，修饰须先用油泥涂嵌等等。

（63）未尽事宜，有虽属细故而却甚重要者，试举数例以明之。

子例为门窗开展之方向：北房之北窗，受北风之推力，故须向外开展。玻窗既须向外，则纱窗应能向内开展。西房之西窗及南房之北窗，及仆房之西窗，皆同此例。

丑例为门窗开展之姿势：若向内开展，则应能贴近于墙之内面；若向外开展，则应能贴近于墙之外面；皆不许其不得不成尴尬之姿势。其法，只须将门围或窗围，越过该墙面半公分。

寅例为坚固问题：门围或窗围，既靠近于墙之一面而又越过半公分，则须加用铁件，使其与墙联结；门围左右，应各用铁片三块；窗围高者亦然，低者可减少之。

卯是例内之例外：前所论之子例，不能无例外。譬如南房之北门，不得不向屋内开展，否则障碍敞廊之行人。丑亦不能无例外，譬如北房之北窗，玻窗应向外开展，而窗围却应靠近于墙之内面；因若靠近外面，则开窗时伸手太远，窗开时受风摇动也。北房西屋之西门，即饭厅之西门，情形亦然；西房及仆房之西窗，情形亦然。

依据以上四例，则南房应斟酌情形而定其办法如下：北窗之窗围，应靠近墙之外面；玻窗向外开展，纱窗应向内开展；南窗是滑窗，窗围应靠近墙之内面，以便装设铁栅；纱窗宜居外层，玻窗宜居内层。

西房之东窗，方向姿势皆无问题，因其是滑窗与死窗也；但其纱窗宜居外层，滑窗宜居内层。

（64）凡易受雨雪之门或窗，其门围窗围之底框，须有长槽及斜孔，以使雨雪化成之水，由此槽与孔以流至室外，不易窜入室内，例如图11集之癸是也。槽易刨成，斜孔亦易钻成。

（65）凡属可开展之门或玻窗，在受铰链之一边，应有凸凹部分，如图第11集之癸，以免透风之弊，此即图第8集所示之象。

（66）凡门围窗围，如有可以透风之缝，应加掩条，如图第11集之癸。

（67）窗之插闩之头，须锉之使成尖圆之状，俾其易入窠臼。

（68）门之横闩之臼板或锁把之簧舌之臼板，须尽量放低。

（69）除滑窗外，凡门窗应有铁件阻止其自动，例如用钩以钩住已开展之门窗。

（70）凡门窗，若其锁把或插闩，抵触墙面，则应用物以阻止之。

（71）总之，未尽事宜，不胜枚举；凡办理工程者及监督工程者，应随时深思熟虑，勿稍疏忽。

天津长芦盐场的盐坨

注：微信扫描书后附图首页二维码后，可通过链接，上电脑高清放大浏览本篇附图。

第1表 北房物量之概计

（细微之数略去，且用材大，故曰概计）
（此表转辗抄写数次，错误在所难免）

项目	部位	计算	合计
基座	12基座在正柱下者	每座长 0.95m×宽 0.80m×厚 0.50m，面 = $0.76m^2$，体 = $0.38m^3$ "" 之柱体，高 0.50，面 = 0.07，体 = 0.04 } $0.42m^3$ 12座之量 0.42×12 = 5.04	$5m^3$
	6座在廊柱下者	每座 0.20m×0.20m，高 0.50m，体 = $0.02m^3$ 0.02×6 = 0.12	
砖墙	在脚地以上者	北墙长 17.80m，高 3m，面 = 17.8×3 = 53.40，厚 0.25，$13.4m^3$ 东墙长 5.40m+0.45+1.60 = 7.45，高 3m，面 = 7.45×3 = 22.40 } $94m^2$ (a)，"0.25，5.6 西墙长 5.40+0.45 = 5.9，""，面 = 5.90×3 = 18.00，"0.25，4.5 在窗槛下者，长 2×7.5m+0.5 = 15.5，高 0.9，面 = 14.00 (b)，"0.13，1.8 山墙长 2×7.45 = 14.9m，高平均 1m，面 = 14.90，"0.25，3.7	$46m^3$
	在脚地以下者	东西墙各 7.45，2×7.45 = 14.9，高 1.5m，面 = 14.9×1.5 = 22.4，厚 0.25，5.6 在廊边以下者，长 15.5，高 1.5，面 = 23.3，""，5.1 廊下之拱，看作平面，长 15.5，宽 1.6，面 = 25.0，""，6.3	
木柱	K_1 12根 K_2 10根	每柱之截面 = 0.20m×0.20m = $0.04m^2$，12×0.04 = $0.48m^3$ """" = 0.15×0.15 = 0.023，10×0.023 = 0.23 } $0.71m^2$ 加 10% = 0.07	$0.78m^2×3.55 = 2.78m^3$
梁	2根 P_1 2 " P_2 2 " P_3	每根之截面 = 0.25×0.50 = $0.125m^2$，2×0.125 = $0.25m^2$ """" = 0.20×0.50 = 0.100，2×0.100 = 0.20 """" = 0.20×0.40 = 0.080，2×0.080 = 0.16 } = 0.61 加 10% = 0.06	$0.67m^2×5.20m = 3.55m^3$
搁栅	12排	每"""" = 0.05×0.30 = $0.015m^2$，12×0.015 = $0.18m^2$ 长等于 18m，体 = $0.18m^2$×18m = $3.24m^3$ 加 10% = 0.32	$3.56m^3$
踢板	高 0.15m×厚 0.02m	长 2×5.4m+12×4m = 58m，面 = 58m×0.15m = $8.7m^2$，体 = 8.7×0.025m = 0.22 加 5% = 0.01	$0.23m^3$
地板	用在内者	长 18m，宽 5.4m，面 = 18m×5.4m = $97m^2$ (c) 加 30% = 30	$127m^2$
门窗	门6堂 南窗4扇 北"1" 浴室之门1扇 """窗2"	每门宽 (0.9m+0.1m)，高 (2.1m+0.1m)，面 = 1m×2.2m = $2.2m^2$，6×$2.2m^2$ = $13m^2$ 每扇宽 2m+0.1m，" 1.6m+0.2m，" = 2.1×1.8 = 3.8，4×3.8 = 15.2 " 0.5+0.1，1.5+0.1，= 0.6×1.6 = 1.0，1×1.0 = 1.0 " 0.7+0.1，2.1+0.1，= 0.8×2.2 = 1.7，1×1.7 = 1.7 1.0+0.1，1.5+0.1，= 1.1×1.6 = 1.8，2×1.8 = 3.5	$35m^2$
	纱门 2扇 南面纱窗4堂 北"""1"	尺寸与板门同，面 = $2.2m^2$，2×$2.2m^2$ = $4.4m^2$ 每堂长 1m，高 0.8m，面 = 1m×0.8m = 0.8，4×0.8 = 3.2 ""宽 0.5 高 1.5m，" = 0.5×1.5 = 0.8，1×0.8 = 0.8	$8m^2$
天板	俗称顶篷，屋内者等于地板，面 = 18m×5.4m 廊已有望板，不再用天板。		$97m^2$
脚地	廊之脚地，厚 = 0.15m 浴室""""	长 = 18m，宽 1.6m，面 = 18×1.6 = 29 " = 3.5m，" 1.6m，" = 3.5×1.6 = 6 (e) } $35m^2$×0.15m =	$5m^3$
板墙	灰板条之墙：	隔墙 6(长 4m×高 3m) − 2(0.9m×2.1m)，面 = 72 − 4 = $68m^2$ 窗槛以上，2(7.5m×2.1m) − 窗 = 32 − 15 = $17m^2$ 南门左右，宽 0.5m×高 1.2m = 0.6 } = $18m^2$ } =	$86m^2$
墙墁	东西北三墙之墁：即 (a). $94m^2$ 在窗槛下者：即 (b). 14 } =		$108m^2$
屋面	正房之瓦面：由地板加 15%，即 (c)+15% = 97+15% = 97+15 = 廊之灰面：由 (d) 加 10%，即 $32m^2$+$3m^2$ = $35m^2$ 浴室灰面：由 (e) 加 10%，即 6+0.6 = 7 } =		$112m^2$ $42m^2$

续第1表 北房物量之概计

项目	部位	计算	合计
柁架	共有6架	每架 横柁 2×0.2m×0.375m×长 6m = 0.2×0.15m×6m = 0.20×0.9 = $0.18m^3$ "" 斜" 2×0.2m×0.10m×7.5m = 0.2×0.2×7.5 = 0.20×1.5 = 0.30 "" 吊" 1×0.2×0.20×2.5m = 0.2×0.5 = 0.10 "" 斜撑 2×0.1×0.10×1.5m = 0.1×0.1×3m = 0.01×3 = 0.03 廊之斜柁 1.8m×0.15m×0.28m = 1.8×0.042 = 0.08 合计 6×$0.69m^3$ = 4.14 加 15% = 0.62	$= 5m^3$
檩子	正房4根 "2" "1" 廊 2" "1"	长(2×8m)×0.17m×0.17m（或 0.15×0.19）= 16m×$0.029m^2$ = $0.46m^3$，4×0.46 = $1.86m^3$ 16m×0.15m×0.15m（或 15×14）= 16m×0.0225 = 0.36，2×0.36 = 0.72 16m×0.20m×0.20m（或 19×22）= 16m×0.04 = 0.64，1×0.64 = 0.64 17.6m×0.12m×0.24 = 17.6m×0.0288 = 0.51，2×0.51 = 1.00 17.6×0.15×0.22 = 17.6m×0.033 = 0.58，1×0.58 = 0.60 } 4.82 加 15% = 0.72	$= 5.5m^3$
	正房7根	筒材4根，截成8段，用其7段	筒材 = 4根
椽子	正房	椽距 = 0.15m，椽之截面 0.05m×0.05m，或 0.045×0.055 = $0.0025m^2$ 椽长 = 2×3.5m = 7m，7m×$0.0025m^2$ = $0.0175m^3$ 椽数 = 18m/0.15m = 120根，120×0.0175 = $2.10m^3$	（椽距改为 0.2m，则椽数减至90根，则 $2.1m^3$ 减至 $1.6m^3$）
望板及拖板		廊不用椽而用薄板，名曰望板，厚度 0.02m，面 = (1.5m+0.15+0.20)17.6m = $33m^2$ 体积 = $33m^2$×0.02m = 0.70 拖板系为遮蔽铁管而设，宽约 0.05m，厚 0.02m，长 18m， 截面 = 0.05m×0.02m = 0.001，体积 = $0.001m^2$×18m = 0.02 } $3m^3$ 加 10%	$3.3m^3$
椿		12×4 = 48根，用一丈二尺之粗筒材，直径9至10公分，截为二段，用其较粗之半段，长为 2m，其较细之半段，留作檩座之椿。	
灰土		东西墙长约 14m，南北墙长各 18m，厚 0.5m，宽 0.5m；总长内应减去基座 6×0.8m+4×0.9m = 8m。 体积 = (0.5m×0.5m)×(14+18+18−8) = $0.25m^2$×42m =	$11m^3$
铁件		12基座之铁筋：每座用半吋方筋二个，共长约 2m，"""""竖筋四根，""""4m } 6m，截面 = $0.000132m^2$，体积 = $0.000792m^3$ 12×0.000792 = $0.0095m^3$×8t =	76kg
		柁与柱 K_1，按铁条以联系之，使其成为不变之三角形，如各第五集所示， 北房有二柁如此联系，即有四柱 K_1 如此联系，用六英分之圆钢，长 1.2m，绕扇其二头。 如此则用圆钢四根，总长 4.8m，截面 = 3.14×9.5mm×9.5mm = $283mm^2$ = $0.000283m^2$。 体积 = 0.000283×4.8m = $0.00112m^3$，重 = 0.00112×8t = 0.009t = 9kg。 梁柱应用夹铁如图第五集所示之状，四梁用夹铁八块；厚 3mm，宽约 30mm，长约 140cm。 体积 = 8×0.003m×0.030m×0.14m = 8×$0.000013m^3$，重 = 8×0.0001t = 0.000832t。 廊柱亦用夹铁如各第三集正立面之 K_2，六柱用六块，6×$0.000013m^3$，重 = 6×……= 0.00062t。 钢条夹铁按螺栓以联结，四钢条需栓八个，梁之夹铁需栓八个，K_2 柱需栓六个，共22个。 螺栓长短不等，假定平均各长 25cm，直径 13mm，每个重 0.00019t，22个重 0.0041t。 连同螺帽，假定其重为二倍，即 2×0.0041 = 0.0082t。 六个柁架所需螺栓之数为 6×8 = 48个，其重 = 48×2×0.00019t = 0.0182t。	31kg
		柱跟须用铁线，如各第五集所示，每柱平均线长 4m，直径 3mm，即 0.03dm，截面 = $0.00071dm^2$， 每线之体积 = $0.00071dm^2$×40dm = $0.0284dm^3$，每线重 = 0.0284×11.4kg = 0.324kg。 18柱之铁线之总重 = 0.324kg×18 =	6kg
		门窗所用之角铁，每扇四块，厚为 3mm，宽为 20mm，其长平均 200mm，则四块之总长为 0.8m， 每四块之重量为 0.003m×0.02m×0.8m×8t = 0.000384t。 除去非径摆之门窗，计有10扇，10×0.000384t = 0.00384t。 门圈窗圈，须用铁片以全其安固，门或窗，每堂用六片，厚 3mm，宽约 20mm，长约 0.10m，六片之总长为 0.60m，则每堂铁片之重 = 0.000285t，12堂则 = 12×0.000285 = 0.0034t。	7kg
油毡（用备临时防空）		若用油毡，则在三处，其一如各第三集子子象所示者，其二如各第3集实实之象所示者，其三则为青灰屋面。第一种 20块，长 1m，宽 0.25m，总面 = 20×1m×0.25m = $5m^2$，加 10% 则 $5.5m^2$ 第二种总面 = 47m×0.3m = $14m^2$+10% = 第三""" = 18m×2m = $36m^2$+10% =	$5.5m^2$ $15.4m^2$ $40.0m^2$

第2表　各房物量概計之總數

項目		北房			西房			南房			儀房			東房			門洞			長房			烟囱	圍牆		院内	台階		總數				
		面m² 或長m	件數	体m³	面m² 或長m	件數	体m³	面m² 或長m	件數	体m³	面m² 或長m	件數	体m³	面m² 或長m	件數	体m³								長m	体m³		面m²	体m³	体m³	件數	面m²	長m	重kg
基層	1:3:6 大小		12/6	5		18/9	8		10/2	2.4/0.1		24	2																17.5 — —	40/31	—	—	—
磚牆	二行者	面52		45.4	面215		54	面124		31	面100		25	面92		23	面10		25	面10		15	12m³	43	34	4600塊		7	195+34+27°		712+48	45m	
	一〃〃	〃37		18	64		8	〃40		5	〃66		9																24		207		
柱子	九吋筒材																																
	吋二〃〃					18			10																					28			
	美松		22	2.74		8	0.63		2	0.10																			3.38	33			
橫梁	〃			3.59			1.66			1.13																			6.34 (14.6)				
擱柵	〃			3.60			4.22			2.11																			9.89				
踢板	〃	9m²/58m		0.23	16m²/104m		0.45	8m²/36m		0.20																			0.9		33	218	
地板	四吋美松 實	面97			面101			面56																							254		
	四吋美松 料	面127			面131			〃73																							331		
門	甲 90X210	〃13	6		〃19	5		〃9	4								4.5	2		面2	1									21	48		
	乙 70X210	〃1.7	1								面17	10												17m²						12	21		
	丙 120X210													面14	4															4	14		
窗	甲 1"X1.6"	〃15.2	4		〃30.4	8		〃6	2																					14	54		
	乙 1.5X1.6							〃5.8	2																					2	6		
	丙 1.0X1.6																			〃2	1									1	2		
	丁 1.0X1.1										〃12	10																		10	12		
	戊 0.5X1.0	〃3.1	3		〃5	3		〃2.8	4																					15	12		
	己 0.5X0.5										4	10		〃0.7	2															12	5		
	庚 1"X1.1																																
紗門	甲 0.9X2.1"	〃4.4	2		〃15	8		〃7.6	4											〃2	1									15	29		
	乙 0.7X2.1										〃15	10																		10	15		
紗窗	甲 1.0X0.8	3.2	4		〃6.4	8		〃1.6	2																					14	11		
	乙 0.5X0.8							〃0.8	2											〃0.4	1									3	1		
	丙 0.5X1.1											10																		10			
	丁 0.5X1.0	0.5	1		〃4	8		〃2.0	4																					9	7		
	戊 0.5X0.5										〃3	10																		10	3		
天板	木板	〃97			〃101			〃56			〃68									〃11											333		
	鋼板																面10														10		
脚地	碎磚混凝土	〃35		5	〃33		5	〃15		2.3	〃68		10				〃11		1.7	〃11		1.7							26		173		
板牆	灰板條	〃86			〃82			〃50																							218		
牆壁		〃108		2.2	〃124		2.5	〃70		1.4	〃110		2.2				〃30			〃30							29	0.6	9.5+0.5°		472+29°		
屋面	瓦面	〃112			〃143			〃73									〃14		0.6	〃15		0.6									357		
	木面 有摩擦	〃8									〃80			面48																	136		
	〃〃〃	〃36			〃48			〃21																							105		
桁 美松	正方 5.5"		6	4.2																									4.20 (4.74)	6			
	〃 3.5"					9			5																					14			
	扁 1.5"		6	0.54																									0.54	6			
	1.0"					7			5																					14			
桁 筒材	九吋者					61			24			12																		77			
	吋二〃					9			5			12									7									33			
檁子	九吋筒材											15									6									21			
	吋二〃〃		4												14			7												25			
	美松			5.5			6.6			3.9			0.3																16.3 (18.6)				
椽子	美松			2.3																									2.3				
	九吋筒材											102			72			6												180			
	吋二〃〃					240			132																					372			
望板	松木	面33		0.8	面34.3		0.7	面16		0.34																			2.14		83		
椽 式	九吋筒材		48			72			40																					160			
	吋二〃〃		24			36			20			63																		143			
灰土	1:3			11			13			9			47			12			〃5			3	5m³		13	6m³			66+6°+13°				
油漆	甲 玻璃門窗	面36			面48			面25																							104		
	乙 [illegible]	〃5.5			〃3			〃4.3																							13		
	丙 牆内	〃15			〃22			〃15																							52		
[illegible]											面104																				104		
[illegible]														面36												119m²					36+119°		
[illegible]																							66m									66	
[illegible]	直徑三公分	6公斤			6公斤			3.5kg																									16
[illegible]	半吋圓鋼	16			120			63																									259
[illegible]	[illegible]	9			22			16			27kg	10根																					74
[illegible]	[illegible]	9			27			9			面12.48			3kg			1.1kg			25kg													85
[illegible]	直徑1/2"	18			39			16			8kg			34																			115

材料么价之分析

西砟混凝土： 西门土每1m³ =18包×3.80元=68.40元。

西河沙子 2.82元/m³，石砟 4.95元/m³。

1+3+6=68.40元+3×2.82+6×4.95=106.56元。

所得混凝土，多于6m³；今是草估，作为6m³。

则每m³之混凝土=106.56/6=17.76元。

西门土之灰酱： 1+3=68.40元+3×2.82元=72.86元。

则每m³之灰酱=72.86元/3=24.30元。

紫石灰之灰酱： 石灰 2.82元/m³。

1+3=2.82+3×2.82元=2.82+8.46=11.28元。

则 11.28元÷3=3.76元/m³。

1+4=2.82+4×2.82=2.82+11.26=14.08元。

则 14.08/4=3.52元/m³。

碎砖混凝土： 假定新砖6m³可得碎者9m³，

即碎砖8m³须用整砖5.3m³×500块=2650块。

拆墙时，常有批剥之碎砖，不能作为新价，只可作半价，则2.650×7元/2=9元

1+4+8=68.40元+11.3+9=88.70元。

则88.70/8=11.10元/m³。

鄂洁条石 长5呎=1.5m，宽=0.32，厚=0.16m。

共长200×5呎=1000呎=300m。

运至滦洁，须费160乃至180元。

180/300m=0.60元/m。

筒材： 九呎小筒材，长2m75，直径9—10cm，价0.82元。

一呎二呎之细筒材，长3m60，直径8—9，〃1.00。

〃〃〃〃〃粗〃〃，长〃〃，〃〃9—10，〃1.15。

一呎四呎之细〃〃，〃4.20，〃〃9—10，〃1.50。

〃〃〃〃〃中〃〃，〃〃〃，〃〃11—12，2.20。

〃〃〃〃〃粗〃〃，〃〃〃，〃〃12—13，2.60。

檐尾二种，与美松同价。(假定美松62元/m³)

缸工管： 内面光滑者，长二呎，直径每吋价六分。

则10吋者每节0.60元，8"者0.48元，6"者0.36元。

水管： 白铜管，(黑管较贱，不列于表内)

直径	1¼"	1"3/8	1"	1/2"	6/8
每呎	0.305元	0.245元	0.18元	0.105元	0.125元
每讯	1元	0.803元	0.616元	0.344元	0.480元

美松： 毛板及方木，时价62元/m³，地板为下

踏步	厚20mm			160元
普通用头号	净厚18—19mm	长8'—20'	净宽82mm	130元
〃〃二〃	〃	长6'—20'	〃	120元
〃〃三〃	〃	长〃	〃	115元
次等，四〃	毛厚1"	〃〃	毛宽6"	105元
超级草板面	净厚26mm		净宽81mm	190元

(3)' 第3表　所擬之單价

(3)' 物量概計之總數　圍墻院子台堦皆不在內

(3)' 第4表　預估清單

所擬之單价		項目		体 m³	件或堂	面 m²	長 m	工	料	連工帶料	鉸鏈	把門	粧飾	工料合計
8.5元 m³	大小手蚂，只計工，料不在內	基座	1:3:6 大小	17.5 大小	40 31			17.5×2.5元=44元	17.5×17.76 = 312元					44+312 = 356
0.7 m²	工与灰漿合計，磚不在內	磚牆	二隻者	195 } 199		760		760×0.7=512	199×3.5 = 697					512+66+697=1275
0.32 〃	〃 〃		一〃〃	24		207		207×0.32=66						
		柱子	九吋筒材											
			吋二〃〃		28									
			美松	3.38	33			工料另計	28×1.1 = 31				33×1元 = 33	13, 31, 1215, 56, 33, 13 } = 1361
		橫樑	〃	6.38 } 19.6				工料另計地板	19.6×62元 = 1215					
		擱柵	〃	5.89										
0.5 m²	與地板同	踢板	〃	0.9		33	218	33×0.5 = 13	0.9×62 = 56				33×0.4 = 13	
0.5 m²	工与釘合計，木料不在內，粧飾在外，工包括橫樑擱柵及底板	地板	美松 實面 加板			254 531		254×0.5 = 177	鋪板254×1元 = 254；331×1.5 = 497				254×0.4 102	177+254+497+102=1030
27元 堂	門圍門扇一切工料在內，鉸鏈与把門不在內，粧飾在外	門 不去亮子	甲 90×210		21	38				21×27元 = 567 } 919	2×37×0.24元 = 18	37×1.5元 = 56	37×2元 = 74	919+18+74+56=1067
20 〃			乙 70×210		12	21				12×20 = 240				
28 〃			丙 130×210		4	14				4×28 = 112				
22 〃	与上同，粧飾仍在外	窗 無亮子	甲 2.0×1.6		14	54				14×22 = 308 } 574			54×2元 = 108	574+6+108 = 688
19.2 〃			乙 1.5×1.6		2	6				2×19.2 = 38				
14 〃			丙 1.0×1.6		1	2				1×14 = 14				
7 〃			丁 1.0×1.1		10	12				10×7 = 70				
6 〃			戊 0.5×1.0		15	12				15×6 = 90	2×27×0.10 = 6			
4.5 〃			己 0.5×0.5		12	5				12×4.5 = 54				
			庚 1.0×1.1											
4元 堂	与上同	紗門	甲 0.9×2.1		15 } 68	29				15×4 = 60 } 212	3×25×0.20 = 15 } 19		68×1元 = 68	212+19+68 = 231
3 〃	〃		乙 0.7×2.1		10	13				10×3 = 30				
3.5 〃	〃	紗窗	甲 1.0×0.8		14	11				14×3.5 = 49				
2.3 〃	〃		乙 0.5×0.8		3	1				3×2.3 = 7				
2.8 〃	〃		丙 0.5×1.1		10					10×2.9 = 28				
2.7 〃	〃		丁 0.5×1.0		9	7				9×2.7 = 24	2×9×0.10 = 2			
1.4 〃	〃		戊 0.5×0.5		10	33				10×1.4 = 14	2×10×0.10 = 2			
1.2 m²	一切工料在內	天板	灰板条			333				333×1.2 = 400 } 412				412
1.2 〃	与上同		鋼形板条			10				10×1.2 = 12				
0.5 〃	只計工，料在外	脚地	碎磚1:3:6	26		173		173×0.5 = 87	26×11.1元 = 289					87+389 = 476
1.3 〃	一切工料骨架皆在內	板牆	灰板条			218				218×1.3 = 283				283
0.4 〃	与上仝	牆漫		9.5		472				472×0.4 = 189				189
1.7 〃	一切工料在內，惟檁椽料及木工皆不在內	屋面	瓦面			357 } 598				357×1.7 = 607 } 875				675
1.2 〃			瓦面有蓆箔			136				136×1.2 = 163				
1.0 〃			〃〃蓆〃〃			105				105×1 = 105				
5.5 每架	只計工及釘，木料在外，柒在材上	桁架 美松	四方 5.0"	4.20 } 4.74	6			6×5.5 = 33 } 120	4.74×62 = 294					120+294+63+33 = 510
4.5 〃	全上		〃〃 3.5"		14			14×4.5 = 63						
5.5/4	用其小，故取5.5元之四分一	廊	3.5	0.54	6			6×5.5/4 = 8						
4.5/4	〃〃〃 4.5 〃〃〃		〃 1.0		14			14×4.5/4 = 16						
0.82 每根		筒材	九吋筒		77				77×0.82 = 63					
1.00 〃			吋二〃		33				33×1 = 33					
0.82 〃		檁	九吋筒材		21				21×0.82 = 17 } 1715					60+1715 = 1775
1.00 〃			吋二〃〃		25				25×1 = 25					
62元 m³		椽	美松	16.3 } 18.6		598		598×0.10 = 60	18.6×62 = 1153					
〃 〃			〃〃	2.3										
0.82 根			九吋筒材		180				180×0.82 = 148					
1.00 〃			吋二〃〃		372				372×1 = 372					
0.27工m²	0.50元料m³	望板	松木	2.14		83		83×0.27 = 22	2.14×50 = 107				83×0.27 = 22	22+107+22 = 151
0.2 每根	料0.82元每根	椽或	九吋筒材		160			160×0.2 = 32	160×0.82 = 131					32+131 = 163
〃 〃	只計工，料在外		吋二〃〃		163									
3.5 m³	一切工料在內	灰土	1:3	66						66×3.5 = 231				231
		油漆	甲 在門窗			104			104×0.45 = 47					47+6+23 = 76
			乙 在柱樑等			13			13×0.45 = 6					
			丙 在牆內			52			52×0.45 = 23					
0.03 m²	一切工料在內	刷漿	大白灰漿			104		104×0.03 = 3	繳，不計					3
0.11 m²	取一道牆工价之三分一	踢腳				36								
0.5 每m	每節長0.6"，价0.2元，即每m為0.5元	缸管	用于烟囪				66							
0.4元 m		鉛絲	直徑3mm				16		16×0.4元 = 6					6+39+11+13+35 = 104
0.15 〃		鉄筋	圓鋼				259		259×0.15 = 39					
〃 〃		圓鋼					74		74×0.15 = 11					
〃 〃		[illegible]	[illegible]				85		85×0.15 = 13					

附屬工程　圍墻院子台堦

圍墻：
長 = 63m
面 = 43×2.6 = 103m²
磚 = 103×0.3×500 = 15500
磚价 = 15500×7元 = 80元
砌工 = 值計，103m²×0.7元 = 72元
灰土 13m³×3.5元 = 26元
門一堂 20元
合計 80+72+26+20 = 198元

院子：
磚 4600×7元 = 32元
灰土 6m³×3.5元 = 21
鋪工 119m²×0.32元/3 = 13元
合計 32+21+13 = 65元

台堦：
磚 7m³ = 3500塊
3500×7元 = 25元
堦之面積 = 29m²
〃〃体〃 = 0.6m³
砌工者作二道，29m²×0.7元 = 20元
堦价 = 0.6m³×26元 = 16元
合計 25+20+16 = 61元

三項總計：198+65+61 = 324元

全部總計：
11056
324
11380

若須估工作，工料應各加20%，即 2276

项目	细目	面m²或长m	件或堂	体m³	北房 工	北房 料	北房 工和料	北房 装饰	西房 工	西房 料	西房 工和料	西房 装饰	南房 工	南房 料	南房 工和料	南房 装饰	偿房 工	偿房 料	偿房 工和料	偿房 装饰
基座	1:3:6 灰		12/6	5	5×2.5=13	5×17.36=89			8×2.5=20	8×17.76=142			2.5×2.5=6	2.5×17.76=44			2×2.5=5	2×17.76=36		
砖墙	二进制	面161		45.6	161×0.7=113	22.7×7=159			215×0.7=151	54×3.5=189			124×0.7=87	31×3.5=109			100×0.7=70	25×3.5=88		
	一 〃 〃	〃 37		1.8	37×0.32=12	1.8×3.3=6			64×0.32=20	8×3.5=28			40×0.32=13	5×3.5=18			66×0.32=21	9×3.5=33		
柱子	九吋筒材																			
	吠二 〃 〃									18×1.1=20		9×0.5=5		10×1.1=11		5×0.5=3				6
	美松		22	0.78	工钢子抱	0.78×62=48		22×1=22		0.41×62=25		9×1=9		0.1×62=6		2×1=2				
横梁	〃			0.67	工钢子地板	0.67×62=41				1.66×62=103				1.13×62=70						
搁栅	〃			5.36	〃 〃	5.36×62=331				4.22×62=262				2.11×62=131						
踢板	〃	9m² 38m²		0.25	9×0.9=6	0.25×62=16		9×0.4=4	16×0.5=8	0.45×62=28		16×0.4=6	8m²×0.5=4	0.1×62=6		8×0.4=3				
地板	美松 实面	面97m²			97×0.5=49	97×1(进)=97		97×0.4=39	101×0.5=51			101×0.4=40	56×0.5=28			56×0.4=22				
	加板	〃 127				127×4.3=547				131×4.3=563				73×4.3=314						
门	甲 0.9×2.1	〃 13	6				6×27=162				8×27=216				4×27=108	4×2=8				
	乙 0.7×2.1	〃 1.7	1				1×20=20	11×2=22				8×2=16							10×20=200	10
	丙 1.2×2.1																			
窗	甲 2.0×1.6	〃 15.2	4				4×19.2=77				8×19.2=154				2×22=44					
	乙 1.5×1.6														2×19.2=38					
	丙 1.0×1.6							7×2=15				16×2=32				8×2=16				
	丁 1.0×1.1																		10×10=100	10
	戊 0.5×1.0	〃 3.1	3				3×6=18				8×6=48				4×6=24					
	己 0.5×0.5																		10×4.5=45	10
纱门	甲 0.9×2.1	〃 4.6	2				2×4=8				8×4=32	8×1=8			4×4=16	4×1=4				
	乙 0.7×2.1																		10×3=30	10
纱窗	甲 1.0×0.8	3.2	4				4×3.5=14	7×1=7			8×3.5=28				2×3.5=7					
	乙 0.5×0.8											16×1=16			2×2.5=5	8×1=8				
	丙 0.5×1.2																			
	丁 0.5×1.0	〃 0.5	1				1×2.7=3				8×2.7=22				2×2.7=5				10×2.7=27	5
	戊 0.5×0.5																		10×1.4=14	5
天板	灰板	〃 97					97×1.1=107				101×1.1=111				56×1.1=62				68×1.1=75	
	搁栅																			
脚地	碎砖 1.4.8	〃 35		5	35×0.5=18	5×11.1=56			33×0.5=17	5×11.1=56			15×0.5=8	2.3×11.1=26			68×0.5=34	10×11.1=111		
板墙	灰板条	〃 86					86×1.3=102				82×1.3=107				50×1.3=65					
墙漫		〃 108		22			108×0.4=43				125×0.4=50				70×0.4=28				110×0.4=44	
屋面	瓦面	〃 112	95				112×1.0=112				143×1.7=243				72×1.7=122					
	灰面瓦屋脊	〃 8					8×1.2=10								21×1=21					
	〃 〃 垂 〃 〃	〃 36					36×1.0=36				4.8×1=48									
抱厦廊 美松	西房 5.4m		6	4.2	6×5.5=33	4.2×62=260														
	〃 3.5m								9×4.5=41				5×4.5=23							
	廊 1.5m		6	0.54	[illegible]=8	0.54×62=33														
	〃 1.0m								9×4.5/4=11				5×4.5/4=4							
抱厦廊 简材	九吋筒									61×0.82=34				24×0.82=20				12×0.82=10		
	吠二 〃									9×1=9				5×1=5				12×1=12		
檩子	九吋筒材																	15×0.81=41		
	吠二 〃 〃		4			4×1=4														
	美松			5.5	156×0.1=16	5.5×62=341			m²元 194×0.1=19	6.6×62=409			94×0.1=9	3.9×62=242				0.3×62=19		
椽子	美松			2.3		2.3×62=143												102×0.82=84		
	九吋筒材																			
	吠二 〃 〃									240×1=240				132×1=132						
望板	松木	〃 33		0.8	33×0.27=9	0.8×50=40		33×0.4=13	34×0.27=9	0.7×50=35		34×0.4=14	16×0.27=4	0.34×50=17		16×0.4=6				
椽 戗戗	九吋筒材		48		48×0.2=10	48×0.82=39			72×0.2=14	72×0.82=58			40×0.2=8	[illegible]×0.82=53						
	吠二 〃 〃		24														63×0.2=13	63×1=63		
灰土	1:3			11			11×3.5=39				13×3.5=46				9×3.5=32				17×3.5=60	
油饰	甲 瓦廊丁頁	〃 36																		
	乙 瓦柱漆画	〃 55																		
	丙 瓦墙内	〃 15																		
刷浆																			104×0.03=3	
合计					287	2440	751	122	361	2201	1085	146	194	1184	577	72	143	497	598	56
					287+2440+751+122=3600+2%=4320				361+2201+1085+146=3793+20%=4580				194+1184+577+72=2027+20%=2430				143+497+598+56=1294+20%=1553			
总计	4320+4580+2430+1553==12883元				面=17.75m×7.35m=130m²(连廊) 平均 $\frac{4320}{130}$=33元/m²				面=29.55m×4.90m=143m² 平均 $\frac{4580}{143}$=32元/m²				面=16.6m×4.9m=81m² 平均 $\frac{2430}{81}$=30元/m²				面=27.18m×2.9m=79m² 平均 $\frac{1553}{79}$=20元/m²			

A)

欲更節省，則可取消西房南房之地板，以混凝土代之，且用磚拱以受混凝土之脚地。

取消之价值如下

		西房	南房	装饰
地板	工价	51	28	62
	料价	563	314	
横梁	〃	103	70	
搁栅	〃	262	131	
合计		979 +	543 +	62=1584

代替之价值如下

脚地：面=101+56=157m²，厚0.15m，体=157m²×0.15m=24m³

料价=24m³×11.1元=266元（用1.4.8碎砖混凝土）

工价=157m²×0.5元 = 79

合计 345元

砖拱：面=157m²，半圆与直径之比为3.14/2，略作为1.5；则砖面=157m²×1.5=236m²。拱厚=0.25m，则体积=236×0.25=59m³。每1m³，约有砖500块，每2m³为1000块，价为7元，即每m³之砖价为3.5元。

砖之总价 =59m³×3.5元= 206元

工与灰浆之价=236m²×0.7 = 25 } 471元

灰土：十墙之长=10×3.5m=35m，宽=0.4m，高=0.5m。体积=35×0.4×0.5=7m³。

工料之价=7m³×3.5元 = 25元

拱之支座：最省之法，仍用1:4:8之碎砖混凝土。截面如甲者=0.6m×0.3m+0.3×0.6/2=0.12+0.09=0.21m²

体积=10×3.5m×0.21m²=7.4m³

横面有支座四个如乙者，面积=0.21+0.3×0.3/2==0.21m²+0.045=0.255m²。

体积=4×3.5m×0.255=3.6m³

总体积=7.4+3.6=11m³。

料价=11×11.1=122 }

工价=11×2.5= 28 } = 150元

四宗合计=345+471+25+150= 991元

净省=1584−991=603，加20%则为724元

乙：0.3m，0.5m，0.6m　甲：0.3m，0.2m，0.2m，0.6m

B)

若省去门洞，即无屋面及天板；南墙改低，有门之处门之土方，无供水无墙；脚地不用碎砖混凝土，则可减97元，加20%则减116元。

C) 椽一律取消，则省163+20%=196元。

D) 将屋面总荷重减至220kg/m²，将椽距放至0.20m，椽之截面改为4.5cm×5.50cm，则北房椽数，由120根减至90根，其体积由2.1减至1.56，所省仅0.54m³，即仅32+20%=40元。

(5)'

第7表 衛生設备之草估

衛生設备分四部，其一為糞坑，其二為盥沐室，其三為给水，其四為滷与管。

糞坑： 糞坑式樣，已見于第8集及10集，工料約估如下：

墻：2×2×π×1.1×高2ᵐ×厚0.25ᵐ = 2×2×0.25×3.14×2.2 = 3.14×2.2 = 6.9 m^3 }
底：2×π×1.1×1.1×厚0.25 = 3.14×1.21×0.5 = 1.57×1.21 = 1.9 } 8.8 m^3×350元 = 31元 }

工：依北方二進磚墻之比例，195 m^3 ÷ 512元 = 8.8 m^3 ÷ x元，x = 512×8.8÷195 = 23元 } (1)

鉄筋磚工：2π×1.2×1.2×0.15 = 6.28×1.44×0.15 = 9.04×0.15 = 1.40×44元 = 62 (2)

坑之墁：2×3.14×1.1×1.1 + 2×2×3.14×1.1ᵐ×高2ᵐ = 7.6 + 25 = 33 m^2×厚0.02ᵐ = 0.7 m^3×77元 = 54 }
工，33 m^2×0.5元 = 17 } 61 (3)

盥沐室： 沐盆用磚，長約1.60m，寬約0.70m，深約0.60m，厚0.25m，則所需磚料如下
(2×1.6m + 2×0.7m)0.6m + 底用鉄筋磚工另計 = 4.6m×0.6m = 2.8 m^2×厚0.25m = 0.7 m^3.
0.7 m^3×500塊×7元/1000 = 0.7 m^3×3.5元 = 2.5元 }
砌工連同灰醬 3 m^2×0.7元 = 2.8 } 5.3元，作為 ------------ 5元 }
瓷磚作墁：每塊面積 = 0.15ᵐ×0.15ᵐ = 0.0225 m^2.
瓷磚總面 = 2.8 + 底0.7ᵐ×1.6ᵐ = 2.8 + 1.12 = 4 m^2，磚款 = (4 m^2/0.0225)0.1元 = 18元 } 32元 (4)
" " 鋪工 = 普通磚墻之三倍 = 4 m^2×3×0.7元 = 8 }
灰醬1+3，体積 = 4 m^2×0.01ᵐ = 0.04 m^3，价 = 0.04 m^3×24.3元 = 1 }

鉄筋磚工：底，1.7ᵐ×1.2m×厚0.14ᵐ = 0.29 m^3 }
樑，2×長2.10ᵐ×寬0.25ᵐ×厚0.29ᵐ = 0.30 m^3 } 0.6 m^3×44元 = 26元 (5)

墻身加厚：南墻北墻，長4.56ᵐ×高1ᵐ×2 = 9.12 m^2 }
東、西、，長1.60×高1ᵐ×2 = 3.20 } 12.32 m^2×加厚0.12ᵐ = 1.5 m^3
磚款 = 1.5 m^3×3.5元 = 5.3元，工与灰醬 = 12.32 m^2×0.7元 = 8.6元，合計14元 (6)

板墻：沐盆西頭，長約1ᵐ×高約1.8ᵐ = 1.6 }
恭盆三面，長約0.7ᵐ×高約1.7ᵐ = 1.2 } 3 m^2：价 = 3 m^2×3×1.3元 = 12元（灰板之价） }
板门：高门矮门各一堂，(略去高门上方之灰板墻) 2×11元 = 22 } 34元 (7)

磚式恭盆一具15元 + 尿盆10元 + 盥盆12元 + 龍頭5元 + 水斗連架及管20 = 62元 }
恭盆之台，小滷及其木蓋，-- 18 } 80元 (8)

第二盥沐室，大致相同，惟無(5)及(6)，則(4)+(7)+(8) = 146元 (9)

给水： 井如第10集所示，大約水面距地面3公尺，則井池之深度約須四公尺；內徑70公分，外徑120，平均190/2 = 95公分；池墻 = 2π×0.48m×高4m×厚0.25m = 6.28×0.48×1 = 3 m^3；池底 = π×0.6m×0.6m×0.25m = 3.14×0.36×0.25 = 0.3 m^3；墻+底 = 3.3 m^3×35元 = 12元.
砌工照二進之例，則512×3.3÷195 = 9元；但控土支撑皆難，應作27元，12+27 = 39元.
墁 = (2π×0.35×高4ᵐ + π×0.35×0.35)0.02m = π(0.7×4 + 0.35×0.35)0.02 = 0.063×2.92 m^2 = 0.20 m^3；料价 0.2 m^3×77元 = 15.4，工价 = 2.92 m^2×0.5元 = 1.5；墁之工料 = 1.5 + 15.4 = 17元.
不計木蓋二个，則井池之工料 = 39 + 17 = 56元 -------------------- (10)
淺井無细砂，內徑0.5m，小于井池之0.7m；深度1.5m，小于井池之4m，約3比8，則其工料可作為56×3÷8 = 21元 -------------------- (11)

鉄箍二个 = 2×4×2.06m×0.008m×0.04m×8ᵗ×160元 = 0.0053×8×160 = 0.0424ᵗ×160 = 7元
螺栓二个，直徑一吋，連工作為1元.
烟管高2.20m + 0.04 + 0.03 = 2.27m，平均直徑 = 0.15 + 0.01ᵐ = 0.16m，体積 = 2π×0.08×厚0.01×2.27 = 6.28×0.08×0.01×2.27 = 6.28×0.0008×2.27 = 0.0114 m^3. 擋沿厚0.03，寬0.07m，平均直徑 = 0.12m. 体積 = 2π×0.12m×0.07m×0.03m = 0.0016 m^3. 總体積 = 0.0114 + 0.0016 = 0.013 m^3.
烟管重 = 0.013 m^3×8ᵗ = 0.104ᵗ；每价300元/ᵗ，則价 = 0.104×300 = 31元.（連模工在内）
螺栓四个，連工作為2元，石棉作為1元.
則水柜全价 = 木53 + 工50 + 箍与栓8 + 烟管31 + 栓与石棉3 = 145元 ---------------- (12)
水柜之四柱：柱身高2.30m，截面0.2×0.2 = 0.04，体積 = 4×2.30×0.04 = 0.37 m^3
四柱之礎 = 4×0.8ᵐ×0.8m×0.5m = 3.2×0.4 = 1.28 m^3
則柱之鉄筋磚工 = 1.65 m^3×44元 = 73元 -------------------------- (13)
井及井管，按照当地情形，約計800元. (14)
唧机約計25元. (15)
用1:3:6之混凝土為唧机之基座，1ᵐ×1ᵐ×0.4ᵐ×17.76元 = 7元，藝工3元，合計10元. (16)
吸管F及升管F′，直徑1½″，F長約2.5m + 1.5 + 4 = 8ᵐ，F′長約2m，溢管F″長約3.5m，
則吋半之水管之總長為14m，价 = 14ᵐ×1元 = 14元 }
升管之龍頭R₁，約4元，井池内及水柜内連蓋約12元 } 26元+彎頭及工6 = 32元. (17)
喂水之主管D，直徑半吋；由柜至地中，約長4m，再至淺井約4m，再至盥沐室下之地面約39m，共約4+4+39 = 47m；价 = 47m×0.344 = 16，加彎頭及工則20元 (18)

管与滷： 上文所論之管，至引水至室内而止，故屬于给水二字之範圍；此外則枝管甚多，分別論之。甲，熱水管七，与主管D平行，可作為47m.
乙，盥沐室内各管。冷水由脚地至盥盆約1m；分至沐盆約1m；分至尿盆約3m，引至水斗約3m. 熱水管由脚地至盥盆約2m. 又尿管3m. 共計13m.
丙，廚房及第二盥沐室之各管. D′管由主管D至洗滌盆，約6m. D″由主管D至盥盆沐盆尿盆約7m. 由D′至水斗約半公尺. 共計作為14m.
然則半吋水管甲乙丙三項 = 47 + 13 + 14 = 74m、价74ᵐ×0.344元 = 26元，加彎頭与工則32元. (19)
水閥与龍頭：盥盆之龍頭，前已与盆併計. 此外，第一盥沐室，沐盆龍頭二个，尿盆閥门一个，水斗閥门一个，共計四个. 第二盥沐室亦四个. 兩共八个.
廚房内，D′之龍頭一个，七之閥门一个，D″之節制閥门一个，共為三个.
淺井内有龍頭二个. 以上共計8+3+2 = 13个×平均工料3元，13×3 = 39元 (20)
缸池一个連鉄碗，工料10元；污池二个，工料10元；兩共20元.
污滷及廚水小滷，長約28m，假定与缸管同价，連木蓋在内，28m×0.62元 = 17元 (21)
糞管之缸管，直徑八吋，長約25+16 = 41m }
缸池 " " ， " " " " ， " " 2m } 43ᵐ+彎頭三個作7m，合作50ᵐ
50m×0.62元 = 31元，加工9元，合共40元 -------------------------- (22)

以上各項中，(1)至(4)已包括在包工總价之内，(5)至(22)則不在内；第(14)項由井商為之，惟自(6)至(13)，又自(15)至(22)，可由承造房屋者兼办，總計816元，約給路程及運費約計84元，則816+84 = 900元. 送水至灘坨处及梳醬函之水管及唧机，皆当另計.

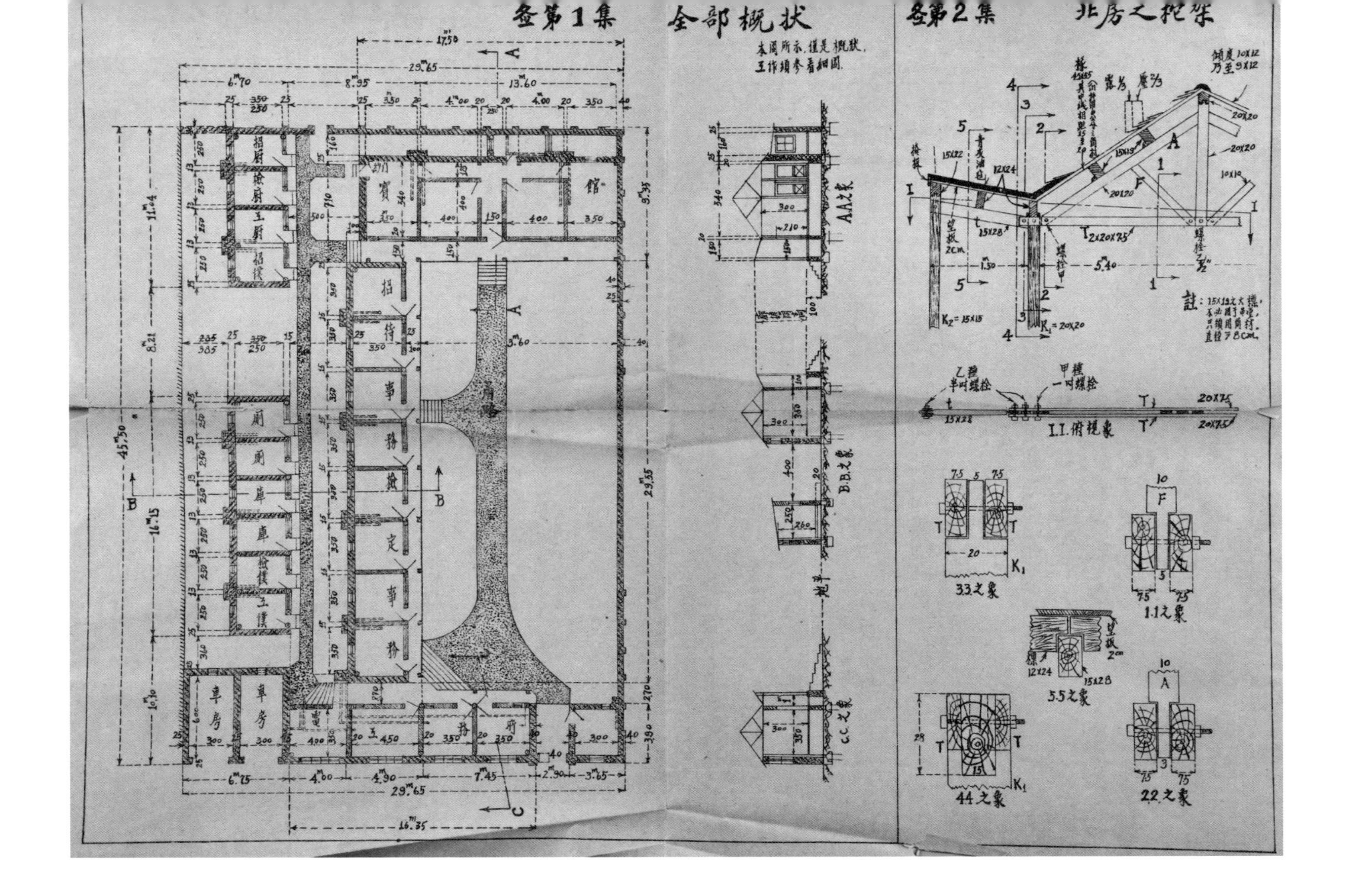
全第1集　全部概状
本圖所示,僅是概狀,
工作須參看細圖.
全第2集　北房之架
AA之象
B.B.之象
C.C.之象
I.I.俯視象
3.3.之象
1.1之象
5.5之象
44之象
2.2.之象
乙種
半吋螺栓
甲種
一吋螺栓

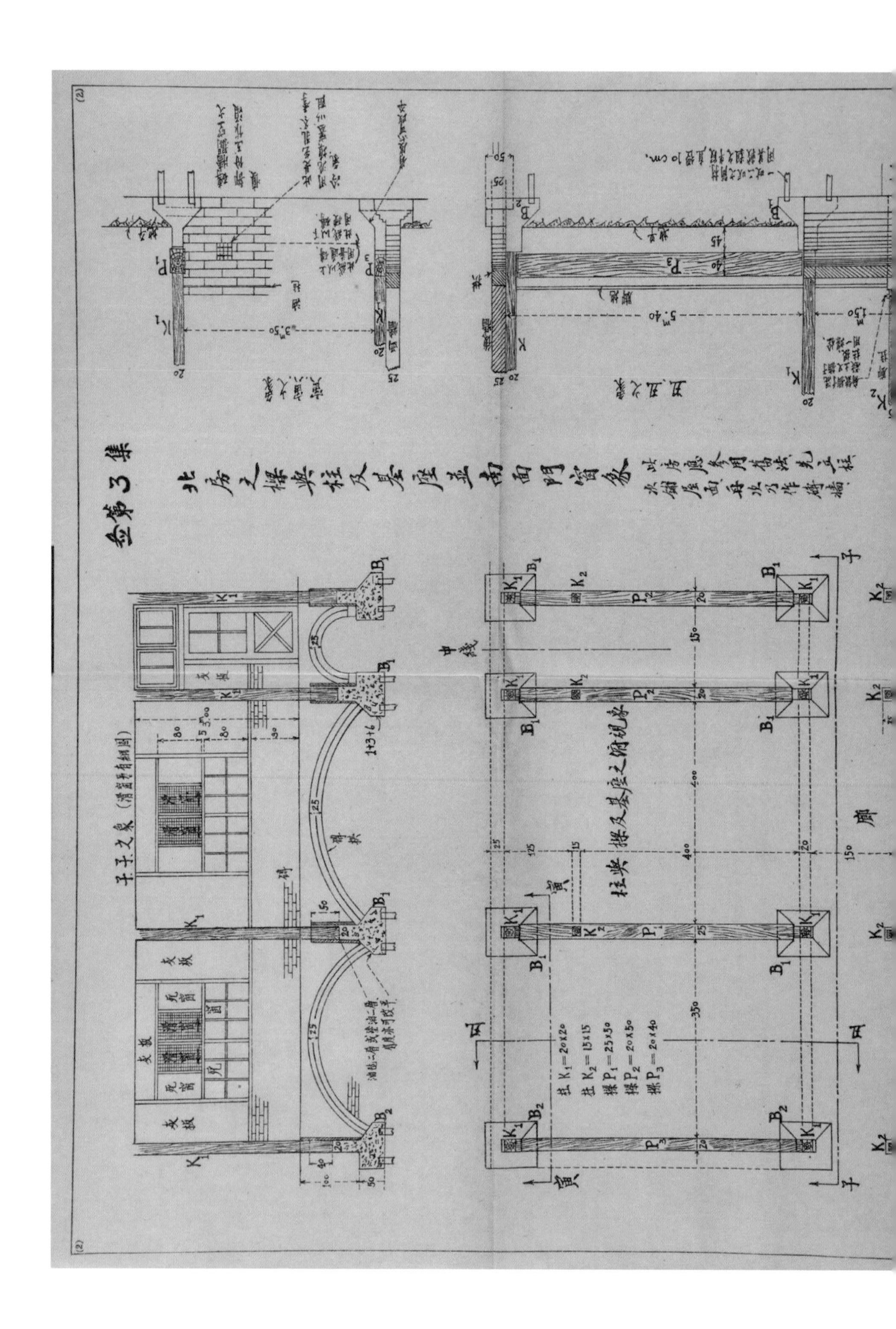
柱 K1=20x20
柱 K2=15x15
樑 P1=25x50
樑 P2=20x50
樑 P3=20x40
中綫
1:3:6

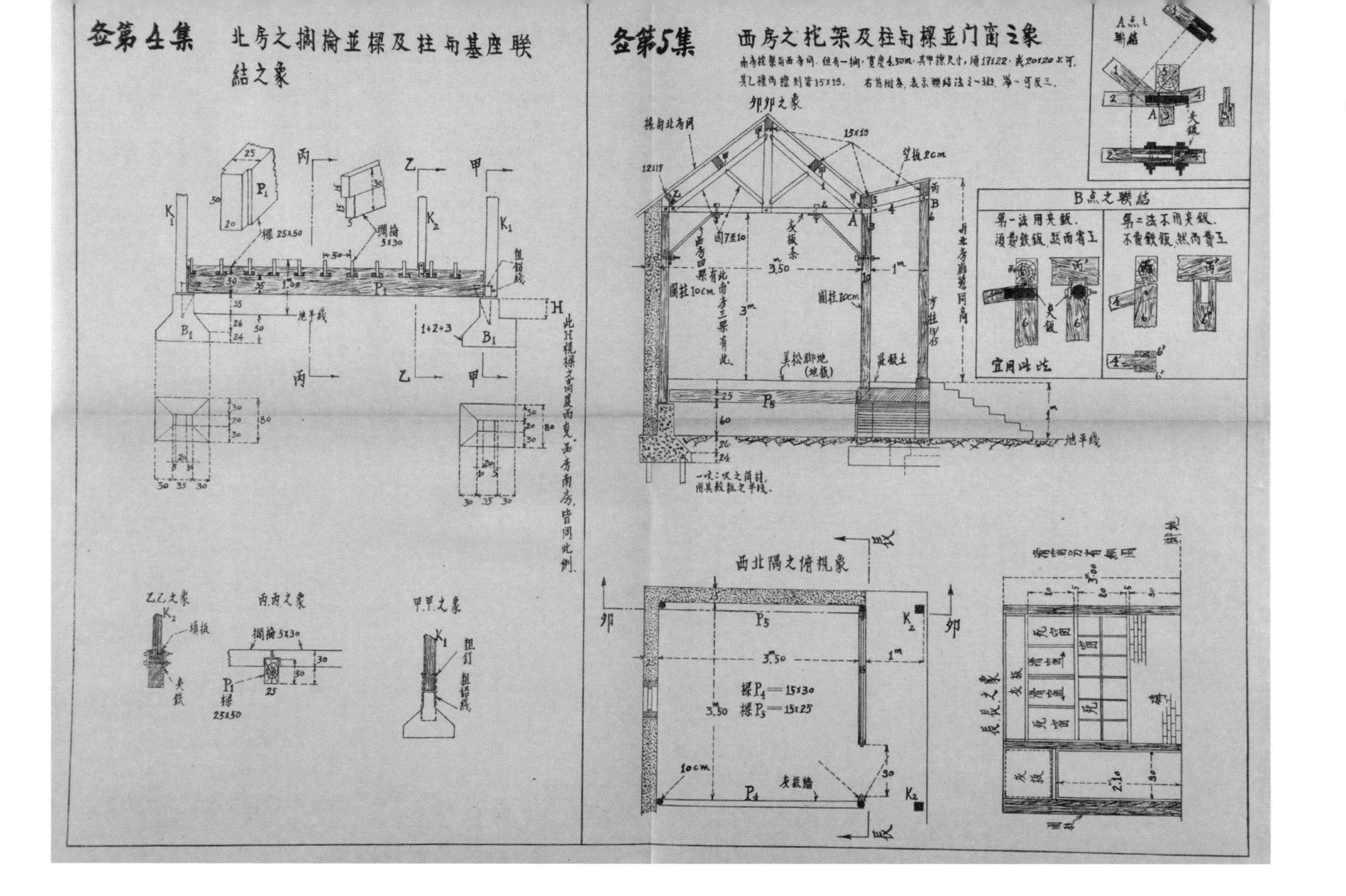
第4集 北房之搁榆並樑及柱与基座联結之象
第5集 西房之托架及柱与樑並门窗之象
南房托架与西房同，但有一捆，宽度各50cm，其中撑尺寸，捎17122，或20120亦可，其乙樑两撑则皆15×19。右首附表，表示联结法之一至三，第一可反三。
卯卯之象
A点之聯結
B点之聯結
第一法用夹钣，须费铁钣，然而省工
第二法不用夹钣，不费铁钣，然而费工
宜用此法
西北隅之俯视象
樑P4 = 15x30
樑P5 = 15x25
乙乙之象
丙丙之象
甲甲之象
辰辰之象
此H视樑之间夏而更，西房南房，皆同此例。
地平线

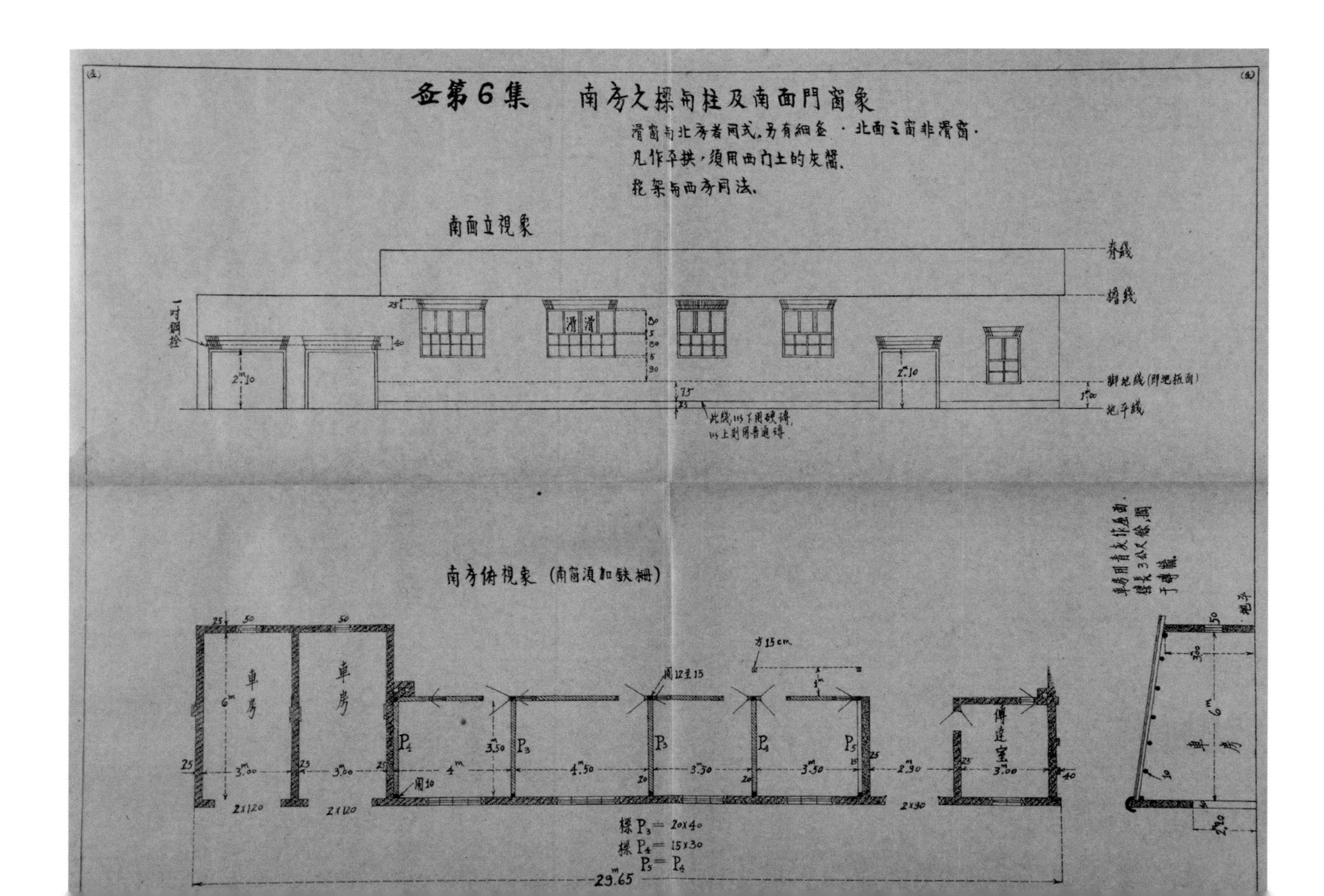

丞第6集 南房之樑与柱及南面門窗象
滑窗与北房者同式，另有細图．北面之窗非滑窗．
凡作平拱，須用西门上的灰縫．
瓦架与西房同法．
南面立視象
脊綫
簷綫
脚地綫（即地板面）
地平綫
一吋鋼栓
此綫以下用硬磚，以上則用普通磚．
滑 滑
南房俯視象（南窗須加鉄柵）
車房
車房
傳達室
方15cm
圍12至15
圍10
樑 P_3 = 20x40
樑 P_4 = 15x30
P_5 = P_4
29.65

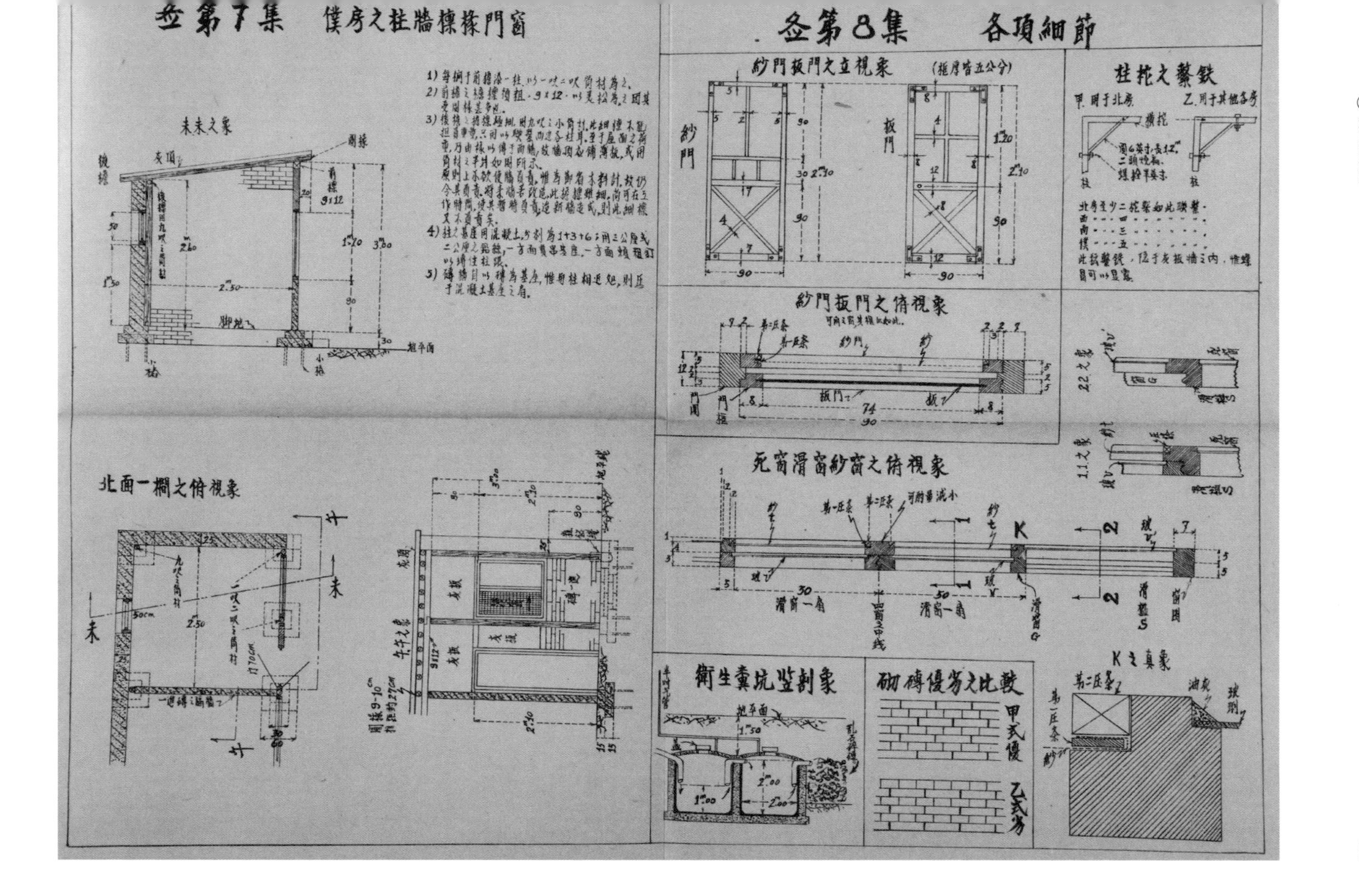
叁第7集 僕房之柱牆樑椽門窗
叁第8集 各項細節
紗門板門之立視象
紗門板門之俯視象
死窗滑窗紗窗之俯視象
柱托之鑿鉄
北面一欄之俯視象
衛生糞坑豎剖象
砌磚優劣之比較
甲式優
乙式劣
K之真象

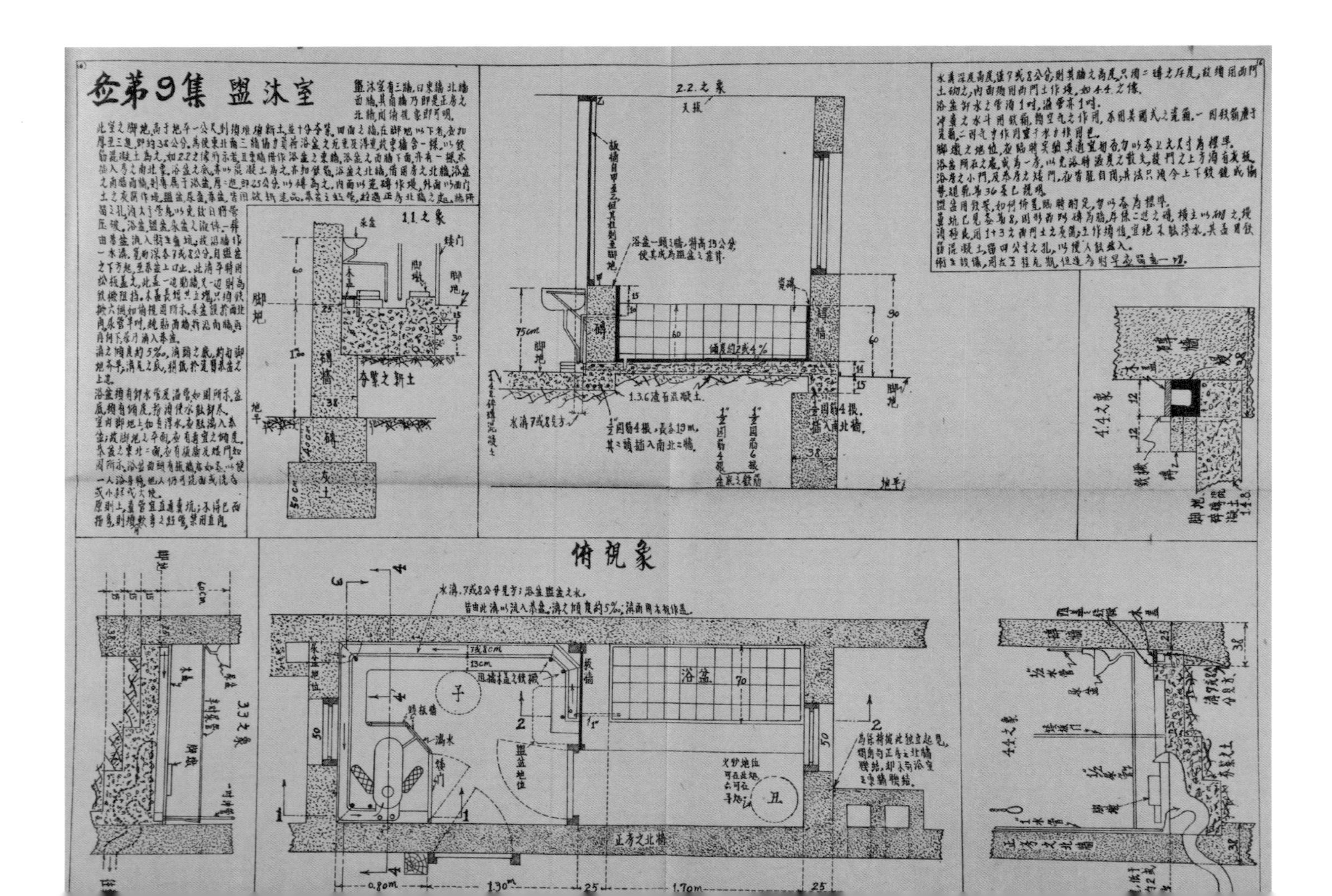
第9集 盥沐室
1.1之象
2.2之象
3.3之象
4.4之象
俯视象
浴盆
子
丑
正房之北墙
1.3.6渣石混凝土
木盖
0.80m
1.30m
1.70m

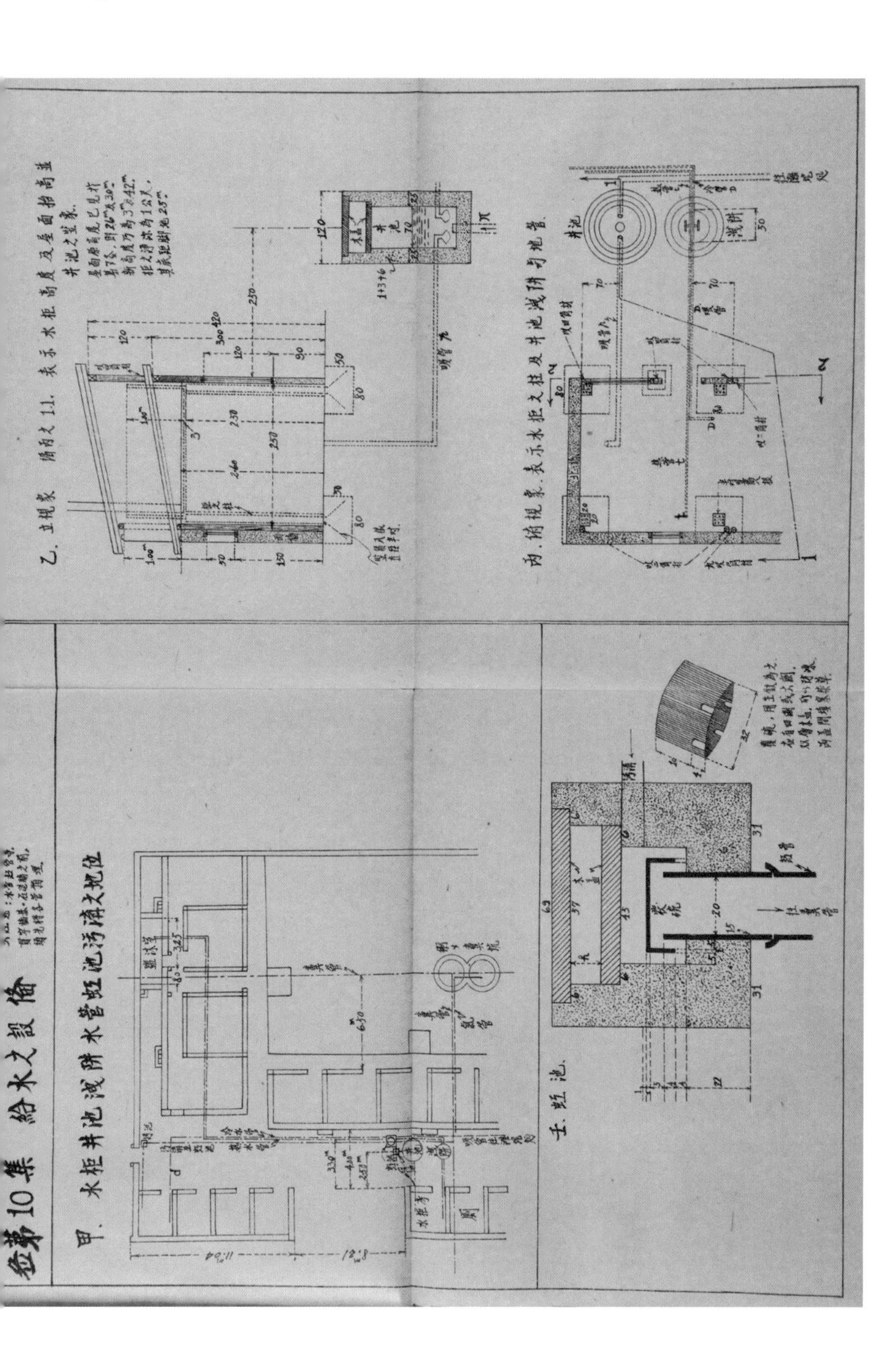

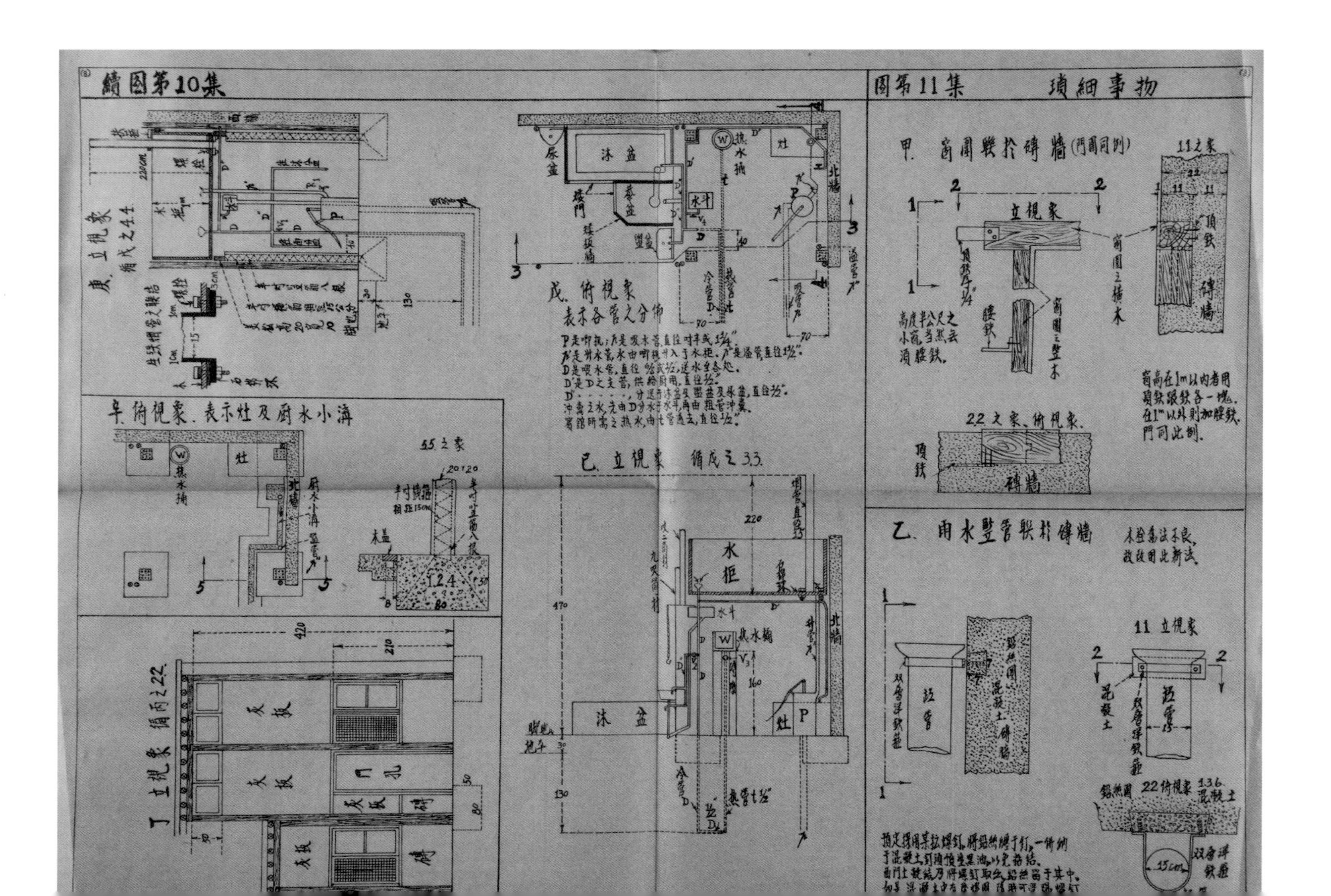
續圖第10集
庚. 立視象 循戊之4.4
辛. 俯視象. 表示灶及廚水小溝
55之象
丁 立視象 循丙之22
戊. 俯視象 表示各管之分佈
P是唧筒；P₁是吸水管，直徑对半或1½″
P₂是井水富水由唧筒升入于水柜，P₂是溢管直徑1½″
D是喉水管，直徑¾或½，送水至各处。
D′是D之支管，供給厨用，直徑½″
沖糞之水，先由D分水于水斗，再由粗管沖糞。
己. 立視象 循戊之3.3
沐盆
水柜
熱水桶
水斗
北牆
圖第11集　瑣細事物
甲. 窗圍聯於磚牆(門圍同例)
立視象
11之象
頂鉄
磚牆
窗圍之插木
窗圍之豎木
腰鉄
高度半公尺之小窗，当然去消腰鉄。
窗高在1m以内者用頂鉄跟鉄各一塊。在1m以外則加腰鉄。門同此例。
22之象、俯視象.
乙. 用水豎管聯於磚牆
木塞為法不良，故改用此新法
11 立視象
22俯視象
1.3.6.混凝土
雙層洋鉄箍
15cm

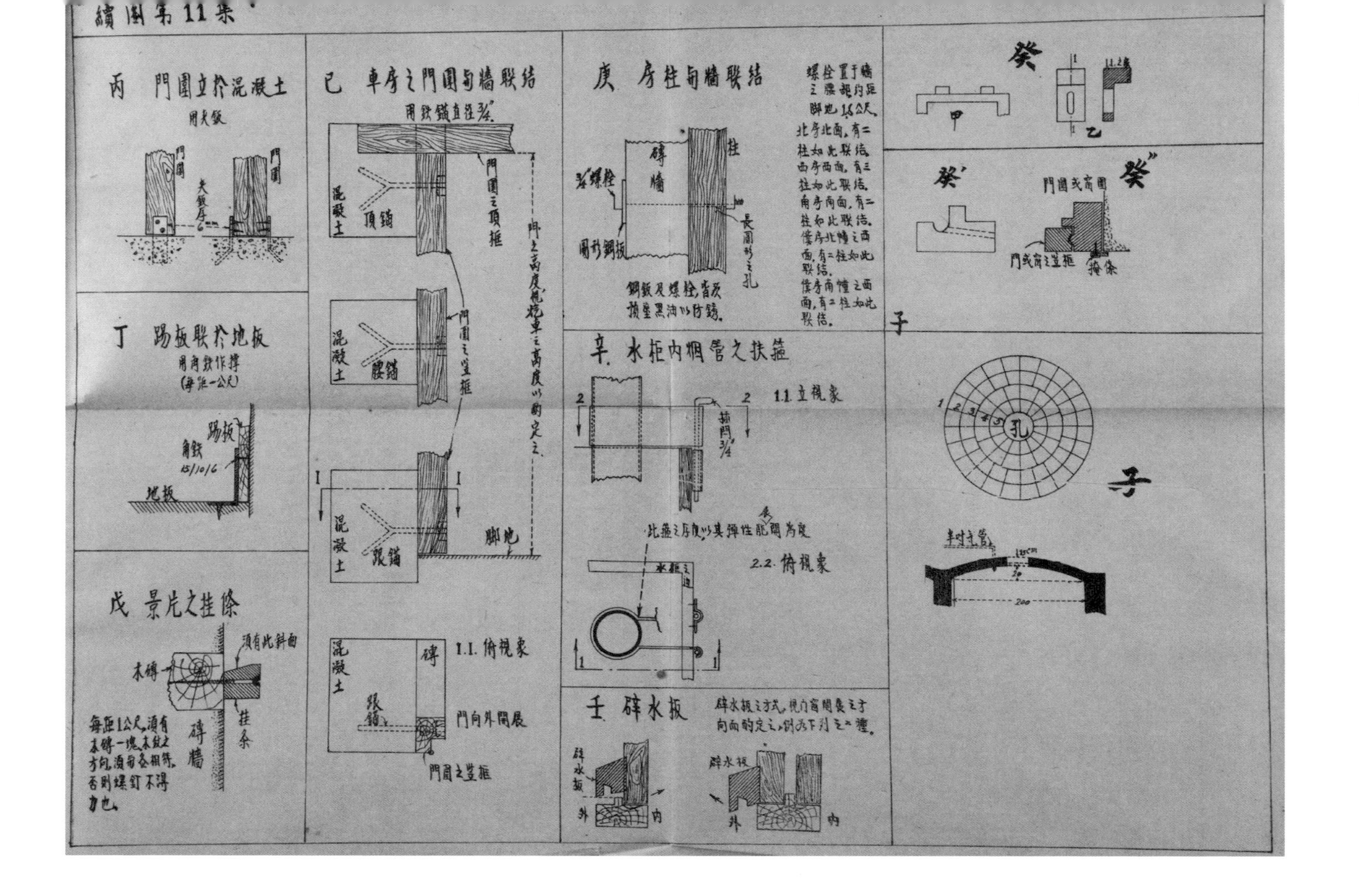
續圖第11集
丙 門圍立於混凝土
用夹鈑
門圍
丁 踢板聯於地板
用角鈑作撐
(每距一公尺)
踢板
角鈑
15/10/6
地板
戊 景片之挂條
須有此斜面
木磚
挂条
磚牆
每距1公尺,須有木磚一塊,木紋之方向須与图相符,否則螺釘不得力也。
己 車房之門圍与牆聯結
用鉄錨直徑3/4"
門圍之頂框
混凝土
頂錨
門圍之豎框
腰錨
跟錨
腳地
門之高度视車之高度以酌定之。
1.1. 俯視象
門向外開展
門圍之豎框
庚 房柱与牆聯結
磚牆
螺栓
圓形鋼鈑
長圓形之孔
鋼鈑及螺栓,宜先預塗黑油以防銹。
辛. 水柜内烟管之扶箍
1.1. 立視象
2.2. 俯視象
壬 碎水板
外
内
子
孔
癸
甲
乙
癸'
癸"
門圍或窗圍
掩條

10 工商学院之过去与未来[1]

1937年

原天津工商学院主楼，现为天津外国语大学。华新民摄

本院校刊委员会，近有响导号之编印属为撰著《工商学院之过去与未来》，余向主实事求是，尤不愿为文自炫，爰就本院过去事实及将来计划，略志数语，以充篇幅。

本校设立于民国十二年，原名工商大学。成立之际，仅有学生四十余人，各项建筑，均未开始。厥后逐年发展，一切始具规模，而来校求学之人数，亦与年俱增。迄民国二十年时，全校学生，已增至六百余名，

1. 原文刊载于《工商学生》（天津工商学院校刊）1卷4期（1937年7月20日），署名校长华南圭。

各项设备，不独应有尽有，且颇完善，改从伊时起本院在社会上之地位，大为群众所刮目。历任院教务长努力办学之切，实不可忽视也。

二十一年时学院最主要之工作，厥为办理立案，中经数度章制更易，终于翌年八月经教部以第七九二三号训令正式批准并改名为工商学院，所以符教部非“备具三院不能于大学”之规定时余已受各方之嘱托，来长斯院。

近三年学院方面颇能朝气勃勃。俱凡本院切规立个之厘定，行政组织之难易，悉依部立个[2]办理，各院课程尤求切合实用，爰是历年来服务工商各界之毕业同学，数量上虽属不多，但类皆能发挥母校埋头苦干之精神，刻苦耐劳，忠诚服务，咸有相当之地位，而博得社会之同情心不少焉。

因院务发展之结果，学院又作进一步之扩充。为使学生所学，更能专长，并适合国家现代需要起见，爰有分系之规划。工学院计分土木工程系与建筑工程系[3]，商学院则分会计财政系与国际贸易系，此项计划及各系课程，切经教部批准，即将于二十六年度开始实行。同时为使学生之学业与经验能兼筹并顾计，又添建热机实验室、电机实验室与商品化验室，并购置大规模机械仪器，俾使负笈来院之青年，咸能有充分之学力与经验，而为将来国家之专门技术人才。至于将来计划亦有多端，为免遗人“议而不决，决而不行”之议，故暂不一一笔之于书，但要而言之，现时本院师生咸在“力使本院为一标准化现在化之最高学府”之目标下，共同迈进，必底于成而后已。

---

2. 疑为英文 legal（法定，合法）的音译借词，可能是当年该校学生的一个流行语。

3. 天津工商学院的建筑工程系虽成立于 1937 年，但此前已有营造学和建筑材料课等数年（其三十年代内容取自华南圭所著《房屋工程》，见 1935 年出版的《私立天津工商学院一览》），列于工科课程中。

一九三七届毕业生，前排右二为华南圭院长，自河北大学档案馆《工商学院 1937 班毕业纪念册》

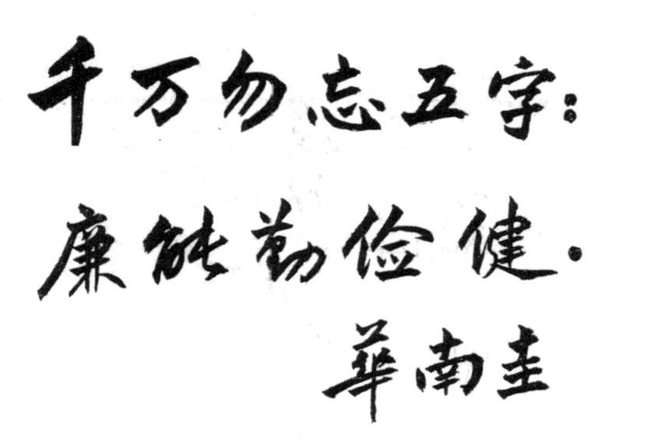

耳提面命，总终不外廉能勤俭健五字：

君子小人之辨 端在廉与不廉

进退究何所凭 视乎能与不能

廉能俱是空名 苟非济之以勤

公私财力有限 贫富皆应崇俭

吃白食最腼颜 食力须先康健

華南圭赠言

华南圭 1936 年在天津工商学院

㈤ 其他文章

01 改良文字会之缘起[1]

1907 年

改良文字，谈何容易。文字不改良，而欲文化进步之速，亦谈何容易。然则如之何？曰惟仍就改良之目的做去而已。

改良文字，宜由最浅近者入手。庶几旧时之文人不视为怪物，而初学者受之方便之利益。

改良文字，系全国志士学士之责任。今拟创立一会，名曰文字改良会。先就最浅近者入手，其事如后文。（后文二字之意，与下文不同。凡词有一定之用法，亦本会所宜审订而定为规则者也。）

此会成立之后，凡本会中人所行之文字，或系译著，或系寻常信件，必循本会之规则。会外人之仿行与否，非本会所强迫者也。然苟能推行渐广，或由此而另辟新法，更善于本会，则尤所祷望者矣。

本会同人，留学欧邦，均以专门之业为目的。则研究科学之外，实鲜暇晷。此会之创立，不过欲开改良文字之风耳。愿邦内人士群起以善其后，则真前途之幸矣。

本会此次所拟改良文字之法，甚简甚易，或不值高明者之一笑。然此不过是一切之基。集思广益，固仍赖多数之高明也。

名词糅杂，由来已久。如“牆”与“墙”，如“與”与“与”，如“爾”与“尔”，如“欄”与“阑”，如“辭”与“词”，如“碍”与“礙”。凡

1. 本文原载于《直隶教育杂志》1907 年第 8 期。该计划中的文字会以及文中同时倡议举办的助学会，最后是否得以创立，至今没有查到。

此之数，不一而足。今拟订成定则，各予以不可易之定义，以后凡系会内之人，均依本会所订之定则为根据。

词有古简今繁者，如“卝”与“礦”，如“与”与“與”，如“气”与“氣”，是其例也。

词又有正体俗体之判，或则正体简而俗体繁，或则俗体简而正体繁。而以正繁俗简者为多。盖由繁入简，文化进步之天然之序也。今本会审订其损益与其艰易，以定为规则，务求便于童子，亦便于成人。

自科学兴而名词更杂，本会亦当逐字审订。先探西文之字原，次察科学上所习用，次究寻常语言上所通行，卒参以吾国之古今文字，务求精善划一，可以推行尽利。

本会之人，不必另抽时刻，专为审订之事。惟于平时之著作，或系译编，或系寻常信件。（对于尊于吾者，对于等于吾者，对于卑于吾者，以一律行之，随时审慎而已。）

曩日习《说文》，未见有丝毫益处。渡海以来，颇闻西人教授文字之法，又习见学校教授字母之法，乃悟吾国字书（《说文》亦名字书），颇有益于文字之研究。若能编成浅短之篇，去其旧法，而参以新法，俾小校教员有所循据，则为益洵非浅鲜，其法宜先从字母入手。而字母之中，宜先从象形者入手。此事似是留欧同人有志未逮之举，因无闲暑也，惟愿本邦博勤之士有以成之。兹特略举一例如下。

木者字母也。训童时先以“𣎳”示之曰，此木之形也。其上是树枝，其下是树根。童子此时，智力能与此相迎合。

翊日以“米”示之曰，此即“𣎳”也，惟写法较简耳。

翊日以“朩”示之曰，此即“米”也。惟将乀变成一耳。

翊日以“木”语之曰，凡物之属于木类者，均用此“木”字。

兹将本会初次所拟入手之办法，略举数事如下。

一　句读　西国文字之明晰，固由创造时之精善，而亦由于写式之适宜。如“,”如“;”如“·”如“ “” ”如“:”如“?”如“!”之类是也。今后本会之人，凡有著作，除绝不读不点不圈之旧习，而用下列之记号以为记号。

西文用“，”者，吾用一点在字之下[2]畔之中央。如曰“松柏之为物·”是也。

西文用“；”者，吾用一点在字之下[2]畔之右角。如曰“岁寒.然后知松柏之后凋”是也。

凡用一点在中央者，名曰一读。凡用一点在右角者，名曰一句。凡据一语以观，似已完毕而文气实未充足者，均称曰一语。若文气已充足，则称曰一辞。凡系一辞，必用一圈。如曰：“群居终日，言不及义，好行小慧，难矣哉。”然则西文用点者，吾用圈也。

西文用“？”者，吾亦用“？”。如曰：“有一言而可以终身行之者乎？”西文用“：”者，吾用“：”。如曰：“诸侯之宝三：土地·人民·政事。”西文用“！”者，吾亦用“！”。如曰：“其严乎！不亦悦乎！”

二　另行　西国文字，文气已毕则恒另行续书，否则亦以大楷冠于语首，故文理明晰，毫无淆误。今拟于文气已毕之处，必另行继书。其例如下。

三代之隆，其法寖备，然后王宫国都以及闾巷，莫不有学。人生八岁，则……而教之以穷理正心修己治人之道。……所由分也。

夫以学校之设其广如此。……

三　联字　联字之道有三，甲属于动词者，乙属于静词者，丙属于形容词者。

（甲）动词　西国动词，只须一字，已足以表明一义。而吾国动词则有用一字者，有用二字者，如“组织”，如“抄写”，如“研究”，如“考求”

---

2. 竖式横版之故，如今横版当为“字之右”。

之类是也。往往有二字合成一个动词。而其间一字本系动词，一字则系虚词，如曰“折”或曰“折之”是也，如曰“击”或曰“击之”是也。往往有依语意只须用一字，而依语气则宜用二字者，如曰“阻止出门”，此语若只用一字而曰“阻出门”，则语气不顺矣。童子读书，凡遇此种变例，鲜不目眩神乱。

此外又有以静词为动词者，如“解衣衣人”是也，如“树之”“风声”是也。

凡系动词，今宜用“「」”以为记号，其例如下。

“抄写、「」观察、「」阻止、「」出门、”

（乙）静词　各国文字，于静词之前必另具一字，使人一见此字，即知有静词紧随于其后。故动词与静词、与形容词，毫不相混。而吾国静词则孑然孤立，则童子无所恃，以为别辨字之据。又往往有字义淆活，非读至后文，则姑以该词属诸上文而语通，属诸下文而气亦顺者。

此外又有以形容词为静词者，如曰：“谦，美德也。”此“谦”字即形容词也，然在此处则成静词矣。

此外又有以动词为静词者，如曰：“牛之行动之态异于马。”“行动”二字，变成静词矣。

此外又有以语助辞为静词者，如曰“万物之尤”，此“尤”字是以助词为静词也；如曰“海军以英国为最”，此“最”字亦以助词为静词也。

此外又有以一语为静词者，如曰：“人而无恒，不可以作巫医。”“人而无恒”一语，在此处是“作”字之静词也。

静词之变象如是其繁，则童子何由别辨？今拟凡系静词，必加记号。其例如下。

“物格而后知止。

古之欲明明德于天下者，先治其国。

读画。

树之风声。”

曰物、曰知、曰明德、曰画、曰风声，皆静词也。

（丙）凡形容词无记号，因与静词相作伴者，大概不过二种：一则动词，一则形容词也。今既于动词用记号，则凡不用记号者，可一望而知其是形容词矣。

此外所宜改良而又甚易者尚多，殆非仓促所能思及。静以图之可也。

以上数端，仅系发起人之私见。所用记号，如“「」”及“<>”或尚未臻尽善，一俟入会者渐众，再议改正可也。

或者曰，于动词、静词概加记号，岂不更繁乎？此说是也。然试观日本文字之变法，如用“ハ”字，如用“ヲ”字，皆无非欲使文法清晰，使童子易于通文耳。大利所在，小弊亦何伤？

如前所言，本会创办者仅有三事，如句读、如易行、如联字是也。入会之人，所暂宜遵行者，亦只此三事。以外诸事均宜从事，惟稍置为缓图耳。

补述

本会将来拟编科学词典，其法先分而后合。所谓分者，如习化学者，辑集化学之名词；如习算学者，辑集算学之名词是也。所谓合者，将各种名词，集成完备之一书是也。

本会拟采用俗字，如“燈”之作“灯”，如“環”之作“环”，如“體”之作“体”，是其例也。本会拟采用古字，如“爾”之作“尔”，如“與”之作“与”，是其例也。

本会拟采用俗语，盖吾国文字本不完备，又迭经训诂、词章、八股之三劫，遂致喜笑怒骂之态，非正格文章所能形容。而俗语则往往能形容尽致。西人曰，文字者，习俗所成也。文律者，就习俗而整理之者也。无论何种俗语，一经文律所准许，遂能通行于各处。本文拟采用俗语，职是之故，惟太不雅驯者仍勿用。

本会拟编通用之词典。

本会拟编新帖。盖吾国工楷则太工，草书则太草，惟行书最折中，然各自为法，无一定之规则，初学又恒无所适从。今拟编成一帖，务令其不太新奇，不太腐旧，而以简便为宗旨。如“門”之作“门”，如“樓”之作“楼”，如“其”之作“亣”，如“闌”之作“阑”，如“遠”之作“远”，如“辭”之作“辞”，是其例也。此帖成后，凡本会中人所行之笔墨均依此为规则，虽初时不无越规之处，然久之自成习惯矣。

本会所拟兴举之事，苟有他人先行之，则尤为本会所忻幸，惟期与本会联合，俾本会愈推愈广，他日成为学人荟萃之所，成为学务之中央之集权。庶几势力渐大，易奏转移风化之效。若邦内已有人立会，其目的与本会相同，而其势力亦已大，则本会即可并入该会，以期群策群力，事半功倍。（吾国人心涣散，由来已久，近日亦未见有进步。试观邦内之小商人，未尝并力以集成大公司也。书店林立，未尝并力以集成机械完备、字画精良之大书局也。报馆林立，亦未尝并力以集成势力充足、消息灵大之大报馆也。其象如多种微生虫，相争相击于尘沙界中，吁可叹矣！）

本会初立，必有人笑此举为繁琐者，其实非繁琐也，设譬如下。有甲乙二人，皆通西文。某日乙作西文，每句必加“，”，每语必加“；”，每辞必加“。”。甲语之曰，尔若不用此“，”“；”“。”之记号，岂不省功乎？乙答曰，此区区者，亦不甚费功也。

越日，甲作汉文，每句必加“，”，每语必加“；”，每辞必加“。”。乙语之曰，尔必用“，”“；”“。”之记号，岂不费功太甚乎？甲应之曰，唯唯，顾尔前日何独以为不费功者？

观于前譬，则可悟习俗之足以误人矣。试观日本文字，其间之动词与名词全是汉文，所多者仅是记号耳。吾等视之，岂不笑其累赘？当初之日本人，亦岂不自笑其累赘？然其文律之清晰，端在于此；普及教育之易施，端亦在于此。然则狃于旧习者，亦可以悔矣。吾人又有一习，每作一事，辄欲一步即达完善之域；见人所创之事非完善，即吐弃不屑一顾；殊不知百事皆不能越级；初创时虽不完善，久之可臻完善也。一人之力，不足以使其完善；多人之力，则能使其完善也。若预存吐弃之心，则惟有万年不举一事而已。万年不举一事，其完善为何如哉！

本会他日欲于字音上大加研究。窃思中国口音之素不统一，其理甚易明。因字以形成，非以音成故也。字既非以音成，则同一字也。或用唇以出声，或用牙以出声，或用舌以出声，或用喉以出声，而意遂渐变矣。譬如西音为R（法语之音），吾国人可读曰“饭”也，可读曰“倍”也，可读曰“来”也，可读曰“害”也。今若能制一种词典，某字究竟宜以牙出声，则于该字下附以西国之拼音（如用牙则用ϒ字或ɞ字）。以后每诵一字，恒以此词典为根据。此法也，非真采用西字以改吾国之文字也，仅借西字以使吾国字音有划一之规则耳。

鄙人见吾国学问之低，察留学人数之寡，慨政府及各省之遣送学生之艰啬。前途文明之发达，真如河清之难俟。遂思极力节俭，每月抽出数十佛[3]，以移助他人之求学。每晚以香脆之面，清波之茶，代浓浊之鸡豚，亦觉别有佳味也。国步艰难，虽毁家捐躯，亦义不容辞，则此区区节俭二字，讵为美德乎。

虽然，吾却不愿同人之效吾也。盖若人人皆如此，则人人捐弃其活泼之情趣，而世界将黯淡无色也。惟愿吾同胞节一杯之酒，省一卷之烟，每日捐助一钱或二钱，则积沙成山，谁非救世之观音乎！

如有愿为此举者，勿曰区区之数，无济于事也。内地之崇观宏朝，皆善士涓滴之惠所积成，方事之始，谁不笑孤僧持钵募叩之愚者？

今拟创立一会，名曰助学会。盖欲由此会募集多金，以备遣人留学之资也。此事之发机虽小，而将来之效果必甚大，且实系社会上应为之事，又系社会上易成之事。吾国向多乐善好施之士，惟无人激发其机，斯亦寂寂无闻乎？今若先由学界做起，渐渐推及于各处，千贯万斛不为多，皆仁粟义浆之赐；一锱半铢不嫌寡，皆伯叔昆季之恩。人心未死，学务庶有起色乎！

鄙人倡议此举，而姑弗宣示鄙人之姓字，盖畏物议也。或指为乡愚，或指为盗跖，或詈为假仁假义，或詈为伪忠伪廉，或则曰精卫之填海，或则曰寒蝉之噤声。产于中国之社会，浴于中国之风俗，斯固难乎其为人矣！吁！人人皆曰吾巧于精卫，吾智于寒蝉，此大陆所以终沈[4]也乎。

此事若在留欧学界，已有头绪，则其遣人留学之办法如下（能遣一人即遣一人，能遣二人即遣二人）：

（甲）此项留学之士，以大成为卒业之目的。

（乙）宜于事前与受遣者预订条约。

（丙）受遣者宜是刻苦之人。

（丁）受遣者不可以速成二字为避难就易之护符。

（戊）以十年为期或八年为期，内可乘暑假之暇归国一次或二次。其舱则三等，其款由本会支给。

（己）平时费用，由本会依最短之数支给。

（庚）所入之预备学校及专门学校，须由本会择收（所以免取巧之弊）。

（辛）何时能入专校，由本会酌定（务求程度充裕方入专校）。

（壬）所入专科以五项为限如下：

（一）医学；（二）军器之制造；（三）高等师范；（四）高等海陆军；（五）机器（造器而非用器）。

（癸）受遣者宜具健全之体格。（凡具无象之肺病者断不入选。）

以上壬项所载之科学，以五项为限，系指此会初成之时而言。他日经费渐裕，即不以此为限，而期限亦可较短。

3. 即法郎，旧译为“佛朗”。
4. 沉。

02 审定名词之刍言[1]

1908 年

名词之急须审订，今之士大夫皆知之矣。其如何审订之法，以鄙意决之，殆有六法如下：

1）改正旧称之劣者。

2）沿用旧称之优者。

3）抉取杂称中之优者，而去其劣者。

4）采用日本原译之优者，而去其劣者。

5）新译者宜先译义，万不得已乃译音，且笔画宜从简易。

6）旧称虽劣而可将就者则仍之。

7）各种名词，以两字联成为佳。

试将上列之第一条，略举数例以明利害如下：

假如有式$\frac{3}{4}$，吾人诵曰“四分之三”，此语有二种解释，或曰于四份中取其三份也，或曰以四分三也。此二种解释，均不令听言者声入心通，皆不合于理也。

第一解释之不合于理，稍加审辨即显：式如$\frac{3}{4}$，固可谓之于四份内取其三份，若有式如$\frac{4}{3}$，将亦谓之于三份内取其四份乎？盖于三份内取其四份，此语实妖言耳，假令曰于三橘内取四橘，有人能解此语者乎？

---

1. 华南圭此文，源自其与周秉清在法国留学期间编著的《工程学教科书》第一册，1908 年出版于商务印书馆，现藏首都图书馆。书的内容涉及铁路、代数、水利等，各章节由华南圭与同学周秉清分别撰写。

第二解释之不合于理，亦显。以四分三及四分之三，此二语之文理悬殊，讵能支吾牵合？且以四分三，绝非算学上正确之语。盖算学上惟$\frac{1}{n}$是正确之式，其他则皆由此式变成者也。假如$\frac{4}{5}$，算学原义为 4 个$\frac{1}{5}$也。假如$\frac{8}{7}$，算学原义为八个$\frac{1}{7}$也。假如$\frac{m}{n}$，算学原义为 m 个$\frac{1}{n}$也。而俗语于$\frac{4}{5}$则名曰五分之四，于$\frac{8}{7}$则名曰七分之八，于$\frac{m}{n}$则名曰 m 分之 n，斯真大谬奇惑者矣。

凡出一语，必令听言者易解，则此语方非蛮语。凡作一图，必令阅图者易解，则此图方是良图。名词亦然，必令人能望文领义，则此名方属妥善。鄙人见算学内若干旧名词，往往千索不能领悟，试举其一如下：

函数："函"字之义，千索不解，而西文原义本极明显。鄙人拟改曰"随数"。试述其详情如下：

以俗事喻之：假以钱买布，疋数增多，则钱数亦增多。疋数减少，则钱数亦减少。然则钱数之多少，悉随疋数之多少也。是故钱数是疋数之随数。

以浅近之算学明之：有圆径乃能作圆面，径大则圆面随之而大，径小则圆面随之而小，然则圆面是圆径之随数也。试观上举二例，则随数之为义，本极显明，而旧称曰"函数"，则晦涩不可究诘矣。孔子曰，名不正则言不顺。窃见科学书中，往往义理本极显明，而读者乃钩心斗角，百思不悟，然则名词之害人亦大矣。

再将前列之第三条，略举数例，以明利害如下：

形学及几何学，本是同物，而形学实优于几何，其故如下：

该学所研究者，为线为面为体，线、面、体皆是形也，故一见"形学"二字，即能略知该书之为何物。

若夫"几何"二字，则浮泛已极，此二字与若干之义相同，若干之下必加他字，则语义方显。今浑称曰几何，则果就数学言之乎？抑就代数学言之乎？抑就三角术言之乎？抑就机器学言之乎？抑就物理学言之乎？抑仅就卖米卖油之计量言之乎？极精确之科学，冠以极浮泛之名词，令人骇为奇物，斯亦科学之厄运矣。

悬揣“几何”二字之原来，可作臆说如下：

“几何”二字之音，与英文半字之音相似[2]。古人就英文翻译，初意欲直译其音。转念之间，觉“几何”二字，音既相近，且略有计较大小多少之意。于是欣然自得，毅然命名曰“几何”。

科学书中之 définition，近日译为“定义”，旧时译为“界说”。“界说”之“界”字既属牵强，其“说”字尤属支离。而“定义”二字则实万妥万当，驳诘不倒矣。

旧时有译 théorème 为“理题”者（形学备旨），今日译为“定理”，较优百倍。盖定理是解析诸题之根据，译曰理题，实是倒因为果也，

旧时诵 0 字为零，此亦大误。盖 0 者无之谓也，零者有之谓也，有与无岂可相混者乎？

再将前列之第四条，略举数例，以明利害如下：

日本由西文译出之名词，有极佳者。假如法国之“一尺”[3]，吾国旧译曰“迈当”，日本译曰“米突”，繁简已吾逊于彼。而法国之“千尺”，吾国旧译其音曰“启罗迈当”，则尤不可理解，其弊由于仅译千字之音，不译千字之义。而其害则徒令人望文生闷而已。日本于此处增造数字，极简易，极妥善。详列如下：

粁 =1000 米	诵曰米千	（依旧称则曰启罗迈当）
粨 =100 米	诵曰米百	（依旧称则曰爱克笃迈当）
籵 =10 米	诵曰米十	（依旧称则曰台格迈当）
米 =1 米 = 长之准个	诵曰米或米突	（依旧称则曰迈当）
粉 = $\frac{1}{10}$米	诵曰米分	（依旧称则曰台希迈当）
糎 = $\frac{1}{100}$米	诵曰米厘	（依旧称则曰桑低迈当）
粍 = $\frac{1}{1000}$米	诵曰米毛	（依旧称则曰密里迈里）
瓩 =1000 瓦	（诵曰瓦千）	（依旧称则曰启罗格拉姆）
瓸 =100 瓦	（诵曰瓦百）	（依旧称则曰爱克格笃格拉姆）
瓧 =10 瓦	（诵曰瓦十）	（………………台格格拉姆）

瓦 =1 瓦 = 重之准个（诵曰瓦）　（………………格拉姆）

瓰 = $\frac{1}{10}$ 瓦　（诵曰瓦分）　（………………台希格拉姆）

甅 = $\frac{1}{100}$ 瓦　（诵曰瓦厘）　（………………桑低格拉姆）

瓱 = $\frac{1}{1000}$ 瓦（诵曰瓦毛）　（………………密里格拉姆）

参观上列之名词，依吾国旧译，苟仅熟诵启罗迈当、爱克笃迈当、台格迈当、台希迈当、桑低迈当、密里迈当之诸词，已令人困闷。即使能熟诵矣，仍不解何谓启罗也，何谓爱克笃也，何谓……也。

（瓦字以中国音读之，绝与西字原音不同。而日本人之音，则与西字原音相近也。鄙意以为此字之写法简易，则不妨采用之。况吾国今日之科学，由日输入者甚多，何必因区区之音而拒之耶？）

日本名词亦有极劣者，如“数学”二字是也。日本所称数学，大抵是形学、代数学、三角术……之总称，即是西文之 mathématique。其实西文此字，宜译曰算学，而西文之 arithmétique 则宜译曰数学。盖数者，数学之研究也。若夫形学之研究，则非数学可以赅[4]之矣。然则日本之“算学”“数学”之两个名词，亦有倒本为枝之弊。

再将前列之第五条，略举数例，以明利害如下：

上述之启罗迈当、密里迈当之诸词，即是译音之弊。

鄙人前曾见有“幺匿”二字，枯索数年，卒未获解。及习西文，始知其是就英文译音。顾西文原义为准个（准个或称单位）。如 1 是数之单位也，如一尺是长之单位也。不译其义曰单位，强译其音曰幺匿，其害只令人困死耳，或令人惊疑其是通天地接神明之幻理耳。

再将前列之第六条，略举数例，以明其将就之道。

假如二乘方、三乘方云云，又如二方根、三方根云云，其“方”字实系不妥。盖二乘固成平方面，三乘固成立方体，而四乘以上，则无方之可

---

2. 中文的几何两字来自音译英文 geometry 的一半：geo。
3. 指公尺，即米，法文为 mètre。
4. 涵盖。

言矣。然而习惯已久，且尚无显明昭著之大害，则仍留此“方”字亦可（惟宜稍稍修正，令其有一定规则）。假如高等代数学中之“积分”二字，“分”字实属无谓，“积”字尤属混误。何言乎混误？盖“积”字已用于别处也。两数相加而得者为和，二数相减而得者为较，二数相乘而得者为积，二数相分而得者为商。“和”“较”“积”“商”四字，既有其用，则其“积”字决不宜移作他用矣。惟若将“积”分之“积”字改为“和”字，却极妥贴，因其是和也而非积也，因其是相加而成之物，非相乘而成之物也。然“积分”二字已脍炙人口，仍之尚无大害，则亦仍之而已。

再将上列之第七条，略其理如下：

吾国文体，以整齐者为最清晰。用二字联成一个名词，取其整齐也。

吾国文字，一音一义，非如西国之数音联成一字。是故吾国字音太促，吾国同音之字又太多。音太促则听者不能速悟；同音之字太多，则听者易与他字相混。若以两字联成一个名词，庶几音稍纾扬，且不易与他义相混。

兹将鄙人所审订之名词，抉其最通常者，摘录一二如下：

mathématique 算学

此是总名，所包函者为五大种，曰数学，曰代数学，曰三角学，曰形学，曰动学。

arithmétique 数学

所研究者为数，故曰数学。数有三种，曰整数，曰分数，曰畸数。

algèbre 代数学

以字母代替数码而复加以正负之记号，故名曰代数学。

trigonométrie 三角学

所研究者以三角形为根本，故曰三角学。

géométrie 形学

所研究者是形象，故曰形学。

géométrie descriptive 写象的形学

描写空间之形象，故曰写象的形学。

mécanique 动学

所研究者为物体之动与不动，故曰动学。旧称更有重学、力学之二名，亦通。

analyse 高等代数学

géométrie analytique 高等形学

或称经纬形学，因其利用经纬二轴也。或称落影形学，因其利用落影也。二称皆通。

addition 加

soustraction 减

multiplication 乘（或称因，而乘字亦佳）

division 分

分字或作除字，然而 $\frac{A}{B}$ 则恒称分数，然则宜概用分字以归一律也。

somme 和（相加而得之数名曰和）

différence 较（相减而得之数名曰较）

produit 积（相乘而得之数名曰积）

quotien 商（相分而得之数名曰商）

élévation de puissance 方积之升求

方积二字宜并读，此积字不可与相乘之积相混。

extraction de racine 方根之抽求

方根二字宜并读，勿与代数内方程式之根字相混。

puissance A^m 方积

racine $m\sqrt{A}$ 方根

方字本不稳妥，惟因习惯已深，故宜仍之。惟学者须预知其并无意义，只认定方积是一物，方根又是一物，可耳。若必咬啮于方字之原义，则误矣。

nombre 数

如 23 是一数也，如 0.067 亦是一数也，与数码之义大别。

chiffre（1.2.3……）数码

如 2 是数码也，如 0 是数码也，如 452 是三个数码也。

nombre entier 整数

如 246 如 3 如 2 如 10 如 40086，均是整数也。

nombre fractionnaire 分数

如于 $5\frac{1}{4}$，如 $9\frac{1}{7}$，均是分数。

nombre incommensurable 畸数

$2\sqrt{A}$ 或 $3\sqrt{A}$ 或 $m\sqrt{A}$，均是畸数。

分数

fraction ordinaire 常分数

fraction décimale 十分数

畸数

carré 二方积或平方积

cube 三方积或立方积

rapport　　$\frac{A}{B}$比例

如 $\frac{A}{B}$，宜诵曰：A 与 B 之比例

proportion　　$\frac{A}{B}=\frac{C}{D}=K$比例等式

二个比例式相等，则成一个比例等式。如 $\frac{A}{B}=\frac{C}{D}$，是比例等式也。如 $\frac{A}{B}=K$，亦是比例等式也。

比例等式旧时有写作（A : B :: C : D）[5]者，西国数十年之前之旧式也。今已废绝，因其不佳也。

所谓 A 与 B 之比例者，犹云 A 比 B 大若干倍也，或犹云 A 比 B 小若干倍也。假如 A 是一线，其长等于 8 尺，B 是又一线，其长等于 4 尺。则 A 与 B 之比例是 2。此语之意，犹言 A 比 B 大二倍也。此语之意，若以算式表示之，则写作 $\frac{A}{B}=2$。凡系比例之等式，其定义均如此。

rapport direct 正比例

rapport inverse 倒比例

假如 $\frac{4}{5}$是正比例，此式可写作 $\frac{0.8}{1}$，则 $\frac{0.8}{1}$仍是正比例。

今若写作 $\frac{5}{4}$或 $\frac{1}{0.8}$，则成倒比例矣。试观 $\frac{5}{4}$是 $\frac{4}{5}$之倒式，$\frac{1}{0.8}$是 $\frac{0.8}{1}$之倒式，则“倒”字之义已明矣。旧时有倒比例、反比例、逆比例之三称，而以倒比例为最妥。

假如 $\frac{1}{A}$是正比例，其倒比例则是 $\frac{1}{A}$，直捷明快，绝无浑义也。

nombre approché 逼数

quotien approché 逼商

逼者，逼近之义也。如 $\frac{8}{3}=2.66$，则 2.66 是逼商也，盖此数仅是逼近于密数，而尚非是密数也。

---

5. 指括号内中间的四点符号曾一度在某些西方国家作为等号使用。

racine approchée 逼根

如$\sqrt{7}=2.64$，则 2.64 有逼根。

quotien exact 密商

racine exacte 密根

密者，密合之义也。数之不差微末者也。

demi 二份之一（如$\frac{1}{2}$是也）

tier 三份之一（如$\frac{1}{3}$是也）

quart 四份之一（如$\frac{1}{4}$是也）

cinquième 五份之一（如$\frac{1}{5}$是也）

trois quart 三个四份之一（如$\frac{3}{4}$是也）

trois cinquième 三个五份之一（如$\frac{3}{5}$是也）

凡式如$\frac{3}{4}$，旧称四份之三，实系荒谬。今宜改称曰三个四份之一，其荒谬之所由来，可测度焉。

$\frac{3}{4}=3\times\frac{1}{4}$，其$3\times\frac{1}{4}$是以定义为根据之原式，其$\frac{3}{4}$则是已经变化之式也。世俗沿习，忘其本原，遂称曰四份之三，其积弊竟令人碎首不能获解矣。

凡式如$\frac{3}{5}$，旧称五份之三，荒谬与上同。今宜改称曰三个五份之一。

此外凡系分数式，均依此例。假如$\frac{36}{45}$，则宜称曰三十六个四十五份之一，因其本原之式是$36\times\frac{1}{45}$也。

总而言之，凡系分数式，只有几份之一之名称，而无几份之几之名称。

杨君焕之[6]，欲将几份之一之名称，改曰几开。假如$\frac{1}{2}$，则称二开，不称二份之一。假如$\frac{1}{3}$，则称三开，不称三份之一。假如$\frac{1}{6}$，则称六开，不称六份之一，较旧称简捷明显，鄙人亦表同情，以后拟即沿用此称。假如$\frac{36}{45}$，则称三十六个四十五开。“开”字有“开析”之义，且与俗称相近。如五角之银元，俗称曰“二开”，因是以一元开析为二故也。如二角之银元，俗称曰五开，因是以一元开析为五故也。

zéro 圈

旧诵 0 曰零，今改称曰圈。零者有之谓也，0 者无之谓也，有与无讵可相浑者乎？假如有式 ax+by+c=0，则宜诵曰：ax 加 by，再加 c 等于圈。不宜诵曰等于零。

unité 准个

旧称单位。窃嫌单字易与双字会误，笔算数学中有准个之称，此称虽似近俗，然与西字原义，却极密合。盖“准”字是“准则”之谓，“个”字是“一个”之谓，“个”字见于《大学》，见于壁经，见于《说文》，岂真是俗字乎？况科学选字，贵于精确，固不以雅俗为轩轾也。且也，“准个”本可随意取用。如时之准个，或系一秒，或系一分，或系六十分，但有准则之意，而无所谓位也。且也“位”字已习用于他处，不宜兼用于此处，以淆乱耳目。假如 346，3 所居之地是百位，4 所居之地是十位，6 所居之地是个位，是故以“位”字与“准”字比优劣，以“单”字与“个”字比优劣，似“准个”二字为优。

nombre paire 偶数：如 2 如 6 如 14，均是偶数。

nombre impaire 奇数：如 1 如 5 如 23，均是奇数。

偶数亦可称双数，奇数亦可称单数。今拟认用偶奇二字，不杂用双单二字。

égalité 等式：等式有二种，曰方程式，曰恒同式。

équation 方程式：

方程二字，无解可求，故不宜泥视方程之字面，只宜认定方程之定义。定义曰：以若干数代替等式内之未知数，而相等之性不变，则此

6. 杨焕之，清末民初著名文人。

式名曰方程式。

identité 恒同式：

以任何数代替等式内之未知数，而相等之性不变，则此式名曰恒同式。

fonction　例如 C=2πR 随数：

假如 R 是圆径，C 是圆周，圆径大则圆周随之而大，圆径小则随之而小，即 C 是 R 之随数。

随数旧名函数，今拟除去旧名，因其不妥也。

fonction explicite 明随数：明显之随数，则名明随数。

fonction implicite 隐随数：隐匿而不显著，故曰隐随数。

fonction continue

fonction discontinue

dérivée 流数

流数是旧称，极妥协，故宜沿用。

fonction primitive 原随数

流数者，随数所迁流而成者也。然则流数之原式即是随数。此随数名曰原随数。原字有原始之义。

différentielle 微分

“微”字甚妥，“分”字则无甚意趣。惟此“分”字，不可与“分数”之“分”字相混，姑认其语助辞可也。

intégral 积分

“分”字无意趣，而“积”字不妥，因“积”字已用于他处也，如相乘所获之数为积是也。西文“积分”原字之定义，实是相加而非相乘，故西国算书内之简写，恒以和字代之，而吾乃以“积”字代之，故曰不妥也。然“积分”二字已脍炙人口，则姑沿用之亦可。惟须辨明此“分”字与“分数”之“分”字不同，又须辨明此“积”字与乘法之“积”字不同，且须辨明此“积”字实是“和”字之义。

vecteur 射线

此线非但表明长短，且表明其所注射之方向，故名射线。

projection 落影

高等形学，全赖落影，三角学及动学亦全赖落影，此二字尚无旧称。

direction 方向

sens 方嚮

方向之义，较泛于方嚮之义。假如有一条直线，其二端是 A 及 B，又有一物在此线上行走。若仅欲表明该物在此线上，而不切实表明其自 A 达 B 或自 B 达 A，则用方向二字。若更欲表其自 A 达 B 或自 B 达 A，则用方嚮二字。

axe 轴

axe orienté 向轴

angle 角

angle orienté 向角

pôle 极

axe polaire 极轴

angle polaire 极角

arc 弧

arc orienté 向弧

ligne plane 平线

ligne gauche 硗线

“硗”字系由“硗确”二字取来。假如以铁线任意折之，再以此线投于平面上，此线之诸点，未必皆贴着于平面，则此线名曰硗线。假令此铁线虽是曲折，而其诸点可皆贴着于平面，则此线名曰平线。

caractéristique 性数

对数内之整数，名曰性数，性数或正或负或圈。

mantisse 另数

对数内之零数，名曰另数，“另”字与“零”字之别如此。

nombre décimal 零数

整数以下之数，名曰零数，或称小数。今拟认定其称为零数。如 4.53 之 53 是也。

plan 平面

plan orienté 向面

projection orthogonale 悬落影

limite 界数

définition 定义

定义旧称为界说，夫“界”字自有“界”字之用处。西文原字本无“界”

字之义，而强以“界”字当之，则于西文之“界”字，反无字以当之矣。如“界数”之“界”字，则原文真是“界”字也。

coefficient 系数

如 $R' = R\left(1 + m'\frac{V'}{V}\right)$，其间之 m' 即是系数。系数于算学上及各项工业之科学上，演一大剧。系者，系属之谓也，副伴之谓也。

《工程学教科书》第一册插图

03 对于电气前途之希望[1]

1914 年

今日为电气协会周年纪念大会，鄙人恭逢其盛，不胜荣幸。此种大会场内之演说，殆有四种，曰颂词，曰勉词，曰学问语，曰经验语。鄙人虽蒙推居来宾之席，而实不能自甘暴弃，自外于会员之列。会员与会体，如指臂之与本身，本身对于本身，无颂词可作，故鄙人不能作颂词焉。上对于下，尊对于卑，可用勉词，而鄙人与会体为平等，故又不能作勉词焉。以言学问，鄙人为假内行，伪专门，盖鄙人为工程界之后学，非电气界之专材也，故学问语，实非鄙人所敢涉其只字。若夫经验，鄙人既未实习于电气专厂，又未参预于电气行政，区区西国铁路上工程上所实用之电器数种，例如井蛙不堪语海，管豹难以言天，故经验语又非鄙人所敢盗其虚声。然则鄙人将一言不发乎？无已其惟为希望乎！鄙人对于电气之希望有二，其一为学理上之希望，其二为事实上之希望。

就学理而言，吾国与各国有倒比例。各国新文明之事物，往往先有学理，后有事实，往往耗无量数之脑力，费无量数之金钱，方能学理适用于事实。中国异是，无论为电报、电话、电光，无一非事实先发生于前，学理乃研究于后。盖学理之研究，为事实需要所迫而成，非如西国事实之发生，恒为学理酝酿而成者也。先事实而后学理，其序固逆，而其利甚大。盖只须模仿各国已显之成绩，抄袭各国已通行之成式，而不消耗索摸之精神，及试验之代价也。然若专重事实，而不继之以学理，则人类几等于机械，

1. 原文刊载于《电气协会杂志》1914 年第 6 期。

虽欲仅供才智家之驱使而有所不能。故鄙人对于事实发生后之学理之研究，有无穷之希望也。

二十世纪为电气世界，此已为颠扑不破之定论。目前时代为二十世纪之初，目前电气亦仅在萌芽之际，预计十年二十年以后，恐衣食住三事之所需，无一不利用电气。鄙人在欧洲时，曾入电气陈列所参观，其间餐室内之一举一动，丝毫不假人力，递膳撤盆，一一电气自动。其他电浴、电灶、电门、电炉等等，殆已成为普通之事物。中国电话、电报、电灯已渐发达，其他用电事业之发达，想亦不可限量。无论其为新创者，即旧有之物如电报，亦多改良上之发达焉。电话为直接的通话，此语彼闻，不烦递译，电报为间接的通信，非赖递译不可。然若仿照打字机之构制，以二十六线联于二十六字母，则甲地捺 A，乙地即印成一 A，甲地捺 B，乙地即印成一 B，间接的通信，不将成为直接的通讯乎？说者谓二十六字母，须用二十六线，经济上殊为失算。然安知不能将电力大小之变迁改正，而以一线代二十六线乎？又如电气铁路，意大利试验已有成绩。中国煤量极富，表面上似无以电代汽之必要，然必须比较费廉，方能判决。又须知煤之用途甚广，不必尽以之生汽，且中国有瀑布之地甚多，法语所谓“白煤”者是也，以白煤代黑煤之时，即是以电力铁路代汽力铁路之时。目前虽属空论，焉知十数年后，不即成为事实乎？由此类推，电气事业之发达，正如晨旭初升，鄙人所谓事实上之希望者此也。

学理及事实，均以电气协会为枢纽。鄙人之希望，谅即协会之希望。电气前程远大，协会前程远大，鄙人与有荣焉。

04 自来热水[1]

1917 年

新式生活必有自来水之装置，斯固不待赘言矣，顾冷者既为自来水，热者亦宜为自来水，则生活尤便利矣。

兹就居家所用之自来热水，并取其简易适用者言之，如 Fig.I，F 是厨中之灶，B 是水桶。

S 是铁管，其二端与 B 桶衔接，其中假盘旋于灶，以令其受火易热（故此种铁管，名曰盘蛇形之铁管）。

自来冷水由 f 管入 B 桶，此 B 桶之水既满，则该水循环往返于蛇管之中。较热者由 m 入桶，较冷者由 n 入蛇管。盖温度高者，比重较小，而地位较高，温度低者，比重较大，而地位较低也。

最热之水，则集于桶顶之 h 处。

桶内之水，因与 f 管相通，而常受压力，故最热之水，必能由 T 管达于盥盆及浴盆。

若厨内须用热水，则可设一支管如 t，其口向 b 池倾吐，以便洗拭盆碗之用。

b 池下面装一铁管，如 p，达于地中，再达于粪坑。须有虹管，以阻臭气之上升。

b 池之底，须有筛孔铁板，以免固体随水入管。

此种布置，颇适宜于居家，B 桶之容量若为 $1m^3$，殆已敷四口或五

1. 原文刊载于《中华工程师学会会报》第 4 卷（1917 年）第 7、8 期。

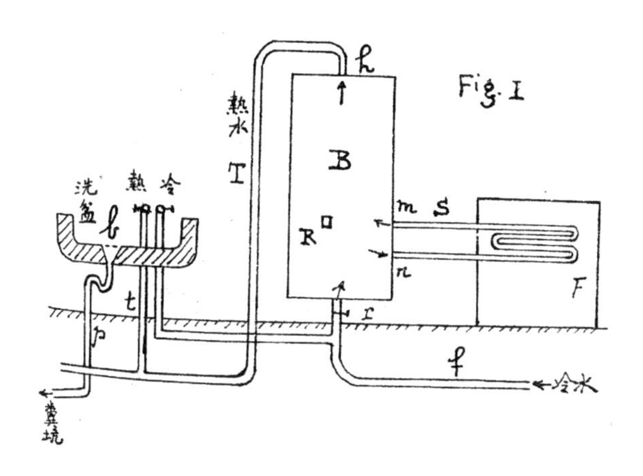

口之家之用。

灶内之火，宜令终宵不灭，以便维持温度，否则早晨不能获热水也。

此种简小之布置，大约 200 元，铁灶并计在内。

水阀工，为修理或别种事故时，阻止水路之用。但 r 阀关闭之后，桶内之水渐少，而蒸汽渐多，此汽之涨力，足使铁桶爆炸。欲免此弊，宜将热水管口旋开，以令此汽外泄，或将桶腰之螺栓旋开，以泄此汽。

此 R 应高于 m，以令 mn 之间，仍有水流循环，以免此蛇管为火烧损。

热水管 T，不宜粗于冷水管 f，盖较粗则压力耗损，而热水水流出太迟也。

R 螺塞宜密，若稍渗水，则热水管之压力之耗损亦大，而热流亦因之太迟。

05 算机[1]

1918 年

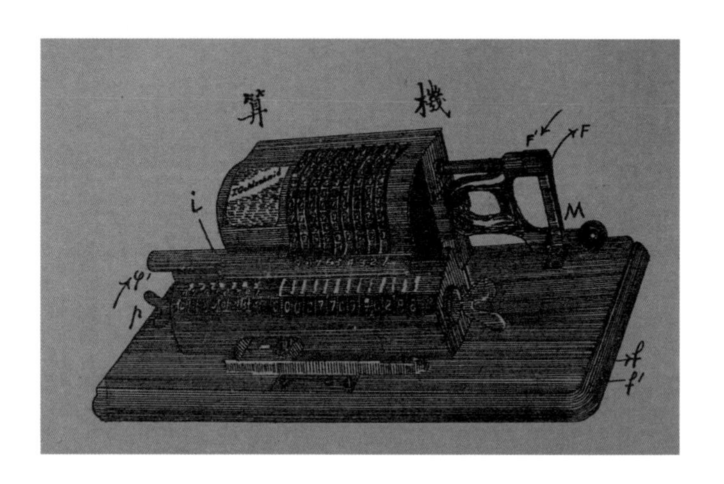

自科学昌明，而文明事业之进步，不可限量。世界愈文明，则事物愈繁。而科学恒足以副所需。铁路上账目之繁，远非寻常工商业可比，车站货运与夫总局之稽核，皆赖算机以资计算。其敏速精确，远非寻常算法可比。

算机如图 A，用加减乘分之四事。

abcd[2] 各行，各有杠杆。俯仰滑行于长孔，如 α 部是也。

每行函数目十，自 0 至 9 是也。此横杆名曰示杠。

β 部亦能有数码发显，γ 亦然。

曲拐 M 能循 F 或 F' 旋转。加乘二事，则循 F。减分二事则循 F'。

β 及 γ 能同时滑行，或循 f 或 f'。

加减二事，仅用 αβ 二部。

1. 原载于《中华工程师学会会报》第 5 卷（1918 年）第 7 期。
2. 此仅为表示顺序如甲乙丙丁，非指具体零件。

乘分二事则 αβα 三部，同时并用。

每用一次之前，α 之示杠，均宜居于 0。β 部之各孔，亦均是 0。γ 亦然。

欲令 β 部为 0，只须将蝶柄 P 循 φ 旋转。

欲令 γ 部为 0，只须将蝶柄 p 循 φ' 旋转。

有一固定之示针 i，仅用之于乘分二事。

加法如下

令 β 之个位，与 α 之个位相对。β 之十位，亦与 α 之十位相对。

假定以 32 加 45，

先将 α 之示杠，置于 32，次将曲拐摇旋一次，则 β' 处即显出 32，次将 α 之示杠，改成 45，次将曲拐摇旋一次，则 β 处即显出 77。

若以 5.6 加 2043，则只须将 α 及 β 之最右地位看做 1/10。

减法如下

仍令 α 之个位，与 β 之个位相对。

假定欲作减式，为 16–5。

先将 α 之示杠，置成 16，次将曲拐循 F 摇旋一次，则 β 处即显出 16，次将示杠置成 5，将曲拐循 F' 摇旋一次，则 β 处即显出 11。

乘法如下

假定 15×3=45

将 α 之示杠，置成 15，再将 γ 推移以使示针之 i，与 γ 之个位相对（因 3 是个位也）。再将曲拐循 φ 摇旋三次，则 γ 处即显 3，而 β 处同时显出 45（将曲拐旋转时，不必记忆摇旋之次数，只须注视 γ 处显出之数，由 1 而至 3）。

假定 24×36=864

将 α 之示杠，置成 24，再使示针之 i 与 γ 之个位相对，再摇旋曲拐 M 至见 γ 处之个位显 6 而止。

再将 γ 推摇一次，令 i 针与 γ 之十位相对。

再将曲拐摇旋至见 γ 处之十位显 3 而止。

如是则 β 处已显 864。

假定 5.6×3.4

手术如前。可将 5.6 看做 56，将 3.4 看做 34，而预计其乘得之数，必念零数二位可耳。

分法如下

全机之数为 0。如上所言。

假定 24/4=6

将 α 之指杠，置成 24，将曲拐 M 循 F 摇旋一次，此时 β 处显出 24。

再将指杠置成 4，再将曲拐循 F' 摇旋。每摇旋一次，β 处之 24 必渐缩小，缩至小于 4 之时，即停止摇旋。而检视 γ 处之数若干，即 6 是也。

假定 27/4=4×6+3

将 α 之指杠，置成 27，再将曲拐 M 循 F 摇旋，则 β 处即显出 27。

再将指杠置成 4。

再将曲拐循 F' 摇旋，至 27 缩小于 4 而止，即 3 是也。

γ 处必显出 6。

则商数为 6，剩数为 3。若欲以十再将 3 分之，则须另行手续，即 3/4 是也。

分式如 3/4，又看作 30 /（4×10），只须预审其商数为零数，即商数之数码之前为 0 是也，则商数为 0.7。若欲令商数之零数二位，则只须将 3/4，看作 300/4。

06 自动电话机[1]

1918 年

普通电话机，十年前所通用者，须用手摇，司机者方悉用户之所求，即求其接联也。十年以来，用户取机，司机者已知用户之所求，用户摇机之劳可免。此新法已简于旧法。

然而五年以来，则自动电话机又渐推行。非但用户既可省唤号之繁，并司机者而可免焉。用户将圆盘拨旋，即可与被唤之户通话。此圆盘之直径仅 0.06m，盖略如时表耳。

此圆盘具十个数码，即 1、2、3、4、5、6、7、8、9、0 是也。略如时表之瓷面，其上面罩以铜板，镂成十孔，以令数码明显，并令指尖得以纳入。

1. 原载于《中华工程师学会会报》第 5 卷（1918 年），第 1 期。

此圆盘之中心为定轴，故若以指拨之，即能旋动。每拨一次，能旋动一次，释手则该圆盘能自旋回原势。

例如欲唤 2547，先以指纳于 2 而旋之。此时拂针 F1 与第一束之第二线联接。再以指纳于 5 而旋之，此时此第二线之拂针 F2 与第二束之第五线联接。再以指纳于 4 而旋之，此时此第五线之拂针 F3 与第三束之第四线联接。再以指纳于 7 而旋之，此时此第四线之拂针 F4 与第四束之第七线联接。

如是此 2547 之电户得以通话矣。

若所欲唤之电户，正与他处通话，则有响号为警告。

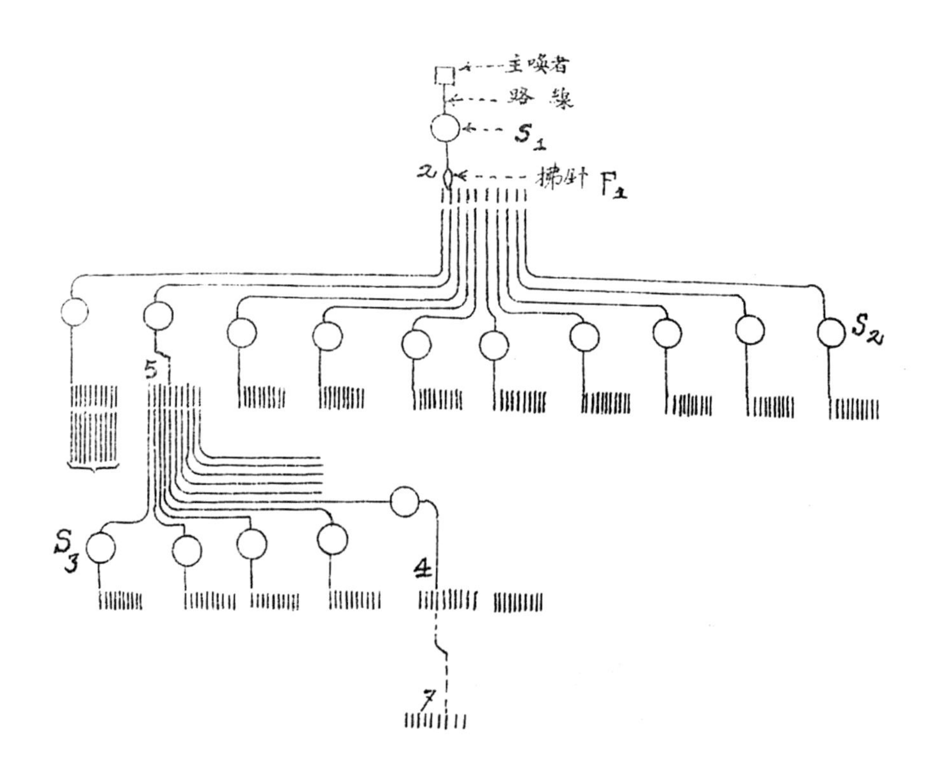

07 吸尘机[1]

1918 年

宇宙间尘埃野马，憧扰不息。而种种微菌，寄附于其中者，真不知几千万若是。尘埃予吾人以卫生上莫大之障害，夫固尽人知之矣。故欲祛此害，惟有勤于扫除。从来洒扫之法，仅恃人力。挥以尘拂，运以箕帚，回旋拂拭，意非不欲使纤埃尽去。无如一举手一投足间，转使静止于屋角地面之轻尘，扰乱不止，家庭间则向几席飞集，公众之地，则向行人口鼻窜入。洒扫愈勤，纷飞愈甚。且有只能扫不能洒者，如绒垫毡单之类是也。况当扫除之时，执事者吸尘入肺，其不卫生孰甚焉。

欧洲近发明一种吸尘机，运用灵便。车站车队，以及会堂公所，乃至家庭传舍，莫不用之。此机之装置，为柔管及油机或电机。柔管之一端，与油机或电机衔接。他端具一帚，帚底有细孔，为尘灰走入之路。油机或电机，发生吸力，则帚所能达之处，粗细灰尘，均被吸收。旁人既不受扰，执事者亦不受害。管端所触之处，即肉眼不能见之微尘，均可吸除。吸力甚大，凡积聚于承尘户窗以及罅隙间者，即使帚不能达，亦能因其迫近，而吸除靡遗。此外如灯圈画框所染之尘灰，亦莫不吸除净尽。此机重量亦甚轻，其底具小轮，二手已可推移。随意携至何处，无不处置裕如。附图如下，想讲求卫生者所乐睹者也。

---

1. 原载于《中华工程师学会会报》第 5 卷（1918 年），第 4 期。

吸塵機

宇宙間塵埃野馬。憧擾不息。而種種黴菌。寄附於其中者。眞不知幾千萬若是。塵埃予吾人以衛生上莫大之障害。夫固盡人知之矣。故欲袪此害。惟有勤於掃除。從來洒掃之法。僅恃人力。揮以塵拂。運以箕帚。迴旋拂拭。意非不欲使纖埃盡去。無如一舉手一投足間。轉使靜止於屋角地面之輕塵。擾亂不止。家庭間則向几席飛集。公衆之地則向行人口鼻竄入。洒掃愈勤。紛飛愈甚。且有祇能掃不能洒者。如絨墊毡單之類是也。況當掃除之時。執事者吸塵入肺。其不衛生孰甚焉。

歐洲近發明一種吸塵機。運用靈便。車站車隊。以及會堂公所。乃至家庭傳舍。莫不用之。此機之裝置。爲柔管及油機或電機。柔管之一端。與油機或電機銜接。他端具一帚。帚底有細孔。爲塵灰走入之路。油機或電機。發生吸力。則帚所能達之處。粗細灰塵。均被吸收。旁人既不受擾。執事者亦不受害。管端所觸之處。卽肉眼不能見之黴塵。均可吸除。吸力甚大。凡積聚於承塵戶牖以及罅隙間者。卽使帚不能達。亦能因其迫近。而吸除靡遺。此外如燈罨畫框所染之塵灰。亦莫不吸除淨盡。此機重量亦甚輕。其底具小輪。一手已可推移。隨意携至何處。無不處置裕如。附圖如左。想講求衛生者所樂覩者也。

08 法国试验无线电话成绩[1]

1919年

法国无线电社巴黎通信云，巴黎各报载称，根据无线电报原理而发明之无线电话，最近曾在美总统坐舰乔治·华盛顿号及汽船格朗总统号实行试验。两船相距约一百海里，因电浪之跃动，而互通消息。须知利用电浪而传达语言或音乐，绝非新奇之事。法国化学家之年尊者，当能追忆一九〇九年四月十二日参与埃菲尔无线电台[2]试验无线电话之事实。自一年以来，各国科学家群注意于无线电话问题。美国工程师福兰斯德氏于无线电话研究有素，得有极佳之成绩，特至巴黎，在埃菲尔电台之顶，重行试验。福氏所发之音，如语言、歌唱、音乐等，均能传至装有受话机之各站。始而及于蒙伐来林（距离十基罗迈当[4]），继而及于圣乔治新城（距离二十五基罗迈当），终且及于蒂爱泼（距离一百五十基罗迈当）。惟有数点，尚须详加规划云。

法国海军中尉哥林氏及桑斯氏曾致力于无线电话之研究。一九〇九年

1. 原载于《中华工程师学会会报》第6卷（1919年），第8期。
2. 巴黎的埃菲尔铁塔曾作为无线电发射中心使用。
3. 夏家农绘。
4. 法文 kilomètre 的音译，即公里。

四月十二日，哥氏等在埃菲尔电台与默伦（两处相距五十基罗迈当）通电，从事新试验。法国内阁某阁员及新闻记者数人，亲与其役。此次试验成绩极佳，所传达之语言，听之甚晰，间有余音，亦能了然。是日试验之际，法国物理学家某君，静坐于蒂勒里园[5]中，置受话机于膝，竖收电杆于冠，悬听音器于耳，谓余曰："彼曹直接聆悉哥林氏在埃菲尔电台所发之演说辞。其辞乃哥氏致默伦电台受话机旁之某阁员者。"

无线电话何时方能实用于社会事业中，虽尚在不可知之数，然今日之理想，即将来之事实。试观欧争中各种事业进步何等神速。仅以无线电报一端而论，已有种种之新发明。昔日仅知空中传电者，今日乃以土中传电及海中传电代之矣。此种传递消息之新方法，实于国家防御上大有裨益者也。

无线电报在法国全境，必能充分发达，殆无疑义。然揆其效用，绝不能与无线电话相比拟。盖无线电报须用摩尔斯记号收发电音。纵将来私家无线电报得自由设立，然吾人大多数不谙此记号，不能领会其意义。至于无线电话，吾人可随意在家中设置一具，不啻对面晤谈。而埃菲尔塔将为发电之总机关焉。

关于预报天气，无线电话尤占重要之位置。将来海洋中之船只，即吨数最小者，亦可设置受话器一具，绝无雇用专家之必要。此外尚有一问题，亦须讨论者。凡与全国有关系之新闻，藉报纸为之传递，往往不能遍布全国。自有无线电话后，俄顷间可以传至各处，殆可致报纸之死命。虽最小之村落，亦可装置一轻便之受话机，随时接收各方面之报告，殊无购买报纸之必要。至于政府方面，如遇水灾发生时，可用无线电话通告全国，使农夫等知天气骤变，有所预备。吾人欲与外界相接触，仅费数法郎之代价，购置受话机一具足矣。

5. 巴黎的 Tuillerie 公园。

09 自动水斗[1]

1927 年

吾人已知新式恭桶，附有水斗，拉之或压之，则水能流出而将粪质冲去。但此法不适于公共场所，因公众往往于离去恭桶时，懒其一举手之劳，以致粪积于桶而生恶臭。

天津法国菜市，有一水斗，装于公共厕所，名曰自动水斗。水自灌满，既满则又自流而将粪质冲去，终日循环不息，无须人手拉之或压之，其组构如下：

此箱备有配合各件如 T：一、水斗 AB；二、虹管 S；三、储水盆 R；四为钟 C[2]，此钟包盖虹管，又赖三足以钉住于水斗之底，而钟边却与水斗之底相离；五、气管 tr；六、引水虹管 ehfg，其所储水线 u 及 hg 为不变者。

水斗备有灌水龙头，平时微开，水稀细而来，其量等于每次逐出之水量。

假定 hfg 为原存之水，水由龙头灌入水斗，渐渐上升，并由 xy 等处流入钟内，tr 处之气管直通钟内，其长短预定为放出钟中空气之用。

水上升时，若其水面已超过气管之底孔 r，则 r 没于水内，钟内之空气不能放出，压涨在内；及至其压力胜过 hfg 等处之水量，则水量由 g 泄至 I，又至 E，此时钟内之空气复获得出口，即由 ehfg 走去，于是水面 nn' 渐渐上升，至与外水面 NN 相等为止，此时水畅入 S，由 R 至 E，引动此虹管，而水箱之水始起冲出。

---

1. 原载于《中华工程师学会会报》第 14 卷（1927 年），第 7、8 期。
2. 意为 cloche，即法文的钟。

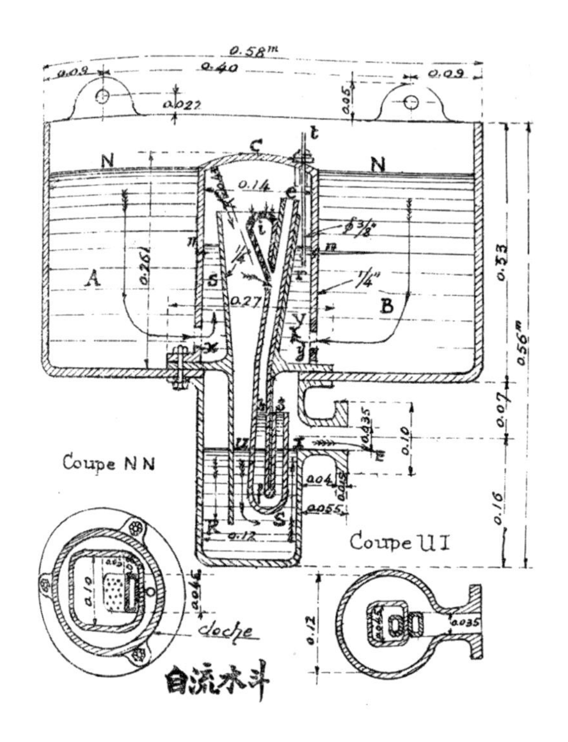

i 处有一莲蓬头，当虹管驱水之时，亦有一部从小孔漏入者，预储在 hfg，为下次引水及逐水之用。i 处之蓬孔，俾水中之实质杂物不得流入，以致塞住虹管中之窄处。

水冲出时，空气又由气管进入钟内，虹管中之压力，同时与外面之空气压力平匀，u 点之储水，与逐水以前之高度相等，龙头之水，仍源源微流，每至一规定时刻，复如前次冲出一次，如是轮流不绝。

10 北戴河避暑海滨[1]

1930 年

华北避暑地方，以青岛、大连、北戴河三处为最著。大连完全为日本人所经营；青岛昔为德国人经营，今在我国主权之下；惟北戴河海滨，虽始居者多属教会洋商，而尽力经营以有今日之规模者，则全是华人之力也，如马路如公园，皆系朱启钤先生提倡及规划并筹款，医院则为施肇曾先生所创办，应有尽有，可称完备。

沐浴游泳，固是避暑中之消遣，然而人不能镇日出没于海水者也，亦不能镇日闭门坐卧者也，故公路与公园，为避暑地之要素焉。

在乡僻之地，苟无医师及药品，则危险极甚，盖人不能无疾病，海滨更多婴儿与童人，疾病更有所不测，游人为求生而来，非为求死而来，故医院亦是避暑地之要素焉。

凡海滨，苟没有山及林副之，则风景不全，尚有缺憾，且非但风景之缺憾，即生活上亦有缺憾，盖人生体质之所需不同也。有滩又有山，则畏湿者可居近于山，爱水者可居于滩，年老喜静者可居近于山，少年喜沐浴、喜游泳者可居近于滩。北戴海滨，有山又有林，且滩势颇缓，滩沙亦极净，海浪又甚平顺，故此地实有天然之胜。

避暑地之区域如甲乙丙丁一带各附图，甲乙在西，丙丁在东，长约七公里余，在此一带之北，则为乡野，无山水之胜矣。 西部名曰西山，东部名曰东山，西山林景，胜于东山。公园在联峰山之东南脚，稍偏于

1. 原文名为“华北避暑海滨”，因内容仅涉及北戴河，故本处标题改为“北戴河避暑海滨”。原载于《中华工程师学会会报》第 17 卷（1930 年），第 1、2、3 期。

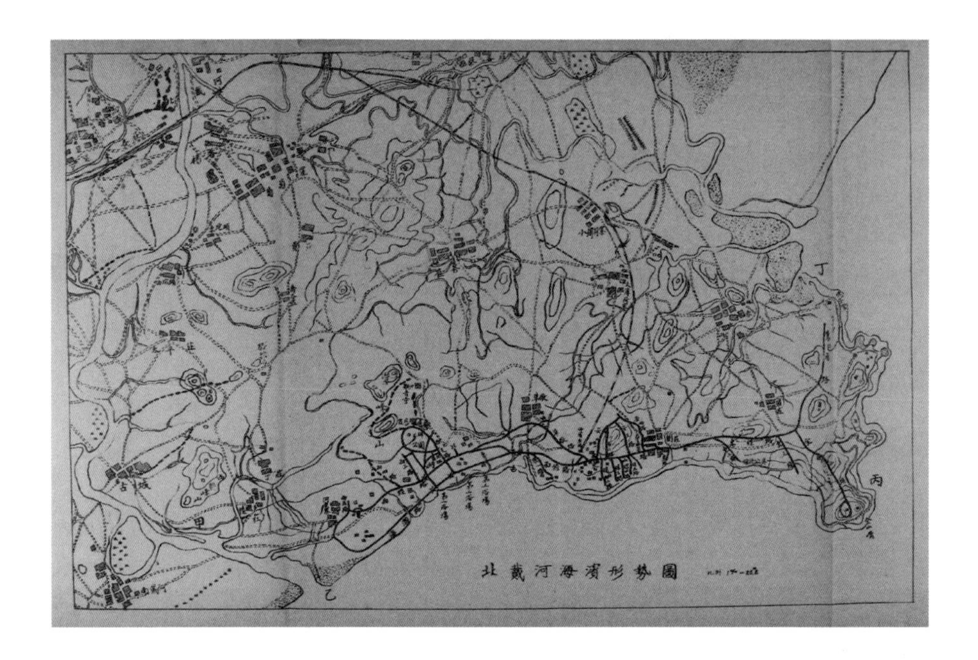

全滩之西部，邮电局与火车站相近，旅馆亦在其相近之处，公益会系朱公提倡设立之自治机关，会所与公园相近。

公益会之外，有所谓东岭公会者，管理东山鹰角路一带乃至鸽子窝等处。又有所谓石岭会者，管理侨居外人之事宜。

公益会在第三第四桥相近之处，设立浴场，每浴一次，取费二角，更衣室一间，月租六元，年租十五元。旅馆营业期间，自六月至九、十月。

北戴河车站，距海滨车站十公里，系北宁铁路之支线，通车只在夏季，此路系于民国五年筑成。

电局邮局，向亦只限夏季，今则邮局已改为常年矣。

西山霞飞馆、莲峰医院、蠖公桥、莲花石公园、西山路

11 中国将来之洪水[1]

1917年

鄙人拙于口才，今日来此演说，真如苏谚所谓“造屋请桶匠者”也。

今日铁路协会大会，鄙人演题为洪水，与铁路问题似隔膜，顾此演题之拟定有一小史在焉。

当协会请开演题之时，正余在部中办公之时，同时收到标函二件，其一为枕木投标问题，其又一标函为何种材料？请诸君一思。此又一标函内所开之价，如六元、八元、十元等等，诸君试再思，果系何种材料？此又一标函乃是卖子卖孙之信也，盖余友来书盛述水灾后穷民鬻子女以求生，劝余认购一二名也。

水之为害如此，诸君已闻津浦、京奉各受其害，而京汉之损失尤大，顾诸君亦知人民生命、财产之损失为尤不可思议乎！

人有援树以避水者，然树倒则仍落于水，随水漂之尸不知凡几，鸡犬牛马、男妇老幼同付一流。

余在巴黎时曾见洪水一次，街中有搁板以渡者，有摇桨以行者，当时已惊为生平罕见之奇事，然仅闻有工厂之淹没及材料之漂流，却未见流尸又未闻鬻[2]子女也。

水之为害，或者曰天道非人力所能弥补，或且名山水为发蛟[3]害民之。地方官或且利用天道之说以自卸其责，有时则求雨焉，有时则求晴焉，一求则百过皆卸，百事皆可不办，而民亦安之若素[4]焉。殊不知昔日之求天求地，所以酿成今日之卖子卖孙，今日之求天求地，将酿成他日之卖子卖孙矣。

水之为害有二因，其一曰横决，其二曰暴流。何以横决？因无固定之正道也；何以暴流？因无含蓄之地方也。惟有固定之正道，则须治河。吾国人依赖祖宗余荫，已成天性，故自大禹迄于今日，仅有治水之名而无治水之实，故北方各河，无一不高于田地，其泥沙日积月累，东涨西落，河身之曲度既无定，则河底之倾度又无定势。今再不治，则不达千年，恐子子孙孙虽欲求如今日之投标出售，而亦不可得矣，盖吾人将同归于尽，卖者买者一律成为水面之浮尸也。

前日与某西人谈及京汉铁路水患，该西人曰长此不治，将来须筑大桥其两端为北京及汉口，呜呼！此言果验者，即吾人同归于尽之时也。

欲有含蓄之地方，则须造林及保林。林之能力在含蓄水量，世人有疑为阻止水流者，误论也。水之为害，不在其量之多，而在其流之急，霪雨之后，全量之水长驱直泻，顷刻之间汪洋一片，又顷刻之间却已赤地千里，此即急流之害也。

今若山岭丘壑遍处有林，则累年落叶积成海绵状之厚体，能将雨量之一大部瞬息吸收，待雨过之后再缓缓吐出，非但可免一时之水害，且可利常年之灌溉，又根须延蔓结成蛛网式之围篱，能将雨量之又一部暂为圈禁，亦待雨过之后再缓缓释放，且能令雨际之水流不挟泥土以俱行，则河身中可免淤积之患。此外枝叶之吸收小量乃其余事耳。

余耳所厌闻者为“山水暴发”一语，官民习用此一语，以为水系由山吐出者，殊不知山并不发水，惟由山流下之水为愈急耳。何以愈急？因童童[5]赤石，既无积叶蓄水，又无根须围水，更不如泥地之稍能渗水，故全量之雨，霎时间成倾山倒海之势也。

吾国人非但不知造林，且又不知保林，东三省固有之林，闻其面积至数百里之广，今之所谓白松及枕木，多有伐自该处者，只闻伐之而不

---

1. 原文载于《铁路协会会报》的“本会演讲录”，1917 年第 6 卷，第 10、11 册合刊。
2. 鬻，卖。
3. 蛟，蛟龙。
4. 安之若素：毫不在意，视为平常事态。
5. 童童，秃。

闻有以补植之，数十年后又将成一片赤地矣。居其下游之人民又将受淹而卖子卖孙矣。余每见一枕木，余心中不啻见杀一女沈[6]一儿也。

河政如彼林政，如此不达千年，吾人将尽变为鱼。夫千岁甚短也，人生三十年为一世，千岁仅三十余世耳。吾人回忆三十年之光阴迅如一瞬，则千年仅数十瞬耳，且水害之广大频仍日迫一日。本年同样之水灾，说者谓三十年来所未见，而今而后将二十年而一见焉，将十年而一见焉，将四、五年而一见焉。试观河底之高度，日甚一日且日速一日，则洪水之期，固已不难预算矣。

吾人眼光苟不能自见，盍[7]借观于已亡之各国乎？埃及、印度入英，而河林大治，安南入法而河林渐兴，即就青岛一隅观之，自经德人经营，葱葱者已非昔日比矣。余敢作一丧心伤心之言，吾政府吾人民苟不急急治河造林，则虽欲求如埃如印度、安南而不可得矣。

6. 沈，沉。
7. 盍，何不。

中國將來之洪水

華南圭

鄙人拙于口才今日來此演說眞如蘇諺所謂造屋請桶匠者也

今日鐵路協會大會鄙人演題爲洪水與鐵路問題似格膜

顧此演題之擬定有一小史在焉

當協會請開演題之時正余在部中辦公之時同時收到標函二件其一爲枕木投標問題其又一標函爲何種材料請諸君一思

此又一標函內所開之價如六元八元十元等等諸君試再思果係何種材料

此又一標函乃是賣子賣孫之信也蓋余友來書盛述水災後窮民鬻子女以求生勸余認購一二名也

水之爲害如此諸君已聞津浦京奉各受其害而京漢之損失尤大顧諸君亦知人民生命財產之損失爲尤不可思議乎

人有援樹以避水者然樹倒則仍落于水

隨水漂流之尸不知凡幾雞犬牛馬男婦老幼同付一流

余在巴黎時曾見洪水一次街中有擱板以渡者有搖槳以行者當時已驚爲生平罕見之奇事

然僅聞有工廠之淹沒及材料之漂流却未見流尸又未聞鬻子女也

水之爲害或者曰天道非人力所能彌補或且名由水爲發蛟害民之地方官或且利用天道之

12 《算学启迪法》序言及摘录[1]

1933 年

敬告读者

近年来，盛传所谓道尔顿氏教授法者[2]，顾余于廿五年以前，早在法国阅其绪论，并曾受年逾古稀之科学大博士雷搡氏者（C. A. Laisant）面赠一书，名曰《祘学智慧》；余受而读之，早思译出，以为童子之父母师长，开一光明之路（“祘”字是“算”之古字，较简，故用之）。

但其时，自己攻课，晨夕不遑，不得不暂时搁笔。回国以来，埋头于铁路之职务，晨夕不遑，依然如故。且以为，技术为新式国家之生死关键，以技术指导青年，余不能辞其责，至于教导幼童，则另有负责者在。

年复一年，至于今日，教导幼童之一般方法，非无进步，而教导祘学之方法，则殊多可訾之处。

民生大本，在生产事业。新式生产方法，莫不向祘学讨生活。然而幼年学子，多半视祘学为畏途。夫祘学岂真难事乎？殆亦教导之未尽其道耳。

余有鉴于此，急将该书译之而又增损之，使合于我国适用之程度，名之曰《祘学启迪法》。

---

1. 此为编者所拟标题。本篇为出版于 1933 年的《祘学启迪法——小学教师之指南针》之序言及正文摘录，原著共 76 页。
2. Dalton plan，20 世纪初开始在美国创行的一种反传统的教学方法。

原来教导童子之旧法，重记性不重悟性，重人力不重天机，与其谓为教导，毋宁谓为阻碍，或竟谓为残害。幼童本有其天赋之良知良能，顺之则欣欣向荣如春花怒发，逆之则如残酷之春寒春雪，使将茁之鲜葩，已发之嫩叶，渐渐归于萎枯而已。

本书目标，在使执教鞭者，不但明此原理，而尤须切实行之。故本书是教者之蓝本，非童子之课本。童子目中手中，不应有此书。如授以此书，则又是残害之矣。

本书精意，在对于五岁至十二岁之幼童，循循善诱，使彼只自乐其在游戏之中，不自觉在学习之中。苟见童子有倦容或厌心，即应停止此一种游戏，而易以他种。有时向前，有时退后，向前不可太速，退后却不妨屡屡。有时告以新者，有时又令其回习旧者。同一旧理，有时又用他法以使童子感其为新，种种诱掖之道，种种引起兴趣之方法，本书仅示一隅，三反全在教者。

童时之游戏，即为成人后之智源。本书所提示之游戏祘术，已含高等祘学之基理，童子他日入中学校或高等学校，回忆幼时之游戏，必有“心花怒发”之快乐，智慧之发荣滋长，必有不期然而然者。

或者曰，高等祘学，非人人所必需，且女儿所需尤缓于男儿，此言殊属误解。盖余所谓高等，不过基理，非源理也，源理固非人人必需，基理则固人人所需，且无分男性女性也。是故，本书不但是中学教师之津梁，实亦小学教师之津梁，且又是父母所应知所应奉之圭臬。由此道，则下愚可成中材，中材可成上智；悖此道，则聪明斫丧，误尽苍生。年愈长而智愈弱，质愈钝者，不知凡几，我人讵未亲见之乎！

说此书为救世津梁，亦非过当。凡为父母者，如爱其子女；凡为政府当局者，如爱其国民，请勿河汉斯言。

华通斋于天津

一九三三年二月二十二日

注：

祘学之祘字，俗作筭，笔画皆太繁，忆及古字，似作“祘”，简，故用之。本书俗字古字皆采用，例如“万”是“萬”之俗字，“质”是“質”之俗，“声”是“聲”之俗，“岁”是“歲”之俗，“处”是“處”之俗，“穷”是“窮”之俗；又例如“个”是“箇”之古字，“与”是“與”之古，“从”是“從”之古，“号”是“號”之古，“众”是“衆”之古，去取之标准，在繁与简。

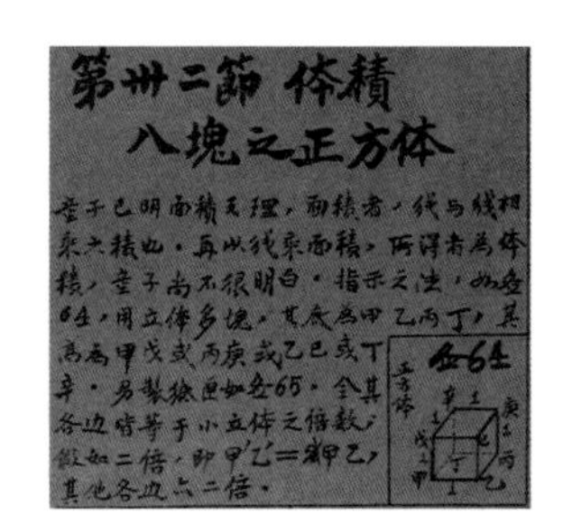

第卅二節　体積

八塊之正方体

童子已明面積之理，面積者，线与线相乘之積也。再以线乘面積，所得者為体積，童子尚不很明白。指示之法，如圖64，用立体多塊，其底為甲乙丙丁，其高為甲戊或丙庚或乙己或丁辛。另繪圖如圖65。令其各边皆等于小立体之倍數，假如二倍，即甲′乙′＝2甲乙，其他各边亦二倍。

《祘学启迪法》摘录

第一节 直线

童子之能力之发达最早者，厥惟图画，图画之嗜爱，是良能也。教诲童子之第一步，即是启发此良能。欲启发此良能，宜授以有格之纸，又给以铅笔，使其自由画作直线。此直线不必是整齐之斜线，但须是整齐之横线及竖线；盖只须遵循线格之横线及竖线也（纸格之线须极淡）。

作此直线之法，初时宜向下，阅若干时之后，令其自左向右，如图 1 及图 2[2]。

再阅时稍久，乃令其作较长之竖线及横线，仍遵循线格。

2. 图略。

再阅时稍久，乃令其于二条长线之间，添作短斜线，及各种简易而有规则之诸线（作法在后）。再阅时稍久，乃令其绘作诸图之有曲线者，有时用机具，如直尺及勾股板及圆规等等；有时令其悬手绘作（悬手犹言空手，言不用器具也）。此类之工作，既足以增长手力之能巧，又足以增长目力之精确，宜永远练习，虽成人后亦不可抛弃也。此种练习，只宜指导童子，不宜强迫童子。强迫童子，即是戕害童子也。

若童子觉其练习此事，并非游戏之事，则教诲之目的已绝灭矣。当夫童子无兴味之时，宜任其撕毁纸张，宜任其以石笔在石板乱画，万勿禁止；不禁止则若干时之后，童必复有所质问，而又有引导之机会矣。

此法是发达童子良能之要事，是发达童子好奇之良知之要事，此法所以免童子之厌倦，此法亦所以免童子之败兴。总言之，教导童子之术，其目的如下：

1）宜令童子觉得是游戏。

2）宜保存童子天性之自由。

3）宜令觉得某事物是彼所创制。

以祘理引导童子，果自何岁始？此却无定规，且亦无定律可限制此引导也。童子自三岁至六岁，断无无图画之嗜爱者，则引导之术，惟有乘机施之而已。

初级之教导，若未照前法办理，则童子于十一二岁之际，所能习之事物甚疏浅；反之，初级之教导，若能完善如前法，则童子于十一二岁之际，已能习二十岁之人所习之种种事物。

以记性强迫童子，是教法之最恶者。若迫令童子强记某字句，某篇章，某公式，是实杀其天机，伤其脑力，徒令变成不灵敏、不智巧、无情兴、无识别之庸人耳。

是故，本书后文所述之术，为母者及为师者，皆宜遵行也。

第二节 一至十

自一至十五数码，如何教之乎？童子已惯作直线，乃引导之，使绘

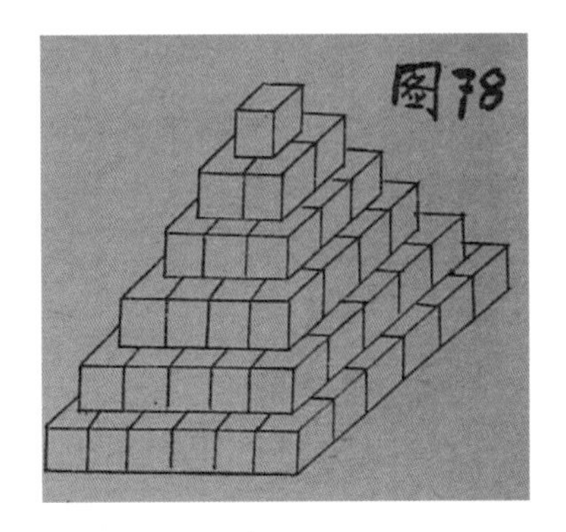

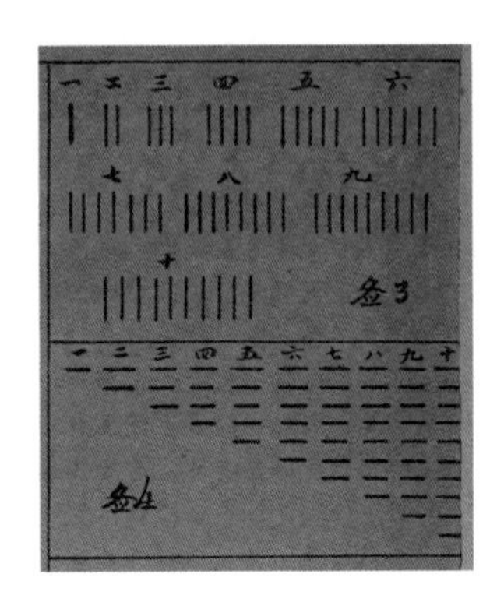

整齐之横线如图 3，同时朗诵曰：一、二、三、四、五、六、七、八、九、十，童子亦随声朗诵。于他时，另取黄豆，布置成群，一如图 3 及图 4，同时亦同声朗诵曰一二三四五六七八九十。于他时另取他物，布置如前法，朗诵如前法。如是屡屡行之，则童子习惯于十个数码之口诵矣。

（略）习惯之后，可不用火柴或黄豆，空口习诵自一至百。空口习诵自一至百，童子心中自有计祘，此是心祘之初步也。心祘不但大有益于寻常事物，亦有益于高等学科，自幼习之，诚易事也（略）。

第三十四节　平方数

（略）

高等代数中之串式，即是前式之理，童子可赖木块或纸板以明串式之理，童子讵再视祘学为难事乎？常人视祘学为可畏之物，非真学之可畏也，因其未有兴味也。本书之目的，全在提起童子之兴味，他日成人，自觉祘学有乐趣矣。

中国有所谓宝塔者，有所谓九仞山者，旧祘书中有所谓堆垛者[3]，皆是平方积之和之原理。如图 78，用小木块堆积而成，名为宝塔也可，名为九仞山亦可，名曰堆垛亦可。西国陆军，旧日堆存炮弹，亦用此法：第一层一块，第二层四块，第三层九块，第四层十六块，第五层二十五块，第六层三十六块；欲知其总数，则用坤式[4]以求之可也。

$$总数=1^2+2^2+3^2+\cdots\cdots+6^2=\frac{6\times7\times13}{6}=91$$

若层数甚多，假定九十九层，则总数如下：

$$\frac{99(99+1)(2\times99+1)}{6}=\frac{99\times100\times199}{6}=328350$$

3. “宝塔”“九仞山”是中国古代“堆垛术”在不同人编拟的祘学启蒙书中的亲切叫法，中国元代数学教育家朱世杰于 14 世纪的著作《祘学启蒙》《四元玉鉴》中系统介绍了各种堆垛问题，欧洲至 17 世纪末才见诸格里高利和牛顿的著述。华南圭先生对朱先生的堆垛问题给与了自己的教学设计。

4. “坤式”类似于今天列式解方程时，多个式子，怕引起混淆，就分别起名叫（1）式（2）式等，当时更习惯叫“乾”式“坤”式等。

13 译著《罗马史要》序[1]

1902 年

读书者一人，著书者千百人。千百人著书，积数年、数十年而至数千百种。一人读书，积数年、数十年而终不能读尽此数千百种。然则将不读乎？不可也，道在得读书之法。其法如何？曰：速之则可多读书矣。

然而读书务速固在读书者，而或有致人以不能速者，则又著书者之过也。其过有二：一在多浮词，浮词多则徒耗目力，徒费时日，欲速而不能速矣；一在多诘屈执拗之词，诘屈执拗之词多则徒乱人意，徒耐人思，欲速而不能速矣。

若其支离杂沓，则尤令人厌弃者也。是故今日言著书，总以简要明畅为主。

希腊、罗马二史，西文原本甚佳，今日泰西各国，政治、艺术无一非源流于此。读西史宜从此入手，可以知其会通。

旧有税务司所译《志》《要》[2] 二书，译笔甚劣，读者苦之甚，或有反复展卷多时，仍不能明其条段、定其句读者。夫以区区十余卷之书，尚耽延晷刻。

若此，设令读千百人数年、数十年数千百种之书，虽有千岁寿其可

---

1. 英国传教士艾约瑟（Joseph Edkins）于 1886 年，在其所任职的清廷海关总税务司，组织编译了英国人克赖顿（M. Creighton）所著的罗马史，译作名《罗马志略》（见“《希腊志略》《罗马志略》校注”，商务印书馆 2014 年出版），这是中文世界第一部古罗马专史。但尚在苏州上学的青年华南圭不满该译作水平，于 1902 年重新予以翻译并由上海点石斋出版，书名《罗马史要》，该段文字为其“叙”。
2. 即 1853 年出版的《格致西学提要》，由艾约瑟与李善兰合译。

羅馬史要卷三

羅馬與加耳達俄戰

自比魯還師羅馬僅息兵十一載後復與他國開戰

一節　加耳達俄源流

加耳達俄為非洲北海濱之一城距西西利島不遠首在此地開埠者為腓尼基人其首城為推羅在猶太國北其地人民即以色列人由伽南地逐出之伽南族也與猶太人同出於西米底族口操希伯來語喜懋遷駕船至加利人地即今時法国南海濱得陸地運來英產之錫相傳謂腓人初設埠時約在羅馬立城先百年也以貿易為業故富强遠于羅馬不立王國中庶務操自貴紳與羅馬仝制非洲北瀕海近西之地均經加耳人平服惟加耳所平服之民遠不及羅馬所平服之民蓋羅馬人多賜予加耳人多虐待羅加交涉之際此為一大關鍵

二節　加耳人據有西利

得耶？况以至美至备，人人不可不读之书而令人厌弃，不能卒读，不更大可惜耶？支离杂沓，其足以累人若此。

窃鉴于此，爰取中文译本与西文原本交互考证，增之删之而又修饰之，不求文笔之佳，但求通达明达为止。词有变易，意无挂漏。篇幅章节仍其旧，恐乱人耳目也；年表别列为卷，齐其体例也；句加点，人名、地名或官名皆加号，醒其眉目也。唯其间不妥处仍多，未免为当世人诟笑，而要此区区重译之宗旨，或亦为君子之所取乎？

光绪辛丑廿七年十一月金匮[3]华南圭自叙于苏州沧浪亭之中西学堂

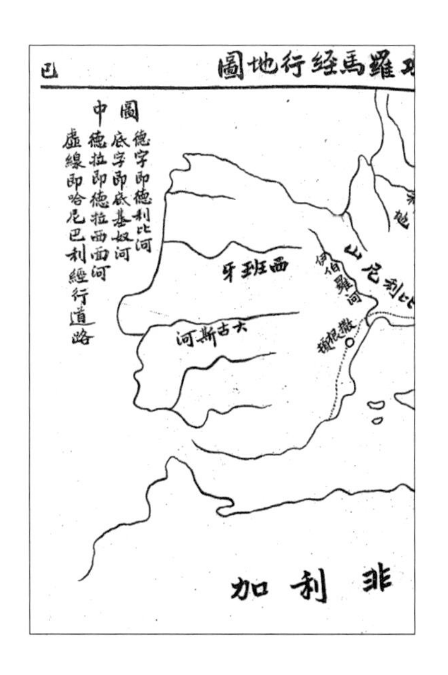

3. 金匮：旧县名，在无锡市东部。华南圭的家乡是无锡荡口镇，在金匮范围内。

14 译著《法国公民教育》绪言及例言[1]

1912 年

译者绪言

（一）本书系法国近日小学校全国通行之课本。此书实所以为人之第一要书也。

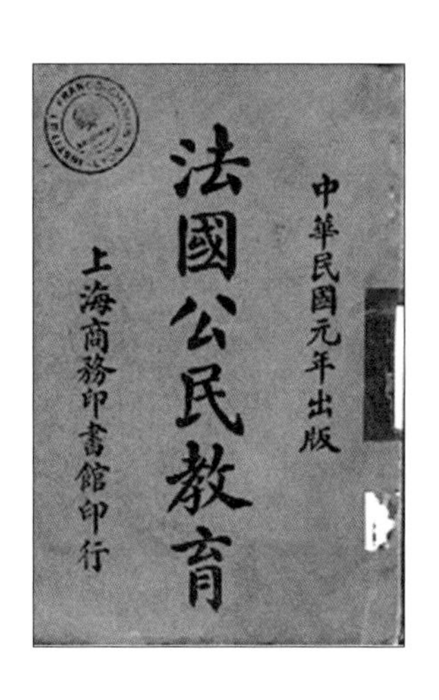

（二）本书之善，非但利用于彼本国人，而实亦利用于吾中国人，可以激发尚武精神，可以培养爱国思想，可以增长政治智识，可以使人富道德，可以使人守法律，可以使人备社会之资格。试一观目录，即可知其善也。吾国欲变为立宪之国，此书实培本之宝筬也。法国大儒维笃友谷[2]之言曰：学校者，制造灵魂之厂也。其此书之谓乎。

（三）此书可通行于吾国之小学校，作为法国史读可也，篇节不多，而法国全形已尽备矣。

（四）海陆军之组织，税项之组织，议院之组织（立法），政府之组织（行法），裁判之组织（司法），刑法之组织，学校之组织，选举之组织，无不具备。善哉此书！吾无以誉之，请阅者评之可也。至文字之微[3]，则非译者所敢道矣。　译者识

1. 原著名《公民教育》（*L'instruction civique*），作者保罗・勃特（Paul Bert）。华南圭译于 1906 年法国留学期间，1912 年由商务印书馆出版。
2. 即维克多・雨果（Victor Hugo），法国文学史上最伟大的作家之一。
3. 意即精深微妙。

译者例言

（一）此书系小学校课本。原本系问答体，问者为先生，答者为学生。有时先生与学生互相问答，皆系假设之词也。盖欲藉此以剖明真理也，欲幼童容易领悟也。今以甲乙二字做记号，凡甲字下系先生语气，乙字下系学生语气。

（二）书中有称为吾者，系指法国而言，盖仍原文之口气也。

（三）书中语皆浅近，理亦普通（普通者，谓人人皆当知者也。旧译于普通二字，未加的解，遂有人误解者。如普通学三字，人有视为浅近之解者，视为浅近，遂有人不屑学。殊不知普通二字之的解，尤言普遍也，尤言普及也。如普通选举，即人人投票也，非曰浅近之投票也）。而法之所以立国者，全在于此矣。故此书非但吾国小学校可作为课本，而欲稍知共和立宪之大纲者，亦不可不读此书也。

（四）书中所言，有与今日制度小异者，然所差无几。故法国小学校仍奉此为课本也，盖有精神在也。

（五）书中凡有括弧如（ ），括弧内之所言，皆译者添入。

（六）书中所言，悉就原意，阅者可窥见法国真相。

（七）名词之紧要者，悉附法文，以备参考。

（八）书中有新造之名词，如“什”，如“伍”，如“佡”等是也，“什”之意为十分之一，“伍”之意为五分之一，“佡”之意为四分之一。译者拟另造此种新字，以期适用于疴学，此间偶亦用及。

（九）此书之原名及书店，详录如下：L'instruction civique. Par Paul Bert. Librairie Alcide Picard et Kaan. 11 Rue Soufflot, Paris.

及其再造也

第五節　法國人如何平等

(甲)童子更有一言須留心吾若驟語曰『法國人皆平等』吾料汝之心中必私語曰某甲富有廣厦富有田畝富有金銀何嘗與食力之工人平等且何嘗與其家僕平等蓋家僕自家僕甲乃爲其主也雖然汝如是語汝大誤矣某甲實與食力之工人平等也實與家僕平等也何以平等吾爲汝詳告之

某甲富於家僕據此而曰不平等是固然也且某甲之智識高於家僕據此而曰不平等亦誠是也而某乙之智識更有高於某甲者則雖謂永不能平等可也然而有平等者在

一則當兵之平等也某甲當兵家僕亦當兵某甲之子當兵家僕之子亦當兵

再則納稅之平等也某甲富故納稅多家僕貧故納稅少

三則刑法之平等也某甲若辭絕家僕而不給工價則家僕可訴訟而某甲必受

欲参加投票，先从学会识字读报开始（法文原著的插图之一）

律师为诉讼人调停（法文原著的插图之二）

㊅ 附录

华南圭（字通斋）（1877-1961）年表

1877 年 4 月 4 日生于江苏无锡荡口镇。

1899 年入苏州沧浪亭中西学堂（后为江苏高等学堂）。

1902 年底，自中西学堂经过考核，被江苏省选送进入当时刚恢复办学的京师大学堂，为其师范馆第一届学生。

1904 年初由清廷政府公派到法国留学，三年预科后，于 1907 年考取巴黎公益工程大学（当时也称巴黎工程学堂，现译名为法国公共工程学院。法文名 Ecole Spéciale des Travaux Publics）学习土木工程，是该校的第一名中国留学生。1910 年毕业，获工程师文凭，之后在法国北方铁路公司实习一年。

1911 年回国，以最优成绩通过学部留学生考试，考取了工程进士并授翰林院编修。

1911 年夏至 1913 年夏任京汉铁路工程师和段长等职，驻彰德府（河南安阳）。

1912 年由商务印书馆出版了其在 1906 年完成的译作《法国公民教育》。

1913 年至 1916 年任交通部传习所（北京交通大学前身之一，位于北京府右街）教务主任，兼教授画图。

1913 年至 1919 年任交通部技正（旧时为部门最高技术官职之一），同时协助交通部长叶恭绰创办天津扶轮中学。创办交通传习所的土木科，主要以英法文教授，并开始撰写一系列中文的土木工程教材，其中的《铁路》于 1916 年出版。

1913 年起兼任其在交通传习所内创办的交通博物馆的馆长。该馆 1914 年对外开放，这是中国最早的现代博物馆之一。

1914 年起协助朱启钤在社稷坛建设中央公园（后称中山公园），为园内建设和布局的主要主持人之一。

1915 年至 1917 年兼任留学生出国考试总考官。

1918 年起任交通部铁路技术委员会总工程师（时称工程股主任），主持制定了一系列铁路技术规范。

1918 年至 1920 年兼任北京高等法文专修馆工科教师，该馆为培训日后留法学生而设立。

1919 年至 1920 年出版《房屋工程》四部，若干年后两次再版。

1920 年至 1922 年任京汉铁路总工程师，1924 年至 1928 年再次担任。

自1914年始协助詹天佑主持中华工程师学会。1919年詹天佑去世后继续参与主持，有时任总干事（1915年某月至1918年9月），有时任副会长（1918年10月至1920年7月，1927年7月至1930年12月），有时任会务主任（1925年3月至1927年4月），直至该学会1931年与中国工程学会合并并改为中国工程师学会。长期兼任《中华工程师学会会报》的主编。

1919年至1920年任汴洛（开封—洛阳）铁路局局长。

1920年派充大总统府咨议。

1922年担任京汉黄河新大桥（后因缺乏资金未建成）设计审查委员会（该审委会由国际上数位著名桥梁工程师担任顾问）副会长。

1928年7月至1929年9月任北平特别市工务局长。

1929年3月至1932年夏在北平大学艺术学院建筑系兼职教授建筑工程。

1929年任北平铁路大学代理校长。

1929年至1934年任北宁铁路局总工程师兼北宁铁路改进委员会主席，其间主持建设了天津北宁公园。

1930年加入中国营造学社，若干年中先后担任评议和干事。

1930年代在清华大学任教（义务讲学）。

1930年代兼任天津古物保护委员会委员和天津市政府设计委员会专门委员。

1932年任天津整理海河审查委员会主任，协助主持了天津海河挖淤工程。同年开始在天津工商学院教授铁路。

1933年至1937年任天津工商学院院长，兼教授铁路。

1936年至1938年兼任天津长芦盐务局工程组主任。

1939年至1946年因拒绝为日本侵略者做事流亡法国。

1946年至1948年任交通部顾问。

1949年起受北京市政府之邀任北京规划委员会前身北京都市计划委员会总工程师，后又任顾问，直至1961年去世。

1949年8月至1957年8月担任了七届北京市人大代表。

1951年任北京市科学技术协会前身北京市科学普及协会副主席。

1957年任武汉长江大桥技术顾问委员会成员。

1961年4月23日在北京病逝，享年84岁。

华南圭略历（自述）[1]

前清以秀才考入江苏高等学堂，嗣考入京师大学，嗣于西历1903年由学部[2]派赴法国留学，至1908年夏初，毕业于巴黎公益工程大学之土木科，旋入大北铁路作练习生。

宣统三年入京汉铁路充工程师，旋充工务分段长，驻彰德府，距袁世凯住宅仅一公里，其时辛亥革命将起，袁氏目之为革命党人，派人密监，而本人不知也。

民国二年夏至八年夏，历充交通部技正科长。考工之外，协助部长筹画扶轮学校[3]，又于邮传部旧有之管理学校内，添设土木科，用英法两文教授，自任教务长，课程准大学，而加以事实经验之训练，于是创设交通博物馆，广制各种模型，以资实验。于大院内铺设圆形轨道，比例五分一之小机车，行动一如大型机车。车站设备，有岔道、号志、水塔、水鹤等；道岔、号志联动，与实物无异。黄河大桥，在津浦线上者，模型齐全，挑梁完全明显；其在平汉线上者，只陈列螺桩之桥墩，未能作全桥之模型。因该桥总长三公里，无大厅可以容之也。其他各种钢梁、板梁及疏梁，托式及提式，各备一格。所有桥路车辆之配件，均以实物陈列之。条陈确定名词，于是有审订铁路名词会之设。条陈规定铁路技术标准，于是铁路法规审订会及铁路技术标准委员会相继成立，△△[4]充建设股工程股主任。

在此期间，约在民国三年，协助詹天佑先进，将工程师会由汉口迁至北平，在报子街造房一座，作为总会会所，汉口则名为分会。△△主持其事，历二十余年，直至与他会合并而成今日之中国工程师学会之时，始卸仔肩。

巴拿马万国博览会，夏光宇先生充交通部代表，遣赴美国。△△充交通出品筹备处长，在部内搜集资料，装箱寄往美国陈列；△△与夏公，一在国内，一在国外，分工合作，为国家

---

1. 本文原件为华南圭先生本人手稿，为1946年左右在铁路系统工作时的一份简历，仅略涉铁路与市政工程方面。
2. 清末设立的中央教育行政机构。
3. 中国铁路成立的第一所职工子弟中学。
4. 即华南圭其本人，下同。

争取声誉。

叶部长誉虎先生，筹设扶轮学校，及统一北平、上海、唐山各校而成交通大学，△△有所协助。扶轮中学，以天津一校为嚆矢[5]，名曰扶轮第一中学，设计者建筑师庄俊，在部内筹画者△△也。

民国八年夏至九年秋，任陇海铁路之汴洛段局长，九年秋回平汉铁路任工务处长，至十一年冬，与当局不洽而和平分手，十三年冬，又回充平汉工务处长，至十七年七八月间，离去铁路而任北平特别市工务局长，十八年秋转任北宁铁路改进委员会主席，旋充工务处长，至二十三年春，与殷同不洽，退充改进会委员。至廿七年夏冬之间，北宁成为南满铁路之附庸，△△遂辞职归田。

廿八年春，敌伪有华北交通公司之组织，邀△△为理事，利诱威胁，竭尽其笼络之手段，△△遂窜往法国而为流亡之民。

在市工务局任内，其所擘画，有已行者，如景山故宫间之大道，午门前及左右贯通之大道，东河沿臭沟之盖成大道，和平门之开辟，宣武门瓮墙之拆除，等等。有至今未行者，例如崇文门之天道，其计画系将步道车道，与北宁轨道完全分开，俾保行车的绝对安全，并增高火车之效率，北头用铁筋疏梁斜坡，达于月墙之顶，分左右，依墙顶之平道而向南，于南头亦用铁筋疏梁斜坡而达于平地。此为地方交通之便利，火车则畅行于其下。例如展筑马路以达远郊胜景区界台寺，管制玉泉以充三海之水量。第一项屡议未成，第二项因工款太巨而未进行，第三项者因不能与官绅恶势力相抗，虽易行而亦未实行。△△曾撰一文向朝野呼吁，其题曰“何者为北平文化之灾”，彼以为凡事不必能由一手成之，留此一文，则将来必有人继起而行之者。

北平中山公园，为全国最优美之公园，朱桂辛先生一手创辟，△△为常任委员，曾效驰驱。朱老先生，又创设营造学社，△△亦参预其事，今日每与桂老面晤，当谆谆谈此二事不倦。

迹其在平汉铁路任内，兵灾之抢险工程，经过数次，皆不重大；水灾之抢险工程，小者年年有之，大者数年一见；其时材料有一年之蓄，临时调度得宜，无措手不及之苦；治事虽极严整，而颇博得人心，勤工祛弊，盛极一时。迹其在北宁铁路任内，最艰巨之工事，为民国

---

5. 即开端。

十九年大水之抢险工程；大小桥梁冲毁数十座，绕阳河巨浸，延至十里之长，锦朝枝线、大通支线、营口支线，无一不断，干支数百公里之内，节节冲断，多至三百十余处。△△以平汉抢险之经验，施之于北宁，又以技术员工之信仰与奋勇，亘时四星期，已能使干线支线，一律通车。善后正式工程，如桥梁增多与扩大、山坡改线、河流修正等等，陆续举办，一年后亦已大体完成。经常工程之较大者，如天津东站之雨棚天桥，唐山厂改用河水，滦河边之新站新桥采用压气[6]。而北平天津尤堪纪念者，为平津快车速度由三点钟减为二点钟，其工事为修改轨道特别加固道碴与枕木，又采用路签自动交换机，并赖号志专家汪熙成之规画诩赞，一律装设电气号志。

黄河大桥，是南北交通之喉，造路时原有两种计画，其一为永久性者，又一为临时性者，当时为求节财省时，采用第二种计画，以螺头钢桩，插入河底，有十桩为一墩者，有八桩为一墩者，共长二十公尺，分为十节，每节二公尺，全桥总长三公里。民国九、十年间，交通部设立新桥设计审查会，延聘英、美、法、比大工程师为审查委员，△△为委员长，主张第一条件为不用统梁，因河底在五十公尺之处，仍是沙泥，新桥墩不免稍降，则梁中之正号负号之动积，处处变更，危险甚大。各委员一致赞成其说，投标人采用统梁者，皆遭屏弃。

三路中央车站之议，始于民国九年，交通部饬平汉、平奉、平绥商议办法，会议结果，择定天坛北之空旷大地，由△△与牛麻治、陈西林拟具图案，惜其时未能实行，今则此一片大地，已为商民所有矣。

铁路以外，曾兼任职务如下。民四留学生甄拔考试襄校官（* 平汉局长、交通部技监次长，韦以黻先生，即是此年拔取者）。民六文官考试评议员，民十九天津市政府设计专门委员，民廿一天津整理海河委员会审查主任，民十九古物保管委员会天津分会委员，交通大学唐山学院特约研究员……

---

6. 即气压沉箱法。

华南圭（通斋）
著作列表

著作（书）

《铁路》，华通斋 1916 年初版（中华工程师学会）；1919 年再版；1934 年三版（自刊）

《房屋工程》（四部，分为第 1、2、3、4、5、6、7、8 编），华通斋（自刊）1919–1920 年初版；1928–1930 年再版；1937 年三版

《土石工程撮要》，华通斋 1919 年初版；1927 年再版；1934 年三版（自刊）

《圬工桥梁撮要》，华通斋 1919 年初版；1921 年再版；1934 年三版（自刊）。另：《圬工桥梁简明撮要》，华通斋（与德国工程师史娄纳合著）1937 年（自刊）

《材料耐力撮要》，华通斋 1919 年初版；1933 年三版（自刊）

《力学撮要》，华通斋 1919 年初版；1926 年再版（自刊）

《建筑材料撮要、置办及运用》，华通斋 1919 年初版；1927 年再版（自刊）

《铁筋混凝土》，华通斋 1925 年（自刊）

《公路工程》，华通斋 1928 年（自刊）

《北宁铁路十九年份水害报告书》，华南圭 1930 年（北宁铁路局）

《算学启迪法》，华通斋 1933 年（自刊）

《铁路办事细则》，华南圭 1936 年（北宁铁路局）

《公路及市政工程》，华南圭 1939 年 1 月初版；1939 年 8 月再版（商务印书馆）

《建筑专书》（出版时间不详，出版社不详）

《算学撮要》（出版时间不详，出版社不详）

《算尺及算机》（出版时间不详，出版社不详）

《铁筋混凝土撮要》（出版时间不详，出版社不详）

《活重及铁桥》（出版时间不详，出版社不详）

《铁路弯道矫正法》（出版时间不详，出版社不详）

《建筑材料》（出版时间不详，出版社不详）

《工程材料》（出版时间不详，出版社不详）

《力学》（出版时间不详，出版社不详）

《材料耐力》(出版时间不详，出版社不详)

《圬工桥梁》(出版时间不详，出版社不详)

《中国历史撮要》(即《二十四史》及《清史稿》的撮要)，华南圭(手稿，收藏于国家图书馆)

《三国演义节本》，华南圭(手稿，收藏于国家图书馆)

《陆宣公全集撮要》，华南圭(手稿，收藏于国家图书馆)

《晏子春秋撮要》，华南圭(手稿，收藏于国家图书馆)

书，编著

《工程学教科书》，华南圭、周秉清合著(1908 年)(商务印书馆)

《科学文学中国语世界语》杂志，华南圭等创办(1909 –1910 年，四期)(巴黎，自刊)

部分译作

《罗马史要》，华南圭 1902 年；原文作者：(英国)克赖顿(Mandell Creighton)(点石斋书局)

《法国公民教育》，华南圭 1912 年初版，1913 年再版；原文作者：(法国)保罗·勃特(Paul Bert)(商务印书馆)

《女博士》，华通斋 1915 年；原文作者：(波兰)罗琛 Stéphanie Horose(其为华通斋夫人华罗琛的中文和法文笔名)(中华书局)

《心文》，华通斋 1926 年；原文作者：(波兰)露存 (Stéphanie Horose)(露存为华通斋夫人另一中文笔名)(商务印书馆)

《她与他》，华通斋 1928 年；原文作者：(波兰)华罗琛 (Stéphanie Horose)(其为华通斋夫人)(商务印书馆)

《双练》，华通斋 1934 年；原文作者：(波兰)罗琛(Stéphanie Horose(见上)(商务印书馆)

《法国宪法人权十七条译注》，连载于《申报》1907 年 3 月 30 日、4 月 1 日、4 月 6 日

《水灾善后问题》，《中华工程师学会会报》1918 年第 4 期；原文作者：(法国)普意雅(Georges Bouillard)

部分文章

《改良文字会之缘起》《直隶教育杂志》1907 年第 8 期

《拟组织工程学会启》(与陈浦、周秉清联名)，连载于《时报》1908 年 6 月 24 日、25

日、26日，和《申报》1908年6月20日、23日、24日、25日
《审定名词之刍言》，摘自《工程学教科书》1908年
《拟定法文名词》，《理工报》1908年第5期
《中国铁路改良述要》，《铁道》1912年第2期
《条陈铁路改良策》，《铁路协会杂志》1912年第2期
《论马路职务之组织》，《铁道》1912年第2、3期
《铁道泛论》，《铁路协会杂志》1912年第3期
《京汉铁路之建言》，连载于《太平洋报》1912年6月17日、18日
《推行孤轨铁道论》，《铁路协会杂志》1913年第4期
《铁道新螺钉》，《铁路协会杂志》1913年第7期
《订严律以减轨钉之窃案说》，《铁路协会杂志》1913年第7期
《铁路公司之责任》，《铁路协会杂志》1913年第7期
《新发明之轨针》，《铁路协会杂志》1913年第9期
《轨钉谈商榷书》，《铁路协会会报》1913年第10期
《对于电气前途之希望》，《电气协会杂志》1914年第6期
《关于路政博物馆及其它之报告》，《铁路协会会报》1914年第16期
《机器铺路》，《中华工程师学会会报》1916年第8期
《超高度之连接线》，《中华工程师学会会报》1916年第10期
《公共汽车之大利》，《中华工程师学会会报》1916年第11期
《土方行动术》，《中华工程师学会会报》1916年第11期
《中国土道上驶行公共汽车》，《中华工程师学会会报》1917年第12期
《木质顶棚之算法》，连载于《中华工程师学会会报》1917年第1、2、3、4、5、6期
《房屋工程之铁筋混凝土》，连载于《中华工程师学会会报》1917年第1、2、3、4期
《御震房屋》，《中华工程师学会会报》1917年第5、6期
《中国将来之洪水》，《铁路协会会报》1917年第6卷第11册合刊
《车队之驶力》，《中华工程师学会会报》1917年第5、6期
《自来热水》，《中华工程师学会会报》1917年第7、8期
《卫生粪坑》，《中华工程师学会会报》1917年第7、8期
《房屋天然通气法和戏园通气法》，《中华工程师学会会报》1917年第7、8期

《新式吊桥》,《中华工程师学会会报》1917 年第 7、8 期

《河底隧道之浮箱》,《中华工程师学会会报》1917 年第 9、10 期

《房屋通气之理法》,《中华工程师学会会报》1917 年第 11、12 期

《造管新法》,《中华工程师学会会报》1917 年第 11、12 期

《行动喂水法》,《中华工程师学会会报》1917 年第 11、12 期

《测量北京全城水平》,《中华工程师学会会报》1917 年第 11、12 期

《自动电话机》,《中华工程师学会会报》1918 年第 1 期

《沙及灰膏之研究》,《中华工程师学会会报》1918 年第 2 期

《试用混凝土轨枕意见书》,《中华工程师学会会报》1918 年第 3 期

《吸尘机》,《中华工程师学会会报》1918 年第 4 期

《轨条形式之统一》,《中华工程师学会会报》1918 年第 6 期

《用加减以求于立方根》,《中华工程师学会会报》1918 年第 7 期

《算机》,《中华工程师学会会报》1918 年第 7 期

《电气净水》,《中华工程师学会会报》1918 年第 7 期

《浮桥图》,《中华工程师学会会报》1918 年第 7 期

《铁筋混凝土(桥)》,《中华工程师学会会报》1918 年第 8 期

《过热蒸汽之试验序》,《中华工程师学会会报》1918 年第 11 期

《暖务》,连载于《中华工程师学会会报》1919 年第 1–4 期合刊、第 7、8、9、10、11、12 期

《法国试验无线电话成绩》,《中华工程师学会会报》1919 年第 8 期

《建筑住屋须知》,《中华工程师学会会报》1920 年第 10 期

《建筑材料撮要》,连载于《中华工程师学会会报》1920 年第 4、5、7、8、9、12 期,1921 年第 1、3 期

《审查本会改良会务意见之审查书》,《铁路协会会报》1921 年 104 期

《交通员工养老金条陈》,《中华工程师学会会报》1925 年第 5、6 期(附之后出台的《京汉铁路养老金试办简章》,载于《中华工程师学会会报》1927 年第 3、4 期)

《京西静谊园之保存》,《中华工程师学会会报》1925 年第 5、6 期

《发明无线电传送写真之由来》,《中华工程师学会会报》1925 年第 7、8 期

《钢筋混凝土之大烟囱》,《中华工程师学会会报》1926 年第 1、2 期

《京汉路局工务处呈复段务会议办法(条陈)》,载于《中华工程师学会会报》1926年第7、8期(附之后出台的会议办法)
《华南圭致英庚款委员会意见书》,《铁路协会会报》1926年第165期
《南满铁路参观纪略》,《中华工程师学会会报》1926年第9、10期
《今之学者何以自处》,《南中周刊》1926年第12期
《北京近郊之公路及古迹》,《中华工程师学会会报》1927年第11、12期
《铁路分道岔之算式》,《中华工程师学会会报》1927年第7、8期
《自动水斗》,《中华工程师学会会报》1927年第7、8期
《新式弹簧垫圈在铁路轨道上之用途》,《中华工程师学会会报》1927年第7、8期
《家庭卫生小工程》,《中华工程师学会会报》1927年第11、12期
《中西建筑式之贯通》,《中华工程师学会会报》1928年第1、2期
《门头沟铁筋圬桥》,《中华工程师学会会报》1928年第3、4期
《破桥之补救》,《中华工程师学会会报》1928年第3、4期
《北平特别市工务局组织成立宣言》(1928年9月13日),《中华工程师学会会报》1928年第5、6期,并连载于《京报》1928年9月14日、15日
《英国伦敦东北铁路及法国铁路试用铁筋混凝土之轨枕》,《中华工程师学会会报》1928年第5、6期
《北平之水道》,《中华工程师学会会报》1928年第7、8期
《美国之旅馆工业》,《中华工程师学会会报》1928年第7、8期
《禁奢励俭条陈七事》,《北平特别市市政公报》1928年第6期
《昨日黄花之文》,《中华工程师学会会报》1928年第7、8期
《玉泉源流之状况及整理大纲》,《中华工程师学会会报》1928年第9、10期
《北平通航计划之草案》,《中华工程师学会会报》1928年第9、10期
《北平中山公园半阶式之桥》,《中华工程师学会会报》1928年第9、10期
《一封技术的奇书》,《中华工程师学会会报》1928年第9、10期
《铁筋圬工撮要》,连载于《中华工程师学会会报》1928年第9、10、11、12期
《北平市政之症候》,《京报》1929年1月1日
《铁路工程之我见》,《中华工程师学会会报》1929年第1、2期
《公路之路皮及路床》,《中华工程师学会会报》1929年第5、6期

《天津租界之水沟和北平新式沟口》,《中华工程师学会会报》1929 年第 5、6 期

《北平市工务局虹式沟井》,《中华工程师学会会报》1929 年第 5、6 期

《静明园小整理办法》,自北平特别市工务局档案 1929 年 5 月,藏于北京市档案馆,档号 :J021-001-00100

《市政费用之比较》,《中华工程师学会会报》1929 年第 7、8 期

《潭柘寺之公路计划》,《北平画报》1929 年第 49 期

《新式月台墙》,《中华工程师学会会报》1930 年第 1、2、3 期

《华北避暑海滨》,《中华工程师学会会报》1930 年第 1、2、3 期

《难井及简便新法》,《中华工程师学会会报》1930 年第 1、2、3 期

《沥青土之路皮》,《中华工程师学会会报》1930 年第 1、2、3 期 。

《北平市之新式人力辗》,《中华工程师学会会报》1930 年第 4、5、6 期

《中国铁路之盛衰》,《中华工程师学会会报》1930 年第 4、5、6 期

《天津东马路沥青油路做法》,《中华工程师学会会报》1930 年第 7、8、9 期

《本会华副会长就北宁工务处长宣言》,《中华工程师学会会报》1930 年第 10、11、12 期

《讲一个小字》,《交大唐院季刊》1930 年第 1 卷第 1 期

《美术化从何说起》,《美术丛刊》 1931 年创刊号

《繁荣北平之小注》,《北平交大天津同学会会刊》1931 年创刊号

《机车自制设备》,《京沪沪杭甬铁路月刊》1932 年第 6 期

《何者为北平文化之灾》,《在清华大学的演讲原稿》1932 年初演讲,12 月印行 (北京市档案馆,档号 ZQ004-001-00632)

《铁路建设费之概况》,《工商学志》1933 年第 2 期

《北宁铁路双道电气号志概要》,《北宁铁路改进专刊》1934 年第 1 号

《北宁铁路单道电气号志概要》,《北宁铁路改进专刊》1934 年第 2 号

《铁路建筑规则》,《北宁铁路改进专刊》1934 年第 3 号

《养路新法》,《工程: 中国工程学会会刊》1934 年第 1 期

《北宁铁路北仓钢筋混凝土桥》,《工程: 中国工程师学会会刊》1934 年第 4 期

《北宁铁路计划中之滦河桥》,《工程: 中国工程学会会刊》1934 年第 3 期

《平津快车二点一刻钟》,《工商学志(北辰特号)》 1934 年 12 月

《钢桥疲惫之主因及补救方法》,《工商学志》1935 年第 1 期
《平津快车二点钟》,《北宁铁路改进专刊》1935 年第 4 号
《沥青土之车道规范》,《北宁铁路改进专刊》1935 年第 8 号
《验路仪》,《北宁铁路改进专刊》1935 年第 9 号
《延长钢桥之寿命》,《北宁铁路改进专刊》1935 年第 7 号
《验桥仪》,《北宁铁路改进专刊》1935 年第 11 号
《工程师之团结运动》,《工程周刊》1935 年第 15 期
《铁路建设费之概计》,《工商学志》1935 年第 2 期
《轨道与机车之关系》,《北宁铁路改进专刊》1936 年第 14 号
《论调车轨道》,《北宁铁路改进专刊》1936 年第 15 号
《用钢绳之尖轨及扬旗》,《北宁铁路改进专刊》1936 年第 16 号
《桥路病情之检查》,《工商学志》1936 年第 1 期
《碱地之房屋》,《工商学志》1936 年第 2 期
《明日之职业教育》,《益世报》天津版 1937 年 1 月 1 日
《铁路半径与倾度》,《工商学志》1937 年第 1 期
《路签自动交换机》,《工程: 中国工程学会会刊》1937 年第 2 期
《工商学院之过去未来》,《工商学生》1937 年第 4 期
《三星期七省游查之印象》,《大公报》天津版连载于 1937 年 7 月 2 日至 16 日
《钢梁设计如何乃可敏捷》,连载于《铁路月刊: 北宁线》1938 年第 2、3、4 期
《抛砖引玉之五字》,《平汉路刊》1948 年 1 月 10 日
《应否有技师工会》,连载于《平汉路刊》1948 年 6 月 14 日、17 日
《北京西郊新市区计划纲要案等提案》,《北平市各界代表会议专辑》1949 年 9 月
《北平旧城市下水道计划书》(与周炜共同写于 1949 年 9 月 20 日),《北京档案史料》2012 年第 4 期
《北京东郊具体计划》(1952 年),北京市档案馆,档号 011-001-00427-001
《视察北京市整体规划的报告》(1957 年春),北京市档案馆,档号 151-001-00056

华南圭主持拟定及参与拟定的各种规章之一二

北平特别市房基线规则[1]

1929年2月

第一条　本市为改良市内交通及整齐临街房屋起见，由工务局划定临街房基线，简称之曰房基线，线内不得有建筑物。

第二条　房基线测定后，由工务局绘图，呈请市政府核定公布，有碍房基线之房地应一律退让。

第三条　凡碍房基线之房地，由业主自兴工程者，应即照线退让。

第四条　凡兴办下列各项工程，应照房基线退让：

（甲）在空地上新造围栏或房屋者。

（乙）就原有房屋、墙壁、围栏，改造房屋、墙壁或围栏者。

（丙）就原有住房改为铺房，或就原铺房改变门面式样者。

（丁）就原有临街房屋大事修理者，惟只添门窗或改变门窗而不牵及墙基墙垛者，不在此限。

（戊）就原有临街房屋加造楼房者。

（己）在原有临街房屋、墙垣、围栏以内改造或新造房屋，而此项建筑在房基线以内者。

第五条　前条各项建筑工程呈报到工务局时，由工务局派员勘查，有碍房基线时，须退让后方准兴工。

第六条　凡依照房基线退让尺寸之各项建筑，于工程进行中及工竣后，由工务局派员覆勘，如查有不遵照房基线退让情形，即依照市内《公私建筑取缔规则》办理。

第七条　凡应让之建筑，倘因左右邻尚未退让，呈报人请求暂缓退让时，本局得酌量情形，准予将动工部分先行退让，其余部分俟邻户退让时，仍应同时退让。

第八条　房基线之余地，由最近之业主，遵照本市《承领公地及房基线余地规则》，向

---

1. 自《中华工程师学会会报》第16卷(1929年)第1、2期。

土地局备价承领。

第九条 凡本市需用地面，应依《土地征收法》照线收用，其因兴工退让之残余地不敷建筑者，得征询业主同意收买之。

第十条 凡房地全部妨碍房基线，因业主自兴工程须令全部退让者，应依土地征收法办理。

第十一条 凡房地一部退让致地积与契据不符时，应由工务局调取原业主契纸图证，注明丈尺加盖印信，一面通知管理土地机关。

第十二条 本规则如有未尽事宜，得由工务局随时呈明修正之。

第十三条 本规则自市政府公布之日施行。

附：

北平市房基线暂行处理原则 [2]

1949年7月6日

一、干路两侧房基线余地及居民区附近空地，有保留做为绿地或儿童游憩之需要者，一律暂予保留，不能作为绿地或游憩场所者，可以出售或出租。

二、一般街巷的房基线余地，在不影响交通原则下，为使街道整齐划一，可准市民利用建筑，出售或出租。

三、原定房基线已经实行有效者，仍暂时继续维持原案。

四、原定房基线退让，使市民遭受重大损失，实行困难者，暂按现在事实上之建筑界线办理。

五、尚无房基线之规定者，暂按事实之建筑界线办理。

六、出售或出租，由地政局负责，但事先必须经建设局同意。

2. 检索自中国法律数据库，http://fgcx.bjcourt.gov.cn:4601/，2021年2月12日。

其他参与的立法，举例如下：

(524)市政應有各種法規，分爲對內對外之二大類。對內者，本機關內人員所應遵守者也；對外者，市民所應遵守者也。

對內者，無非爲督促及監督勤務起見，余當時所編訂頒布者，曰本局組織細則，曰工區組織規則，曰工程隊管理細則，曰測量隊規則，曰修理廠規則，曰材料庫細則，曰購料規則，曰各種工料規範。

對外者，或關於手續之統一，或關於危險之預防，或關於空氣日光等項之公益，余當時所編訂頒佈者，曰建築規則，曰房基線規則，曰承領餘地規則，曰整理步道規則，曰炕油磅取締規則，曰廠商承攬工程規則等等。

(525)天津市公私建築規則，余當時以顧問工程師之地位，參預編訂，比北平者爲詳，比上海者爲略，蓋斟酌本地情形以定之者也。

摘自《公路及市政工程》，该文节选见本书 137-138 页

本书部分旧词注释

技术类:

死重: 自重

浮重、活重: 荷载、活载

搁梁: 梁

圬质、圬工: 砖、石、水泥、钢筋混凝土等

铁筋: 钢筋、钢筋混凝土

西门土: 法文 ciment(水泥)的音译

废材: 材料(木质和铁质等)

笋: 榫

椧骨: 龙骨

欹势(建): 倾斜

退步(建): 凹进处, 或储备物小间。

幺(么)位: 单位

准个: 单位

大扫制: 共同沟

衖: 户外窄弄或室内过道

天院: 天井

号志: 信号灯

华里: 里

华尺: 尺

公尺: 米

公寸: 10 公分

公厘: 毫米的旧称

粴: 公里的旧译

呎: 英尺(等于 30.48 厘米)旧称

吋: 英寸旧称, 英尺的十二分之一(等于 2.54 厘米)

米突、迈当: 法文 mètre(米)的旧译

甲乙丙丁等(本书公式经常使用): 即 ABCD 等

文言类:

职是故也: 缘由在此

洵: 诚然、确实

恒: 经常、总

夫: 文言发语词

苟: 如果

同人: 同行业人

鄙人: 我, 第一人的谦称

盖: 文言连词, 表示原因; 或虚词: 何不

抑: 或者

卒: 最终

洎: 等到, 及

句钟: 小时

俾: 使

讵: 岂, 怎

钧：敬词，用于对上级或尊长，或公函起首

庶：差不多，也许，但愿（均当副词时）

庶几：以便（当连词时）

爰：于是

殆：仅仅、大概（均当副词时）

赓续：继续

鱼鳞图：土地产权分布图

当轴者：官居要职者

拔本：逐步拔回本钱

易言之：换句话说

藉：借

地名：

佛兰西：法兰西

比国：比利时

巴里：巴黎

米国：美国

职务类：

技正：旧时为部门最高技术官职之一

工务处长、工程股主任：均为总工程师

其他：

平汉铁路：即京汉铁路，北京至汉口。

北宁铁路：1880 年始建于唐山至胥各庄，之后展建到北京至沈阳。1929 年前曾称京奉铁路，之后称北宁铁路。1949 年之后又改称为京沈铁路。

北平特别市：北平在 1928 年 6 月至 1930 年 10 月之间，称北平特别市。

编者鸣谢

感谢著名建筑史学专家赖德霖教授为推动本书的出版所做出的努力；感谢李争、刘江峰、潭水等几位编辑的辛劳付出；感谢多位朋友（不一一列出姓名了）在寻找原始资料和解读专业知识等方面所提供的热情帮助。

华新民

2021 年 3 月 10 日

图书在版编目（CIP）数据

华南圭选集：一位土木工程师跨越百年的热忱 / 华新民编 . -- 上海：同济大学出版社，2022.1
ISBN 978-7-5608-9960-2

Ⅰ . ①华… Ⅱ . ①华… Ⅲ . ①建筑学 - 文集 Ⅳ . ① TU-53

中国版本图书馆 CIP 数据核字 (2021) 第 210497 号

华南圭选集

一位土木工程师跨越百年的热忱

华新民 编

出 版 人：华春荣
责任编辑：李争
特约编辑：刘江峰
责任校对：徐春莲
平面设计：潭水
版 次：2022 年 1 月第 1 版
印 次：2022 年 1 月第 1 次印刷
印 刷：上海安枫印务有限公司
开 本：710mm × 1000mm 1/16
印 张：35+ 插页 13
字 数：700 000
书 号：ISBN 978-7-5608-9960-2
定 价：328.00 元
出版发行：同济大学出版社
地 址：上海市杨浦区四平路 1239 号
邮政编码：200092
网 址：http://www.tongjipress.com.cn
经 销：全国各地新华书店

上架建议：近代人物 近代史料

定价：328.00 元

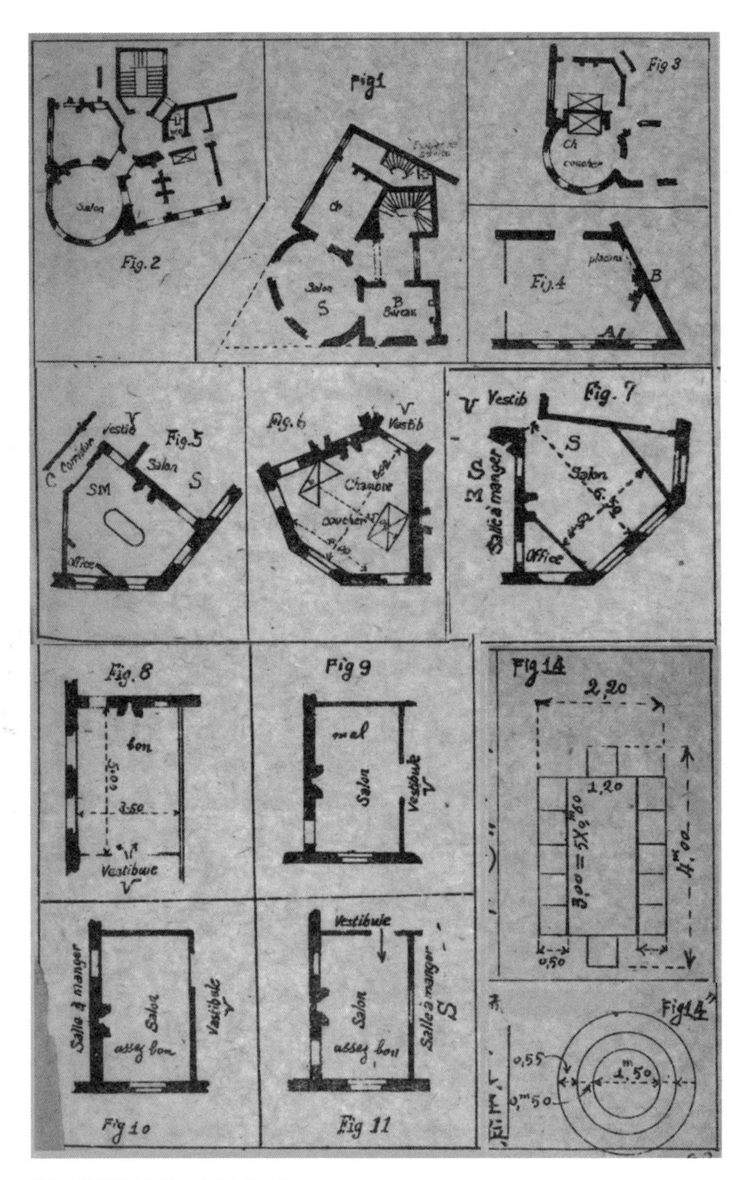

其他图释详见 343 页至 349 页

图 1：s 客厅，ch 卧室，b 书房（事务室），escalier de service 职役楼梯

图 4：placard 壁橱，AB 隔墙

图 5：s 客厅，sm 膳室，c 过道，v 穿堂，office 膳务室

图 7：s 客厅，sm 膳室，v 穿堂，office 膳务室

长按识别二维码
高清浏览部分图片

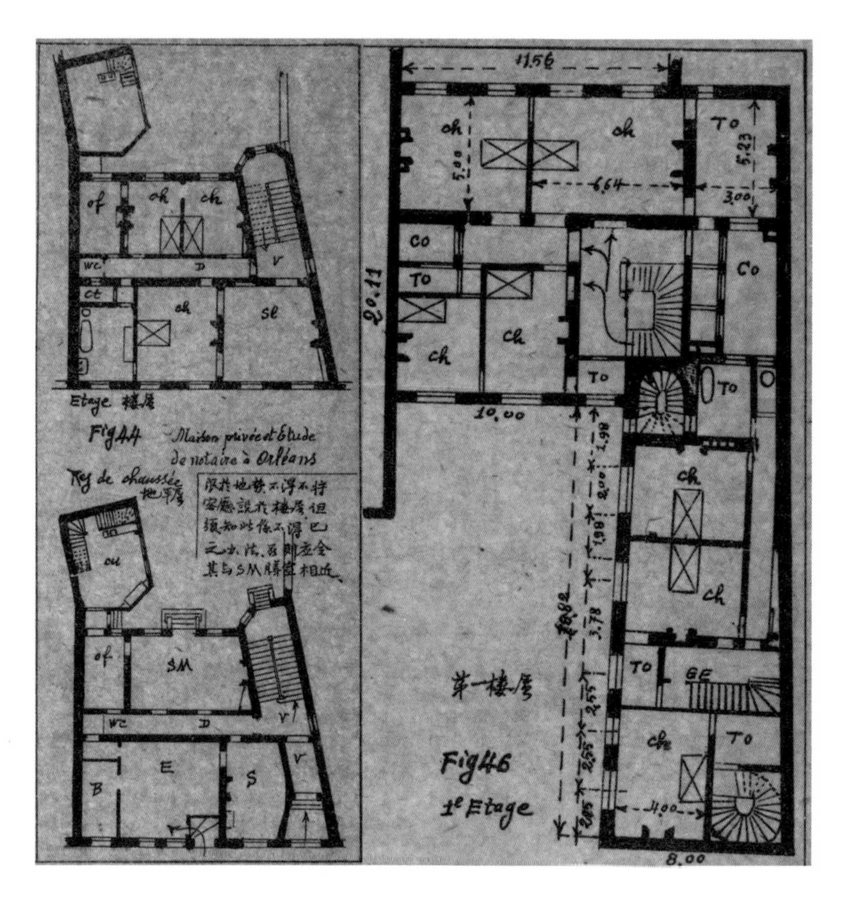

见 351 页和 352 页的旅馆章节。原著的最初讲解，图 44 是作为居住兼营业的独宅，图 46 是仅为居住的独宅（均为本选集所略，在此引用），在该旅馆章节则都换成了小旅馆功能

图 44：法国奥尔良市（Orléans）一位公证员的住宅兼工作室

楼层（上）：
ch 卧室，
sl 客厅，
v 穿堂，
ct（cabinet de toilette）洗手间（妆室），
d（dégagement）过道，
of 膳务室

首层（下）：
sm 膳室，
E（Etude）研究室，
s 客厅，
cu（cuisine）厨房，
b（bureau）事务室，
v 穿堂，
of 膳务室

图 46（某独宅）：

ch 卧室，
to（toilette）洗手间（妆室），
co（cour）小院（上空），
ge（grand escalier）大楼梯